应急疏散救援空间规划：理论·方法·实践

翟国方　鲁钰雯　著

中国建材工业出版社

图书在版编目（CIP）数据

应急疏散救援空间规划：理论·方法·实践/翟国方，鲁钰雯著．--北京：中国建材工业出版社，2023.6

ISBN 978-7-5160-3691-4

Ⅰ．①应… Ⅱ．①翟… ②鲁… Ⅲ．①城市—紧急避难—公共场所—空间规划 Ⅳ．①TU984.199

中国国家版本馆 CIP 数据核字（2023）第 006333 号

应急疏散救援空间规划：理论·方法·实践

YINGJI SHUSAN JIUYUAN KONGJIAN GUIHUA：LILUN·FANGFA·SHIJIAN

翟国方　鲁钰雯　著

出版发行：中国建材工业出版社

地　　址：北京市海淀区三里河路 11 号

邮　　编：100831

经　　销：全国各地新华书店

印　　刷：北京印刷集团有限责任公司

开　　本：787mm×1092mm　1/16

印　　张：21.5

字　　数：540 千字

版　　次：2023 年 6 月第 1 版

印　　次：2023 年 6 月第 1 次

定　　价：128.00 元

本社网址：www.jccbs.com，微信公众号：zgjcgycbs

请选用正版图书，采购、销售盗版图书属违法行为

前　言

安全需求是人类最基本的生存需求之一，安全需求的实现是人类实现更高阶需求的基础。党的二十大报告强调，坚持安全第一、预防为主，建立大安全大应急框架，完善公共安全体系，推动公共安全治理模式向事前预防转型……提高防灾减灾救灾和重大突发公共事件处置保障能力，加强国家区域应急力量建设。这是党中央作出的重大决策部署，为建设更高水平的平安中国提供了根本遵循。在城市安全风险交织、城市面临的不确定性和复杂性加剧的背景下，城市作为人类聚居的场所，安全是城市生存和可持续发展的最基本前提。

应急疏散救援空间是指一切避难疏散和应急救援必要的相关设施以及实现防护、躲避、救助和生活保障等工作需要的空间，应能保证防灾工作的实施，包括防灾基础设施建设、避难场所的开设和管理、救援物资的配给、紧急输送和救护的实现等各项防御措施。城市应急疏散救援空间是承担与发挥城市防灾减灾功能的空间，应为城市防灾提供一定的准备。应急救援疏散空间规划是增强城市韧性的一项重要安全防灾策略，极大地增强了城市抵御事故风险、保障安全运行的能力。

我国学术界长期以来重视应急避难场所、疏散救援通道方面的研究，取得了丰硕的成果，近年来开始引入城市灾害学、行为学、地理信息系统、系统论等相关学科的理论和方法，取得了较为显著的成果，但应急疏散、应急医疗、应急物资以及综合消防等应急疏散救援空间的各系统如何规划，各系统之间如何协调，还有待进一步加强研究。本书在借鉴国内外防灾空间体系建设经验的基础上，运用城市灾害学、行为学、地理信息系统等多学科知识，结合深圳市的实际案例，深入分析特大城市应急疏散救援空间体系构建的方法，开展城市应急疏散救援空间理论框架的构建工作。

选择深圳市作为实践研究案例主要有以下几个理由：深圳市作为我国“小底盘、高密度”超大城市的典型代表，因其所处特殊的地理位置和气候区，每年遭受的热带气旋（台风）、暴雨洪涝、地震、地质灾害等灾害显著高于其他同类型城市；深圳市一直以来高度重视防灾减灾救灾工作，已经制定了《深圳市应急避难场所专项规划（2010—2020）》《深圳市应急避难场所管理办法》《公园应急避难场所建设规范》等相关规划及管理办法，是我国国土空间规划和防灾减灾救灾工作的先进代表；在国土空间规划编制过程中，应急疏散救援空间规划建设已经成为深圳市的重点工作；本团队长期以来高度关注并深度参与深圳市的国土空间规划相关工作，积累了较为丰富的基础资料和一定的科研成果，为应急疏散救援空间规划的系统研究奠定了较好的基础。

具体研究工作从以下几方面展开：（1）梳理应急疏散救援空间体系研究的相关资料，总结、借鉴美国、日本、欧洲各国，我国北京、上海等地的应急疏散救援空间的体系构成、运行机制以及建设标准；（2）分析深圳市防灾空间建设现状和存在的问题；（3）对灾害发生时及发生后起到主要作用的应急避难、救援通道、应急指挥、医疗救护、物资储备及中转、消防等空间，从层级、功能、规模等方面构建应急疏散救援空间总体框架并厘清各子系统之间的相互关系；（4）从空间布局方面梳理各子系统的现存问题，从具体规划原则、规划思路及规划内容等方面，探索各应急疏散救援空间的具体规划内容与流程，重点在于解析针对不同灾害响应、空间尺度、规划层次的综合防灾空间体系规划的思路，明确防灾空间体系各功能子系统的建设标准；（5）结合国内外先进经验以及深圳市现存问题、发展要求，提出具体创新思路以及建设方向，为实现更高质量、更有效率、更加公平、更可持续、更为安全的城市发展提供创新视角和科学依据。

本书的出版，在理论与方法方面，有助于增强业界对国土空间规划体系构建背景下特大城市应急疏散救援空间规划重要性的认识，丰富城市应急疏散救援空间系统规划的理论与方法，增强城市应急疏散救援规划成果的科学性和可实施性；在实践方面，本书能够为深圳市开展应急疏散救援空间规划编制提供一定的科学依据，为落实平灾结合原则以及节约集约利用土地资源发挥积极的作用，具有一定的社会效益和经济效益。

本书的编纂出版，是本团队最近十多年在应急疏散救援空间领域科学研究和规划实践成果的阶段性总结。在此，衷心感谢长期以来一直热忱关心和大力支持城市应急疏散救援空间研究的各界领导和同行，尤其是深圳市住房和建设局副局长薛峰、深圳市规划和自然资源局总体规划处处长李永红、深圳市规划国土发展研究中心主任戴晴、深圳市规划国土发展研究中心市政规划所所长魏杰、深圳市城市公共安全技术研究院院长张少标等领导。没有他们的鼎力支持，就不会有今天本书的出版。

笔者全面负责本书的出版策划、结构构思和内容统筹，鲁钰雯博士负责全书的统稿校核。团队成员在老师们的指导下参与了相关章节的资料整理和撰写。夏陈红负责“理论与方法”部分的进程协调工作，夏静安负责“实践案例”部分的进程协调工作，同时与钟光淳、陈一丹、章云睿、江彩铃、尚凯、郭文韬、于昕彤、戴玥、刘铭、周泽宇等一起参与了本书的资料收集和书稿的撰写工作。团队成员张钰佳、胡文昊、黄文亮、董馨怡、郭璐宇、杨钰清等参与了书稿校核工作。在此，感谢本团队所有成员长期以来的不懈努力、积极参与和辛勤付出。

在本书撰写过程中，我们参考引用了众多国内外专家学者的论著和科研成果，在文中都尽最大可能做了标注，如有遗漏，敬请告知我们，以便再版时补充完善。对于本书的不足之处，恳请广大读者不吝赐教。

翟国方
2022 年 12 月于南京大学鼓楼校区

目　录

第一部分　理论与方法 1

第一章　绪论 ………… 2
　第一节　研究背景与意义 ………… 2
　第二节　相关概念界定 ………… 4
　第三节　研究目标与研究内容 ………… 6
　第四节　研究方法与框架 ………… 7
第二章　城市应急疏散救援空间的内涵解析 ………… 9
　第一节　城市应急疏散救援空间的物质基础 ………… 9
　第二节　城市应急疏散救援空间的特性 ………… 11
　第三节　相关理论概述 ………… 12
第三章　城市应急疏散救援空间规划体系的建立 ………… 15
　第一节　城市应急疏散救援空间规划体系构建的意义 ………… 15
　第二节　城市应急疏散救援空间的系统化结构 ………… 16
第四章　城市应急避难场所系统规划研究 ………… 27
　第一节　应急避难场所系统构建重点与原则 ………… 27
　第二节　应急避难场所规划的技术要求 ………… 30
　第三节　应急避难场所具体规划流程 ………… 46
　第四节　城市应急避难场所的灾后安全疏散规划 ………… 60
　第五节　城市应急避难场所配套设施规划研究 ………… 64
第五章　城市应急疏散通道系统规划研究 ………… 71
　第一节　应急疏散通道系统构建重点与原则 ………… 71
　第二节　不同层级应急疏散通道的规划建设 ………… 74
　第三节　不同灾害下各类应急通道的建设 ………… 79
　第四节　应急疏散通道具体规划流程 ………… 80
第六章　城市应急医疗救援系统规划研究 ………… 84
　第一节　应急医疗救援系统构建重点、原则及技术要求 ………… 84
　第二节　应急医疗救援空间具体规划流程 ………… 87
第七章　城市应急物资保障系统规划研究 ………… 90
　第一节　应急物资保障系统构成 ………… 90
　第二节　物资保障空间布局规划 ………… 95

第八章　城市应急消防救援系统规划研究…………………………………… 103
第一节　应急消防救援空间体系规划研究…………………………………… 103
第二节　应急消防救援空间规划的技术要求………………………………… 106
第三节　应急消防设施具体规划流程………………………………………… 112
第四节　应急消防设施空间布局与消防队伍建设规划……………………… 117

第二部分　实践案例 123

第九章　东京经验………………………………………………………………… 124
第一节　东京概况及城市防灾规划概要……………………………………… 124
第二节　东京应急疏散救援空间功能结构体系……………………………… 129
第三节　东京应急疏散救援空间等级结构体系……………………………… 136
第四节　东京应急疏散救援空间建设组织形式……………………………… 136
第五节　东京应急救援系统组织……………………………………………… 137
第六节　东京应急疏散救援空间建设相关标准……………………………… 152
第七节　东京经验与启示……………………………………………………… 155
第十章　纽约经验………………………………………………………………… 157
第一节　纽约概况与应急疏散救援空间体系………………………………… 157
第二节　纽约应急疏散救援空间功能结构体系……………………………… 157
第三节　纽约应急疏散救援空间等级结构体系……………………………… 162
第四节　纽约应急疏散救援空间建设具体标准……………………………… 163
第五节　纽约应急疏散救援空间建设组织形式……………………………… 169
第六节　纽约信息化建设情况………………………………………………… 169
第七节　纽约经验与启示……………………………………………………… 170
第十一章　伦敦经验……………………………………………………………… 173
第一节　伦敦概况与应急疏散救援体系……………………………………… 173
第二节　伦敦应急避难场所体系……………………………………………… 176
第三节　伦敦应急医疗救援体系……………………………………………… 179
第四节　伦敦应急物资保障体系……………………………………………… 181
第五节　伦敦综合消防救援体系……………………………………………… 182
第六节　伦敦经验与启示……………………………………………………… 183
第十二章　新加坡经验…………………………………………………………… 185
第一节　新加坡的概况与应急疏散救援空间体系…………………………… 185
第二节　新加坡应急避难救援空间体系……………………………………… 187
第三节　新加坡应急疏散救援空间等级结构体系…………………………… 195
第四节　新加坡应急疏散救援空间建设具体标准…………………………… 196
第五节　新加坡应急疏散救援空间建设组织形式…………………………… 196
第六节　新加坡信息化建设情况……………………………………………… 197
第七节　新加坡经验与启示…………………………………………………… 197

第十三章　北京经验 ········ 199
第一节　北京概况与应急疏散救援空间体系 ········ 199
第二节　北京应急避难空间体系 ········ 201
第三节　北京应急医疗空间体系 ········ 209
第四节　北京消防救援体系 ········ 216
第五节　北京疏散通道技术要求 ········ 219
第六节　北京市应急物资建设体系 ········ 221
第十四章　上海经验 ········ 226
第一节　上海概况 ········ 226
第二节　上海应急避难场所体系 ········ 228
第三节　上海应急救援通道体系 ········ 246
第四节　上海医疗救护空间建设 ········ 250
第五节　上海应急指挥体系建设 ········ 263
第六节　上海物资保障空间体系建设 ········ 267
第七节　上海综合消防救援体系 ········ 273
第八节　上海信息化建设 ········ 274
第十五章　香港经验 ········ 281
第一节　香港概况 ········ 281
第二节　香港面临的灾害概况 ········ 282
第三节　香港应急管理体系概况 ········ 282
第四节　香港应急疏散救援空间功能结构体系 ········ 284
第五节　香港应急避难空间等级结构体系 ········ 286
第六节　香港应急物资救援系统 ········ 287
第七节　香港应急疏散救援空间建设具体标准 ········ 287
第八节　香港经验与不足 ········ 290
第十六章　武汉经验 ········ 292
第一节　武汉概况 ········ 292
第二节　武汉方舱医院建设标准 ········ 292
第三节　武汉常规医疗空间在疫情时的转换模式 ········ 295

第三部分　规划创新路径 299

第十七章　深圳市应急疏散救援体系规划的创新路径 ········ 300
第一节　应急避难场所系统规划创新 ········ 300
第二节　应急疏散通道系统规划创新 ········ 316
第三节　应急医疗设施系统规划创新 ········ 321
第四节　应急物资保障系统规划创新 ········ 327
第五节　应急消防救援系统规划创新 ········ 331
第六节　应急疏散救援空间体系创新 ········ 334

第一部分　理论与方法

第一章　绪　　论

公共安全是城市生存和可持续发展最基本的前提，是国家安全和社会稳定的基石，是经济和社会发展的基础条件[1]。随着我国新型城镇化的不断发展，人口和社会财富也不断地向城市集聚，改变了城乡土地利用结构和自然生态环境，增大了城乡灾害风险[2]。灾害频发造成了巨大经济损失和人员伤亡，引起了国际社会的高度关注[3]。尤其是进入“十四五”时期，在孕灾环境的不稳定性增加，致灾因子的增多、危险性增强、持续时间增加，承灾体的暴露度和脆弱性相比以往大大增加的复杂环境下，城市系统所面临的风险在不断增加，人们需要应对的安全挑战也越来越多，包括自然灾害、人为事故灾害等[4]。在此背景下，应急疏散救援空间的建设规划就显得尤为重要而迫切。城市应急疏散救援空间应是具有防灾功能的城市物质空间，具有良好防灾能力的城市空间结构形态以及物质空间载体所承载的能促进防灾功能发挥的空间。

第一节　研究背景与意义

一、研究背景

深圳是广东省副省级市、国家计划单列市、超大城市，国务院批复确定的中国经济特区、全国性经济中心城市和国际化城市。但同时，深圳地处中国华南地区、广东南部、珠江口东岸，东临大亚湾和大鹏湾，西濒珠江口和伶仃洋，南隔深圳河与香港相连，地处典型气候脆弱区和沿海水灾频发地区，地貌结构复杂，全境地势东南高、西北低，大部分为低丘陵地，间以平缓的台地；濒临南海，属东亚季风区，具有中亚热带、南亚热带气候特征，气候条件复杂，地处东南沿海地震带中段，具有发生五六级中强地震的构造背景，自然灾害种类多、发生频率高、突发性强，尤其是热带气旋（台风）、暴雨洪涝、雷电、地震、干旱、冰雹、龙卷风等自然灾害频繁发生。此外，深圳作为特大型一线城市，人口密度大、流动性强，高层建筑数量多，地下空间复杂，“三旧”用地分布广，境内分布核电站、油气设施等重大危险源，承灾体密集，风险因素多，城市开发强度高，剩余空间有限，应急疏散救援空间难以保障。据统计，自建市以来，深圳市受洪涝等灾害影响共计 111 次，合计 156 天，造成经济损失 28 亿元，死亡 167 人。2007—2018 年间共发生火灾 299 宗，过火面积达 155ha。

在此背景下，深圳市应急疏散救援空间的建设规划就显得尤为重要而迫切。城市应急疏散救援空间应是具有防灾功能的城市物质空间，具有良好防灾能力的城市空间结构形态，以及物质空间载体所承载的能促进防灾功能发挥的各种关系。目前深圳市综合防灾减灾体系已初步建成，已经制定了《深圳市应急避难场所专项规划（2010—2020）》《深圳市应急避难场所管理办法》《公园应急避难场所建设规范》（SZDB/Z 305—2018）等相关规划及管理办法，深圳市人民政府明确提出应急工作总体部署，并对全市各区应急庇护能力建设提出近期发展目标要求。对应急避难场所的体系、建设标准与原则、保障制度都提出了具体的要求。但对照新的形势和新的要求，应急疏散救援空间的建设现状还存在着以应急避难场所和消防设施为主、其他应急疏散救援空间体系不完善；应急救援水平与城市定位不匹配等问题。为此，深圳急需探索出适宜高密度超大型城市的灾害应对空间的布局思路，以体现城市防灾减灾发展的前瞻性和战略性。

二、研究意义

1. 理论意义

我国是一个自然灾害多发的国家，党和政府高度重视自然灾害治理，也取得了举世瞩目的成就。当下，我国正处在由实现全面小康社会向基本实现社会主义现代化迈进的关键时期。“安全发展”“可持续发展”作为中国现代化的必由之路，是我国城市发展必须正视的问题，对推进国家治理体系和治理能力现代化至关重要[5]。目前，我国许多城市均在开展应急疏散救援空间的规划和建设，也取得了一定的理论研究成果，规划工作者以及学术界也逐渐开始重视城市灾害学、行为学、地理信息系统、系统论等先进理论和方法的引入，但在系统研究方面还有待进一步丰富和提升。

通过调研发现，目前深圳市及国内外诸多城市对应急疏散救援空间的研究主要集中在应急避难场所、疏散救援通道方面的研究，且研究成果偏定性分析，定量研究较少，尚缺乏比较综合全面的研究成果；虽然有不少的研究成果，但是并没有形成比较成熟的理论框架和技术体系。因此，本书对上述问题的研究不仅可丰富城市应急疏散救援空间系统规划的研究理论，为深圳市开展应急疏散救援空间规划提供较为充分的科学依据，而且也可为相关设计规范和建设标准的制定奠定理论基础，具有一定的学术价值。

2. 技术价值和实践意义

本书运用城市灾害学、行为学、地理信息系统等多学科知识，结合深圳市的实际案例，深入分析了特大城市应急疏散救援空间体系构建的方法，探索了解决问题的技术思路和方法，有助于提出深圳市应急疏散救援空间体系的理论框架和体系建设标准，以求更好地指导深圳市应急疏散救援空间的规划实践，提高应急疏散救援规划成果的科学性和可实施性。

本书成果将有助于增强对国土空间规划体系构建背景下特大城市应急疏散救援空间规划重要性的认识，为完善深圳应急疏散救援空间规划提供新的思考方向。

本书结合国内国际经验，对完善特大城市应急疏散救援空间体系具有一定的实践意义，将为深圳市落实平灾结合原则以及节约集约利用土地资源发挥积极的作用，具有一定的经济效益和社会效益。

参考文献

[1] 翟国方．城市公共安全规划［M］．北京：中国建筑工业出版社，2016.

[2] 翟国方．我国防灾减灾救灾与韧性城市规划建设［J］．北京规划建设，2018（02）：26-29.

[3] 翟国方，崔功豪，谢映霞，等．风险社会与弹性城市［J］．城市规划，2015，39（12）：107-112.

［4］翟国方，何仲禹，顾福妹．韧性城市规划：理论与实践［M］．北京：中国建材工业出版社，2021.

［5］翟国方，夏陈红．我国韧性国土空间建设的战略重点［J］．城市规划，2021，45（02）：44-48.

第二节　相关概念界定

一、灾害

灾害是天文系统、地球系统和人类系统物质运动的特殊形式，是指一切对人类生命、财产和生存条件造成较大危害的自然和社会事件。所以灾害是由于自然因素、人为因素或者两者皆有的因素引发。灾害（disaster）会造成生存环境破坏，造成经济损失和人员伤亡，因此灾害发生时需要一定数量的、存在相互关联、相互制约的致灾因子（hazard）之间作用[1]。

灾害的过程往往比较复杂，依据对灾害发生起主导作用的灾害原因以及灾害的表现形式来对灾害进行分类，可以分为自然灾害和人为灾害两类。气象灾害（如风灾、干旱、雷电、暴雨、雾霾、洪水等）、地质灾害（如地震、滑坡、地陷等）和生物灾害（如瘟疫、虫害等）等属于自然灾害；主动灾害（如战争等）和意外事故（如火灾、交通事故、爆炸等）等属于人为灾害[2]。而根据灾害发生的过程，又可分为原生灾害（或一次性灾害）和次生灾害（或衍生灾害）；根据灾害发生的特征，可以分为突发性灾害和隐发性灾害[3]。

二、城市灾害

城市灾害简单理解就是发生地位于城市区域的灾害，是指自然原因、人为原因或者两者共同原因作用于城市生态环境、城市物质和人文建设，特别是生命及财产，造成损失的事件[4]。简言之，所谓城市灾害就是承灾体为城市的灾害，灾害的发生地或者灾害造成影响的区域波及城市。

与灾害的分类类似，城市灾害同样可以分为自然灾害与人为灾害。由于自然界的异常现象产生的灾害为自然灾害，联合国界定的自然灾害约有三十多种。与城市相关的自然灾害，主要有“地震、火灾、水灾、风灾、地质破坏”五大类[5]。这些城市灾害的发生，大多是大自然与人类开发活动共同作用叠加才形成的负面作用。城市灾害本身及随之而来的次生灾害将对城市产生无法估量的破坏。

三、城市防灾

防灾指的是采取躲避预防措施应对灾害，从而使灾害的影响最小，是一种有效的减灾措施。城市防灾就是要尽可能地防止灾害产生，以及灾害发生后，防止灾害在城市区域内对人类和社会生产生活造成破坏。所以，城市防灾不仅要避免灾害的发生，而且还要对灾害进行灾前监测、预防，灾中抢救、防护和灾后避难、恢复重建等[6]。在《城市规划基本术语标准》（GB/T 50280—1998）中，城市防灾指为抵御和减轻各种自然灾害和人为灾害及由此而引起的次生灾害，对城市居民生命财产和各项工程设施危害的损失所采取的各种预防措施[7]。

在日本、我国台湾地区将城市防灾称为城市防灾，包括了广义和狭义两个方面。广义的城市防灾将防灾问题与其他目标结合，技术层面上可以提供城市灾害问题解决方法与对策的是狭义的城市防灾。从城市建设的角度，城市防灾应该贯穿于灾前预防、灾中抢救、灾后重建等各时期中，包含于各项城市防灾规划的编制、城市防灾建设的实施及城市防灾救灾减灾的管理工作中[8]。

我国幅员辽阔，自古以来就是灾害频发的国家，自然灾害具有种类多、影响范围广、发生频率高等特点，对我国经济发展与人民生命财产造成了重大的影响[9]。防灾减灾工作面临严峻挑战，同时也对“十四五”期间综合防灾减灾规划编制提出了更高要求[10]。

四、城市应急疏散救援空间体系

城市应急疏散救援空间是承担与发挥城市防灾减灾功能的空间，通常由应急避难体系和应急救援体系两大部分组成。

城市应急疏散体系主要包括避难疏散场所和救灾疏散通道。其中，避难疏散场所是指在灾害发生后或其他应急状态下，人们紧急疏散或临时生活的安全场所；救灾疏散通道是灾害发生时城市与外界交通联系的主要路线。

城市应急救援体系是指灾害发生时相关的物资保障、医疗救护、消防救援、救援专用通道等资源，不仅要能够提供足够的保障，还一定要救援和调度及时。

参考文献

[1] 姚凤君．南京城市防灾空间历史演变及其特征研究［D］．南京：南京大学，2014.

[2] 金磊．城市灾害学原理［M］．北京：气象出版社，1997.

[3] 戴慎志．城市综合防灾规划［M］．北京：中国建筑工业出版社，2011.

[4] 童林旭．地下建筑学［M］．济南：山东科学技术出版社，1994.

[5] 叶义华，许梦国，叶义成，等．城市防灾工程［M］．北京：冶金工业出版社，1999.

[6] 汪德华．中国城市规划史纲［M］．南京：东南大学出版社，2005.

[7] 丁石孙．城市灾害管理［M］．北京：群言出版社，2004.

[8] 童林旭．地下建筑学［M］．北京：中国建筑工业出版社，2012.

[9] 宗珂，翟国方．以韧性城市规划助力防灾减灾救灾［J］．防灾博览，2022（01）：40-43.

[10] 葛懿夫，翟国方，何仲禹，等．韧性视角下的综合防灾减灾规划研究［J］．灾害学，2022，37（01）：229-234.

第三节　研究目标与研究内容

一、研究目标

应急疏散救援空间是城市防灾减灾能力的重要保障，是城市公共服务体系的重要组成部分，是维护公共安全的城市基础设施。本书旨在通过剖析目前国内外应急疏散救援空间发展及规划建设情况，结合中国发展实际情况并吸取国内外已有的成功经验，研究基于极端灾害情形和“小底盘、高密度”的超大城市特征，建立应急疏散救援空间体系，提出城市应急避难场所、应急疏散通道、综合性消防救援、应急医疗卫生、应急物资保障等设施的空间布局，研究制定相关标准和政策，探索超大城市应急空间规划、建设和管理创新路径，以提高城市应对突发事件的能力，为深圳市推进城市空间安全治理能力及治理体系现代化建设提供科学决策依据和建议。

二、研究内容

本书通过查阅文献资料，调研国内外应急疏散救援空间建设管理的成熟经验，结合当前我国灾害频发的国情，总结国内相关工作经验，在此基础上分析应急疏散救援空间建设的机制，研究应急疏散救援空间规划、建设和管理制度模式，从而提出深圳市应急疏散救援空间规划建议，并力图在城市综合防灾和信息化建设等方面进行深入探索，以丰富深圳市应急疏散救援空间建设管理内涵。本书主要内容包括三大部分：

第一部分内容为应急疏散救援空间理论与方法研究，包括：（1）界定应急疏散救援空间的定义及内涵、应急疏散救援空间的物质基础和特性等。（2）从系统论的观点出发，将应急避难、救援通道、医疗救护、生命线、物资储备及中转等城市应急疏散救援空间视为一个完整的系统，研究构建多角度、多层次的城市应急疏散救援空间体系，包括功能结构体系、等级结构体系和规模结构体系。（3）基于空间和体系理论框架，提出城市应急疏散救援空间各要素（包括避难场所、疏散通道、消防系统、医疗救护系统、物资保障系统等）的规划原则、布局思路和建设标准，包括功能、要素、等级、规模、适宜性评价、需求测算、技术要求等；提出应急疏散救援空间规划实施、管理策略和运行机制建议，以求更好地指导深圳市应急疏散救援空间的规划建设实践。

第二部分内容为应急疏散救援空间实践案例研究，包括：（1）国外应急疏散救援空间规划案例，涵盖东京、纽约、伦敦、新加坡应急疏散救援空间规划建设现状及经验启示。（2）国内应急疏散救援空间规划案例，涵盖北京、上海、香港、武汉应急疏散救援空间规划建设现状及经验启示。

第三部分内容为深圳市应急疏散救援空间规划创新路径，基于第一部分理论与方法及第二部分案例借鉴，提出深圳市应急疏散救援体系规划的创新路径，包括：（1）应急避难场所系统规划创新。（2）应急疏散通道系统规划创新。（3）应急医疗设施系统规划创新。（4）应急物资保障系统规划创新。（5）应急消防救援系统规划创新。（6）应急疏散救援空间体系创新。

第四节　研究方法与框架

一、研究方法

1. 文献研究

根据课题的研究目的，通过查阅大量相关文献，包括正式出版的图书、报纸、杂志、网络以及相关规划文本、研究报告等，全面了解掌握国内外应急疏散救援空间的建设管理发展历史和现状，获得对应急疏散救援空间建设管理研究的最新发展动态和趋势。

2. 国际案例借鉴

通过学习发达国家、我国先进地区在应急疏散救援空间建设管理上的先进经验，研究其发展历程和建设现状，剖析其形成机制，结合深圳市社会经济的发展现状，提出适应深圳市具体情况的应急疏散救援空间建设管理措施和工作建议。

3. 实地调研

通过对深圳市已建设应急疏散救援空间的实地调研，分析应急疏散救援空间所存在的问题，采用观察、座谈访问等形式收集第一手信息和资料，获得避难设施、通道设施、医疗设施、物资设施、消防设施以及相应配套设施在建设使用中的反馈，从而对应急疏散救援空间的建设管理情况进行深入剖析。

4. 专家咨询

根据应急疏散救援存在的问题，向领域内有关专家进行咨询，借鉴专家在专业方面的经验和知识开展后续研究。

二、研究框架

研究框架分为研究基础、核心内涵、体系构建和归纳总结四个部分（图 1-4-1）。

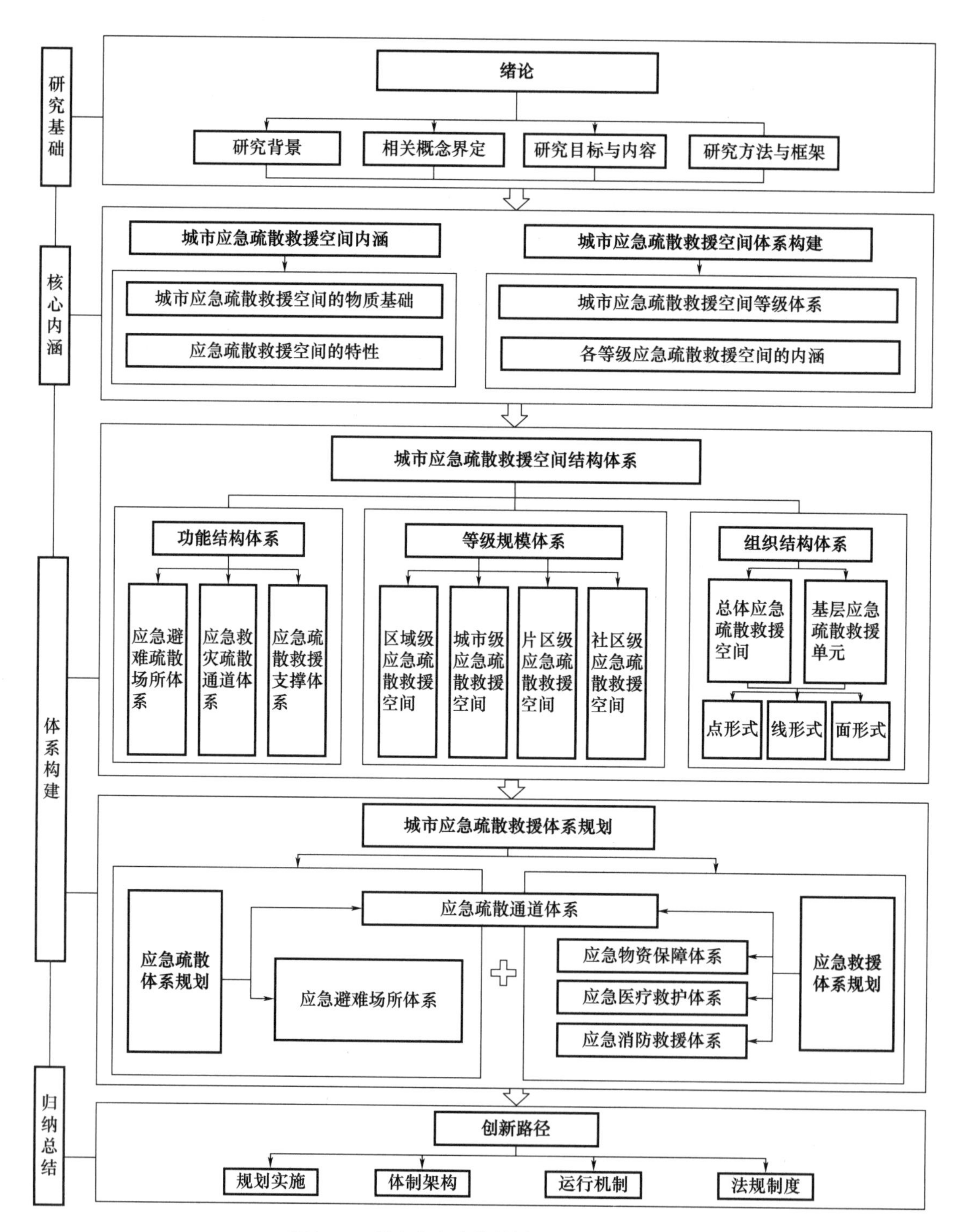

图 1-4-1　城市应急疏散救援空间研究框架图

第二章　城市应急疏散救援空间的内涵解析

2018 年，中共中央办公厅、国务院办公厅印发了《关于推进城市安全发展的意见》，要求牢固树立安全发展理念，弘扬生命至上、安全第一的思想，切实把安全发展作为城市现代化文明的重要标志。各地要根据城市人口分布和规模，充分利用公园、广场、校园等宽阔地带，建立完善应急避难救援空间。在大力推进国土空间规划的时代背景下，安全问题意义重大。应急疏散救援空间规划建设是增强城市韧性的一项重要安全防灾策略，极大地增强了城市抵御事故风险、保障安全运行的能力[1]。应急避难场所等应急疏散救援空间是灾害来临时保护群众生命安全的港湾，是城市应急管理工作能够顺利开展的重要组成部分[2]。

第一节　城市应急疏散救援空间的物质基础

不同研究背景学者对城市空间的理解不同。黄亚平（2002）认为城市空间可以分为两类：城市物质空间和城市社会空间[2]。城市物质空间作为“空间”的“城市”存在的物质基础，也是其他空间得以显现的平台。作为城市空间的一个重要组成部分，城市应急疏散救援空间也可以如此理解，本书的分析也将基于城市应急疏散救援的物质空间来展开，在物质空间叙述中自然地受到各种关系的影响和制约[3]。

城市应急疏散救援的物质要素主要包括建（构）筑物空间、地下空间、公共开放空间、道路空间、基础设施空间等（表 2-1-1）。不同的物质空间发挥的防灾功能不同。

表 2-1-1　城市应急疏散救援空间物质构成

空间类型	具体项目
建（构）筑物空间	具有防灾功能的建（构）筑物，普通建（构）筑物
地下空间	地下商业空间，地下停车场、地铁等交通空间，地下管线设施空间，地下油库、地下仓库等储藏空间
公共开放空间	公园、绿地、广场、体育场、学校操场、城市河道等滨水空间
道路空间	城市边缘的高速路、快速路等对外联系要道，城市主干路、次干路、支路
基础设施空间	通信、给排水、供电、能源等生命线工程

1. 建（构）筑物空间

建（构）筑物是地面上最主要的实体空间，人们大部分的日常活动和生产活动都发生在这里。根据建（构）筑物的不同功能将其分为具有防灾功能的建（构）筑物和普通建（构）筑物。

对于具有防灾功能的建（构）筑物，是防灾空间中重要的防灾据点，对整个区域产生防灾作用。比如以救治为核心功能的医院，以救援为核心功能的消防站、派出所，以指挥为核心功能的应急救灾管理中心、市政府及公安局，以物资调运储备为核心功能的车站、港口、大型市场及粮仓，以预测检测为核心功能的气象局、地震局、水务局等各相关部门，以避难为核心功能的学校和体育馆，以信息传播为核心功能的广播台、电视台和通信站等。

对于普通的建（构）筑物，如住宅、办公楼、商业建筑等，防灾功能主要体现在局部：

结构安全——建（构）筑物结构安全，建筑在受到灾害时不易发生结构破坏或者倒塌，能保障人们在其空间内不受到损伤。

灭灾设施——建（构）筑物空间中如消防栓、灭火器等都能及时地扑灭或减小灾害，争取更多的救灾和避灾时间。

避难设计——建（构）筑物中也有逃生通道、避难层等各类避难空间的设计，能保障人们短时间在实体空间内避难或者及时逃离受灾建（构）筑物。

控制灾害——建（构）筑物中的一些隔断设计，能将火灾等灾害限制在一定的空间内，阻碍其蔓延，起到控制灾害的作用。

2. 地下空间

地下空间是相对于地面上的建（构）筑物空间而言，主要为地下停车场、地下商贸空间、地下交通空间、地下管线设施空间、地下油库等储藏空间。地下空间对外部发生的灾害有较好的防护作用。

人民防空——只要建设少量的保护工程，地下空间就能有效地防御各种武器的进攻，是一种低成本的防空方式。

避难场所——地下空间对于地面上发生的灾害（如风灾等）有很好的防护性，可以作为临时的避难场所，一些地方也将地下空间作为避震场所，但是日本阪神大地震的状况，让人们对地下空间的抗震性能产生怀疑。

避难通道——现在很多大城市都建设了地下铁轨，甚至建设了海底隧道等地下交通设施，可以作为地面交通受阻时，辅助的避难疏散通道。

物资储备——我国很早就开始利用地窖来储备粮食，地下空间可以作为粮食、石油，甚至饮用水源等物资的储备空间。

防洪蓄水——地下河道、地下雨水调节池等能有效地防止暴雨等造成的城市内涝灾害。

保护基础设施——各类埋藏于地下的“生命线”基础设施要尽可能地减少灾害对其的影响，发挥地下防灾的功能，减少受损概率。

3. 公共开放空间

公园、绿地、广场、体育场、学校操场以及城市河道等滨水空间都可以作为城市公共开放空间。这些城市中重要的开放空间，除了美化环境、提供人们休闲游憩的场所外，也具有防灾功能。

改善致灾因素——公园、绿地、水系等绿化空间，能起到“城市绿肺”的作用，而良好的城市环境也能够减少病毒等的传播，从而减少城市灾害的发生。

防止火灾蔓延——较开阔的空间能防止或者延缓火灾的蔓延。

避难救援场所——由于这些场所能够提供较平坦的空间，所以能够作为临时、固定甚至是中心避难场所，也能布局指挥中心、安置救援队和开展医疗救治活动。

蓄水防洪——大型的自然公园，可以作为暴雨时的城市分洪区，河道等城市水系能起到排涝的作用，防洪堤的加固也能加强城市的防洪能力。

4. 道路空间

城市道路空间在平时满足人们日常交通的需要，作为防灾空间，其主要具有以下四个方面的作用：

紧急避难场所——当地震等灾害发生时，人们第一反应就是跑出去躲避灾害，人们经常会把道路作为其首要的紧急避难地。

避难通道——灾害发生时，人们利用道路作为避难通道，快速躲避灾害，抵达安全的地方。合理的避难道路宽度、密度及两旁建筑物控制决定了区域内的人们能否通畅避灾。

救援运输通道——无论是灾前防备还是灾后救援，道路（特别是重要道路）需要承担运输功能。灾后，救灾通道的通畅要能保证救灾物资、人员能够及时抵达灾区，开展救援工作。以免造成大地震后，由于道路堵塞，造成外界救援难以进入灾区的情况发生。

隔离灾害——宽阔的道路加宽了两侧建筑物的距离，对于火灾等的蔓延有一定的阻隔作用。所以为了防止火灾，我们会对道路宽度和两侧建筑高度提出要求，这也是建立防灾单元的基本思路之一。

5. 基础设施空间

基础设施空间包括通信、给排水、供电、能源等“生命线”工程的所占空间。“生命线”系统一方面能维持人们正常的生产生活，另一方面能保障灾害预防、救援工作的顺利开展，这部分空间是我们不能随便接触的空间，但是至关重要的防灾空间。

参考文献

[1] 乔鹏，翟国方．韧性城市视角下的应急避难场所规划建设：以江苏省为例［J］．北京规划建设，2018（02）：45-49.

[2] 李文静，翟国方，张岩，等．全域旅游背景下县域应急避难场所规划研究：以淮安市金湖县为例［J］．上海城市规划，2022（04）：49-54.

[3] 黄亚平．城市空间理论与空间分析［M］．南京：东南大学出版社，2002.

第二节　城市应急疏散救援空间的特性

城市应急疏散空间不同于城市其他空间，为了实现其防灾功能，城市应急疏散空间应具备以下四个特性：

1. 安全性

城市应急疏散空间自身的设防等级高，能尽可能地防御城市灾害，减少受灾损失，提供避难空间，受难者可以及时疏散、逃生、避难，救援者可以及时提供救护、救援、救助。

2. 多功能性

城市应急疏散空间往往依附于城市其他空间，城市应急疏散只是空间的一个功能。其多功能性就表现在平灾结合，平时发挥日常作用，灾害发生时才发挥防灾功能。比如体育场馆平时作为大家运动休闲的场所，灾害发生时可作为避难场所。另外，城市应急疏散空间的发展趋势是综合性防灾，也越发注重多种灾害共同防治，提高空间利用的集约化程度。

3. 复原性

复原性是指城市应急疏散空间面对灾害时的一种“弹性”，比如自然绿地在发生洪水时，可以作为泄洪区，等洪水退去，它能够恢复成日常绿地。另外，当城市应急疏散空间受到损害时，能够启动应急机制，使其快速恢复，成为灾后最先得到恢复的空间。

4. 开放性

城市应急疏散空间中大部分属于公共空间，具有开放性。这些开放空间能进行空间的整合和利用，可以在调节孕灾环境、逃生、避难、救援中发挥作用。当然，一些涉密的城市应急疏散空间不具有开放性，需要保密，才能更好地发挥作用。

第三节　相关理论概述

一、城市灾害学

中国是自然灾害最为严重的国家之一，政府一直对灾害风险评估和管理研究工作的开展以及防灾减灾工作的推进十分关注[1]。提升高风险地区的防灾减灾救灾能力，制定与建设区域相协调适应的安全韧性提升路径和政策，是顺应新时代下城市安全发展理念的重要举措[2]。城市灾害学是城市减灾防灾、避难疏散等研究的理论基础，产生于 20 世纪 80 年代，是城市学与灾害学两个学科相互交叉而成的科学。主要研究内容包括三个方面：第一，灾害形成机制及灾害活动规律的认知；第二，减灾理论与方法；第三，减灾管理理论与措施。在城市灾害学理论中，存在的主要知识体系包括五个原理：①灾害不可完全避免原理；②灾害形成与发生的对立统一原理；③灾害形成与发生的量变质变原理；④灾害形成与发生的否定之否定原理；⑤灾害研究中治标与治本互促原理。因此，在城市规划建设过程中，现代城市灾难学理论占据着重要地位，功能性城市的建立不可缺少对疏散救援的分析。比如，从宏观角度制定减灾疏散救援战略规划，以及从细节上制定疏散救援具体措施，再到评价城市疏散救援空间功能都要借鉴城市灾害学理论，判断城市在宏观与微观角度的战略规划以及控制实施对策等。总之，城市灾害学所包含的灾害管理、成因分析、监测预警、灾度评估以及防治预案等，不仅为城市规划提供了理论指导，而且也是城市防灾空间布局的重要依据，城市应急疏散救援空间功能的实现也要依赖于该学科知识体系，从多个方面制定措施，以便充分发挥城市公共空间系统的防灾避险功能。

同时，在实践应用过程中灾害软科学和硬科学还涉及很多方面的措施，比如灾害社会、灾害医学、灾害经济及政策等软科学知识，以及减灾建设、减灾技术、减灾设备、空间减灾措施、人为及自然灾害防治工艺等灾害硬科学知识。上述知识体系都需要结合实际情况和现行的规范标准，针对不同类型灾害的规模和特征，制定针对性较强的应急疏散救援措施，以实现城市应急疏散救援工作的高效开展。

城市灾害学体系框架图如图 2-3-1 所示。

二、系统论

早在古希腊时期，著名学者亚里士多德就提出“整体大于部分之和”的论断，这也是西方最早的系统论思想萌芽。现代的系统论思想产生于 20 世纪 40 年代，由美籍奥地利理论生

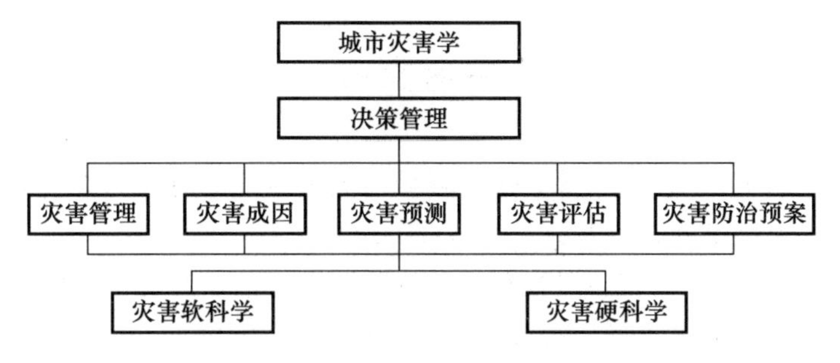

图 2-3-1　城市灾害学体系框架图[3]

物学家贝塔朗菲提出，他于 1937 年提出一般系统论原理，奠定了现代系统论的基础，但直到 1948 年该理论才得到学术界的重视。系统论的核心思想是将研究对象看作是一个有机整体来进行分析，系统论认为系统是由若干相互联系、相互作用的要素构成且具有某种特定功能的有机整体，这些要素在该系统内的秩序形成整个系统的结构，其中特定的结构对应特定的功能，本质上看系统论就是对系统、要素、结构和功能的研究，各要素之间并不是孤立存在的，每个要素在系统中都有着特定的位置，发挥着特定的作用。

在城市应急疏散救援空间体系中，疏散救援空间有着重要的位置，灾难发生时不仅具有很强的防灾、减灾、抗灾、避险、疏散等重要功能，平时还能够作为美化环境的公共空间，为居民提供游憩休闲场所，达到改善和维护自然生态平衡的效果。尽管我国在城市综合防灾规划编制中，尚未将上述功能需求作为规划必要条件，也没有制定具体的相关措施，缺乏应对灾害的必要基础设施，但是疏散救援系统在城市防灾避险以及灾后重建实践中发挥着重要作用。因此，在国土空间规划体系构建的大背景下，城市结合各级疏散救援要求统筹设计和安排，形成一个结构合理、层次清晰的应急疏散救援空间系统，有着十分重要的实践价值。

城市应急疏散救援体系是一个综合性极强的系统，其各构成要素之间相互联系又各成体系，因此，以系统论为基础进行相关理论研究，必然对本书有所启示。毫无疑问，本书在构建城市应急疏散救援空间体系的过程中，将基于系统论，按照整体性、动态性、层次性、开放性规划原则，重点分析应急避难疏散场所体系、应急救灾疏散通道体系、应急疏散救援支撑体系的系统构成，以及系统内部彼此之间的从属协同关联点、内在的层次结构，为城市开展应急疏散救援工作提供理论指导。系统论在城市应急疏散救援空间中的应用框架如图 2-3-2 所示。

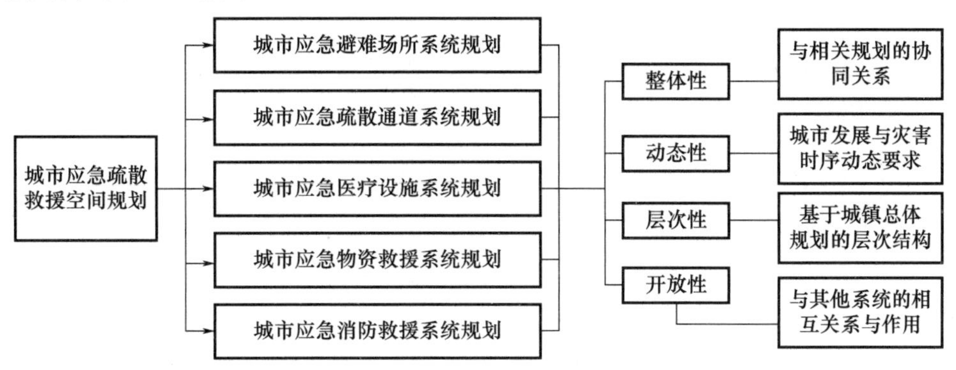

图 2-3-2　系统论在城市应急疏散救援空间中的应用框架

参考文献

［1］周姝天，翟国方，吴天，等．全过程城市灾害风险应对能力综合评估：以福建省厦门市为例［J］．上海城市规划，2021（06）：99-105.

［2］杨海峰，翟国方．灾害风险视角下的城市安全评估及其驱动机制分析：以滁州市中心城区为例［J］．自然资源学报，2021，36（09）：2368-2381.

［3］金磊．城市灾害学原理［M］．北京：气象出版社，1997.

第三章　城市应急疏散救援空间规划体系的建立

应急疏散救援空间主要是指在灾害发生时及发生后，起到应急疏散救援作用的空间。如救灾通道、避难疏散、应急指挥、医疗救护、生命线、物资中转等空间。现代城市的应急疏散救援空间，一般是由网格化的点、线、面构成的救援系统，是一个有机运行的整体。以城市应急疏散救援空间作为规划的主要内容，根本目的是塑造一个安全的城市环境和维持社会的可持续发展；提高城市应急疏散救援空间对灾害的适应性。城市应急疏散救援空间规划体系的建立能够使城市面临灾害具有一定的韧性和张力，提高城市对灾害的承载能力。

第一节　城市应急疏散救援空间规划体系构建的意义

一、引导城市有序发展，完善城市防灾减灾格局

安全城市对城市综合防灾能力提出了相当高的要求，这显然造成了城市建设用地与城市防灾疏散空间用地需求之间的矛盾，将城市防灾研究建立在城市空间布局上进行，避免城市无序盲目开发，不仅可以为城市提供生态型过渡空间，改善城市生态环境，消灭或削弱城市灾变致因，还可为城市留出防灾空间（如可供城市“呼吸”的绿地，吸纳洪水的滩地等），提高城市对灾害的缓冲消纳能力。构建城市防灾空间对于城市安全格局和环境保护具有重要意义。

二、有机组织防灾疏散空间，提高空间利用率

每种防灾功能单元根据其特点及配套设施状况都有一定的服务范围，如何使有限的防灾资源发挥最大的作用，是防灾空间规划首先需要解决的问题。通过科学合理地布局应急疏散救援空间，使其具备适宜的服务半径，避免出现救灾疏散“盲区”。

三、整合现有应急空间设施，打造系统防灾环境

城市安全是城市生存和发展的前提。目前，许多城市在实际规划工作中，开展的城市规划工作主要是从城市的宏观发展角度出发，确定城市的规模和布局，对城市人口、用地和容积率等实行宏观的控制。这样形成的城市空间，尽管个别空间（如广场、公共绿地等）在客观上可以起到防灾的作用，但由于缺乏对避难、通道、消防、物资、医疗等空间进行系统性整合，因此，一旦发生大规模的灾害，就会暴露出因防灾空间不足而使救援疏散难以顺利进行的弱点。因此，在国土空间规划体系重构的大背景下，通过制定系统性的应急救援疏散空间规划，可以促进以上承灾体救灾工作的空间资源的有效利用及合理布局，提高其整体效能，使城市应急疏散救援空间对救灾作业提供有力的支持。

第二节　城市应急疏散救援空间的系统化结构

一、城市应急疏散救援空间功能结构体系

基于系统论视角，现代城市是一个复杂的巨系统，即以人为主体，以空间利用为特点，以聚集经济效益为目标的高度集约化的地域空间系统。应急疏散救援空间则是该巨系统中的一个子系统，由相互作用和相互依赖的空间要素组成，具有一定层次、结构和功能。不同层面上的空间意义不同，不同类型空间的防灾功能也不同，在不同条件下，针对可能发生的灾害，利用城市空间对城市起到整体的防护作用，需要从系统论的观点来进行探讨，从而建立起可以主动积极抵御城市灾害的应急疏散救援空间。应急疏散救援空间结构体系如图 3-2-1 所示。

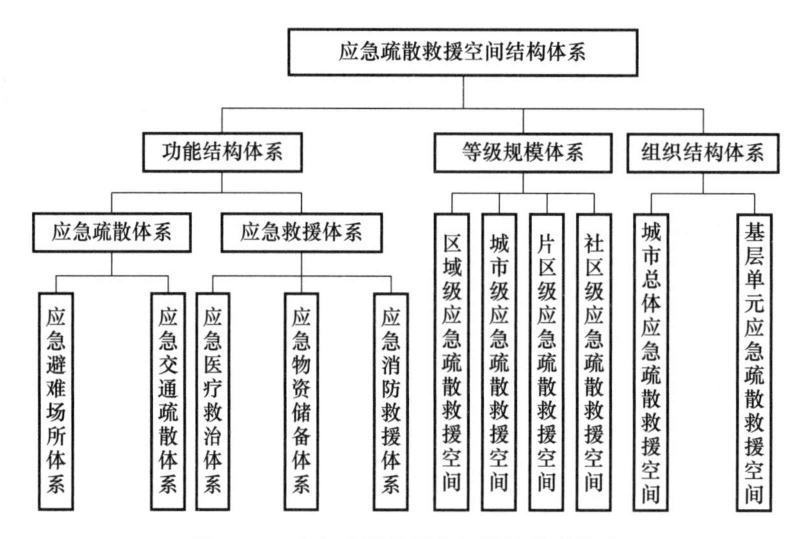

图 3-2-1　应急疏散救援空间结构体系构成

1. 应急疏散体系

（1）应急避难场所体系

避难是灾害发生后人的第一行为，应急避难疏散空间是城市应急疏散救援空间体系中最为重要的空间，其他救援活动所需的功能空间常常以应急避难疏散空间的设置为基础，或与应急避难疏散空间组合设置，因此应急避难场所体系的构建需要进行最为详细且深入的讨论。

① 应急避难场所的定义

通常来说，应急避难场所是为了人们能在灾害发生后一段时期内，躲避由灾害带来的直接或间接伤害，并能保障基本生活而事先划分的带有一定功能设施的场地。应急避难场所应具有应急避难指挥中心、独立供电系统、应急直升机停机坪、应急消防措施、应急避难疏散区、应急供水等 11 种应急避险功能，形成一个集通信、电力、物流、人流、信息流等于一体的完整网络。

② 应急避难疏散场所体系的功能

具体来看，城市应急避难场所的功能比较特殊，因为空间载体的关系，从而具有时序变

化的特点，可以分为平时和灾时两类[1]。根据避难场所普遍认为的“平灾结合”的建设原则，避难场所依托于现有的公园绿地、停车场、体育场馆、学校等场地建设而成，因此在平时发挥原场所的游憩、停车、体育活动、教学活动等功能。一旦进入灾时，立即启动应急避难和防灾功能，具体包括避难安置功能、医疗救助功能、联络与转运功能，防止二次伤害的发生。

a. 避难安置功能。这是大部分避难场所的主要功能。在灾害发生之前或者在灾害发生后，部分居民转移至避难场所进行短期至长期的宿住，宿住的原因一部分是因为住宅倒塌损毁或房屋存在安全隐患不适宜继续留在家中或生命线系统遭到破坏严重影响正常的生活，一部分是因为虽然房屋安好，但是存在心理恐惧与疑虑，不知道灾害后续的发展情况而宿住。这部分居民变成临灾意义上的“无家可归”人群，需要避难场所为其提供暂时性的安全庇护以及日常起居所需的水、电、照明、食物、衣物等。

b. 医疗救助功能。因灾害受伤的人群以及在避难过程中受到二次伤害的人群急需医疗救助，但是一部分医疗场所在灾害过程中也被破坏，交通阻滞，因此需要在避难场所设置医疗救助点，为灾害中轻微伤员提供物理性伤害的救助，缓解医疗资源紧张状态，以避免对重大伤亡人员所需的常规医疗场所空间的占用。

c. 联络与转运功能。在灾害发生时，信息的传递非常重要，一方面可以有效地调度各项救灾资源，指导人员避难，减少灾害损失，另一方面也可以互通有无，避免因信息缺乏导致的心理恐慌。避难场所作为灾害发生过程中救灾组织与组织之间、组织与受灾居民之间的信息收集和联络据点，与外界联络救援事宜，同时统筹安排避难场所需物资集散发放和伤亡人员的转运工作。

d. 防止二次伤害的发生。灾害的发生具有连锁性，除了次生灾害外，极易发生疫病、踩踏、心理损伤等，一方面避难场所能够集结各类资源进行专业性庇护，保障避难人群的安全，另一方面由于避难大多采用就近避难的方式，同一避难场所内人员的熟识程度较高，增强了避难人员的认同感和归属感，减少了因为灾害带来的恐惧。

③ 应急避难疏散场所体系的结构

应急避难场所的功能复合结构可分为横向的类型性、纵向的层次性两个方面，二者相互交叉、融合，形成纵横交错、但又普遍联系的网络结构。

按照横向的类型性分类，根据使用空间的开放性或封闭性，应急避难场所可以分为场地型和建筑型两大类。

场地型避难场所一般包括公园绿地、广场、露天体育场、停车场等室外空间，可以利用场所开阔的空间和原有的设施设置篷宿区以及相关功能分区为居民提供避难功能。

建筑型避难场所包括大型体育馆、展览馆、学校、公共建筑和地下空间等，利用既有的封闭空间在内部划分居住组团、管理处等分区为居民提供避难空间，在具体的空间设计上需要注意对原有室内空间的利用。

纵向的层次性一般体现在避难场所的供给上，通常将应急避难场所分为紧急避难场所、固定避难场所、中心避难场所，其中《城市抗震防灾规划标准稿修订稿》中按照避难时间的长短将固定避难场所划分为短期型、中期型和长期型。

紧急避难场所[2]指用于紧急疏散居民或集合居民向固定避难场所转移的过渡性场所，包括城市居住区、商业区附近的小型公园绿地、小游园、小型广场、停车场以及结构稳固的公共建筑（如学校等）。紧急避难场所的避难时间为3天以内，占地面积要求1000m^{2}以上，人均有效占地面积大于1m^2，疏散半径2～3km，管理级别为社区级。

固定避难场所指配置一定的专业应急设施，可以在灾时搭建临时帐篷或者临时构筑物，并能够提供应急医疗救护、物资供应、供水的中长期避难场，包括面积较大的公园、广场、体育场、停车场、学校操场以及结构稳固的公共建筑，避难时间一般为3天以上。固定避难场所占地面积应该大于1hm^2，5～20hm^{2}最佳，人均占地有效面积为大于2m^2。管理级别为街道级。

中心避难场所是面积较大、功能较全、等级较高的固定避难场所，一般是位于全市级别的大型公园、大型体育场馆等，具有救援指挥中心、医疗救护中心、重伤员转运、救灾设备存储、救援部队驻扎、救灾备用地、直升飞机停机坪等综合性疏散功能的长期避难场所。场地占地面积大于20hm^2，一般在50hm^{2}以上，管理级别为城市级、区级[3]。避难场所等级划分见表3-2-1。

表3-2-1　避难场所等级划分[4]

级别	有效面积（hm^2）	人均避难面积（m^2）	疏散半径（km）	避难时长（天）	管理级别
紧急避难场所	≥0.1	≥1	0.5	1～3天	社区级
固定避难场所	≥1	≥2	2～3	3天以上	街道级
中心避难场所	≥20（区级） 一般≥50（市级）	≥4	3	3天以上	市、区级

不同层级的避难场所，功能侧重不同，内部子系统以及子系统的元素构成也存在差异，按照紧急—固定—中心的从低到高的顺序，系统元素种类和组成关系渐趋复杂，配置级别也越来越高，虽然功能、效用各有侧重，但是其避难服务是层级嵌套式，即上一层级的避难场所具有下一层级避难场所的功能，固定避难场所也可以用作紧急避难，而中心避难场所则是高等级的固定避难场所。

（2）应急疏散救援通道体系

道路空间的主要功能是运输和疏散，这一点也是防灾救灾所必需的。在重灾发生后，城市道路被破坏或堵塞，是城市陷于瘫痪的主要原因之一，因此城市救援通道系统要求道路留有足够的宽度以保证灾时的通畅。城市应急救援通道体系的建立就是依据现有城市道路资源进行比较与优化，选择合适的道路加以强化与整顿，并采用地上与地下空间相结合，水、陆、空相结合的原则进行规划，形成完善的立体救援交通体系。

① 应急疏散救援通道的定义

应急疏散救援通道是指针对突发、具有破坏力的紧急事件可及时采取应急响应的救援避难疏散通道，使人们可以迅速、有序、安全地撤离危险区域，到达安全地点或安全地带所需要的路径。通常包括高等级公路、铁路、道路以及航道等，大部分兼具平时的交通功能与灾时的防灾避难疏散功能。城市应急疏散救援通道一般由市内应急疏散救援通道与区域应急疏散救援通道两部分组成，前者功能主要为城市内部避难疏散，后者则主要承担城市对外的疏散和救援职能，两部分共同构成了城市灾时避难通道系统。

② 应急疏散救援通道体系的功能

在应急疏散救援通道空间中，应明确道路的防灾救灾功能，不能将救援通道与避难通道混为一体，还应该预先规划替代性道路[5]。

救援通道的道路宽度要考虑大型救灾机械的进出，其路网结构还要满足救援半径的要求，如消防通道除保持消防车辆行进畅通与消防器材的操作空间，还必须满足有效消防半径的要求，避免路网内部产生消防死角。

人员感到有危险必须逃离时，从危险地到安全场所的步行时间不得超过一个小时，应充分考虑心理学、人体工学、周围道路环境以及与避难场所的连接情况等多方面问题。从心理学的角度来看，灾难发生时人们对避难路径的选择主要考虑以下几个方面：日常生活较熟悉、易发现的路径，距离自身最近的路径，直行路径，追随多数人等。从人体工学的角度来看，交通量大的避难道路应设人行专用道。从与避难场所的联系来看，要保证至少有两条避难通道与之相连。

特殊隔离通道受疫情等突发公共卫生事件影响，在防灾救灾交通空间规划上要对一些特殊的运输，如传染病病人的运送或危险品、有毒物的运输，专门设置经过规划的隔离通道。该通道要保证能够把传染病人或危险品安全地送达目的地，并防止其在运输途中对所经地区造成传播和污染，这个通道系统不能与一般的交通系统混合使用，必须是单独的系统，需要统筹考虑运输时间和运输路径。

替代性通道是在规划防灾救灾通道瘫痪后能够起到应急作用的通道。现有的防灾规划在规划避难通道和救灾通道时，往往忽略了替代性道路的规划，

③ 应急疏散救援通道体系的结构

城市应急疏散救援通道体系可以分为城市级、区级和社区级。

a. 城市级应急救援通道是以城市对外交通性干道为防灾救灾紧急通道。保证有效宽度不小于20m，城市的出入口在10个左右。城市级救灾道路用来联络灾区与非灾区，城市局部地域与区域内其他城市，确保人力、物资救援通道通畅，并能够到达全市各主要防灾救灾指挥中心、大型避难据点、医疗救护中心及城市边缘的大型外援集散中心等主要防灾据点，并预先规划道路严重受损所需的替代性道路，以保证救灾工作的顺利进行。

b. 区级应急救援通道是灾害发生且灾情稳定后，作为城市内部运送救灾物资、器材及人员的道路。这一级别的道路应该确保消防车、大型救援车辆的通行及救援活动、避难逃生活动的进行，是避难人员通往避难场所的路径，在灾害发生时进行消防救灾并将援助物资送往各灾害发生地点及各防灾据点。可以利用市区内有效宽度在15m以上的道路，这是根据城市人流车流等因素确定的，其中消防车行为4m，人行为2m，双面停车为7m，机动宽度为2m。在规划时应考虑救援道路和疏散道路的区分，疏散道路应考虑远离或避开危险源。

c. 社区级应急救援通道的功能以人员避难疏散为主，供避难人员前往避难场所，还可以作为没有与上两级道路连接的防灾据点的辅助性道路，以构成完整的路网。同时，社区级避难通道应兼具消防通道的作用，宽度宜8m以上，其中消防车行为4m，人行为2m，机动宽度为2m。每一街区应包含两条以上的避难道路，以防止其中一条避难道路受阻而妨碍避难。紧急避难通道一般为8m以下道路，是在一些避难场所、防灾据点无法与前三个级别的路网连通时，用来联络其他避难空间、据点或连通前三个级别应急救援通道。

应急疏散救援通道系统规划标准见表3-2-2。

表 3-2-2　应急疏散救援通道系统规划标准[6]

规划项目		规划标准
城市级	紧急通道	宽度 20m 以上 连接灾区与非灾区 连接各应急救援分区 连接各主要应急救援据点
分区级	救灾通道	宽度 15m 以上 连接紧急通道 连接各主要应急救援据点
	疏散通道	宽度 15m 以上 连接紧急通道 连接各主要应急救援据点
社区级	避难通道	以社区应急救援据点为中心，构成间距 250m 的网络 宽度 8m 以上
	紧急避难通道	宽度 8m 以下

④ 应急疏散救援通道功能分级

城市应急救援通道按照等级可以分为救灾干道、疏散主干道、疏散次干道及街区疏散通道。

救灾干道是指在大灾、巨灾下需要保障城市救灾安全通行的道路，与城市现有和规划的出入口相连，联络灾区与非灾区、城市局部地域与区域内其他城市，连通各防灾分区，能够到达城市各主要救灾指挥中心、城市中心避难场所、医疗救援中心以及城市边缘的大型救援集散中心等主要防灾据点。实现城市内外救援运输，保证城市局部地域与区域内其他城市的人力物资救援畅通，为城市防灾组团分割的防灾主干网络。一般利用城市对外交通干道（如高速公路），以陆上对外交通干道为主，水上及空中通道为辅。

疏散主干道是指在大灾下保障城市救灾安全通行的城市道路，主要连接城市中心或固定疏散场所、指挥中心和救灾机构或设施，构成城市防灾骨干网络。其用于城市内部运送救灾物资、器材和人员。一般为城市主干道。

疏散次干道是指在中灾下保障城市救灾安全通行的城市道路，是避难人员通往固定避难场所的路径，并可作为没有与上两级道路连接的防灾据点的辅助性道路。其用于疏散避难市民，并保证避难市民沿轴行进可达到防灾应急避难场所。还可起到中灾情况下的疏散通行和阻止大灾情况下的次生灾害蔓延的作用。一般为城市主、次干道。

街区疏散通道是指用于居民通往紧急疏散场所的道路。当一些避难场所、防灾据点无法与前三个级别的道路连通时，则需要通过疏散通道来联络其他避难空间、据点或连通前三个级别通道。其用于保障居民快速进入从居住聚集区进入救灾据点、临时避难场所。通过疏散通道居民可快速进入救灾主次干道，到达固定避难场所，并保证生活区内部的消防通道要求。一般属于街区级道路。

按照交通方式可分为水上救援通道、陆路救援通道、空中救援通道。按照功能又可分为复合式救援通道和单灾种救援通道。

水上救援通道是指可以进行人员疏散与救灾的城市水网航道，用于连接避难场所以及城市的各级疏散通道，在一些水系比较密集的地区，必要时利用水上救援通道进行人员疏散成为另外一种可行的疏散方式，可作为陆路救援通道的补充，增强灾时城市的疏散救灾能力。水上救援通道应保证与城市道路的有效连接，在货运码头、客运码头建设的同时，还需建设一定数量的备用码头或在城市建设时预留一定的用地，以保证灾时人员的快速疏散与救灾活动的顺利进行。

陆路救援通道是指用于城市对外联系的铁路、公路以及城市内部疏散救援道路等，主体为城市各类道路。陆路疏散救援是一般灾害疏散救援的主要方式。倘若陆路交通灾时遇到断路而无法通行，则不可使用陆路进行疏散救援，需就近寻找避难场所或采用其他疏散救援方式，如水上、空中等疏散救援方式。在城市建设时，首先应合理布局各类铁路、公路及城市道路，提高城区路网密度，构筑完善的城市防灾疏散通道体系，保证城市每个方向均能够快速对外进行联系；其次应实行公交优先发展策略，提高城市道路通行能力，对城区重要交叉口进行评估改造，提高道路交叉口通行能力。

空中救援通道是指利用各类机场进行灾时紧急避难疏散，它具备快速疏散的特点。缺点是疏散能力不足。在发生重大灾害时，空中疏散救援方式可作为其他避难方式的补充。

由于各城市之间的地形地貌等自然条件及主要灾种具有地域性差异，救援通道按功能可分为复合式救援通道（作为两种以上灾害的共同疏散救援通道）、单灾种救援通道（地震、洪水、火灾等疏散救援通道）。

复合式救援通道。复合式救援通道指的是可用于两种及两种以上灾害的应急疏散救援通道。例如可用于地震疏散救援通道的道路，同时位于地形标高较高的位置，即可兼有洪灾疏散救援通道的功能。

单灾种救援通道。单灾种救援通道是指由于各种原因及条件限制只可用于某一种灾害救援疏散的通道。考虑到灾时居民的快速疏散与灾害链效应，城市疏散救援通道应以复合式疏散救援通道为主，且规划设计标准应高于单灾种疏散救援通道。

2. 应急救援体系

应急救援体系是城市具体应急救援活动的空间支持系统，既是宏观的疏散救援空间战略系统的延伸，又是进行微观层面救援活动的必要前提。在这一层面的研究中，更关注的是对应急疏散救援起支撑作用的实质性空间，能在城市范围内迅速为救援活动提供空间和场所，强调能够促进、保障灾害救援工作开展的各功能空间体系发挥相应功能，并探讨体系的完整性、层次性以及更为具体深化的布局形态和空间利用。

应急救援保障网络体系如图 3-2-2 所示。

应急救援体系是在面对突发性灾害事件时保障紧急救援的有效开展，为城市实质性应急救援空间体系在城市范围内迅速开展救援活动提供途径、空间和场所的保障，主要支撑城市在医疗、消防、物资保障、生命线等方面的需求。

交通应以救灾干道为主干，保障分中心疏散场所可达；由救灾干道、疏散主干道形成救援骨干网络，保障城市固定避难场所可达；疏散次干道与救援骨干网络交互连通，保障居民的安全疏散。

医疗系统应保障巨灾下的紧急医疗用地，与中心疏散场所相对应，规划安排医疗保障措施，通常可安排三级医院作为对口救援；保障大灾下的紧急医疗，与重点固定疏散场所相对

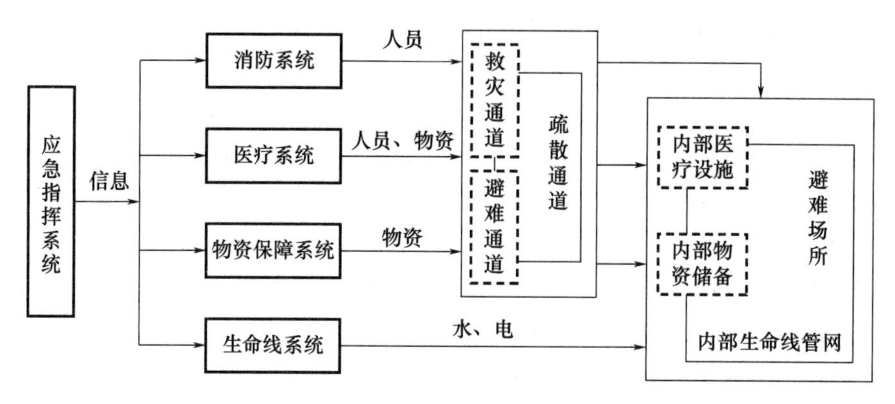

图 3-2-2　应急救援保障网络体系

应，规划安排医疗保障措施，通常可安排二至三级医院作为对口救援。

消防应保障市级、区级政府指挥、可调用及外来救援力量的消防救援紧急用地。

物资应保障城市在巨灾下主要避难疏散场所的各方面物资需求。

二、城市应急疏散救援空间等级规模体系

基于不同的应急疏散救援空间等级规模，可将城市应急疏散救援空间分为区域级应急疏散救援空间、城市级应急疏散救援空间、片区级应急疏散救援空间和社区级应急疏散救援空间（图 3-2-3）。每一层级的应急疏散救援空间自身都是一个完整的体系，而各层级之间又相互紧密联系。这样的结构体系，既能保持各层级的独立性，又能保持层级间的关联，方便管理（表 3-2-3）。

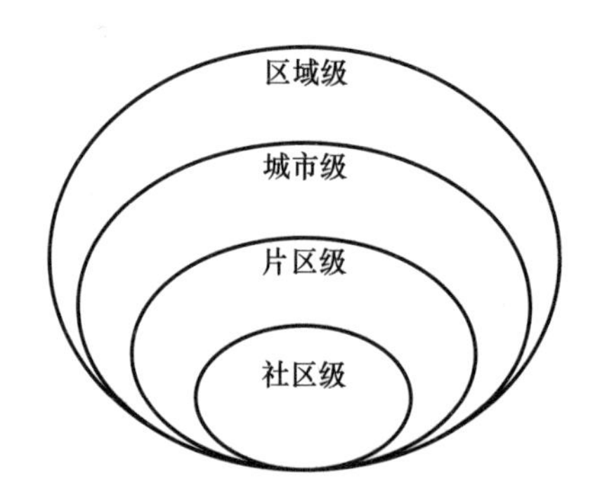

图 3-2-3　城市应急疏散救援空间等级结构

表 3-2-3　城市应急疏散救援空间等级结构及规模

应急疏散救援空间等级	规模面积	包含内容
区域级	1 万～20 万 km^2	城市群空间体系，城市选址布局，区域性生命线工程空间
城市级	50～100km^2	城市形态和空间结构，城市生命线骨架系统空间，重要应急救援点
片区级	4～15km^2	分区空间结构、指挥系统、通信系统、避难系统、消防系统、医疗系统和生命线系统
社区级	500m 半径	指挥系统、通信系统、避难系统、消防系统、医疗系统和生命线系统空间

1. 区域级应急疏散救援空间

区域级应急疏散救援空间是指在区域内的城市之间组建的应急疏散救援框架，包括区域疏散救援功能组织以及在应对灾害时城市间的相互救援联系。具体来说，主要为城市群空间体系，城市选址布局，交通、通信、能源、水、物资等区域性生命线工程等方面。

良好的城市群空间体系，一方面，由于存在一定的空间距离，城市之间有大量的农田等自然生态空间隔离，可以调节孕灾环境；另一方面，由于城市间区位、经济、社会等联系较强，在遭遇地震、洪涝等巨灾时，不至于整个区域都受灾，未受灾或者未受损的城市能够较快地给予受灾城市支援。伊恩·麦克哈格（Ian McHarg，1969）在《设计结合自然》中，就认为城市周边大尺度的区域环境，是保证城市安全的基础[7]。武汉“1＋8”城市群建设中，就提出要发挥城市群之间协同互助、资源共享的优势，实现“区外避难”的策略[8]。

城市选址布局决定了城市所需要面对的自然灾变强度。城市优越的地理位置，不仅能成为城市未来发展的优势，也能增强城市的安全性。为此，生命线系统的联动是区域间应急疏散救援联动中最为重要的，其中，涉及疏散救援工程的内容包括道路运输系统和救援物资系统[9]，该系统是城市正常运行的保障，也是灾后救灾支援的关键。

2. 城市级应急疏散救援空间

城市级应急疏散救援空间，是指在单个城市层面，城市的疏散救援空间架构是城市应急疏散救援空间系统的实体环境。可以从城市形态和空间结构、城市生命线骨架系统空间、物资储备中心、中心避难场所等重要应急疏散救援点来理解。不同的城市形态和空间结构对城市疏散救援有不同的影响，吕元（2004）在比较圈层式结构、带状结构、网络状（多中心）结构后，认为多中心组团的城市空间结构更利于疏散救援[5]。蒋伶（2008）结合南京实例，也认为多心组团的布局在降低灾害影响面、提高疏散救援效率、加快恢复重建速度方面具有优越性[10]。

城市级的生命线系统是整个城市生命线的骨架体系，是城市自组织功能发挥的重要的能源、通信、交通和水资源流通。重要的应急疏散救援点是指对整个城市应急疏散救援空间布局及应急管理具有保障功能的点，关系着整个城市的疏散救援组织工作的正常开展。在研究城市级应急疏散救援空间时，我们也可以对城市应急疏散救援空间进行分区，形成若干个疏散救援组团。疏散救援组团一方面便于管理，另一方面也有利于控制灾情。

3. 片区级应急疏散救援空间

片区级应急疏散救援空间是指根据城市空间形态和功能结构，为有效组织城市自救和外界救援，及时疏散和安置受灾群众，保障城市功能正常运行和防止次生灾害的发生而划分的城市应急疏散救援片区。根据实际情况，可以将片区级的城市应急疏散救援空间分为一级疏散救援片区（大城市）、二级疏散救援片区。各级分区既保持一定的独立性，又保持相互类联系，形成一个完整的应急疏散救援空间体系。

城市应急疏散救援一级片区，一般来说，为一个中心避难场所的责任范围。在城市遭遇巨灾时，能确保外来救援力量快速进入城市内部，并依托中心避难场所开展救援行动，保障相关物资能及时供应和信息通畅，有效组织无家可归居民在中长期固定避难场所的临时安置，防止次生灾害的跨区蔓延。城市疏散救援二级片区，也是基本应急疏散救援单元，在城市遭遇大灾时，解决片区内人员的避难活动问题，以使片区内人员可以在灾害发生后快速转移到固定避难场所避难，接受医疗卫生机构的救助和相关部门的支援，并在二级片区周围重点建设防次生灾害隔离带。片区级的城市应急疏散救援空间包括了片区的空间结构、避难系统、通道系统、医疗系统和消防系统等方面的内容。

4. 社区级应急疏散救援空间

社区级应急疏散救援空间是城市的应急疏散救援结构的基本空间体系。在城市遭遇灾害时，发挥服务城市居民的紧急避难、自救以及社区内部恢复正常生活生产等功能，主要为灾后半日至三日内的疏散和避难提供空间[11]，涵盖避难系统、通信系统、医疗系统和物资系统和消防系统五个部分。社区应急疏散救援空间建设一般以学校为避难场所（因为学校在社区中的分布相对较为均匀），形成容纳 4 万人的生活圈，一般包括社区管理、医疗、消防、物资等疏散救援点，绿地、水域等应急设施，还有五六百米长的避难道路以及能进行应急演练的器材设施和空间。

三、城市应急疏散救援空间组织结构体系

城市应急疏散救援空间按照“点线面”形式组织展开。“点线面”是相对而言的，对于城市来说的一个“点”，对于社区来说可能就是一个“面”，故分为城市总体应急疏散救援空间和基本应急疏散救援单元两个不同尺度的城市应急疏散救援空间组织形式。

1. 城市总体应急疏散救援空间

(1) “点”

城市层面的“点”主要指避难场所、应急救援据点、安全应急疏散街区、重大基础设施、重大危险源、重大次生灾害源、公园绿地系统、开放空间系统等。

避难场所选择的类型主要包括了具有应急避难功能的公园，可规划为临时避难空间的广场、其他开放空间，以及体育场场馆、学校、农地、闲置地等。

应急疏散救援据点是以城市政府、消防站、医院及大型公共设施为基础，加上救灾指挥中心、消防调度中心、灾民生活支持中心等据点设施，分为区域性应急救援据点、城市应急救援据点和社区应急救援据点等类型。应急救援据点建筑应采用抗震、耐火防火材料和构造，并且考虑建筑的倒塌范围，还应具备小型发电机、应急水源、应急食物及日用品储备、应急通信等条件，确保灾害发生后能发挥其应急救援功能。

安全应急疏散街区是集中了相关应急救援据点的街区，构成基本应急疏散救援单元。应急疏散街区主要包括了以防灾中心、地区行政中心、派出所、消防队为核心的安全应急救援功能，以福利设施、医疗设施为核心的城市据点功能，以公园、广场为核心的避难功能，以储存仓库等为核心的生活保障功能，以社区文化中心为核心的居民交流功能。

重大危险源，种类繁多，分布广泛。不仅要考虑危险源本身的安全应急问题，还要考虑危险源对周边设施和居民的安全问题，因为其对城市的安全影响巨大。

(2) “线”

“线”指应急安全轴，应急疏散绿带，避难通道与救灾通道，以及河岸、海岸等滨水线状地区的防救灾规划等。

应急安全轴，是指道路和其他应急防灾公共设施及沿线阻燃建筑物形成的一体化的有阻燃功能并可作为避难通道的城市空间。安全轴由防火带、避难通道、自然水利设施、有应急疏散功能的空旷地带等不同类型的应急疏散救援空间组成。

应急疏散绿带，指将绿带公园与应急救援据点结合，与周围的河流、道路绿带一起，作

为隔离带。通常可分为三类海岸、河岸、山边等，包括都市内的河川绿地带、绿道、林荫大道或者两条轴线间的连接轴，市区道路两侧绿化带所形成的绿带。

避难通道与救灾通道，指由快速路、主次干道构建的避难和救灾通道。构建避难和救灾通道需要考虑建筑物倒塌的范围，灾后相关救助、急救、消防、救援物资输送的效率等。

水岸等防救灾地带，是从生态保育、灾害阻隔的角度出发，可以在满足防洪需求的基础上，结合土地功能和景观环境整治，加强与堤外空间的联系，发挥综合性功能。

(3)“面”

“面”是指国土空间规划搭建（城市、片区、社区）的三级防灾分区，通过天然地形分割，形成组织防灾空间布局的基本单元，以合理的分区避免火灾、地震等灾害蔓延，并预留防灾避难及防疫隔离空间，连通疏散次干道与救援骨干网络，形成保障城市应急管理、引导居民安全避难的网络化空间基础。

2. 基本应急疏散救援单元

基本应急疏散救援单元在城市总体应急疏散救援空间中，仅作为一个点，但是在社区层面，它是一个相对完整的单元，其内部应急疏散救援空间组织，依然按照“点、线、面”的方式组织。

(1)“点”

基本应急疏散救援单元中的“点”，主要指街头小游园、街头绿地、应急防救灾设施、应急救援据点等。应急救援设施和据点仅服务于本社区的地域范围内。

(2)“线”

基本应急疏散救援单元中的“线”包括了内部的疏散通道、地下交通、河流、线型基础设施、管道等。一个基本单元往往是以应急疏散绿带等为边界所构成的区域。邻近边界的居民离避难疏散通道相对较远，尽可能预留未来发展空间。

(3)“面”

基本应急疏散单元中的“面”主要包括了基本应急疏散救援单元中的用途管制区、大型公园、广场、绿地、水面等。基本单元内，一般而言，社区采用自由式环状的交通空间格局，能发挥较好的应急救援效能。如果区域内出现大型的绿地、公园等，可将其看作一个面。

参考文献

[1] 丁琳．城市综合应急避难场所体系规划研究：以张家港市中心城区为例［D］．南京：南京大学，2014.

[2] 中华人民共和国建设部．城市抗震防灾规划标准：GB 50413—2007［S］．2007.

[3] 丁琳，翟国方，张雪原，等．城市总体规划层面的避震疏散场所规划研究［J］．规划师，2013（8）：33-37.

[4] 戴慎志．城市综合防灾规划［M］．北京：中国建筑工业出版社，2011：133-134.

[5] 吕元．城市防灾空间系统规划策略研究［D］．北京：北京工业大学，2005.

[6] 林明华．灾害防救动线研究与论文：以台中市为例［D］．台北：台北科技大学，2002.

［7］MCHARG I L，Mumford L. Design with nature［M］. New York：American Museum of Natural History，1969：43.

［8］倪伟桥，张璞玉，李晨晨. 基于区域空间结构的城市群防灾问题浅析：以武汉“1+8”城市群为例［C］//中国城市规划学会. 多元与包容：2012 中国城市防灾减灾学术研讨会论文集（08. 城市安全与防灾规划）. 北京：中国建筑工业出版社，2012：169-180.

［9］DUKE C M，MORAN D F. Guidelines for evolution of lifelines earthquake engineering［C］. Proceedings of U. S. National Conference on Earthquake Engineering，Oakland：Earthquake Eng Res Inst，1975：367-376.

［10］蒋伶. 多心组团结构的城市综合防灾优越性［J］. 城市规划，2008（7）：41-44.

［11］胡斌，吕元. 社区防灾空间体系设计标准的构建方法研究［J］. 建筑学报，2008（7）：13-14.

第四章　城市应急避难场所系统规划研究

城市综合应急避难场所是城市进行防灾、抗灾、救灾工作的重要核心，也是城市应对自然灾害和人为灾害的重要保障。本章应用了系统论的思想，将城市综合应急避难场所视为一个完整的体系，分析其环境、功能、要素和结构。综合应急避难场所的宏观环境是城市系统，直接环境是防灾空间，二者连同城市灾害系统与避难场所之间存在着密切的相互影响的关系。在总结规划原则和技术层面要求的基础上，介绍了基于不同灾种响应的避难场所规划建设标准，从前期分析研究、中期规划布局、后期维护管理三个阶段阐述了城市综合应急避难场所的具体规划流程，并对灾后安全疏散和配套设施规划提出了相关建议。

第一节　应急避难场所系统构建重点与原则

为了在各类灾害事件中充分保障人民的生命和财产安全，避难场所是城市防灾系统中不可或缺的部分，合理规划避难场所也是城市应对各类灾害风险的防御措施之一[1]。自 1980 年以来，国家多部委出台相关政策和文件，要求各城市抓紧编制综合防灾规划，从《城市抗震防灾规划管理规定》到《防灾避难场所设计规范》（GB 51143—2015），避难场所相关建设规范不断完善。

避难场所系统就是城市应急避难疏散体系应对灾变环境而设计的适应性复合系统，是由不同等级避难场所及其内部配套应急设施和救灾道路相互配合，并与城市其他防灾救援系统的（如消防、公安、医疗、物资供应、应急指挥、维护管理等）紧密联系，确保灾害环境下受灾群众的紧急避难、疏散转移和安置的“点、线、面”组成的多层次、网络化系统能够顺畅运行的复合系统。

一、构建重点

1. 城市防灾社区界定

基于方便管理的要求，结合街道办行政区划进行城市防灾社区的界定。将防灾社区作为城市综合防灾规划体系的基本单位，灾前有效地进行预防，灾时利用防灾空间和防灾设施，灾后有效地进行紧急、临时或中长期避难。综合考虑用地适用性、道路系统、设施配置、重大危险源等因素影响，在社区内构建选址、规模和布局适宜的应急避难场所。

2. 避难场所层级明确

在综合考虑不同规划层级、不同区域性质、不同灾种响应、不同等级标准的避难场所规划要求基础上，探索构建分类分级明确的城市应急避难场所体系。对室内外不同层级的避难场所分别制定适宜的避难时长、服务半径、避难面积、人均避难面积及配套设施指标，明确规划管理的行政层级。

3. 应急系统高效联动

在灾前、灾时、灾后的防灾空间需求分析基础上，明确城市应急避难场所系统与疏散通道系统、物资储备系统、应急医疗系统和消防救援系统的应急响应联动机制。避难场所系统确保防灾社区发生灾害前进行转移，发生灾害时进行居民疏散，发生灾害后安置灾民。疏散通道系统连接防灾社区之间和各个避难场所据点，主要进行疏散和救援。应急医疗系统保证灾民在避难场所能够得到及时医疗救助，后勤保障系统保证生活垃圾和建筑垃圾能够及时得到处理。消防救援系统对灾前进行火灾预防，灾时进行火灾扑救等。物资储备系统在防灾社区发生灾害后为避难场所的灾民提供生活物资、为救援行动提供必备物资。

二、构建原则

1. 以人为本

城乡统筹中的以人为本发展原则要求城乡发展要重视城市应急避难场所的规划与建设，形成合理的系统布局结构和服务半径以更方便地为人所利用。以最大程度保障城乡居民的生命安全为出发点，充分考虑灾民的避难需求。

2. 时效性

围绕紧急、临时和长期避难不同阶段对场所体系的不同需求，相对应地建立适合城乡居民需求的避难场所。

3. 动态性

避难的过程是指随着应急避难行为的发生，本体系所连续运行的一系列过程。对应这个动态过程应采用“疏散避难”的思路，以“有力疏散，异地避难”的新策略取代原有的“静态避难、就地平衡”思路来考虑场所构建。

4. 综合性

场所构建既要考虑大城市中心区场所的建设，又要利用城市外围地区，考虑整个市域构建从中心城（特大城市）—新城（区市县）—小城市—镇—聚居点级规划体系，在空间上统筹布局，实现共建共享。同时场所、通道、指挥体系等也要综合协调，才能实现城乡居民有序疏散与动态转移。

三、构建空间层次

《城市规划基本术语标准》（GB/T 50280—1998）中对城市（城镇）的定义是“以非农业和非农业人口聚集为主要特征的居民点。包括按国家行政建制设立的市和镇”。在城市规划领域，相关的地域范围从内到外可以分为城市建成区、城市规划建设区、城市规划区、市域四个空间层次。具体如下：

1. 城市建成区

指市行政区范围内经过征收的土地和实际建设发展起来的非农业生产建设地段，它包括市区集中连片的部分以及分散在近郊区与城市有着密切联系，具有基本完善的市政公用设施的城市建设用地（如机场、铁路编组站、污水处理厂、电台等）。

2. 城市规划建设区

指城市规划范围内的可建设用地区域。用地包括公共管理与公共服务用地、商业服务业设施用地、居住用地、工业用地、公用设施用地、交通设施用地、物流仓储用地和绿地等。

3. 城市规划区

指城市、镇和村庄的建成区以及因城乡建设和发展需要，必须实行规划控制的区域，2008 年《中华人民共和国城乡规划法》明确指出“规划区的具体范围由有关人民政府在组织编制的城市总体规划、镇总体规划、乡规划和村庄规划中，根据城乡经济社会发展水平和统筹城乡发展的需要划定”。从以上概念可见，城市规划区包括了城市规划建设用地区和非城市建设用地区。

4. 市域

指城市行政管辖的全部地域。

结合对超大城市空间层次的分析以及中心城应急避难场所规划研究，深圳应急避难场所体系应包含 3 个空间层次的内容：一是中心城和市域内的新城城市规划建设区，二是城市规划区的非城市建设用地，三是乡村（社区）层次。这有助于统筹考虑超大城市在全域空间范围内进行城乡应急避难场所的规划，建立科学的城乡应急避难场所系统。

四、构建体系

结合全域规划，城市应急避难场所应实现全覆盖。除了城市之外，将农村统一纳入城乡体系中，形成“城市—县城—镇（乡）—农村”四个层次，其中中心城和外围中小城市规划建设区内构建紧急、固定、中心避难场所三级避难场所体系，规划区内的非城市建设用地可选择一定场地作为中心避难场所的有效补充。而乡镇划分为紧急、固定避难场所两级体系、农村地区考虑设置固定避难场所一级体系。具体如图 4-1-1 所示。

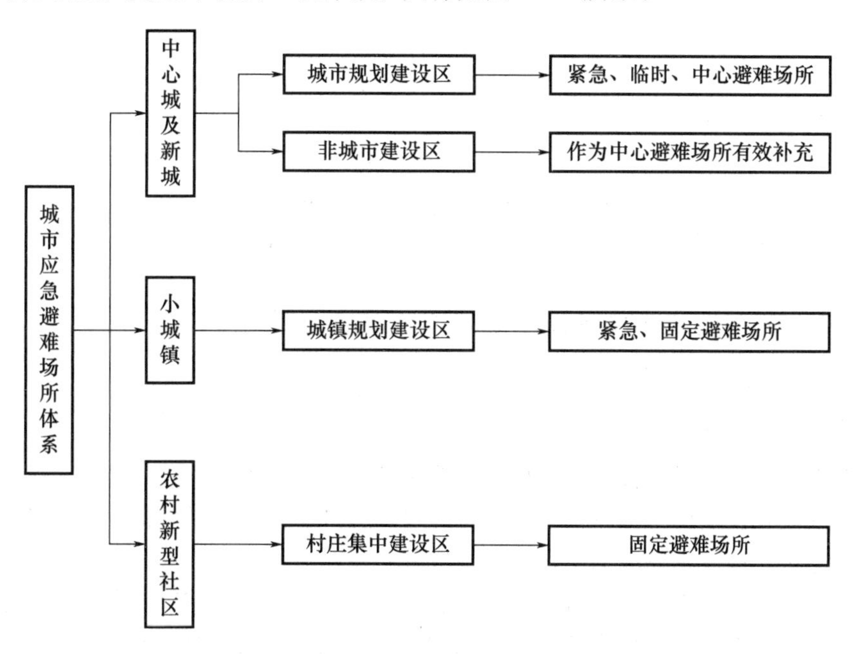

图 4-1-1　城市应急避难场所体系

结合以上分析按照城市全域规划和城乡统筹的思路，城市应急避难场所城乡统筹规划建设，除了重视中心城城市建设用地之外，还应在中心城非建设用地、县城、镇、村等各个层次予以加强。由于城市各个空间层次的城市结构特征各不相同，应急避难系统建设也相应形成不同的规划层次和规划重点（表 4-1-1）。

表 4-1-1 城市不同空间层次应急避难场所建设特点

<table>
<tr><th colspan="2">规划层次</th><th>城市结构特征</th><th>应急避难场所建设特点</th></tr>
<tr><td rowspan="3">中心城及新城城市规划区</td><td>城市建成区</td><td>城市建设充分，结构紧密</td><td>在城市建成区范围内通过城市更新，增加公园绿地、广场等城市开敞空间建设，实现社区 500 米建绿地目标，并对城市开敞空间进行应急避难功能的改造与建设，满足人们对紧急避难场所的需求</td></tr>
<tr><td>城市规划建设用地</td><td>与城市建成区关系紧密，部分土地已用于建设用地之内，部分为待开发利用地</td><td>对新增规划建设用地，应高标准地规划建设，预留足够的绿地等空间，使城市新区应急避难场所数量较多、规模相对较大，有一定发展空间和余地</td></tr>
<tr><td>非城市建设用地</td><td>城市与乡村共存，且二者相互交错衔接，是城市特征向乡村特征过渡的空间区域</td><td>通过城市规划区内非城市建设用地开敞空间，引导建设规模较大、中长期应急避难场所</td></tr>
<tr><td colspan="2">镇（乡）及农村地区</td><td>除了县城、城镇集中建设区外，大部分区域为乡村</td><td>结合镇（乡）村特点建立应急避难场所，可结合乡镇的学校、绿地、广场等开敞空间设置，并配置供水、能源、环卫等应急设施。镇、村应急避难设施应实现共享</td></tr>
</table>

参考文献

[1] 李文静，翟国方，陈伟．基于多目标约束的避难场所选址研究综述 [J]．城市问题，2021 (03)：107-114.

第二节 应急避难场所规划的技术要求

一、基于不同规划层次的避难场所规划编制要求

依据常规城市规划层次的划分可以分为总体规划、详细规划两个层面。应急避难场所布局时一般将其与城市防灾片区的划分相结合。

由于城市总体规划具有适当“留白”的要求和宏观指导的意义，因此，对于城市应急避难场所的布局规划要以中心避难场所和固定避难场所为主，对紧急应急避难场所仅需进行总体把握。在城市总体规划的层面上，将规划区分割成第一层级的防灾片区和第二层级的防灾组团。单个防灾片区内部一般设置一个中心避难场所，单个防灾组团内部设置若干个固定应急避难场所。参考规划区内城市总体规划末期防灾组团内的人口分布与用地性质等特征，对未来需要避难的人口规模和相关技术指标对避难场所的需求面积进行整体预测，对其空间布局进行统筹安排。尤其要注意的是，目前对于中心城区的规划实践经验较多，不可完全应用于乡镇地区，因为乡镇地区的人口情况、房屋建筑质量情况、经济要素集中程度等特征均和中心城区有较大的差异，可以将有关参数的指标适当降低[1]。

详细规划层面的城市应急避难场所的规划又可以再次划分为控制性详细规划与修建性详

细规划两个层面。控制性详细规划层面，应急避难场所的规划应该在上一层次规划，即城市总体规划层面形成的整体框架下，对防灾组团内部进行进一步的详细规划，重点在于划定防灾单元。防灾单元的划分以疏散次干道和绿带为边界。防灾单位的核心是固定避难场所，在规划范围内对紧急避难场所进行布局规划的时候应该根据固定避难场所服务半径 500m 的指标来具体操作，如果空间范围内人口密度较大，则对其服务半径进行适当缩小。修建性详细规划层面，应急避难场所应该侧重于内部空间功能的布局，将避难生活直属子系统以及避难行为辅助子系统的各项元素落实到各层级的避难场所的内部空间布局上。

二、基于不同区域性质的避难场所规划重点要求

按照城市行政等级的不同，将单个城市划分为中心城区和乡镇两大类，应该以中心城区的应急避难场所布局和规划为核心，适当考虑小城镇和乡村地域的空间构成及其大量人口对于避难的需求，从而形成区域内城乡一体化的避难场所布局体系。

对于规模很小的乡镇来说，中心避难场所的设置要求可以降低，而应该对固定避难场所的布局加以重点规划。对于乡村来说，较为特殊的就是覆盖着大面积的农业用地，可以充当紧急避难场所，而不需要再单独规划。

对于规划重点的中心城区来说，根据建设年代，又可以分为老城区和新城区两种不同空间类型。两者建筑质量、人口密度、公共空间分布和数量均存在差异，因此在规划应急避难场所的时候也应该区别对待：①对于老城区，由于老城区的城市功能、用地布局已经基本发展成熟，人口数量和分布在较长的一段时间内也不会有太大变化，因此应该多利用原有的公园绿地、广场、体育场馆、学校等设施作为应急避难场所的备选用地[2]，但是所受局限较大，在必要情况下，充分论证后再进行部分补充性选址。②对于新城区，由于城市规划和建设尚在进行之中，并未完全落实，应该将城市应急避难场所的规划建设与新城区的规划建设纳入同一体系，同步进行并相互反馈，即应急避难场所的布局应在城市总体（分区）规划的用地布局规划的基础上进行确定，同时根据应急避难场所自身的规划需求对城市用地布局提出调整建议。

三、基于不同灾种响应的避难场所规划技术要求

实际上，应对不同灾种的防治措施存在一定的共性，但也存在差异，因此对于避难场所的建设和设施配置要求也同异并存。共同的要求是场地安全、交通便利、卫生条件较好，具备一定功能设施等。存在差异主要是因为不同灾害的特点不同。

自然灾害影响范围广、避难场所需求较大。根据《深圳市城市安全发展战略规划研究（2018—2035）》报告，深圳市公共安全总体风险处于中等偏高水平，在洪涝灾害、地质灾害等方面面临较高风险。根据《深圳市国土空间总体规划（2020—2035 年）城市风险评估及城市安全专题研究》成果，在城市地区，预估气候变化将增加对人类、财产、经济和生态系统的风险，包括来自高温胁迫、风暴和极端降水、内陆和海岸洪水、滑坡、空气污染、干旱、水资源短缺、海平面上升和风暴潮等风险，深圳市自然灾害集中包括气象灾害、洪涝灾害、地质灾害、地震和海啸以及海洋灾害几大方面。

1. 地震

规划条件上，面向地震的应急避难场所的建设需要足够的人口容纳量、良好的人员可达

性、就近性，最好具备平灾结合性、结合当地自有条件，使地震应急避难场所在时间和空间上均满足应急需求。例如避难场所的数量和面积一定要能够满足服务区内的人口避难需求，周边没有重大危险源，可以解决避难人员最基本的生存问题等。在满足表 4-2-1 指标要求的同时，还应具备表 4-2-2 的设置条件。

表 4-2-1　地震应急避难场所分类及各项指标

避难种类	避难性质	占地面积（km^2）	人均有效避难面积（m^2）	服务半径（km）	步行时间（min）
紧急避难场所	临时	≥0.1	≥1	0.5	≤10
固定避难场所	中短期	1～20	≥2	2～3	≤60
中心避难场所	中长期	≥20，一般 50 以上	≥2	2～3	≤60

表 4-2-2　面向地震的应急避难场所设置条件

平灾结合	利用居民地就近的公共用地，例如公园绿地、学校操场、停车场等基础公共设施场所作为临时避难场所的备选，不但可以实现公共资源利用最大化，还可以有效解决避难场所容纳能力不足的问题，在选择临时避难场所时需要考虑备选地的有效使用面积
可达性	地震灾害发生时间短、过程剧烈且破坏性大，所以可达性是地震应急避难场所选取的核心关注点。居民需要在震后快速地到达避难场所，并且备选点要便于相关部门进行震后的紧急救援
就近性	地震灾害具有不确定性，发生过程非常突然且剧烈，震后破坏程度大，所以地震应急避难场所灾难发生时，需要确保居民都可以快速到达避难地点
便利性	地震应急避难场所服务能力要具有一定的容纳量，能够满足人员对避难空间的需求，且避难场所要有一定的便利性，便于震后政府部门对避难居民的安置、物资供应和救援等工作顺利开展
安全性	当城市中发生地震灾害时，应急避难场所的地势应该略高，且要开阔、平坦，方便排水、搭建帐篷、堆放救援物资等。因地震灾害易引发火灾等次生灾害，应急避难场所还应远离城市加油站等易燃易爆仓储点或危险源设施
公平性	当前深圳市城市建筑及居民分布不均，居民聚集区域离散分布，所以公平性是深圳市面向地震的应急避难场所布局的要点之一。灾难发生时，需要杜绝差异化对待，确保每一位居民都可以获得有效的避难空间，因此在空间布局上要尽可能全方位考虑

技术要求上，地震避难场所需要平坦空旷，结构坚固，避免建筑物的倒塌和次生灾害的影响，土地坡度不大于 30°，场地稳定，与发震断层距离要大于 15m，防灾据点与发震断层距离大于 300m。

2. 洪水

（1）面向洪灾的避难设计原则

洪水来临时，由于洪水水位过高造成被其所危及的地区的居民，必须撤离他们居住的房屋。在此情况下，居民必须转移到高处或搬进特殊建造的避难场所。经验表明，在灾害发生时，因情况复杂混乱而经常发生盗窃事件，人们此时更愿意待在距离他们财产较近的地方。这也就意味着，避难场所应多选在距离他们的房屋或住处不远的地方。避难场所除了为居民提供安全避难、基本生活保障外，也起到了救援和指挥的作用。

避难场所除了要距离近以外，还要建在路边，以方便人们能够通过各种交通工具如汽车、船等到达。同时这些避难场所还应有帐篷、供水系统、卫生设施和食品供应。

通常情况下，居民在选择居住地的时候，大多选在地势平坦且较高的地方，因此多数高地被占用，洪涝灾害发生时，居民可能要占用平时不用的地方，如防洪堤坝、公路或铁路的堤坝。因此在防灾减灾过程中，应指出哪些堤坝可以在紧急情况下可供受灾居民使用。当遭受洪涝灾害的村庄或城镇没有高地或堤坝可供居民使用时，则必须建设一些特殊用途的建筑物或将现有的建筑物进行改造作为洪灾避难场所。

此外，根据洪水到来时的情况，在紧急情况下选择加高堤坝或修建防洪围墙，使居民生命和财产不受洪水的威胁。此类方法的可行性主要由当时洪水特点、施工工作量以及所需要的人员、材料准备等情况决定。

国内也有学者针对洪水灾害，选择因地制宜性、安置可行性和可持续发展性三个方面构建洪灾避难场所的选址规划和设计指标体系（表 4-2-3）[3]。

表 4-2-3　洪灾避难场所选址规划及设计指标体系

指标因素	含义内容
C1 安全为重	以避难场所能够充分保证安置居民的安全性为标准
C2 就近安置	以为受灾居民优先考虑就近的避难场所进行安置为标准
C3 基础设施完善	以避难场所能够保证医疗、水电等基础设施的完备为标准
C4 道路通达	以避难场所能够保证周边转移道路的通畅为标准
C5 安置区域高程	以避难场所的高程应至少高于洪水水位加 1m 为标准
C6 坡度坡向	以避难场所不应设在斜坡、陡坡等不适宜居住的环境为标准
C7 安置面积	以避难场所能够满足 $3m^2$/人的安置条件为标准
C8 土地利用类型	以避难场所设在村庄、空地等适宜安置的场所为标准
C9 相对洪水距离	以避难场所设在尽量远离洪水的区域为标准
C10 现有区域利用	以避难场所能够利用现有大面积高地、“庄台”为标准
C11 可持续发展	以避难使用材料物资在避难结束后能继续利用为标准

（2）洪灾避难场所规划要求

洪灾避难场所选址应充分考虑受灾地区的人口数量、分布、自然地理条件、灾害类型等情况，一般由政府出资，以室内建筑为主。可以选择在具有一定规模的学校、体育场馆、社区中心、公园等户外开敞空间，将其改建成为应急避难、娱乐休闲等多种功能于一体的综合场所。平时，可成为居民休闲、娱乐、健身等场所，而一旦遇有洪水等突发重大灾害时，也可搭建帐篷或者临时简易建筑，作为避难、避险使用。应能保证医疗、水电等基础设施完备，周边转移道路通畅，能够利用现有大面积高地、庄台，非斜坡、陡坡地区。避难场所设置条件应符合表 4-2-4 要求，选址、规模及布局要求应满足表 4-2-5 要求。

技术要求上，洪涝避难场所需处于地势较高处，设防标准应该高于当地防洪标准所确定的淹没水位，且应急避难区的地面标高确定应按该地区历史最大洪水水位考虑，其安全超高不应低于 0.5m，场所内具有上、下水设施，不容易淤积泥沙，可根据人口密度、水淹没的深度等条件，选用安全堤防、避水台和防洪避难建（构）筑物等形式[4]，尤其需要注明的是广场并不适合作为洪水的避难场所。

表 4-2-4　面向洪水的应急避难场所设置条件

平灾结合	由于洪水灾害发生的时间和空间具有间歇性和不确定性，因此给避难场所的选取带来了诸多困难。从经济和资源有效利用的角度出发，洪灾避难场所应选在公园、绿地等空旷的高地
就近性	临时避难场所步行时间应在 5～10min 为宜。如防洪堤坝、公路或铁路的堤坝等。固定避难场所步行时间应在 0.5～1h 为宜
安全性	需考虑避难场所可容纳最大人口数量安置能力，基本生活保障和医疗卫生保障，安置区应该远离高大建筑物及易发生洪水、易坍塌等危险地方。尽可能选择地势平坦、易于搭建临时住处的地方
设施齐全	安置区应配备一定的生活必需品，如粮食、水等。尤其是水资源的饮用与保护问题应该高度重视，防止因水污染造成的人员中毒或各种疾病的发生。在医疗救护系统方面能够保证基本的救护治疗，及灾区常见多发病的预防和控制
通达性	第一，要考虑到受灾居民能够较为容易地到达避难场所，步行时间不宜过长。同时也要保证不同避难场所之间具有较为良好的道路通行能力，防止灾民因各类原因的再次转移。第二，考虑避难场所的道路通达性，预防因火灾等原因造成灾民撤离，必要时保证能够迅速撤离避难场所

表 4-2-5　面向洪水的避难场所选址、规模和布局要求

选址	选址地点要避开洪水淹没及行洪滞洪区，并应尽量避开冻土、膨胀性岩土、流塑性淤泥、地下采空堆填土等分布区、活动断裂及滑坡、崩塌、泥石流多发的高危地段。应尽量避免在地震带、高大建筑物、易燃易爆化工厂等地区附近选址，避免可能因上述情况引发其他灾害的发生。同时应选择地质情况稳定的地区，地势应较高并远离河道
规模	一般临时避难场所规模较小，人均占地面积为 1～2m²，总体面积一般在 1000m² 以上。服务半径一般为 300～500m。固定避难场所居住时间较长，设施需求全，因此需要的空间比较大。固定避难场所人均面积应为 2～3m²，其总体面积依据地区人口分布情况而定。规模上来说一般不小于 15000m²，服务半径一般在 500～2000m 为宜，至少能容纳灾民 1000 人
布局	避难场所的设置应该根据受灾区人口分布和区域划分，合理分配，在人员密集的地区应该设置较多的避难场所或面积较大的避难场所，保证受灾居民能够全部及时安全地转移，避免因容量不足而造成的时间和资源的浪费。一般在人员较多区域可以考虑设置多个临时避难场所，然后通过各种措施及时把灾民转移到大型避难场所

3. 台风

应对台风等极端气候事件的应急避难场所规划，与应对地震灾害避难场所的规划具有共性，同时也有其独特的需求，这种特性取决于极端气候事件的灾害特征与作用机制。例如台风常常伴有暴雨，因此要求避难场所位于结构安全的建筑物内，如建筑质量较好的学校、体育馆、会堂等公共设施。

（1）层级划分

对于滨海城市来说，台风、暴雨等极端天气下能够用作城市应急避难疏散场所的用地包括：各类城市固定避难所、体育场馆、各类大型公共设施、地下人防设施，以及具有防灾功能的各类城市建筑物等。城市应急避难场所的划分应考虑服务范围、场所规模、设施配套、可达性等要素，我国当前对城市应急避难场所的划分是从宏观、中观、微观三个层面展开，一般分为中心避难场所、固定避难场所和紧急避难场所等三个层次。滨海城市的应急避难场所是一个完整的体系，三个层次的避难场所在城市中的布局应是从低层次到高层次向心集聚的模式，高层次的避难场所从场所规模、服务半径、功能配套等各方面都要优于低层次避难场所，但是从可达性与分布数量来看，低层次避难场所要优于高层次避难场所（图 4-2-1）。

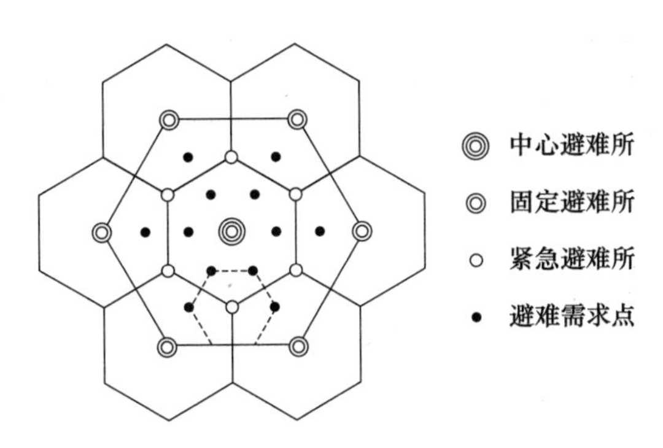

图 4-2-1　台风应急避难场所体系结构图

（2）选址要点

不同类型的灾害对城市的作用机制与影响范围往往有很大差异，所以不同类型的灾害，其灾中救援与疏散形式往往也有差别，对于应急避难场所的要求其侧重点也不同。台风、暴雨视角下的避难场所选址要点整理如表 4-2-6 所示。

表 4-2-6　面向台风、暴雨的避难场所选址要点

1	选址应基于对台风、暴雨灾害风险区划基础上，避开受台风、暴雨灾害影响严重地段
2	应急避难场所规模与布局应根据周边人口需求进行测算与评估，其选址宜结合现状地形，选择地势较高、地质条件良好的地段
3	应急避难场所不能设置在地震断裂地带周边 200m 以内的地段范围，不宜设置在软土地质、沉降地质现象严重地段，如需在不良工程地质地段设置，则需采取相关结构性基础加固措施
4	应急避难场所应选取在交通便利的地段，周围应至少有一条有效宽度不小于 12m 的城市道路
5	应急避难场所应避让城市中的水库泄洪区、海岸带脆弱区、地震灾害隐患地区
6	应急避难场所（建筑）应根据对台风、暴雨灾害的危险性评估，采取相关抗风、抗涝加固措施，提升建筑抗风、抗涝标准，保障应急避难场所自身的安全性
7	应急避难场所应与城市中具有易燃易爆特性的灾害源直线距离不小于 150m

（3）空间布局

城市应急避难场所的空间布局模式包括单一型、均质型和分等级型三种。当前大多北方滨海大城市主要以分等级型模式为主（表 4-2-7）。

滨海城市应急避难场所的建筑布局与面积必须能够满足避难人员的避难需求，应充分利用各种类型的城市公共设施，如城市体育场馆、大型公共建筑以及学校等，并且对避难场所相关设施及其周边采取必要的防风、防洪涝措施，应急避难场所的设计规划，应尽量采取相关人均指标的上限，由此扩大有效避难面积。在空间规划要点上，如与畅通的道路交通体系衔接、设置防火隔离带或阻燃带等，与上述几类灾种下的要求基本一致。

表 4-2-7 应急避难场所空间模式比较

类型	形态示意	特点
单一型		供较多人避难，距离较远的居民前往避难所的时间较长，因此该类型空间的服务能力较弱。一方面对距离较远的民众不能起到较好的救灾避难效果，另一方面容易造成空间浪费
均质型		均质型布局模式较适合于人口分布密度较平均的城市，对于人口分布密度差异较大的城市，容易造成人口密度小的区域空间浪费，而人口密集区则难以满足需求的现象
分等级型		分等级型的空间布局模式，能够综合考虑服务地区的人口及避难行为，有效防止空间浪费，是当前被广泛采纳的模式

（4）规划要求

滨海城市的应急避难场所设置时，除了基本的可达性要求（如与医院的最优距离、与安全水源点的最优距离、与消防点的最优距离）、安全性要求（如与危险源的距离、场地坡度）外，还应考虑面向台风、暴雨等常见灾害的规划建设指标（表 4-2-8）[5]，也有学者较为全面地构建了台风避难场所配置合理性的层次结构模型，如图 4-2-2 所示[6]。

表 4-2-8 面向台风、暴雨的避难场所规划建设指标

大类	中类	说明	小类	要求
面向台风、暴雨的避难场所规划指标	台风指标	针对台风与风暴潮两种灾害破坏形式	与危险源的最近距离	强风条件下会导致衍生灾害并发，产生灾害放大效应，为了避免灾害情境下次生火灾的并发，应急避难场所规划与选址应远离城市易燃易爆危险源
			次生火灾危险程度	大风条件下易与次生火灾产生灾害放大效应，应考虑避难场所所在地区火灾可能发生的危险程度，主要通过统计所选区段历史火情总数来衡量
	洪涝指标	暴雨引发的洪涝灾害易损坏建筑物和造成人员伤亡	应急避难场所的地势	暴雨情境下，城市地势较低或低洼地段易发生积水事件，应对暴雨事件的应急避难场所应选址于地势较高的地段
			砂土液化趋势	如果应急避难场所建在砂土液化较严重的区域，在洪灾发生时，避难场所的建筑物有倾斜或沉陷的危险。应急避难场所所处地区的砂土液化趋势越低，避难场所的安全性越高

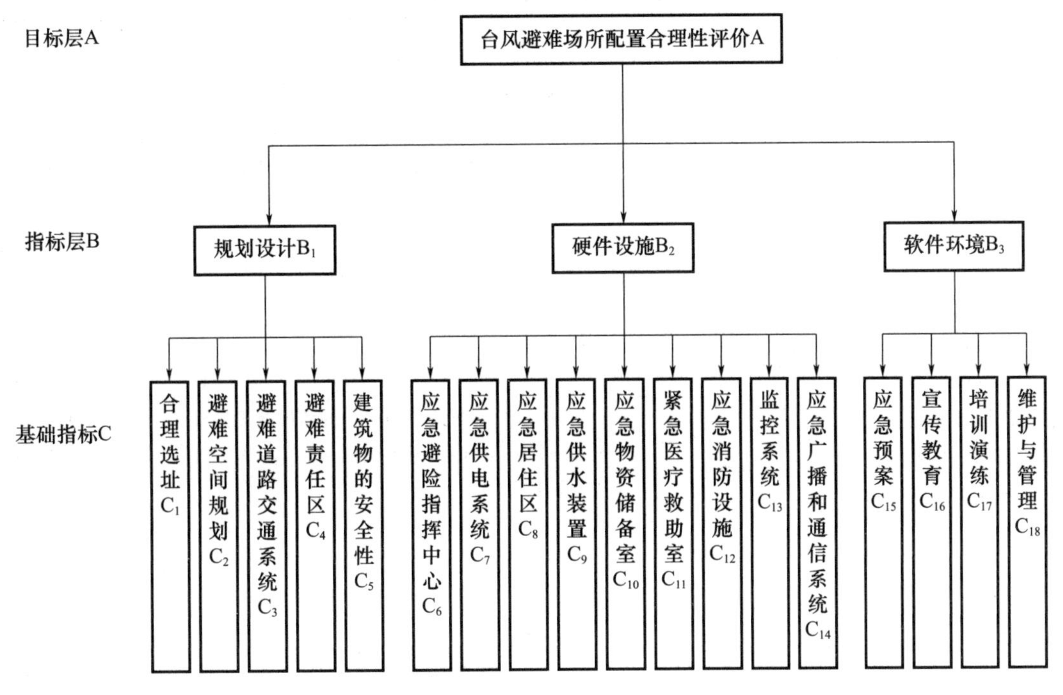

图 4-2-2 台风避难场所配置合理性的层次结构模型

4. 高温

近年来，极端高温事件呈现逐年上升的趋势，在滨海城市高密度城市发展的背景下，日益加剧的高温灾害与城市热岛效应之间产生耦合作用，灾害强度被放大，对城市造成的影响加剧，一方面加剧了城市中对水、电等能源的需求，另一方面，高温效应直接影响到城市居民的健康与生活，甚至引发火灾、交通、生产事故等次生灾害。通常情况下，城市居民应对极端高温的方式一般是寻求具有人工降温环境的遮蔽所，如大型商场、大型公共设施等地点，往往配置有空调等人工降温设施。这种自组织的避灾模式具有一定的局限性，在高强度、长时间的高温天气作用下，往往会产生受灾民众死亡、爆发公共安全事件等不良后果。2015 年印度爆发持续高温事件，因灾死亡人数超过 2200 人，这也为人们敲响了警钟，高温事件下城市避灾建设势在必行[5]。

对于处于亚热带向热带过渡型气候的城市，在坚持“以人为本”的规划理念下，高温天气的影响及其应对策略也应纳入到规划研究中来。

（1）高温避难场所

高温避难场所是指在持续或极端高温天气下，城市中用来供民众避暑降温、减轻高温影响的场所。当前对城市高温避难场所的含义与范围并没有明确的界定，城市中也很少有专供城市居民在极端高温天气情境下避暑降温的场所或建筑物。通常而言，高温避难场所是一类具有避暑降温功能的场所或建筑物的统称，如体育场馆、剧院、地下人防设施、大型商场、城市公园、湿地生态区等城市大型公共建筑设施或自然绿地系统。按降温作用机制来划分，城市高温避难场所包括以自然降温作用为主的自然高温避难场所和以城市大型公共场所或建筑物为主的人工高温避难场所（表 4-2-9）。

表 4-2-9　面向高温的避难场所规划要求

	释义	用地类型	规划要点
自然高温避难场所	植被和水系的蒸腾作用对周边环境具有降温作用，因此城市中大面积的绿地与水系区域便是良好的高温避难场所	城市公园、各类绿地、湿地休闲区、城市森林以及沿河沿海滨水区等	滨海城市自然高温避难场所建设应与城市自然生态系统规划、城市景观营造相结合，因地制宜，以不破坏城市自然生态功能为原则，充分利用现有绿地、森林、河流湖泊等自然资源，通过保护性开发与利用，构建生态绿色场所
			容纳人口规模的确定，应根据所在区域的环境生态承载力进行评估，严格控制人口上限，避免由于使用人数超过环境承载力而造成的环境破坏
			规划与设计宜充分发挥利用绿色植被要素与水元素，通过簇群式植被遮阳空间和亲水区空间的营造，为人们提供具有降温功能的休憩与娱乐空间
			避难场所内植被树种的选择，应以因地制宜为原则，选取树冠较大的阔叶乡土树种，从生态安全和经济性的角度出发，提升高温避难场所的降温效能
			应根据人口容量配备相关医疗救助、供水、供电以及救助据点设施等配套服务设施
人工高温避难场所	依托于城市中具有人工降温调节功能的建筑物或设施，在极端高温天气下，可用于安置民众的场所或建筑物	大型体育场馆、影剧院、大型商场、活动中心、地下人防工程等公共工程设施与建筑场馆	选址应结合城市中需求人群分布、大型公共建筑设施分布以及城市应急救援组织等多种要素综合考虑，以便捷性、安全性和就近性为原则，尽量分散设置
			选定作为人工高温避难场所的城市建筑或工程设施应对其可容纳人口数量上限进行评估，并按标准配置相关降温、除湿、通风设施，保证高温天气下内部温度、湿度、通风等环境因素符合标准
			在配套设施方面，应根据其规模和服务半径进行划分，根据不同等级的服务功能，配置相关医疗、指挥、供水、供电以及照明、通信设备等配套设施
			划定为人工高温避难场所的空间或建筑，应对其作为高温避难场所的功能设施进行定期维护与管理，保证其效能与安全性

（2）避暑服务据点

避暑服务据点是指由政府或社会团体组织或设置的，在极端高温天气下，为受影响居民提供相关避暑降温服务的据点设施。与高温避难场所相比较，避暑服务据点规模一般较小，布置方式较灵活，可以与城市中现有服务设施相结合，也可以在紧急情况下根据需要临时搭建。避暑服务据点一般以提供服务为主要功能，包括医疗救助、供水、提供防晒降温设备等，条件允许情况下可以提供部分安置空间用以救助受灾情况较严重的市民，如遮阳亭、台等。其规划与设置要点包括：

① 避暑服务据点的规划与设置应以可达性、便捷性和服务性为原则，通常设置于主要交通道路的两侧，并设置明显的引导标识和功能说明。

② 避暑服务据点的数量与规模应根据其周边服务人口数量、人口分布与服务半径来确定，最大服务半径不宜超过5分钟步行路程。

③ 避暑服务据点的设置，应重点考虑对城市中低收入群体、弱势群体的服务，特别是在基础设施现有问题较多、人口较密集的旧城区和流动人口聚居区等地段，应保证其服务满足需求。

④ 避暑服务据点的设置可以与城市中其他类型的服务设施相结合，增加其服务的灵活性，并且应与城市救灾指挥中心、医疗救助点等场所保持密切联系，以便于受灾人员的安置与转移。

⑤ 避暑服务据点应配置相应的医疗、供水、照明、休憩等配套设施，以满足其正常服务功能的实施。

5. 海啸

面向海啸的避难场所规划建设以日本为典型经验。日本针对地震引发的海啸及其引发的次生灾害，如房屋倒塌等，尝试建设的海啸避难场所可供市民较长时间停留，分为海啸紧急避难场所和海啸长期避难场所（表4-2-10）[7]。

表4-2-10　日本城镇海啸避难场所类型、定义及特征

项目	海啸紧急避难场所	海啸长期避难场所
用途特征	紧急转移至安全处，时间相对较短	安置回家困难灾民，时间相对较长
标准制定	符合容纳受灾者紧急停留的适当规模；结构坚固，隔震减震，也不会因海啸灾害而损毁；在有效避难时间内，具有海啸水位以上高度的避难空间； 除此以外还需满足以下的任何一条：①安全区域内避难场所（例如高塔等）；②安全区域外避难设施（例如海啸避难所）	符合容纳受灾者居住的适当规模；有利于迅速接受受灾者；有利于迅速提供、分配救灾援助物资；受海啸灾害的影响相对较小；方便救援车辆进出； 除上述要求外，还具备为特殊人群（例如老年人、残障人士、婴幼儿或需要照顾的人）提供的特殊避难设施和救援体制
管理机制	由市长、镇长、村主任指定	由市长、镇长、村主任指定
适用范围	必要时两者可以兼用	

规划策略上，日本严格按照设计标准建设海啸避难场所，同时强化学校等教育设施的防灾功能，并建设避难台阶和避难通道两类海啸紧急避难设施：

（1）按标准建设海啸避难场所

日本政府指定的海啸疏散避难地点超过7万个，包括避难场所和避难所[8]。这些避难地点设置于远离海啸浸水区域，在适宜的高地选址，并具备良好的避难功能。指定的海啸避难场所，应位于经过分析预计的海啸淹没区域，并具备足够的安全高度来抵御海啸对灾民的威胁（图4-2-3）。通过卫星图像空间分析，从抗震设计角度优化结构的各个部位，模拟可经受最大级别海啸的海浪冲击，并制订相应的设计标准（表4-2-11）。

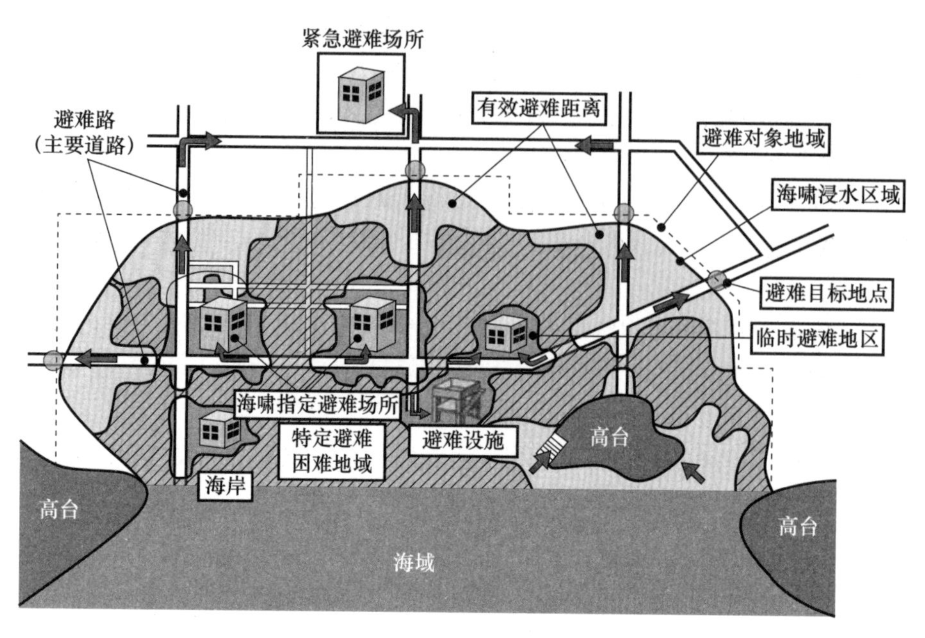

图 4-2-3　日本城镇海啸灾害疏散方案[7]

表 4-2-11　日本海啸避难场所设计标准

项目	标准说明
安全高度	25m 左右（约 6 层楼高度）
规模	海啸避难所安全高度＝（最大海啸海浪波高×1.30）＋1.0m
建筑物抗灾级别	紧急避难所可容纳 300 人，普通避难场所可容纳 100 人 抗震；可经受最大级别海啸的海浪冲击
防灾设备	海啸监控摄像头、救援物资储备仓库、紧急发电设备等
其他设备	电梯、给排水设备

（2）强化教育设施防灾功能

日本“3·11”大地震后，中小学教室和体育馆均成为避难场所。由于学校建筑物防灾建设标准要求高，相对安全，灾害来临时多数灾民选择去学校操场和教室避难。截至 2013 年 5 月，日本用于灾时避难场所的学校数量为 32202 所，占全国公立学校总数 92%，其中 90.3%是中、小学校，另外还有高等学校、中等教育学校和其他学校。

在充分考虑避难人数的情况下，假设海啸灾害地域存在学校等教育设施，应该强化学校的防灾功能，了解学校用地标高、到海岸或河岸的距离、周围的地形情况，以及历史上遭受海啸灾害到达地域、到达时间等资料，使实际状态符合避难场所标准（图 4-2-4、图 4-2-5）。

（3）建设海啸紧急避难设施

高地和山坡上的建筑均能成为紧急避难场所。根据不同地形形成两种策略，即建设海啸避难台阶和避难通道，以通往山坡上的高地和建筑进行避难，最大限度地赢得逃生时间，挽救灾民的生命（表 4-2-12）。

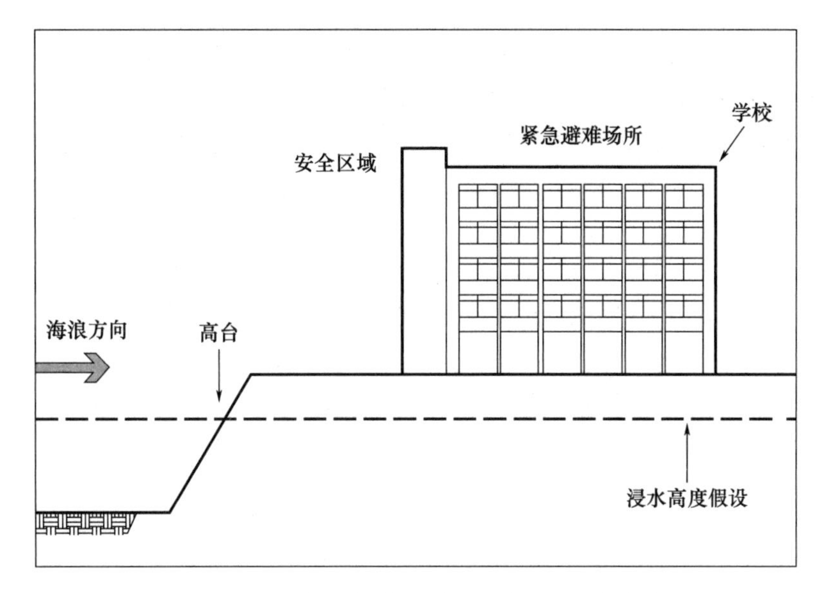

图 4-2-4　高地上的学校作为海啸紧急避难场所[7]

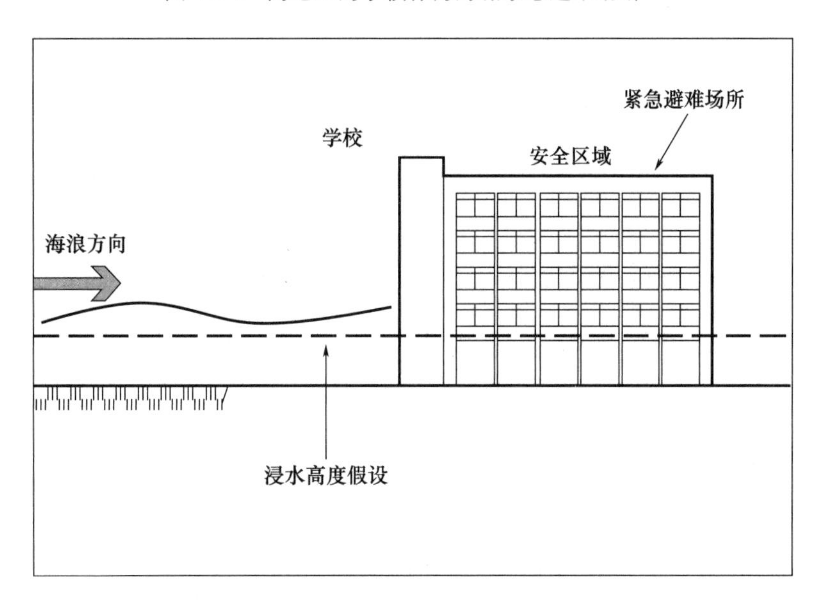

图 4-2-5　学校屋顶平台作为海啸紧急避难场所[7]

表 4-2-12　日本海啸避难台阶和避难通道

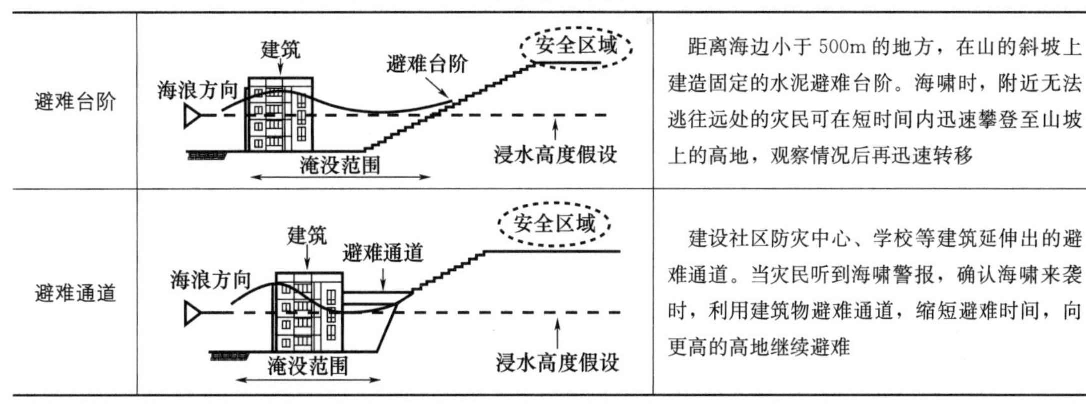

<table>
<tr><td>避难台阶</td><td>建筑
安全区域
避难台阶
海浪方向
浸水高度假设
淹没范围</td><td>距离海边小于 500m 的地方，在山的斜坡上建造固定的水泥避难台阶。海啸时，附近无法逃往远处的灾民可在短时间内迅速攀登至山坡上的高地，观察情况后再迅速转移</td></tr>
<tr><td>避难通道</td><td>安全区域
建筑
避难通道
海浪方向
浸水高度假设
淹没范围</td><td>建设社区防灾中心、学校等建筑延伸出的避难通道。当灾民听到海啸警报，确认海啸来袭时，利用建筑物避难通道，缩短避难时间，向更高的高地继续避难</td></tr>
</table>

建设方法上，可以在海啸浸水地域（海啸浸水地域是指海啸袭击时，浸水的滨海陆域范围，一般根据以往海啸模拟结果和海啸的浸水实际状况确定）内设置高层建筑、避难塔、避难高台等海啸避难场所，这种海啸避难场所要用坚实的桩子建造，还要建起岸堤或海堤以抵御海浪，并且建设一个斜坡，以便让居民能够迅速跑进避难场所[9]。

人为灾害方面，火灾、爆炸、有毒物质泄漏等通常涉及地域范围小，后续连锁反应少，对于避难场所的需求较小，且以紧急避难场所为主。1990—2018 年，深圳市发生了 16 起重特大事故，其中 12 起是火灾事故，由火灾造成群死群伤事故的重特大火灾时有发生，火灾事故总体形势严峻。在面向火灾的应急疏散避难场所选址中，有学者运用 GIS 叠加分析方法，从地理条件、受事故影响可能性、物资供应、防护能力、平均通行时间、交通情况、周围建筑密度、周围人口密度、与医院距离和人均避难面积 10 个方面进行综合考虑[10]。

在实际的操作过程中，一般以应对地震的避难场所要求为主要考虑因素，因为就我国国情而言，地震灾害是最主要的灾害，防御难度大，损失严重，次生灾害较多。另外，城市中针对战争还需要规划和建设很多人防工程，与避难场所之间也存在千丝万缕的关系。人防工程是战争发生的时候作为指挥、医疗、物资供应和人员掩护的地下防护建筑，一般将人防工程与地铁、地下停车库等地下空间的开发利用结合起来。人防工程可以分为附建式和单建式两类。复建式也称为防空地下室，其上部有坚固性地面建筑物，发生灾害时，尤其是地震时，上部的建筑物容易倒塌盖住防空地下室出口，造成更大的伤亡，所以一般不考虑将其与避难场所结合。而单建式其上部没有坚固性地面建筑物，经过改造后可以利用其内部空间作为避难场所的物资储备之用。

四、基于不同等级类型的避难场所建设技术要求

经整理，我国对于中心、固定、紧急避难场所以及建筑型防灾据点的建设技术指标要求见表 4-2-13～表 4-2-16。

表 4-2-13　中心避难场所建设技术指标要求

项目	技术指标	备注
类型	面积较大、人员安置较多的固定避难场所，其内可搭建临时建筑或帐篷，供灾民较长时间进行集中性避难和救援的重要场所	
有效面积规模	大于 20hm²，一般在 50hm² 以上	可以利用较大面积的场地进行物资运送、储存以及满足联络、医疗、救援的需要
人均避难面积（m²/人）	≥4	满足避难人员的生活空间需求
疏散距离（km）	5～10	考虑避难人员的承受能力和人员的流动需要
避难时长	3 天以上	
道路交通要求	具有有效宽度不小于 15m 的道路；应至少有不同方向的两个进口与两个出口，便于人员与车辆进出，且人员进出口与车辆进出口宜分开；进出口应方便残疾人、老年人和车辆的进出	可以利用交通工具进出和保证物资运输，应保证有效净宽容许消防和救灾车辆的顺畅进出

续表

项目	技术指标	备注
防火带	与周围易燃建筑物或其他可能发生的火源之间设置30～120m的防火隔离带或防火林带	考虑潜在火灾的影响规模；应当有水流、水池、湖泊和确保水源的消防栓；临时建筑物和帐篷之间留有防火和消防通道；严格控制场所内的火源；防火林带设喷洒水的装置
基础设施要求	设置应急指挥中心和面积不小于50m^2的应急管理区，配备应急篷宿区、物资储备区、应急医疗救护与卫生防疫设施、应急供水设施、应急照明和供电设施、应急通信与广播、应急通道、应急厕所、应急消防设施、应急垃圾储运设施、应急排污设施、应急洗浴设施、应急停车场，并设置应急标志和功能分布牌，必要时可以设置应急演练培训及应急停机坪等	满足避难人员的长期生活需求，发挥避难场所的救援功能，满足各种防灾要求；场所内的栖身场所能够防寒、防风、防雨雪，并具备最基本的生活空间；物资储备库应当确保场所内居民3天或更长时间的饮用水、食品和其他生活必需品以及适量的衣物、药品等
管理级别	市区级	

表4-2-14　固定避难场所建设技术指标要求

项目	技术指标	备注
类型	面积较大、人员安置较多的公园、广场、学校操场、体育馆、停车场等，其内可搭建临时建筑或帐篷，供灾民较长时间避难和进行集中救援的重要场所	大多数是地震灾害发生后用作中长期避难的场所，一般适用于3天以上的避难要求
有效面积规模	一般有效疏散面积在1hm^2以上，从防止次生火灾的角度上，宜选择短边300m以上、面积10万m^2以上的场地	可以利用较大面积进行物资运送、储存以及满足联络、医疗、救援的需要
人均避难面积（m^2/人）	≥2	满足避难人员的避难生活空间需求
服务范围	服务半径2～3km，步行大约1h之内可以到达	考虑避难人员的承受能力和人员的流动需要
道路交通要求	具有有效宽度不小于15m的道路；应至少有不同方向的两个进口与两个出口，便于人员与车辆进出，且人员进出口与车辆进出口宜分开；进出口应当方便残疾人、老年人和车辆的进出	可以利用交通工具进出和保证物资运输，应保证有效净宽容许消防和救灾车辆的顺畅进出
防火带	与周围易燃建筑物或其他可能发生的火源之间设置30～120m的防火隔离带或防火林带	考虑潜在火灾的影响规模；应当有水流、水池、湖泊和确保水源的消防栓；临时建筑物和帐篷之间留有防火和消防通道；严格控制场所内的火源；防火林带设喷洒水的装置

续表

项目	技术指标	备注
基础设施要求	设置面积不小于 50m²的应急管理区，配备应急篷宿区、物资储备区、应急医疗救护与卫生防疫设施、应急供水设施、应急照明、应急通信与广播、应急通道、应急厕所、应急消防设施，并设置应急标志和功能分布牌	满足避难人员的长期生活需求，发挥避难场所的救援功能，满足各种防灾要求；场所内的栖身场所能够防寒、防风、防雨雪，并具备最基本的生活空间；物资储备库应当确保场所内居民 3 天或更长时间的饮用水、食品和其他生活必需品以及适量的衣物、药品等
管理级别	街道级	

表 4-2-15　紧急避难场所建设技术指标要求

项目	技术评价指标	备注
类型	居民住宅附近的小公园、小广场、专业绿地、基础设施用地、高层建筑物避难层（间）及结构稳定的公共设施	大多数是灾害发生后用作紧急避难的临时场所，避难时间 3 天以内
有效面积规模（hm^2）	一般不小于 0.1hm^2	考虑不少于 500 人
人均避难面积（m^2/人）	一般不小于 1m^2/人	保证避难人员一定的活动空间
服务范围	服务半径 500m 左右，步行约 10min 内可到达	考虑避难人员的承受能力和人员的流动需要
道路交通要求	应具备不小于 7m 宽度的道路，有不少于两个不同方向的进出口，便于人员与车辆进出	考虑部分地区建筑密集情况下保证有效净宽容许消防和救灾车辆的进出
防火带	一般不小于 30m	考虑潜在火灾的影响规模
管理级别	社区级	

表 4-2-16　建筑型避难场所建设技术指标要求

项目	技术评价指标	备注
类型	体育馆、人防工程，经过加固的公共设施等	具有紧急或固定避难场所功能
抗震能力	在罕遇地震作用下避难工程及其直接附属结构不发生中等及以上的破坏	抗震设防标准和抗震措施可通过研究确定，且不应低于对重点设防类建筑的要求
交通设施	应至少有不同方向的一个进口与一个出口	保证人员和物资的畅通
救灾道路要求	应具备有效宽度不小于 15m 的道路	应保证有效净宽容许消防和救灾车辆的顺畅进出
规模	有效避灾面积不小于 1000m^2，用于长期避难时应不小于 2000～5000m^2，并可有效保证物资储备，满足联络、医疗、救援需要；周围安全地域宽度不小于 30～50m	满足一定规模避难人员的长期避难生活需要
避灾面积要求	一般不小于 2m^2/人	满足人员避难生活空间需求

续表

项目	技术评价指标	备注
防火措施	与周围易燃建筑物或其他可能发生的火源之间设置30～120m的防火隔离带；具有完善的消防设施和灾时消防水源	考虑潜在火灾的影响规模
基础设施要求	用水、排污、供电照明设施以及卫生设施，设置灾民栖身场所、生活必需品与药品储备库、消防设施、应急通信设施与广播设施、临时发电与照明设备、医疗设施以及畅通的交通环境等	满足避难人员长期生活需求，发挥避难场所的救援功能，满足各种防灾要求；具备最基本的生活空间；物资储备库应当确保场所内居民3天或更长时间的饮用水、食品和其他生活必需品以及适量的衣物、药品等

参考文献

[1] 丁琳，翟国方，张雪原，等．城市总体规划层面的避震疏散场所规划研究［J］．规划师，2013（8）：33-37.

[2] 陈志芬，李强，陈晋．城市应急避难场所选址规划模型与应用［M］．北京：气象出版社，2011：28.

[3] 徐志远，王山东，征程，等．洪水灾害应急避难场所选址规划研究［J］．地理空间信息，2016，14（06）：25-27＋6.

[4] 苏幼坡，王兴国．城镇防灾避难场所规划设计［M］．北京：中国建筑工业出版社，2012：123.

[5] 于洪蕾．极端气候条件下我国滨海城市防灾策略研究［D］．天津：天津大学，2015.

[6] 潘安平．沿海农村台风“避难所”的配置合理性评价模型［J］．自然灾害学报，2011，20（01）：10-18.

[7] 王滢，曾坚，王强．日本城镇海啸避难所规划策略研究［J］．国际城市规划，2017，32（06）：84-90.

[8] KYODO NEWS. Tsunami Hit More than 100 Designated Evacuation Sites［EB］. The Japan Times，(2011-04-14）. http：//www. japantimes. co. jp/text/nn20110414a4. html.

[9] NAKASEKO T，KIMATA F，TANAKA S，et al. Tunami Warning and Evacuation System in Nishiki of Central Japan. International Conference on Tsunami Warning (ICTW)［C］. Bali：Indonesia，2008：2352-2367.

[10] 陈毛毛．基于ArcGIS的盛虹石化园区火灾风险评估与应急疏散系统研究［D］．淮南：安徽理工大学，2018.

第三节　应急避难场所具体规划流程

本节主要探讨在实践中的综合避难场所的具体规划流程，将其按照先后顺序可以划分为分析研究阶段、空间布局阶段、后期维护管理阶段（图 4-3-1）。

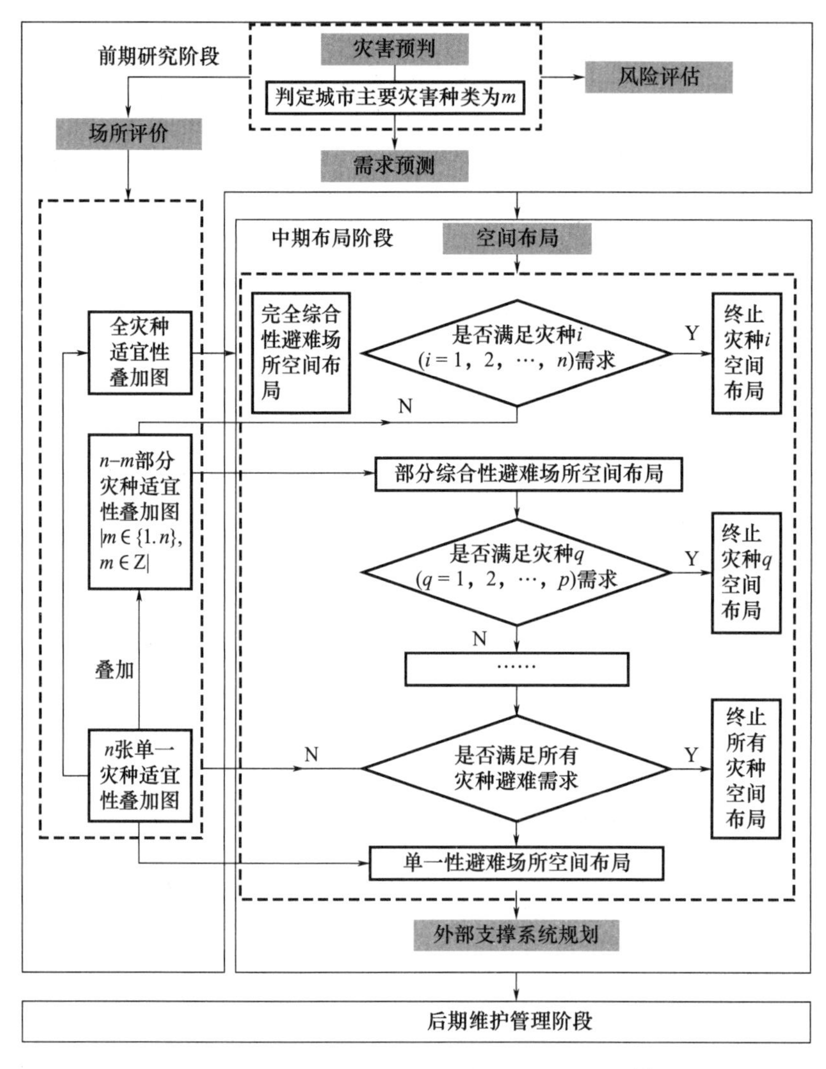

图 4-3-1　城市综合避难场所规划流程示意图[1]

一、前期分析研究阶段

1. 灾害预判

灾害预判是指通过相关历史和现状资料的收集和检索，根据区位、地质地貌条件、历史灾害发生频率、损失情况（包括人员伤亡情况和经济损失情况），对规划范围内的主导灾害类型进行判断，为下阶段有针对性地进行灾害分析和场所布局奠定基础。城市的主导灾害是指发生频率较高、造成损失较大的已发生或者潜在的灾害。

灾害的类型从不同角度可以有不同的分类方法。针对应急避难场所建设所要解决的问题和防灾对象，对相应的城市灾害进行重新整理共分为四大类别，九个类型的灾害（表 4-3-1）。

表 4-3-1　城市主要灾害分类

种类类别	自然灾害	事故灾害	公共卫生事故	社会安全事故
气象灾害	●			
海洋灾害	●			
洪旱灾害	●			
地质灾害	●			
地震灾害	●			
战争灾害				●
传染病疫情			●	
工业灾害		●		
火灾与爆炸		●		

深圳地处东南沿海，是地域狭小的人口大市、经济大市。根据市政府曾组织开展的全市公共安全风险评估结果显示，深圳市公共安全总体风险处于中等偏高水平，在洪涝灾害、地质灾害、火灾事故、交通事故、生产安全事故、重大传染病疫情、严重暴力犯罪案件和群体性事件等方面，仍面临较高风险。

2. 风险评估

风险评估是指针对城市主要灾种，基于风险学理论和方法，对灾害发生的可能性和后果进行分析，为规划编制工作提供依据。风险地图是基于构成灾害风险的危险性、易损性以及城市防灾能力等指标，评估规划区内灾害风险大小的空间分布图。在实践中，通常利用 GIS 等软件进行单灾种的风险地图绘制，反映灾害在空间上的相对风险值，为规划编制工作提供参考依据。危险性评估反映了根据单一灾种的致灾因子和孕灾环境（指孕育灾害的地理环境、地质条件、气候条件等）判断灾害发生强度和频率[2]；易损性评估是从受灾体的角度出发，城市某一区域的人口数量和经济发展水平等均可反映该区域的灾害易损性；防灾能力评估则从避难场所的建设分布情况、城市救援能力、应急管理能力等方面判断城市抵御和预防灾害的能力。防灾能力越小，灾害风险越高。另外，应对不同的灾害还有特殊的评估因子，如城市排水系统对于内涝的防灾能力有影响，城市消防能力对于火灾的防灾能力有影响等。

风险有绝对风险和相对风险之分。在城市防灾规划中，我国使用较多的是相对风险（图 4-3-2），但基于绝对风险的规划案例近年来有增加趋势。

3. 场所评价

应急避难场所适宜性评价主要是在考虑城市可能受到的自然灾害影响的基础之上，针对城市中已建成的各类应急避难场所，通过全面、综合分析适宜性影响因素，构建适宜性评价指标体系，采用一定的评价方法对其进行适宜性分析，分析结果常常可以反映出城市中现有各类应急避难场所针对一种或多种自然灾害影响的适宜性程度及优劣状况等。

城市避难场所的适宜性评价可以基于对当前城市避难场所的规划设计要求、方法和原则的考虑进行评价，并建立应急避难场所适宜性评价指标体系。同时，选择适当的适宜性评价方法对已建成的避难场所和规划中的避难场所不同灾害的适宜性进行分析，保证各类避难场

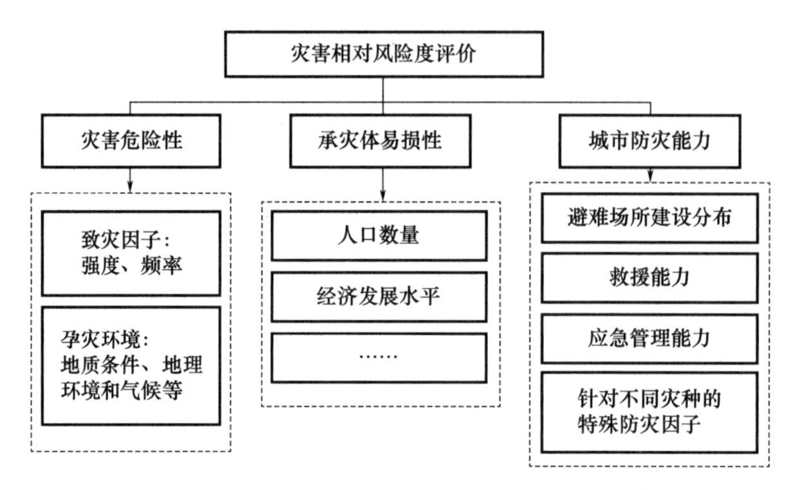

图 4-3-2 灾害相对风险度评价指标选取示意图[1]

所能够在灾难发生时发挥其应有的避难功能。

（1）应急避难场所适宜性评价常见方法

应急避难场所适宜性评价常见方法见表 4-3-2。

表 4-3-2 应急避难场所适宜性评价方法

方法	说明	相关研究
层次分析法/熵值法/主成分分析法	计算避难场所适宜性评价指标权重，避免完全凭主观定性判断	熊焰等（2014）[3]利用层次分析法，构建了应急避难场所减灾能力评价体系，评价北京市朝阳区应急避难场所
灰色关联法	是多目标决策分析过程，能够给出各避难场所之间的关联程度。由于各指标的决策方式存在正负相关关系，因此要进行灰色处理	周玉科等（2018）[4]采用改进的灰色关联模型对福州市应急避难场所在不同地震烈度下的适宜性进行评价
GIS 空间分析	GIS 空间分析最佳路径搜寻技术可获得救援服务设施与避难场所的最短距离；服务区分析可获得避难场所服务范围分布情况；缓冲区分析可获得重大危险源危险程度范围等	魏本勇等（2019）[5]利用 GIS 空间分析对北京市避难场所的空间布局与服务效能进行评估
TOPSIS 评价法	即逼近理想解排序法，是有限方案多目标决策分析的一种常用方法	孙滢悦（2017）[6]基于 TOPSIS 法构建应急避难所选址适宜性评价模型，对研究区应急避难场所备选点进行选址适宜性评价
加权 Voronoi 图法	借鉴加权 Voronoi 图空间剖分原理，识别应急避难场所资源的空间服务范围	王女英（2017）[7]采用加权 Voronoi 图法测算沈阳市应急避难场所空间可达性，并划分其服务区范围
数据包络分析法（DEA）	一种效率评价方法，采用数学规划模型，无须考虑投入与产出之间的函数关系，无须预先估计参数和确定权重，避免了主观因素的影响，可以直接通过产出与投入之间加权和之比，计算决策单元的投入产出效率	陈志芬等（2009）[8]应用数据包络分析方法，针对应急避难场所规划建设和运营维护两种情况，分层次对应急避难场所的投入产出效率进行评价

续表

方法	说明	相关研究
模型法	用于避难场所适宜性评价的综合方法，可以是上述方法的融合、改进，建立数学或物理模型进行模拟评价	叶明武等（2008）[9]采用 2SFCA 模型法，以上海市中心城区公园为例，研究其应急避难服务与城市居民避难需求之间的平衡关系

（2）应急避难场所适宜性评价模型介绍

① 改进灰色关联＋组合权重模型[10]

灰色关联模型是建立在灰色系统理论之上的模型，主要依据指标之间相互接近的程度确定对象之间的相似性。该模型以指标对应点间的距离测度系统因素变化趋势的相似性，可以通过线性插值的方法将系统因素的离散行为的观测值转化为分段连续的折线，进而根据折线的几何特征测度研究对象与理想对象之间的关联程度。该模型对于数据获取困难且波动性、随机性较大的评价分析的相关研究有较强的适用性。

现有研究中，避难场所指标一般以统一阈值无距离衰减的方式进行计算，忽略了部分指标的有效性随距离非线性变化的特征。对此，可以设置衰减函数对特定指标进行变换，在经典的灰色关联分析法的基础上进行改进，再结合主客观组合方法为评价指标确定权重，计算综合评分。最终对结果进行分级排序（表 4-3-3）。

表 4-3-3　避难场所适宜性评价：灰色关联组合权重模型

<table>
<tr><td rowspan="5">灰色关联分析</td><td>确定参考数列</td><td rowspan="5">组合权重</td><td>数据标准化</td></tr>
<tr><td>指标变换</td><td>求解各指标信息熵</td></tr>
<tr><td>数据标准化</td><td>计算指标层权重</td></tr>
<tr><td rowspan="2">生成灰色关联度</td><td>准则层权重</td></tr>
<tr><td>组合权重</td></tr>
</table>

这种思路也是目前进行避难场所适宜性评价时最常用的做法。模型构建步骤：a. 确定参数数列及分级数列。b. 指标变换。避难场所的适宜性评价中，部分指标（如地形坡度、服务人口比率、避难场所人口数量等统计指标）直接作为输入数据比较合理，但空间距离相关指标（如避难场所与消防站的距离、与医疗机构的距离、与危险源的距离等），其服务的有效性随距离呈非线性衰减特征，需对其进行变换。c. 数据标准化。正负向指标标准化方式不一。d. 确定避难场所与最优指标集的灰色关联度。

组合权重方法通常会综合考虑主观赋权与客观赋权的结合。主观赋权法常见有特尔菲法、循环打分法、二项系数法、层次分析法等；客观赋权法常见有主成分分析法、熵值法等。

② 潜能模型[11]

潜能模型通常用于测度避难场所的空间可达性，潜能模型能够考虑避难场所的服务能力和居民需求，是较为全面的评价方法。其能够体现出某地避难场所的可达性与距离衰减成反比、与场所服务能力成正比的规律。场所服务能力可以用避难场所容纳人数等表示，见式（4-1）。

$$A_i = \sum_i \frac{S_j}{d_{ij}^{\beta}} \tag{4-1}$$

式中，A_i表示某居民点 i 到所有避难场所的可达性；S_j表示第 j 个避难场所的服务能力；d_{ij}

表示 i 居民点到第 j 个避难场所的距离；β 表示抗阻系数（可以采用 1～3 的经验值）。此外，可以引入人口规模影响因子和应急避难场所等级规模影响因子对传统的潜能模型进行改进。

③ LA 模型[12]

在避难场所适宜性评价中，也常采用公共设施区位配置模型（Location Allocation model，LA 模型）理论。LA 模型主要用于优化某种设施在空间上的配置，为设施布局提供解决方案。对公共设施的区位问题，国内外专家学者进行过研究，并总结为中值问题模型、中心问题模型、集合覆盖问题模型及最大覆盖问题模型等四类区位问题模型（表 4-3-4）。其他的公共设施区位问题都是基于这四类区位问题，通过增加约束条件而构建更具体的设施区位模型，应急避难场所选址适宜性也属于公共设施选址的一种，因此可以参考。

表 4-3-4　LA 模型分类

区位模型	功能
中值问题模型	在一定地域范围内为固定数量的设施点寻求最优区位，使需求点到设施点的总移动距离最小化
中心问题模型	在所有预定设施选址中给定数目的前提下，最小化所有需求点与其最近设施点之间的最大距离，以获得预设设施数目及所在位置
集合覆盖问题模型	该问题模型是选取最少的设施点来完成所有需求点的覆盖，目的是使建设设施点的成本达到最低
最大覆盖问题模型	在一定地域范围内对设施布局，使设施在最大服务距离内尽可能多地覆盖绝大多数需求点

以社区尺度为例，社区应急避难场所配置模型构建的目标是规划社区居民的疏散分配，使社区居民在灾害发生时，都能以最快速度转移到事先规划好的应急避难场所安全避难，减少地震等灾害造成的损失。基于以上原则、目标和人群特征，构建 LA 模型：a. 以住宅楼出口为避难需求点；b. 以实际道路的路径长度来计算设施点和需求点之间的距离；c. 避难时，需求点只能到可达范围内的其中一个避难场所进行避难；d. 避难场所存在多个入口，各入口与疏散道路连接，每个避难场所实际避难人数应不大于理论可避难人数；e. 在整个应急避难过程中，居民避难距离之和最小，同时社区要求 100%避难覆盖。

由于通过数学求解方法进行求解过程复杂、工作量大。因此可以应用 GIS 功能解算 LA 配置模型，并且可用地图直观地表达出求解结果。

④ 2SFCA 模型[13]

2SFCA 模型即“两步移动搜寻法模型”，首先设定一个阈值，以供给地和需求地为基础，分别搜寻两次。对临界值内居民可以接近的资源或设施数量进行比较，数值越高，可达性越好。操作步骤为：

a. 计算每个避难场所入口的供需比，对每个应急避难场所的入口搜索阈值范围 d_0 内所有的街道质心，从而计算供需比，见式（4-2）：

$$R_j = \frac{S_j}{\sum_{k(d_{kj} \leqslant d_0)} P_k} \tag{4-2}$$

式中，P_k 是搜索阈值内街道数量；k 是人口数；S_j 是 j 点的总供给；d_{kj} 为位置 k 和 j 的距离。

b. 计算各个街道的可达性水平，查找能为该街道提供应急避难场所的所有入口，将查找到的结果与第一次搜索结果进行叠加，即可得到街道的可达性，具体见式（4-3）：

$$A_i = \sum_{e \in (d_{ie} \leq d_0)} R_e \tag{4-3}$$

式中，A_i是街道i对避难场所的可达性水平，其数值越大表明其可达性水平越高；R_e为街道e在搜索阈值范围内所有避难场所入口e的供需比；d_{ie}是i与e之间的距离。

⑤ 改进引力模型[14]

引力模型法综合考虑设施点服务能力和距离衰减，以吸引力之和反映设施点可达性，相比2SFCA两步移动搜寻法模型更能真实地表示居民点选择设施点的规律。引力模型法最早由Hansen提出，该方法来源于万有引力定理，可以理解为所有设施点对居民点产生的吸引力之和，即可达性。引力模型法可达性一般公式见式（4-4）：

$$A_i = \sum_{j=1}^{n} \frac{M_j}{d_{ij}^{\beta}} \tag{4-4}$$

式中，A_i为居民点i到应急避难场所的可达性；M_j为应急避难场所j的服务能力（可以应急避难场所的面积作为服务能力的判断标准）；n为应急避难场所的数量；d_{ij}为居民点i到应急避难场所j的出行阻抗（以距离作为出行阻抗）；β为阻抗系数。A_i值越高，居民点i到应急避难场所j的便捷性越好。

应急避难场所周围分布着密度差异显著的人口，不同数量的人口分布产生不同的竞争力。在相同距离阻抗条件下，一般引力模型法计算的可达性值相同，从而忽略了应急避难场所周围人口规模的影响。此外，在发生地震等灾害时，受灾人员倾向选择最近的应急避难场所。为此，学者引入人口规模影响因子和不同出行极限距离（500m、1000m和2000m）对引力模型进行改进。公式见式（4-5）、式（4-6）：

$$A_i = \sum_{j=1}^{n} \frac{M_j S_{ij}}{d_{ij}^{\beta} v_j}, \text{其中 } v_j = \sum_{k=1}^{m} \frac{p_k S_{kj}}{d_{kj}^{\beta}} \tag{4-5}$$

$$S_{ij} = 1 - \left(\frac{d_{ij}}{D_j}\right)^{\beta}, \; S_{kj} = 1 - \left(\frac{d_{kj}}{D_j}\right)^{\beta} \tag{4-6}$$

式中，v_j为应急避难场所j周围的人口规模影响因子；p_k为居民点k的人口数量；m为居民点数目；d_{ij}和d_{kj}分别为居民点i和居民点k到应急避难场所j的出行阻抗；D_j为出行极限距离；S_{ij}和S_{kj}为随距离变化的衰减系数，距离越大其值越小，当超过极限距离时将不选择该应急避难场所，即S_{ij}和S_{kj}为0。出行摩擦系数β决定着距离阻抗的衰减程度，不同的取值对可达性结果影响程度不同，通常使用1或2。

（3）应急避难场所适宜性评价指标体系

避难场所适宜性评价指标见表4-3-5。

表4-3-5 避难场所适宜性评价指标

准则层	指标层	释义	单位	正负性
有效性	出入口个数*	避难场所出入口数量	个	+
	可容纳人数*	场所有效面积与人均避难最小需求面积之比	人	+
	有效面积比*	避难场所有效面积与场所占地面积之比（开放空间比）	%	+
	可避难面积	避难场所可避难面积	m^2	+
	疏散道路评分*	场所周围道路等级越高，通达性越好，评分越高	—	+
	疏散道路宽度	连接避难场所道路的宽度	m	+

续表

准则层	指标层	释义	单位	正负性
可达性	道路密度	避难服务区道路长度与服务面积之比	—	+
	医疗机构距离*	避难场所与医疗机构最近距离	km	—
	消防据点距离*	避难场所与消防据点最近距离	km	—
	公安机关距离*	避难场所与公安机关最近距离	km	—
	安全水源点距离*	避难场所与安全水源点的距离	km	—
	商业场所距离	避难场所与商业场所最近距离	km	—
	食品仓库距离	避难场所与食品仓库最近距离	km	—
	疏散指挥单位距离	避难场所与疏散指挥单位的最近距离	km	—
	步行可达性*	居民到避难场所的步行时间	min	+
安全性	活动断层、断裂带距离*	避难场所与活动断层、断裂带最近距离	km	+
	周边建筑物高度*	避难场所周边建筑物高度	m	—
	周边建筑物质量	避难场所周边建筑物质量	—	+
	周边建筑物密度	避难场所周边建筑物密度	—	—
	重大危险源距离*	避难场所与加油站等重大危险源的最近距离	km	+
	地形坡度*	避难场所区域平均坡度	°	—
	淹没概率	避难场所区域的洪水淹没概率	—	—
公平性	人均有效面积	研究区域内人均可达的有效应急避难场所面积	m^2	+
	覆盖率	避难场所服务范围所覆盖的人口占研究区域总人口的比例	—	+
经济性	设施数目	与避难场所建设相关的设施数	—	+
	开发经费	避难场所的开发费用	—	—
	服务空间重叠率	避难场所服务半径重叠面积与所有场所服务面积总和之比	—	—
环境性	垃圾处理能力	避难场所处理垃圾的能力	—	+
	污水处理能力	避难场所处理污水的能力	—	+
……	……	……		

*加星标的表示较为常见的适宜性评价指标。

4. 需求预测

需求预测是根据受灾人口与不同避难场所的人均避难面积的乘积得出。

（1）受灾人口数量的确定

对之前预判的城市主导灾难分别进行受灾人口规模估算，需要考虑发生灾害的特点以及规划末期的城市常住人口。例如，对于洪水来说，可以绘制设防水位线下的淹没图，将被淹没地区的人口进行统计，即为需要疏散的人口数。针对地震的固定避难场所需求人数可以根据无家可归人口公式计算，见式（4-7）：

$$Q=a\times P=\frac{1}{m}\left(\frac{7}{10}N_1+N_2+\frac{2}{3}N_3\right) \tag{4-7}$$

式中，Q 为因地震破坏引起的无家可归的人数（人）；a 为无家可归人员的折算系数；P 为城市内的常住人口数量（人）；m 为城市常住人口的人均居住面积（m^2）；N_1 为地震发生时受到中等破坏的房屋建筑面积（m^2）；N_2 为地震发生时受到严重破坏的房屋建筑面积

(m^2)；N_3 为地震发生时受到完全破坏的房屋建筑面积（m^2）。

对于紧急避难场所而言，避难时间短，应急响应时间紧急，因此还需要将流动人口的避难需求纳入计算范围，同时也要考虑人群在不同时间段的昼夜分布特征，以及区外避难人口（常住的和流动的）对避难场所规模的影响。

（2）人均避难面积的确定

人均避难面积的指标，虽然按照国家和地方的规范，对于各级别的人均避难面积作出了指标规定（表 3-2-1），但是这一指标的确定值得商榷。从日本的经验来看，计算一个成年人躺下时身体占地面积，仅人体占用的空间大约就有 1.62m^2，如果从以人为本和安全的角度来看，还需要再加上个人物品堆放的面积（约为 0.5m^2），还要考虑相邻就寝单元之间的通道空间 0.45m^2，已经超过了我国规范要求的固定避难场所人均 2m^2 的最小值（图 4-3-3）。而从场所内部的空间布局来看，场所内部还有其他多种功能设施，宿住区占用的面积比例并不大，因此在根据人口计算所需避难场所面积的时候应该适当提高人均避难面积指标数值，尤其是中心避难场所，非宿住区的面积比例更高，人均避难面积的指标值也应该更大。例如，广东省对于应急避难场所的人均有效避难面积确定为固定避难场所为 2～4m^2，中心避难场所因为宿住空间占用面积更小，人均有效避难面积确定为 9m^2[15]。

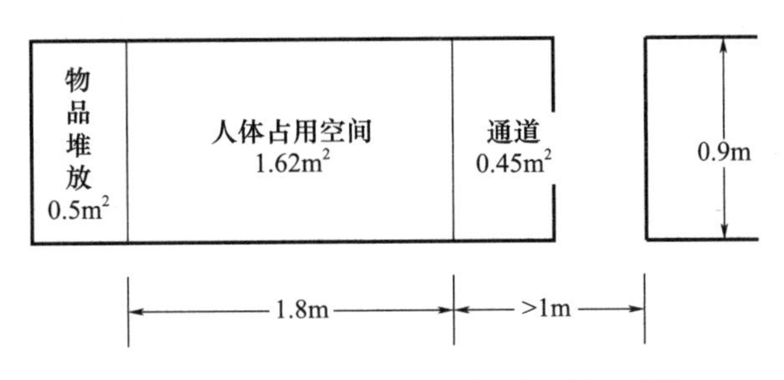

图 4-3-3　避难场所人均就寝空间分析图[16]

二、中期规划布局阶段

1. 布局原则

（1）紧急避难场所规划布局原则

紧急避难场所是避难人员临时或就近疏散，求得暂时庇护和进一步组织避难活动的场所，其主要功能是供邻近建筑物内的人群临时避难。根据一般城市用地布局的形式，可选场地包括居住小区、企事业单位内部或城市街边的小公园、小花园、小广场、专业绿地、地面停车场或高层建筑中的避难层（间）等。服务半径在 500m 以内，步行 10min 之内可以到达，用地面积不宜小于 0.1hm^2，人均有效避难面积不小于 1m^2。紧急避难场所是城市避难疏散的基本单元，也是城市中需求数量最大、普及率最高、灾害发生时人们逃生避难的首选场所，关乎到城市居民的生命安全，因此，在城市规划建设中必须加强紧急避难场所的布局与建设。由于我国现行规划体系的局限，紧急避难场所在城市防灾规划中难以体现，考虑到紧急避难场所规划建设的重要性，可在城市控制性详细规划方案和修建性详细规划中加强对紧急避难场所的重视程度，或结合城市其他专项规划（如城市绿地系统规划）方案具体落实。规划紧急避难场所时，可着重选择距离居民工作和生活场所最近的开敞空间，便于灾时就近避难疏散，并尽量做到均衡布局，与城市人口密度分布相结合，力求做到当城市发生重大灾害时，城市中任何地方的居民都能够在有限时间内进入紧急避难场所避难。

（2）固定避难场所规划布局原则

固定避难场所是供避难人员较长时间避难和进行集中性救援的重要场所。规划布局时一般以面积较大、人员容纳数量较多的公园、广场、体育场馆、大型人防工程、停车场、空地、绿化隔离带以及满足防灾避难要求的公共设施等为主。服务半径在 2～3km，步行大约 1h 之内可以到达，用地面积不宜小于 $1hm^2$，人均有效避难面积不小于 $2m^2$。固定避难场所是城市避难疏散的主要场所，承担灾民安置与救援的主要功能，应具备较为完善的生活配套设施，使灾民能够生活较长时间。规划固定避难场所之前，应大致估计地震等大的自然灾害发生时的避难人数及其在市区的分布状况，在充分考虑现有应急避难场所的分布、城市建筑物的抗震等级、疏散道路的宽度、避难场所的服务半径与服务范围等问题的基础上，结合城市内已有设施或场地按需布局。在城市中心人口密集、用地条件极为紧张的地区，可考虑通过建设防灾据点或规划疏散通道，引导居民向外围地区避难场所疏散的方式展开避难、救援工作。

（3）中心避难场所规划布局原则

中心避难场所是规模较大、功能较全、起避难中心作用的固定避难场所，场所内一般设医疗急救中心和重伤员转运中心等。服务半径可参考固定避难场所，用地面积通常在 $20hm^2$ 以上，人均有效避难面积不小于 $2m^2$。中心避难场所是安置和灾后恢复的基地，能够满足避难人员长时间避难的需求，应具备非常完善的避难功能，因而其对城市用地条件的要求较高，在城市中心区往往无法单独设置，一般可选择占地面积大的公园、广场或大型公共设施等，通过改造实现中心避难场所的规划布局。

2. 防灾空间区划

避难场所空间布局之前首先要进行防灾空间分区的划定。防灾空间可以划分为三个等级，一级防灾片区利用隔离带或者天然屏障划分防灾片区，分区隔离带不低于 50m；二级防灾组团以自然边界、城市快速路为主要边界，分区隔离带不低于 30m；三级防灾单位以自然边界、绿化带、城市主次干道为边界，分区隔离带不低于 15m[17]。这样的一级防灾片区、二级防灾组团、三级防灾单位分别对应了应急避难场所中的中心避难场所、固定避难场所、紧急避难场所（表 4-3-6）。具体应急避难场所的空间布局是综合考虑人口需求分布、避难场所备选地分布、防灾分区划分情况、避难场所用地适宜性评价以及考虑不同等级的避难场所的服务半径和责任区规模大小要求来进行综合确定。空间布局的关键是前期研究阶段的最终落实，重点在于场所评价和需求预测。假设某城市面临 n 种灾害，首先根据 n 张图得到的场地适宜性评价图，依照避难场所的备选地布局得到“完全综合性应急避难场所”，比对是否满足每类灾害的避难需求，如不满足，继续提取 $n-m$ 张单灾种场所适宜性评价叠合图，布局“部分综合性应急避难场所”，按此规律直到满足所有灾害的避难需求。

表 4-3-6　防灾空间分区分级划定

防灾空间分区级别	划分原则	分区隔离带宽度	对应避难场所级别
一级防灾片区	① 以场所评价和需求预测为基础；② 整合城市人口分布状况、城市功能分区、行政区划边界、道路网规划等	≥50m	中心避难场所

续表

防灾空间分区级别	划分原则	分区隔离带宽度	对应避难场所级别
二级防灾组团	① 综合考虑人口与用地资源分布情况；②适当考虑城市主干道的影响；③打破行政界限限制，各街道办统一组织协调	≥30m	固定避难场所
三级防灾单位	① 结合现状社区分布，保持其完整性；②不跨越城市主要道路；③充分考虑城市用地功能分区；④规模适中；⑤充分考虑城市自然界线影响，如铁路、河流等	≥15m	紧急避难场所

3. 确定备选场所

（1）室外类型

① 公园：包括国家级、省级、中心城市级、地市级，规划作为应急避难场所的区域应避开文物和古迹保护区域以及水面等；②绿地：大面积开阔绿化地，不含 2000m^2 以下的房前绿地；③广场：城、镇中的街心广场、绿地广场等，地下架空的广场在地震或其他可能对广场结构造成破坏的灾害发生后禁止用作避难场所；④体育场：包括各级体育场；⑤学校：拥有面积在 2000m^2 以上室外开敞空间的各类大、中、小学。

（2）室内类型

优先考虑类型：学校、社区（街道）中心；次级考虑类型：体育场馆、会议中心、福利设施等。

（3）安全要求

根据安全性原则，应急避难场所选址时，须避让地震断层，化学药品、易燃易爆品仓储用地，核辐射地区，砂土液化地区，易发生泥石流、滑坡、塌陷地区，洪水泛滥区，泄洪区以及高压线走廊等区域；场所边界与高大建筑物的距离应大于等于建筑物高度的 1/2；同时，为便于搭建各类临时建（构）筑物，其坡度不应大于 25%。为确保室内避难场所人车流线明确、建筑功能符合避难需求等，办公楼、写字楼等不适宜用作应急避难场所。

4. 规划布局流程

应急避难场所的确定，首先要在前期对城市的公园、绿地、广场等备选应急避难场所梳理的基础上，通过对场所建设适宜性评价以及应急避难场所的建设标准进行筛选，得到可用的单一灾种和多灾种应急避难场所；然后以防灾空间分区的风险等级评价以及应急避难场所的规划布局和选址原则进行指导，从而选定现有的应急避难场所和规划新建的应急避难场所；之后再结合对避难人口规模的估算以及应急避难场所的服务半径覆盖要求等，对规划布局进行进一步统筹修正，最终完成应急避难场所的布局流程图（图 4-3-4）。

三、后期维护管理阶段

1. 构建行政执法管理

（1）成立专项部门进行统筹管理

对于避难场所的管理，首先要对管理主体部门进行整合。目前，我国的城市灾害管理是由不同的行政部门分别管理各灾种，这样的管理形式往往不满足城市综合防灾的具体要求，应成立专门的灾害防御办公室等指挥部门，协同各灾害涉及部门共同管理。国际上已经相继

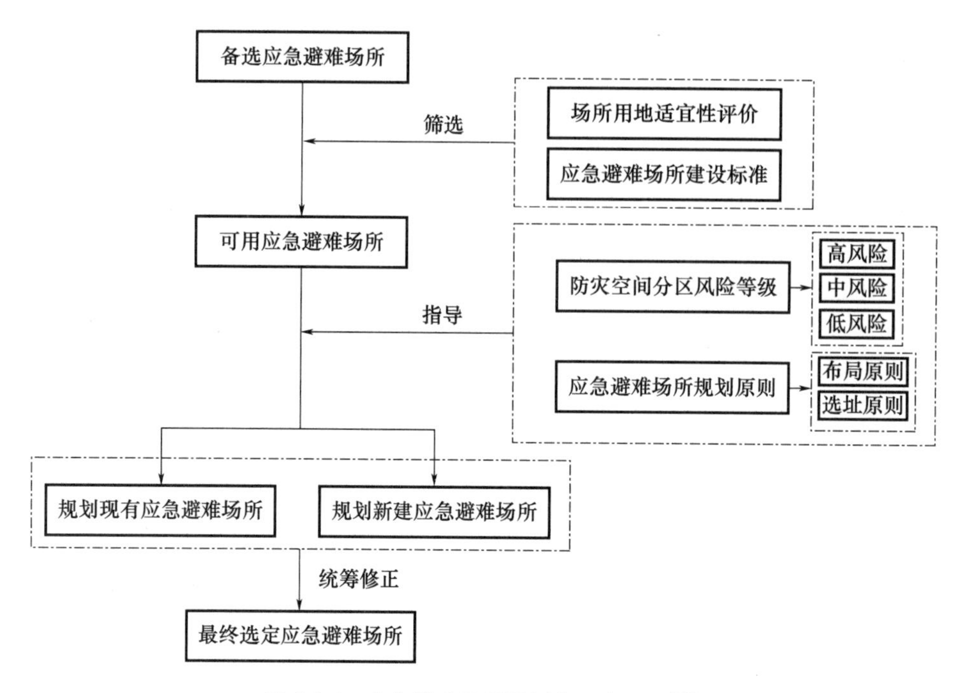

图 4-3-4　应急避难场所规划布局流程图[18]

出现了众多的综合灾害管理机构，如日本的中央防灾会议、美国的联邦紧急事务管理局以及澳大利亚的联邦经济事务管理局等。因此，应按照避震疏散场所的规划实施建设，同时后期对避震疏散场所的管理包括对场所自身的管理和对避难行为的管理两方面。主管部门应对每个避震疏散场所制定具体的应急使用方案，场所内部设置相应的指示标志。另外，应建立“市区级—街道级—社区级”的三级地震应急指挥机构，协同居委会、社会团体及大型企事业单位形成分级合作的组织形式，并制定避震疏散规则和避难路线，以保证地震突发时居民的顺利疏散。

（2）制定管理条例与实施细则

目前，我国正逐步完善城市应急避难的相关法律，但相关法律制定后，应及时制定相应的条例和实施规则或细则，并根据各城市自身特点由各城市的应急避难场所的政府管理部门制定各专业法规，包括消防、火灾预防、危险物品管理、急救、灾害对策和灾害救助、政府信息公开、防止公害和环境污染、公共卫生和健康保健、食品卫生、药物管理、动植物防疫、饮用水源和自来水管理等，形成一个综合完善且结合地方实际的体系。另外，这些条例、细则应能保证在地震应急避难管理过程中具体指导不同部门的工作。具体来说，管理部门还应制定针对不同灾种的应急预案，明确指挥机构，划定疏散位置，编制应急设施位置图以及场所内功能手册，建立数据库和电子地图，并向社会公示，积极接受社会监督。

（3）确立部门协同工作机制

在成立专门部门统一领导的基础上，加强不同管理部门间的分工协作也十分重要。就目前我国大部分城市的避难场所维护管理机制来看，部门合作欠协调，尚未形成完整而紧密的系统。我国目前的灾害管理体制是分类别、分地区、分部门的单一管理体制，根据灾害发生地点在地域上实行属地管理，且根据灾害产生、发展和结束的环节，各职能部门实行分阶段管理。这种模式虽有利于发挥各部门的作用，但这些应急救援力量在指挥和协调上仅限于各自领域，没有建立相互协调与统一指挥的工作机制，缺乏有效整合和统一协调机制。根据日本东京、美国纽约、加拿大多伦多等城市的应急避难管理系统的经验，并结合我国管理现状，在日常工作中，可形成如下分工协作体系。①市级人民政府设置突发事件应急指挥部，构成强有力的指挥协调中枢；②指挥部下设办公室，成员由各相关部门组成，包括发展与改革、财政、卫生、食品监督、交通、商务、科技、信息、气象、公安、军队和武警等，负责各自领域内的应急避难相关管理工作，形成多方协调、共同协作的局面；③各单位、社区内成立应急工作小组，负责本单位、本社区内的应急避难相关工作。各级部门的工作内容可由指挥部组织相互传阅文件或以网上公布的形式共享，避免重复工作而浪费人力物力财力。同时应当建设城市信息共享平台，做到建设部门、管理部门信息共享的同时使用者也可以最快时间获取避难场所的相关信息。

2. 保障避难场所“平灾结合”

(1) 设施及物资储备管理

避难场所的应急设施及应急物资储备、管理在避难场所功能发挥中具有重要作用。做好避难场所应急设施及应急物资管理需要考虑避难场所功能区域如何设定、应急储备物资如何供应、储备及分发等。避难场所的区域设定主要围绕禁止进入区域的设定、避难场所各功能区域的划分、避难场所区域设定的安全标志等进行确定；应急设施设定又包括应急设施运行状况识别方法、消防设施管理及应急设施如何安全运行等问题。其中，应急设施运行状况识别方法，一般采取目测方法。具体操作流程包括：确定应急设施周围建筑物受灾状况；调查避难场所的安全性；判断是否存在其他风险隐患。

应急设施包括储备仓库及储备物资、医疗救护品、供水设施、救助器材、避难者档案信息或卡片、通信器材、厕所、淋浴设施、饮食供给设施等。应急设施如何安全运行，主要考虑设施的隐患排查及相应配套装备的设定等问题。需要确立一套完善的应急储备物资的供应、储备及分发方法。应急储备物资的发放对象（避难居民、参加救援人员、因灾害无法自炊者等）、发放标准（以当地维持最低限度的饮食及避难生活所需要）及管理流程。管理流程比较复杂，具体包括：确定储备物（储备仓库及储备物资、医疗救护品、供水设施、救助器材、避难者档案信息或卡片、通信器材、厕所、淋浴设施、饮食供给设施等）的种类、数量及目录编制；从避难场所储备仓库提取物资、使用避难者自带应急物品或向应急指挥中心求救；物资储存依据用途进行分类，并保存到特定地点确认；物资分发需要制定程序及标准进行分发。此外，对于应急设施安全性识别需要相关专家进行判断，如消防设施管理，一般首先成立避难场所自主运营组织的民间消防队，其次做到定期排查避难场所火灾等次生灾害的隐患情况，同时与地方消防机构保持联系，必要时请求支援等。

具体的物资储备应当结合地区实际情况依据地区民众疏散安置工作需要来确定，可与避难场所周边商场、超市、加油站、医疗单位建立物资供应机制，采取签订协议等方式，明确救灾物资储存、供应的工作职责及流程，保证紧急情况下救灾物资的正常供应。另外应由应急避难场所所有权人或管理使用单位来负责场所内储备物资的日常维护等管理工作。

(2) 医疗及心理救助管理

当大量灾民涌入避难场所后，难免会出现灾民伤亡或者产生心理疾病的状况，此时，有必要对灾民进行有效的医疗及心理救助工作。对于避难场所的医疗救助来说，涉及内容较多。其中基本救助流程包括收集避难者健康状况信息（伤员数量、伤员伤情状况等）；医疗救护组派遣（救护组编制、派出机构、配置计划）；医疗救护组接收并进行人员安置；设置避难场所医疗救护所（配备医用物资、开办要求、救护所空间保障、告知居民相关信息）；依据受灾者健康状况选择是送到医疗机构进行救治还是在避难场所医疗救护所接受治疗；配备后续医疗救护组接替。另一方面，对于灾民的心理救助流程主要包括，掌握避难灾民精神健康状态，成立心理疏导救助组（包括设置心理救助电话、心理减压知识宣传、心理疏导的教育培训等）；对避难场所中弱势群体进行重点关怀。

（3）避难场所应急标识设置

很多城市虽已建成应急避难场所，但并未配备易于识别的标志，或标志摆放位置不够明显，或标志不统一。此外，部分市民对避难标志不熟悉，对避难设施的使用常识所知甚少，这给灾时应急避难造成诸多阻碍。因此，必须设置清晰明显的标志，使群众在紧急情况下一目了然地知道其功能用途。应由各省、市地震人防部门制定强制性应急避难场所标志地方标准，包括应急避难主标志、应急监控标志、应急避难场所指示标志、避难场所内指示标志、应急避难场所道路指示标志、应急避难场所类型指示标志等。标志应颜色醒目、图案易于辨别，线条不宜过细、过小，可适当考虑夜间发光及为盲人增加发声指示等。所有应急避难场所内的标志都必须设置在主要道路、交叉口或应急避难场所附近醒目处。同时，在场所内部还应设立宣传栏，宣传场所内设施使用规则和应急知识。

（4）环境卫生管理维护

避难场所的卫生管理是一项长线工作，饮食卫生工作处理不当，极易滋生病菌，最终造成避难人群生病等连锁反应。为此，如何做好避难场所卫生管理工作非常重要。避难场所清洁卫生管理工作可以考虑从临时厕所设置管理、避难设施的消毒防疫管理、淋浴设施管理、遗体安置管理、食品卫生管理及废弃物处置管理等几个方面进行。具体说来，临时厕所设置管理主要包括以下方面：依据避难人数及区域分布状况确定设置临时厕所数目及区域布局；确定临时厕所出现供给不足及其他意外故障时的应急措施；与卫生部门合作处理排泄物。避难设施的消毒防疫管理主要包括：掌握避难所实际卫生情况信息；调配相关医疗物资；依据受灾情况，调整公共卫生救援人员配置对避难场所临时厕所定期消毒；对避难居民进行防疫指导；定期向管理部门及运营组织汇报情况。淋浴设施管理主要包括：确认避难场所空间场地、需求数量及具体设置标准等；政府部门及租赁企业依据需求向避难民众提供淋浴设施；向避难居民公布设置状况。遗体安置管理主要包括：设置遗体安置所，记录遗体发现时间、地点、姓名等，统计遗体数量；处理遗体（辨认检验遗体、消毒处理、遗体身份确认和认领等）；遗体火化（确认殡仪馆情况、火化方法、遗骨遗物暂时保管等）。食品卫生管理主要包括：饮食供应的种类、数量需要及时调整；废弃物处置管理侧重垃圾存储、收集、运输及处置；瓦砾处置管理；医疗废物处置管理；人体排泄物管理等。

3. 积极发挥社会参与力量

（1）培养民众自主避难意识

自主避难行为属于一种不规则与无法控制的模式，若不在灾害发生时进行同步有效引导与规范，将会影响整体的避难效果。另外，城市中各类区域由于其土地性质、交通通达性、人员混杂性、功能多样性等的差别，灾害风险特征各异，民众避难意识也会有所不同。因此，管理部门有责任和义务向群众宣传避难相关常识。由于我国当前对于应急避难常识的宣传还不到位，一旦发生突发情况，群众就可能因不熟悉避难、救灾的有关程序和设施而造成不必要的生命财产损失。因此，为提高群众避难意识，可以将避难训练作为中小学必要的防灾课程；公示避难场所规划方案，提高民众对避难场所的熟悉度并强化避难意识。宣传普及防灾避难常识的手段包括：利用互联网在社区网络平台上实时发布灾害信息，开辟专栏介绍防灾常识、避难场所信息；发放防灾光盘、防灾书籍等；报纸刊物、社区黑板报定期设置防灾避难专栏；通过手机群发的方式宣传避难常识；电视、公交传媒等设置避难常识普及栏目等。

（2）开展综合应急避难演练

避难场所应急启用演练可以加强周边居民对应急避难场所功能的了解，检验应急预案的实施效果和模拟应急避难设施设备在灾时的使用情况，强化各部门在紧急情况下的分工协作能力，并进一步提升相关部门对启用应急避难场所的组织保障能力。因此，应以单位、部门、学校或社区为单位，定期组织避难演习。内容包括模拟发出灾害警报；指挥部门及武警、军队等各部门应急响应；群众向避难场所转移；发放避难帐篷、食品、药物等物资；组织人员搜救等。做到紧急状态下的指挥命令快速下达，目标具体明确，且有替代方案，使群众切实了解灾时如何自我保护、转移到应急避难场所的最佳时机、通往避难场所的最短安全路线及避难场所内各项设施的用途及用法，同时定期检测地震避难场所设施功能的有效性。

（3）组织志愿者搜救训练

城市应当建立训练有素的应急志愿者队伍。应急搜救志愿者应熟悉当地情况，平时进行一定的科学训练，对于灾时救助他人、引导灾民快速安全地进入避难场所，协助专业救援队伍进行搜救都能起到至关重要的作用。招募搜救志愿者可以重点考虑以下几类人员：退伍消防员、专业搜救人员、医务工作者、野外工作人员（如探矿、探险人员）、户外运动爱好者（如攀岩、登山爱好者）等。这些人有良好的体能、野外经验、应变能力较强或具备丰富的医疗救援知识，自身装备相对齐全。当搜救志愿者达到一定规模时，组织系统及培养较成熟后，再向社会招募更多的志愿者进行培训，扩大应急搜救人员的数量。平时要对队员进行组织协调、消防知识、急救知识、搜索和救援知识等方面的培训，邀请专业的消防队员、医疗人员、应急部队和探险专家进行专业授课，并经常与国内外专业搜救组织交流经验。同时，争取一些专业装备公司的支持，随时提供一些救援器材，志愿者也要随身自备一些关键器材，如对讲机、统一的荧光背心和头盔、救生保护的绳索等。志愿者需定期进行搜救演习，可与居民的避难演习配合进行，主要包括模拟灾时搜救工作应急总体协调、测试对讲系统功能、被困群众营救、受伤群众急救等。搜救志愿者还应及时总结工作经验与教训，探讨应急搜救工作的成功与不足之处，及时与其他地区的志愿者进行交流学习，积累经验。

参考文献

[1] 丁琳．城市综合应急避难场所体系规划研究［D］．南京：南京大学，2014.

[2] 潘安平．沿海农村台风灾害区避难所优化布局理论与实践研究：以浙江为例：第1版［M］．北京：中国建筑工业出版社，2010：41-45.

[3] 熊焰，梁芳，乔永军，等．北京市地震应急避难场所减灾能力评价体系的研究［J］．震灾防御技术，2014，9（04）：921-931.

[4] 周玉科，刘建文，梁娟珠．基于改进灰色关联的福州市避难所适宜性综合评价［J］．

地理与地理信息科学，2018，34（06）：63-70+1.

［5］魏本勇，谭庆全，李晓丽．北京市应急避难场所的空间布局与服务效能评估［J］．地震研究，2019，42（02）：295-303+306.

［6］孙滢悦，陈鹏，刘晓静，等．基于TOPSIS评价法的城市应急避难所选址适宜性评价研究［J］．震灾防御技术，2017，12（03）：700-709.

［7］王女英，修春亮，等．沈阳城市应急避难场所的识别、空间格局与服务功能［J］．地域研究与开发，2017，36（05）：75-79+86.

［8］陈志芬，李强，王瑜，等．基于有界数据包络分析（DEA）模型的应急避难场所效率评价［J］．中国安全科学学报，2009，19（11）：152-158+177. DOI：10.16265/j.cnki.issn1003-3033.2009.11.025.

［9］叶明武，王军，刘耀龙，等．基于GIS的上海中心城区公园避难可达性研究［J］．地理与地理信息科学，2008（02）：96-98+103.

［10］刘建文．面向地震灾害的福州市应急避难场所适宜性评价及布局优化［D］．福州：福州大学，2018.

［11］张沐晨，林广发．基于空间可达性的福州应急避难场所服务能力评价［J］．海南师范大学学报（自然科学版），2018，31（03）：346-354.

［12］张佳瑜，白林波，杨文伟．基于GIS的社区地震应急避难场所配置模型构建：以银川市育林巷社区为例［J］．地震工程学报，2019，41（06）：1650-1658.

［13］唐波，关文川，王丹妮，等．基于两步移动搜寻法和OD矩阵的城市社区应急避难场所可达性研究：以广州市荔湾区为例［J］．防灾科技学院学报，2018，20（03）：59-66.

［14］苏浩然，陈文凯，王紫荆，等．基于改进引力模型的城市应急避难场所空间布局合理性评价［J］．地震工程学报，2020，42（01）：259-269.

［15］广东省人民政府办公厅关于印发广东省应急避护场所建设规划纲要（2013—2020年）的通知（粤府办〔2013〕44号）.

［16］兵庫県．避難所管理運営指針（平成25年版）［Z］．2013.

［17］戴慎志．城市综合防灾规划．第1版［M］．北京：中国建筑工业出版社，2011：122.

［18］江苏省住房和城乡建设厅．应急避难场所建设管理研究报告［R］．南京：江苏省住房和城乡建设厅，2016.

第四节　城市应急避难场所的灾后安全疏散规划

一、安全疏散计划

卢兆明等提出安全疏散计划的核心是解决以下问题：疏散多少人、哪些人、什么时候疏散以及疏散到什么地方。这些都需要从全局出发，周密计划，妥善安排[1]。

疏散计划主要包括三项基本内容：

1. 建立疏散策略。为避免同时疏散带来交通堵塞问题，根据路网结构及人口分布将城市分为若干区域，确定灾害发生时各区的疏散顺序及疏散时间。

2. 选择疏散目的地。疏散目的地可以是就近避难场所，也可以是远离受灾区域的安全地带。

3. 优化疏散路线。当每个居民点都基于自身出发来选择局部最优路线时，一般难以达到整体最优，因此应从全局出发规划交通路线。

二、安全疏散策略

1. 人的避难行为与疏散时序

通过行为学研究，人们的自主避难行为属于一种不规则与无法控制的行为。若不在灾害发生时进行同步有效引导与规范，将会影响整体的避难效果。因此，灾害发生后，人的行为模式研究成为安全疏散规划的重要依据。

根据相关调查和国内外经验，从人的步行速度分析，一般正常情况下，成年人的步行速度为 4km/h，综合考虑儿童、老人的步行速度及灾害发生后道路情况，地震发生后，人们前往紧急避难场所的步行速度一般在 3km/h，因此灾害发生时，人们倾向于 10min 之内到达避难场所，前往固定避难地的时间在 40～60min 以内。因此，紧急避难场所的服务半径通常都在 500m 以内，而固定避难场所的服务半径通常控制在 2000m 以内[2]。

根据日本地震灾后的相关文献分析，震后 1h 左右，人们的行为通常是不知所措。能够用于避难的时间，地区全体撤离大约需 2h，对于个人从安全的角度应控制在 1h 左右[3]。

2. 安全疏散阶段对场所需求

由于震后应急避险阶段不同，人们对场所的需求和避难行为也不尽相同（表 4-4-1），主要分为以下阶段：

表 4-4-1　灾后避难行为及场所需求[4]

<table>
<tr><th></th><th>类别</th><th>避难行为</th><th>场所需求</th></tr>
<tr><td rowspan="4">避难时间短
↓
长</td><td>紧急避难（灾害发生数小时内）</td><td>在大型灾难中保护生命的避难行为</td><td>具有安全性的广场或高台</td></tr>
<tr><td>初期避难（灾害发生数小时——日内）</td><td>灾害发生后的避难，对应于确认安全与否，信息交换，营救伤员等避难行为</td><td>近邻的避难空间（空地、停车场、小公园等）</td></tr>
<tr><td>一时避难生活（灾害发生 2 日—数周内）</td><td>帐篷式的临时避难行为</td><td>学校、公民馆、公园等</td></tr>
<tr><td>应急避难生活（灾害发生数周—数年）</td><td>临建住宅的避难生活</td><td>大规模公园及公共用地</td></tr>
</table>

① 紧急避险。在灾害发生后的第一时间（5～10min 内）市民从室内（房屋、楼宇）至开敞空间的紧急疏散、躲避；紧急避险行为选择的场所，主要是就近的安全的空间，如绿地、公园、广场、院落等。此类场地只是“暂避”，不需要长时间停留即会转移到其他地方。

② 临时避难。在紧急避险行为结束后的 1～12h 内，市民迅速集结家庭成员，选择避难场所，形成以家庭为单位的夜间临时避难行为（主要体现为室外空地上的露营、搭帐篷或在汽车上过夜）；灾害发生后几天内，次生灾害可能接连发生，人们多数不会回家居住，此时需要找个地方暂躲几天，主要是离家不远的开阔地等，待灾害后返家。一般要求离家 1km

以内的范围内，1 天到 2 周内暂时避难。

③ 长期避难。在灾害连续多日、多周、多月发生时，短暂的几日躲避已经不能解决生活中的若干问题，因此需要汇集到一个相对集中、各类基础设施相对完善的地方进行驻扎，作好长期避难的准备。此类场所一般是规模较大的开敞空间，能够驻扎受灾人员和救援人员，在大城市中心区一般需要疏散转移。

根据经验显示，成功的避难过程首先会考虑以最短时间到达安全场所，然后进行有组织的疏散转移，再考虑怎么样获得短期生活保障。在这个过程中包含了两个空间转换点，一是居民从灾害现场转移到暂时避难空间，是一个自发过程；另一个是居民从暂时避难空间转移到相对稳定的庇护空间，是一个有组织的疏散过程。因此，居民在避难过程中有自主疏散和有组织疏散两种疏散模式[5]。可见，在灾害发生的短时间内，居民是自发的疏散，而在到达安全场所后，才有可能进行有组织的安全疏散。

3. 安全疏散人口

震后疏散指地震发生后采取一定的疏散方式，使应急避难人口安全地疏散到应急避难场所的活动。在《城市抗震防灾规划标准》（GB 50413—2007）中提出“需避震疏散人口数量及其在市区分布情况，可根据城市的人口分布、城市可能的地震灾害和震害经验进行估计，在对需避震疏散人口数量及其分布进行估计时，宜考虑市民的昼夜活动规律和人口构成的影响”。

对超大城市，在紧急避难阶段原则上应确保城市所有常住人口能够紧急疏散到应急避难场所中。而到中长期避难阶段，由于灾害可能会持续发生，而城市中心区应急避难场所资源往往有限，因此应考虑将部分城市中心区居民向城市外围区域疏散，对于中长期避难场所则应根据需安置避震人口数量和分布进行估计。

4. 安全疏散组织单元

社区是我国各大城市的基本社会群众组织。我国对社区的界定一般以居委会或街道办事处为核心，由其所辖范围内的若干居住区、街道组成，规模由 2000 人到 10 万人不等[6]。在城市遭受地震灾害侵袭时，社区是我国现代城市的基本社会群众组织，以其为基本单位进行管理和疏散组织非常必要。首先，社区公园绿地等防灾空间可为人们提供紧急疏散和应急避难空间。而且在平时，由于分布于城市各区域的应急避难场所数量大、面积广，当涉及具体的设施维护、场地建设时，必须要与街道办事处、社区管理机构紧密衔接。其次，社区服务半径一般为 500～800m，居民步行 5～10min 基本可到达社区公园等公共场所，这与地震突发时紧急避难时间基本相同。最后，在灾害发生时，应急避难不仅是市民自发的自救行为，也是一种政府行为。在灾害时期特别是灾害应急响应阶段，社区基层组织在疏散、救援、支持等行为中起着非常关键的作用。因此，在我国，将社区作为安全疏散单元是可行的。

三、安全疏散交通方式

根据国内外相关经验来看，大城市灾害发生后，居民在避难过程中主要以家庭疏散为主。发达国家私人小汽车保有量高、人口少、居住较为分散，因此其疏散交通方式多为以家庭为单位，自驾小汽车撤离危险区域。根据日本阪神大地震调查分析，灾民去避难场所时，除了步行外，使用汽车的情况较多[7]。由于中国的城市规模、人口密度及居住密度都远远大于发达国家，家庭小汽车普及率普遍较低，一旦发生突发灾害，特别是没有预警征兆的突发灾害，涉及的将是较多数量和较大规模的强制性人口疏散。而此类疏散受家庭经济条件和路网承载能力的限制，并不适合以家庭为单位、采用自驾小汽车为主要交通方式进行疏散。由此可见，一旦大地震爆发，面对“人口高度聚集”“避难场所资源紧张”的客观事实，特大城市若无安全有序的应急疏散计划，将无法实现人员安全避难及有效救援。必须以大容量公共运输工具为主要交通方式，高效利用城市路网通行能力，有组织地统一协调，才有可能在短时间内疏散[8]。因此，对我国特大城市中心区，主要考虑利用疏散主次通道，采取步行和公交车为主要疏散交通方式，对灾害发生后中心城区需要疏散的人口进行有序疏散。疏散人群通过步行到达疏散主通道等待疏散。然后通过救援车辆向城市外围地区进行疏散，寻求中长期避难。

四、安全疏散对场所需求预测的影响

在《城市抗震防灾规划标准》（GB 50413—2007）中，就避震疏散提出“避震疏散规划时，应对需避震疏散人口数量及其在市区分布情况进行估计，合理安排避震疏散场所与避震疏散道路，提出规划要求和安全措施”。由此可见，应急避难场所的确定以及责任区的划定是以规划预测的人口分布结果为基本依据的，从某种意义上来讲，人口预测的合理程度将决定应急避难场所及其责任区划定的合理程度[9]。

目前，国内相关应急避难场所规划中对人口预测方面尚无统一的规范要求和成熟的方法。有些城市规划中通过人均指标法来确定场所的总体服务水平，没有分别考虑紧急和中长期阶段人口的预测问题。大部分规划中对紧急避难场所的预测，提出原则与满足所有常住人口的需求观点比较一致，但对中长期避难人口预测方法则不尽相同。例如《广州市地震应急避难场所（室外）专项规划纲要（2010—2020）》中借鉴了相关文献研究结论，认为地震后，只有房屋受到中等以上破坏的无家可归者，才会成为中长期避难人员，并参考了地震灾害中无家可归人口公式，对城市中长期避难人口进行了预测，约占城市规划总人口的10.5%[10]。《淄博市中心区地震应急疏散规划》中对人口预测是根据震害预测结果，按规划期末总人口的80%进行确定，地震烈度提高一度时，需安置人口比例增加为81.6%。事实上无论采用哪种方法，人口预测都是一个难点。由此可见，灾害的灾损程度、城市的应急疏散政策等都将影响人口的疏散，并对场所的预测产生影响。城市应急避难场所规划中考虑安全疏散规划的内容，有利于加强对人口疏散的引导，实现安全转移疏散，对城市应急避难场所空间统筹布局将产生一定的影响。

参考文献

[1] 卢兆明，林鹏，黄河潮．基于GIS的都市应急疏散系统［J］．中国公共安全（学术版），2005（02）：35-40.

[2] 张艳，郑岭，高捷．城市防震避难空间规划探讨：以西昌市为例［J］．规划师，2011，27（08）：19-25.

[3] 齐藤庸平，沈悦．日本都市绿地防灾系统规划的思路［J］．中国园林，2007（07）：1-5.

[4] 沈悦，齐藤庸平．日本公共绿地防灾的启示［J］．中国园林，2007（07）：6-12.

[5] 胡志良，张丽梅．城市公共安全的规划探索：以《天津市中心城区应急避难场所（提升）规划》为例［C］//中国城市规划学会．城市规划和科学发展：2009 中国城市规划年会论文集．北京：中国建筑工业出版社，2009：8.

[6] 胡斌，吕元．社区防灾空间体系设计标准的构建方法研究［J］．建筑学报，2008（07）：13-14.

[7] 熊谷良雄，崔宰栄，中野孝雄．災害時の道路交通［N］．予防時報，2005.

[8] 刘小明，胡红．应急交通疏散研究现状与展望［J］．交通运输工程学报，2008（03）：108-115＋121.

[9] 何淑华，冯敏，陈伟玲．城市地震应急疏散规划编制研究：以《淄博市中心区地震应急疏散规划》为例［J］．城市规划，2008（11）：93-96.

[10] 闫永涛，唐勇，魏宗财．地震应急避难场所专项规划编制探索：以广州市地震应急避难场所专项规划纲要为例［C］//中国城市规划学会．规划创新：2010 中国城市规划年会论文集．北京：中国建筑工业出版社，2010：1-11.

第五节　城市应急避难场所配套设施规划研究

一、应急避难场所配套设施相关要求

根据国家标准《地震应急避难场所场址及配套设施》(GB 21734—2008)，避难场所的配套设施要求主要有以下几个方面：

基本设施。主要是为了保障避难人员的生活需求而配置的设施，具体包括简易活动房屋、医疗救护和卫生防疫设施、救灾帐篷、应急供电设施、应急供水设施、应急排污设施、应急垃圾储运设施、应急厕所、应急标志、应急通道等。

一般设施。主要是为改善避难人员的生活条件在基本设施的基础上应增设的配套设施，包括应急指挥管理设施、应急物资储备设施、应急消防设施等。

综合设施。在以上两种设施的基础上增设的为改善避难人员生活条件的设施，包括应急停机坪、应急停车场、应急洗浴设施、应急功能介绍设施、应急通风设施等。

在设施方面，应急避难场所应配置满足应急生活需求的活动简易房、帐篷等，并设置临时或固定的用于紧急处置的医疗救护与卫生防疫设施；同时，应保障应急供水设施，每 250 人至少设一处饮水处，每 100 人至少设一个水龙头。此外，应设置满足应急生活需要的厕所，厕所距离篷宿区 30～50m。为了方便应急物资的调用，标准要求应急物资储备设施与应急避难场所的距离应小于 500m，应急避难场所附近还应设置应急车辆停车场。此外，通风条件有限的室内地震应急避难场所，应增设通风设施等。对于地震应急避难场所的安全性，标准规定地震应急避难场所应有方向不同的两条以上与外界相通的疏散道路。除此之外，应急避难场所内的建筑物及配套设施用房，必须达到国家规定的抗震设防要求。

二、应急疏散救援空间配套设施相关研究

统筹城乡各级场所的配套设施时，主要考虑配套设施应满足灾民在应急避难时的基本生活需求。紧急避难场所应配有基本的生活保障设施；固定避难场所在基本设施的基础上增设改善型设施，保证能有足够的空间搭建帐篷或临时建筑，以及进行应急指挥、医疗救助的空间；而中心避难场所功能应最为齐全，配备完善的医疗、生活、救援、指挥等方面的设施。根据避难场所为人们提供庇护的时间不同，采用不同的配置标准[1]。

1. 基本配套设施

（1）应急篷宿区

应急篷宿区内设置帐篷或简易活动房，应符合防火及卫生防疫的要求，并应考虑设置相应的人行通道。

（2）应急供水设施

应急供水设施可选择供水管网、供水车、蓄水池、水井等两种以上的供水设施，并根据所选设施和当地水质设置净水设备，使水质达到直接饮用的标准。

目前，城市规划给水人均指标，大部分是城市公共设施用水指标，如绿化、市政或者公共服务设施用水。在紧急情况下，人均用水指标只能满足人体生存基本需求，与城市规划中人均用水量指标不同。在应急避难阶段，用水主要考虑维持饮用、清洗、浴用、医疗等用途，在《防灾避难场所设计规范》(GB 51143—2015)（2021 版）中，对应急给水期间人均需水量提出了相关要求（表 4-5-1）。

表 4-5-1　应急给水期间的避难人员基本用水量

人员类别		基本用水量（升/人·日）		
		饮用水	基本生存生活用水	基本生活用水
应急医疗	伤病员	5	20	40～60
	工作人员	3～5	10	10～20
其他人员		3～5	—	4～10

综合上述因素并参考其他城市的标准，适应人们中长期避难需求的二级或二级以上的应急避难场所的人均给水指标为：综合用水 30L/（人·日），且饮用水不低于 3L/（人·日）。

（3）应急排污设施

① 粪便。若应急避难场所内设置有厕所，且未遭受地震破坏的情况下，应尽量利用原有的厕所。厕所的供水可采用地下水与市政给水管网联合供水，冲水采用水箱式。另外，也可以建设一定数量的抗震冲水式公共厕所及移动厕所。移动厕所平时由环卫部门保管，灾时再放置于避难场所指定位置。公共厕所与移动厕所的污水均就近排入市政污水管网。在远离城市的偏远地区，部分厕所旁可考虑设置小型一体化处理设施，在市政污水管网被破坏时，可以处理后直接就近排入附近水体。

② 废水。废水主要考虑灾民生活必需的洗漱与淋浴用水。建议洗漱、淋浴结合冲水式公厕进行建设，其产生的废水排入市政排水管网或附近水体中。

③ 雨水。尽量结合现有雨水系统，就近排入附近水体中。

应急排污系统应设置污水排放管线和简易污水处理设施，并应与市政管道相连，有条件

的可设独立排污系统。医疗卫生污水应处理达标后才可排入城市污水系统。设置应急厕所，要求间距不小于 300m，应急厕所应设于应急避难场所下风口的位置，且远离篷宿区 30m 以上，但不远于 50m，并应附设或单独设置化粪池。

（4）应急供电设施

① 电网供电。采用独立的多路电网电源供电，以保证灾时场所供电的可靠性。

② 移动式发电机。运行灵活，平时可作为备用电源，灾时照明，给水泵及附属建筑等供电要求不是特别高的负荷供电。

③ 自然能源。利用太阳能等发电设备给照明灯供电，节约能源，平时也可使用。

④ 移动式照明灯具。主要为投光器、手电筒等移动式照明灯具，平常或灾害时都能有效利用。

（5）应急垃圾储运设施

采用移动式，尽可能实行分类储运，应急垃圾储运设施距离应急篷宿区应大于 10m，且位于应急避难场所下风向设置，按照 200g/（人・日）标准建设。

（6）应急通信设施

每个篷宿区周边应尽量布置应急电话，应急情况时免费开通，方便灾民对外联系。

（7）应急标志

避难场所应建立完整、明显、适于辨认和易于引导的标识系统，并符合下述要求：

① 在城市道路交叉口处设区域位置指示牌，指明各类设施的位置和方向；

② 在避难人员不宜进入或接近的区域或建筑安全距离附近，设置相应警示标志牌；

参考北京市《地震应急避难场所标志》的要求，可分为四类（即避难场所图形标志、场所内道路指示标志、组合标志、场所周边道路指示标志），包括：主标志、应急供电、应急篷宿区、应急指挥部、应急监控、应急水井、应急机井、应急停机坪、应急厕所、应急物资供应、避难场所道路指示标志、应急医疗救护、应急供水、应急消防设施等（图 4-5-1）。

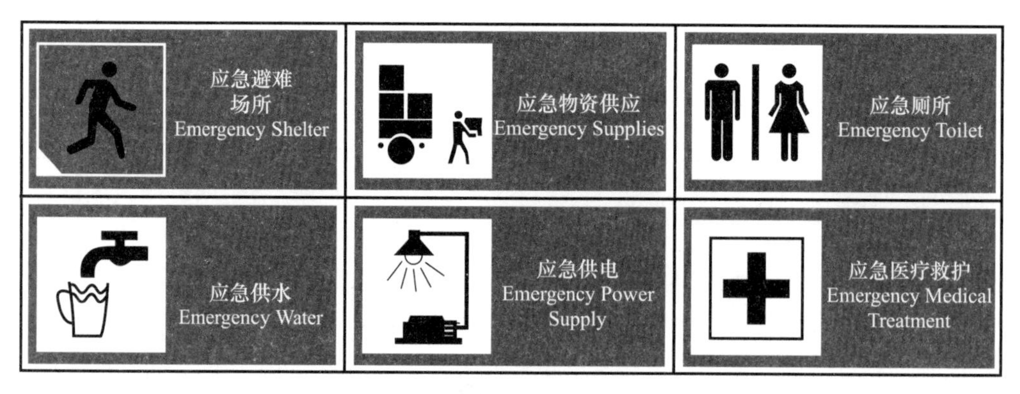

图 4-5-1　应急标志示意图[2]

2. 综合设施

（1）应急停机坪

在一级避难场所内或周边应设置供直升机起降的应急停机坪。

① 起降坪平台，坡度不大于 5°，10m 范围内不得有树木，周围无高大建（构）筑物。

② 起降坪中心左右 15°范围 1000m 距离内，直升机进出通道向上 5°视野内没有任何障碍物，保证升空平行安全角度。

（2）应急洗浴设施

可结合应急厕所设置，也可设置移动式洗浴设施。

（3）应急功能介绍设施

在一、二级避难场所内应设置应急功能介绍图板，宜设置触摸屏、电子屏幕等。

3. 一般设施

（1）应急物资储备设施

主要是储备救灾时必需的工具材料，包括紧急电源、动力泵、救护防水、防寒物品，防灾设施以及必要的应急食物、医疗器材等。储备仓库可结合场地和周边现有建筑来设置。

（2）应急指挥中心

应急指挥中心设有广播、图像监控、有线通信等系统。

① 应急指挥中心面积应不小于 1500m²。

② 在避难场所设置摄像机，对场所进行监控，平时与灾时都可使用。

③ 设置广播系统，并宜与公园、学校等广播系统结合。

④ 应配置有线、无线通信设备和网络接口。

（3）应急医疗设施

包括一定的医疗器材储备场所和医疗救治区域，为灾民提供医疗用品，救助受伤者，避免疫病的爆发与传染。结合医疗救援的服务半径来设置应急医疗区，结合避难场所内道路交通和篷宿区的具体位置进行合理布局。

三、城市应急疏散救援空间配套设施指标

1. 中心城或外围新城城区

（1）市级避难场所（一级避难场所）

市级避难场所（一级避难场所）配套设施指标见表 4-5-2。

表 4-5-2　市级避难场所（一级避难场所）配套设施指标

<table>
<tr><th colspan="2">名称</th><th>设置与否</th><th colspan="2">建设要求</th></tr>
<tr><td rowspan="6">基本配套设施</td><td>应急篷宿区设施</td><td>√</td><td colspan="2">—</td></tr>
<tr><td>医疗救护和卫生防疫设施</td><td>√</td><td colspan="2">设置医疗救护中心（与卫生防疫站统筹配置），负责收治、救助伤员，及时转送伤病员。占地：按 20～50 个床位设置，占地面积≥1600m²，其布局应靠近输送救援出入口，便于伤员和药品的运输</td></tr>
<tr><td>应急供水设施</td><td>√</td><td rowspan="4">供水、排水供电及通信管线均与城市市政管线相接</td><td>设有独立的供水设施如封闭式蓄水池、地下水井并配备移动供水车，纯净水储备。供水指标：50L/(人·日)，其中饮用水为 3L/(人·日)</td></tr>
<tr><td>应急供电设施</td><td>√</td><td>每个应急避难场所均考虑接入 2 路或以上供电线路以保证避难场所的用电。须配备有便携式发电机组，并储备有燃料</td></tr>
<tr><td>应急通信设施</td><td>√</td><td>1. 设置固定电话，按每 100 人设置 1 门固定电话。2. 设置移动通信设施，使无线信号覆盖避难场所。3. 配备卫星无线通信设施（一般通信中断后的紧急通信系统）。4. 设置广播系统，并宜与公园、学校等广播系统结合。5. 配备监控系统（天眼若干）。6. 设立公共信息发布牌若干</td></tr>
<tr><td>应急排污设施</td><td>√</td><td>1. 设置独立的排污系统。2. 医疗卫生污水应处理达标后才可排入城市污水系统。3. 应急厕所应附设或单独设置化粪池</td></tr>
</table>

续表

名称		设置与否	建设要求
基本配套设施	应急厕所	√	可与洗漱间合设：按每500人设置1处公厕。间距不小于150m，设于避难场所下风向，且远离篷宿区30m以上，但不远于50m。单独公厕占地面积≥$20m^2$，设10个蹲位：与洗漱间合设占地面积≥$50m^2$
	应急垃圾储运设施	√	垃圾收集点服务半径为70m
	应急通道	√	场地内部应尽量实现外围环路，便于人员疏散
	应急标志	√	在避难场所入口处、各功能分区和周边设置指示标志，并在入口处悬挂1∶500的应急避难场所平面图及周边地区居民疏散通道图
	集散场地	√	≥$500m^2$，作为临时停车、人员集散和物资发放场地，与直升机临时停机坪设置在一起
一般设施	应急消防设施	√	设置消火栓，且间距不超过120m
	应急物资储备设施	√	板房材料、库存帐篷及工具；药品、饮用水、食品、交通、照明设备、消防器材、一般需要的工具器材及通信设施。物资储备仓库应靠近输送救援出入口，便于物资输送
	应急指挥管理设施	√	1. 设置救灾指挥中心，负责统筹指挥整个救灾行动，对救援人员进行调度，指挥救援并进行安置。配置监控广播系统，无线通信设备、固定电话。与城市政府或人防应急指挥中心联网。占地：室内占地面积≥$200m^2$；室外（搭建帐篷）占地面积≥$100m^2$。其布局应靠近服务性出入口，便于信息传递。2. 设置应急服务中心，为本避难场所服务，组织灾民有序安置，物资收集与分配。占地面积≥$100m^2$，布局应靠近服务性出入口，便于组织和协调
综合设施	应急停车场	√	结合集散场地设置
	应急停机坪	√	面积为40m×50m，以草坪及低矮灌木为主，周边不得有高大乔木。设于集散场地内
	应急洗浴设施	√	在应急厕所内设置
	应急功能介绍设施	√	—

（2）片区级避难场所（二级避难场所）

片区级避难场所（二级避难场所）配套设施指标见表4-5-3。

表4-5-3　片区级避难场所（二级避难场所）配套设施指标

名称		设置与否	建设要求
基本配套设施	应急篷宿区设施	√	—
	医疗救护和卫生防疫设施	√	设置医疗救护与防疫点：对受伤灾民进行简单处理包扎，提供基本的医疗救护，组织将伤员转至医疗服务中心，并负责本二级避难场所卫生防疫工作，预防瘟疫的传播；占地面积≥$50m^2$。医疗服务中心利用就近医院解决

续表

<table>
<tr><th colspan="2">名称</th><th>设置与否</th><th colspan="2">建设要求</th></tr>
<tr><td rowspan="10">基本配套设施</td><td>应急供水设施</td><td>√</td><td rowspan="4">供水、排水供电及通信管线均与城市市政管线相接</td><td>一般二级避难场所储备 5 天饮用水量，用水标准为 50L/（人・日），其中饮用水为 3L/（人・日）。饮水点设于上风口和篷宿区的下方位位置，按 50 人设置一个水龙头，100 人应设置一处供水点，间隔距离不大于 500m，供水点应设置遮雨篷</td></tr>
<tr><td>应急供电设施</td><td>√</td><td>每个应急避难场所均考虑接入 2 路或以上供电线路以保证避难场所的用电。有条件可配备有便携式发电机组，并储备有燃料。应急供电需要保障照明、医疗通信、通风等设施用电</td></tr>
<tr><td>应急通信设施</td><td>√</td><td>设置固定电话，按每 100 人设置 1 门固定电话。设置移动通信设施，让无线信号覆盖避难场所。设立公共信息发布牌若干</td></tr>
<tr><td>应急排污设施</td><td>√</td><td>设置独立的排污系统</td></tr>
<tr><td>应急厕所</td><td>√</td><td colspan="2">可与洗漱间合设：按每 500 人设置 1 处公厕。间距不小于 100m，设于避难场所下风向，且远离篷宿区 30m 以上，但不远于 50m。单独公厕占地面积≥20m²，设 10 个蹲位：与洗漱间合设占地面积≥50m²</td></tr>
<tr><td>应急垃圾储运设施</td><td>√</td><td colspan="2">垃圾收集点服务半径为 50m</td></tr>
<tr><td>应急通道</td><td>√</td><td colspan="2">—</td></tr>
<tr><td>应急标志</td><td>√</td><td colspan="2">在避难场所入口处、各功能分区和周边设置指示标志，并在入口处悬挂 1：500 的应急避难场所平面图及周边地区居民疏散通道图</td></tr>
<tr><td>集散场地</td><td>√</td><td colspan="2">≥200m²，作为临时停车、人员集散和物资发放场地</td></tr>
<tr><td>应急消防设施</td><td>√</td><td colspan="2">设置消火栓，且间距不超过 120m</td></tr>
<tr><td rowspan="2">一般设施</td><td>应急物资储备设施</td><td>√</td><td colspan="2">板房材料、库存帐篷及工具；药品、饮用水、食品、照明设备（提灯、蜡烛）、消防器材、一般需要的工具器材及通信设施</td></tr>
<tr><td>应急指挥管理设施</td><td>√</td><td colspan="2">设置应急服务中心，组织灾民有序安置，物资收集与分配，与外界取得联系等功能，占地面积≥50m²</td></tr>
<tr><td rowspan="4">综合设施</td><td>应急停车场</td><td>√</td><td colspan="2">结合集散场地设置</td></tr>
<tr><td>应急停机坪</td><td>—</td><td colspan="2">—</td></tr>
<tr><td>应急洗浴设施</td><td>√</td><td colspan="2">在应急厕所内设置</td></tr>
<tr><td>应急功能介绍设施</td><td>√</td><td colspan="2">—</td></tr>
</table>

（3）社区级避难场所（三级避难场所）

社区级避难场所（三级避难场所）配套设施指标见表 4-5-4。

表 4-5-4　社区级避难场所（三级避难场所）配套设施指标

<table>
<tr><th colspan="2">名称</th><th>设置与否</th><th colspan="2">建设要求</th></tr>
<tr><td rowspan="10">基本配套设施</td><td>应急篷宿区设施</td><td>√</td><td colspan="2">—</td></tr>
<tr><td>应急供水设施</td><td>√</td><td rowspan="3">供水、排水、供电及通信管线均与市政管线相接</td><td>设于上风口和篷宿区的下方位位置，按 50 人设置一个水龙头，100 人应设置一处集中供水点，供水点应设置遮雨篷</td></tr>
<tr><td>应急供电设施</td><td>√</td><td>—</td></tr>
<tr><td>应急通信设施</td><td>√</td><td>使无线信号覆盖避难场所；设置广播系统及一处公共信息发布牌；按每 100 人设置 1 门固定电话</td></tr>
<tr><td>应急排污设施</td><td>√</td><td colspan="2">—</td></tr>
<tr><td>应急厕所</td><td>√</td><td colspan="2">按每 500 人设置 1 处公用卫生间，间距不小于 100m，设于避难场所下风向，且远离篷宿区 30～50m。分设淋浴设施和厕所，考虑无障碍设施；单独公厕占地面积≥$12m^2$，设 5 个蹲位</td></tr>
<tr><td>应急垃圾储运设施</td><td>√</td><td colspan="2">垃圾收集点服务半径 50m</td></tr>
<tr><td>应急通道</td><td>√</td><td colspan="2">—</td></tr>
<tr><td>应急标志</td><td>√</td><td colspan="2">在避难场所入口处、各功能分区和周边设置指示标志，并在入口处悬挂 1∶500 的应急避难场所平面图及周边地区居民疏散通道图</td></tr>
<tr><td>集散场地</td><td>√</td><td colspan="2">≥$150m^2$，作为临时停车、人员集散和物资发放场地</td></tr>
<tr><td>一般设施</td><td>应急消防设施</td><td>√</td><td colspan="2">设置消火栓，且间距不超过 120m</td></tr>
</table>

2. 乡镇地区

（1）市级避难场所（一级避难场所）

除垃圾收集点可结合当地情况确定是否设置外，其他建设要求与城区一级避难场所相同。

（2）片区级避难场所（二级避难场所）

考虑到乡镇的行政单位相对独立，且市政基础设置及配套基础相对薄弱，因此其建设主要在城区二级避难场所建设标准的基础上对市政配套和应急指挥管理等方面提出了一定的要求，指标要求相对降低。

3. 农村地区

（1）片区级避难场所（二级避难场所）

二级避难场所。需要设置服务中心、集散场地和指示标志，其建设标准与乡镇二级避难场地相同，其他建设要求可参照乡镇二级避难场所标准，并根据当地实际情况确定。

参考文献

[1] N. J. 格林伍德 . Greenword N J，Edwards J M B. 人类环境和自然系统：第二版 [M] . 刘之光，等译 . 北京：化学工业出版社，1987.

第五章　城市应急疏散通道系统规划研究

日益严重的城市突发事件对城市应急救援工作提出了更高的要求，而应急疏散救援通道规划是提高城市安全系数的有力保障。城市应急疏散通道系统作为综合防灾体系的一部分，是受灾人员到达各避难场所、救援物资到达灾区的必经路径，因此城市应急疏散通道系统规划应该成为综合防灾规划的首要任务。

第一节　应急疏散通道系统构建重点与原则

一、构建重点

1. 与国土空间规划相结合，在综合防灾规划指导下统筹规划

日益严重的城市灾害对现代交通提出了更高的防灾要求，国土空间规划在安排城市的用地布局上应考虑到灾害发生时交通的防灾疏散。规划统筹安排的交通网络是否合理，需经长期实践才能作出判断，而灾害却是突发的、严峻的考验。

2. 充分利用现有交通网络，提高交通等级

现有的应急交通工具（包括直升机、警车、救护车、海上应急巡逻船等）和公路、海上、空中、地下等立体交通网络，是防灾疏散通道建设的基础。根据综合防灾的要求，充分挖掘现有交通体系的疏散功能，通过对其进行分级（视现有交通所在的地理位置、空间条件、原有功能而定，并赋予其不同的防灾功能）、改建或加建（根据防灾要求重新整理交通网络，条件不满足者改建，网络连不上者加建）、增加设施（如标识系统、救护站、消防所、指挥中心等）、提高安全系数等手段，建立完善的防灾疏散通道体系。不仅可以减少防灾疏散通道的用地，大幅度减少建设投资，而且可以在修建疏散通道的同时，完善现有交通网络，提高交通等级[1]。

3. 根据实际情况，综合设置多种类型疏散通道

根据不同的防灾功能将道路分为紧急通道（路宽 20m 以上的道路为第一等级的紧急通道）；输送、救援通道（路宽 15m 以上的道路，配合紧急道路构建完整的交通路网）；消防通道（路宽 8m 以上的道路，为消防车辆投入灭火活动时的专用通道）；紧急避难通道（路宽 8m 以下的道路，在各个指定为避难场所、防灾据点的设施无法连接前 3 个层级的道路网时而布设的辅助性路径）[2]。一个较完善的疏散通道系统还应考虑除城市公路体系以外的其他路径，如海上、空中、地下等，尤其是空中救援体系，运用直升机作为特殊救援工具在现实生活中已很普遍，但规划中要注意直升机的航线和停机坪的位置。此外，需要针对不同灾种风险评估制定不同的应急救援通道响应机制。

4. 利用现代化技术，建立疏散通道数据库

疏散通道数据库要包含各疏散通道的具体位置、服务范围、防灾功能以及与附近疏散通道之间的关系等，它是综合防灾规划数据库的一部分，建构完整且易于应用的本土化数据

库，对疏散通道的使用情况进行跟踪调查，以便及时更新数据库数据。利用现代化手段，灾时指挥受灾人员疏散、救灾物资运输，确保指挥中心准确掌握各避难场所、设施的资讯后及时反应。灾害过后要总结经验及不足，保持数据库数据的最新性、准确性。

二、构建原则

1. 与区域路网总体规划相整合原则

通过应急疏散救援通道规划与总体路网规划相整合，并争取与政府的计划项目相结合，在近期建设规划中促进其实施，尽快提高城市防御能力。应急疏散救援通道规划必须适应城市的发展，适应城市的人口变化对应急疏散救援通道提出的要求，在应急疏散救援通道的规划年限、用地规划等方面与城市路网总体规划保持一致。

2. 平灾结合原则

应急疏散救援通道是城市路网的一部分，现有的城市路网骨干道路是应急疏散救援通道规划建设的基础。在应急疏散救援通道规划建设时，首先调查城市路网现状具有紧急状态下进行疏散潜力的道路，然后考虑将其作为或适当改造后用于应急疏散救援通道。疏散通道在平时还应承担日常的交通服务功能，使其无论是在平时还是灾时，都能取得经济效益、社会效益和综合减灾效益。

3. 均衡布局原则

在建立应急疏散救援通道整体空间布局的基础上，在不同的防灾分区和防灾单元中建立若干等级的应急疏散救援通道，并要注意在整个城市区域内应急通道的布局均衡性。根据实际和规划中的人口总量和分布，对应急疏散救援通道进行规划。同时，注意与不同等级的避难场所、抗震防灾指挥中心、医疗机构、交通客货运枢纽进行衔接，使受灾群众在发生地震后需要避难时，能够有效、安全地在指定的避难场所避难并得到及时救助；相应人员能够迅速赶赴灾区实施救援。疏散通道均匀分布，疏散车流和物流均匀分布，以免导致某些道路由于疏散压力过大而造成局部拥堵，从而影响整个灾区的疏散救援。

4. 高等级、高通行能力原则

在地震、火灾等影响范围大的突发事件发生后，受灾人员集中、救援物资需求量大且紧迫，应急疏散救援通道作为整个区域疏散救援的生命线，需要具有较高的服务水平和通行能力，以保证大量集中的受灾人员快速撤离灾区，救援物资能够及时运达灾区。

5. 安全、可靠、灵活性原则

应急救援通道本身应具有很强的抵御灾害破坏的能力，为了使疏散通道能在灾时服务于应急疏散和救援等任务，应选择区域内部的骨干道路与区域性的高等级高速公路或国道作为应急疏散救援通道的主体。疏散方向应均匀分布，不宜集中，以免造成疏散通道压力过大，但还应考虑区域周边地形地质情况；同时由于灾害发生的偶然性和不确定性，还应保证疏散通道规划的灵活性，保证部分疏散通道受到破坏之后，还有其他备选通道或者破坏通道与其他通道具有联络线能够提供迂回疏散线路。

三、构建的空间层次

1. 区域级

区域级通道作为城市对外应急疏散救援重要通道，在灾难发生后，起到对外疏散的骨架作用。尤其对破坏力强、影响范围广的重大灾害，能够有效地向周边地区进行人员疏散和物资救援。针对相对薄弱的交通基础设施（大型铁路枢纽设施等），加快打造珠三角城际轨道；完善高速公路网络；扩建、完善机场、港口和深港交通衔接设施，提升区域紧急疏散能力。

2. 城市级

以城市对外交通主干道为应急疏散紧急通道。保证有效宽度不小于 20m，城市的出入口在 10 个左右。城市级救灾道路用来联络灾区与非灾区，城市局部地域与区域内其他城市，确保人力、物资救援通畅，连通各防灾分区，并能够到达全市各主要防救灾指挥中心、大型避难据点、医疗救护中心及城市边缘的大型外援集散中心等主要“防救”据点。在重大灾害发生后，要优先保持道路畅通，必要时进行交通管制确保救灾行动安全展开。可利用市区与外部相连的国道、高速路、城际铁路和市区内 20m 以上的道路，除应提高道路服务以及与其连通的桥梁防灾级别外，还应预先规划道路一旦严重受损所需的替代性道路，以保证救灾工作的顺利进行。

3. 分区级

分区级救援输送道路是灾害发生且灾情稳定后，作为城市内部运送救灾物资、器材及人员的道路。这一级别的道路应该确保消防车、大型救援车辆的通行及救援活动、避难逃生行动的顺利进行，是避难人员通往避难场所的路径，在灾害发生时进行消防救灾并将援助物资送往各灾害发生地点及各防灾据点。可以利用市区内有效宽度在 15m 以上的道路，这是根据城市人流车流等因素确定的，其中消防车行 4m，人行 2m，双面停车 7m，机动宽度 2m。在规划时应考虑救援道路和疏散道路的区分，疏散道路应考虑远离或避开危险源。

4. 社区级

社区级避难通道功能以人员避难疏散为主，供避难人员前往避难场所，还可以作为没有与上两级道路连接的防灾据点的辅助性道路，以构成完整的路网。考虑到很多灾害发生后会产生火灾等次生灾害，消防车辆要投入灭火的活动，因此社区级避难通道应兼具消防通道的作用，宽度宜 8m 以上，其中消防车行 4m，人行 2m，机动宽度 2m。每一街区应包含两条以上的避难道路，以防止其中一条避难道路受到阻断而妨碍避难。指定避难路径沿线应导向避难场所，避免越过干道和铁路、河流等，两侧的建筑物高度及广告等悬挂物需加以限制。当一些避难场所、防灾据点无法与前三个级别的道路网连通时，则需要设计辅助性路径，一般为 8m 以下道路，用来联络其他避难空间、据点或连通前三个级别通道。需要注意的是，对于城市消防通道也应该纳入上述“防救灾”通道系统中，对具有消防通道功能的“防救灾”通道要充分考虑消防给水设施的配备。

四、构建框架

本次构建“区域级—城市级—分区级—社区级”应急疏散通道体系，注重空间系统与疏散系统的紧密配合，形成一个网络通畅、节点安全整体性强、积极高效的疏散通道保障体系。构建框架包含两大部分内容：不同层级应急通道的规划建设、基于不同灾害种类的应急通道响应。区域级应急疏散通道建设重点关注区域交通支撑下的对外疏散通道建设及对外疏散通道方式的选择；城市级应急疏散通道在紧急转移疏散和救援疏散的过程中，地位更为突出，是疏散交通系统的“大动脉”；分区级应急疏散通道在整个通道系统的每个路段都要发挥紧急疏散的作用；社区级的应急疏散通道是发生灾害时城市居民最先进行自救疏散的通道。这几级应急通道建设关注城市道路支撑下的疏散通道建设标准、单灾种和多灾种下的应急通道安全性、可达性评估、不同灾害下各级应急疏散通道的建设。

参考文献

[1] 傅小娇．城市防灾疏散通道的规划原则及程序初探［J］．城市建筑，2006（10）：90-92.

[2] 李繁彦．台北市防灾空间规划［J］．城市发展研究，2001（06）：1-8.

第二节　不同层级应急疏散通道的规划建设

一、应急疏散通道分类选择

1. 区域级

区域疏散通道是利用已有区域城际交通体系在灾时进行救灾疏散，当地震、洪涝灾害发生时可选用的交通方式为空中救援与水上救援。应结合目前机场、铁路及港口已有建设，规划好应急停机坪的选址，应急停机坪选址要求能够保证飞行安全，场地开阔、地势平坦，具有足够的飞行区尺寸以及布置各项业务设施的场地。停机坪与建筑物间距应在 50m 以上，与高压线间距应在 150m 以上，停机坪浇筑高出地面 30cm 以上，使飞机能够安全地从通道进出。为了保证夜间正常使用，停机坪应设置泛光照明、边界灯和航空障碍灯等助航设备。停机坪建成后，在第一时间抢救遇险人员、转移受困群众和伤员、运送救援力量和救灾物资，调运大型设备等。

2. 城市级、分区级

在城市发生洪涝、地震、台风等自然灾害时按照应急预案，利用水上救援通道、陆路救灾疏散通道、地下疏散通道以及空中救援的联动进行救援。台风、地震作为最为常见的灾害类型，需按照技术标准对已有通道进行全面评估；同时考虑洪涝灾害以及复合灾害的影响，及时弥补已有通道的不足。最后需要关注人为灾害如火灾、核事故等周边人员可达范围内的应急通道规划。

3. 社区级

在城市发生洪涝、地震、台风等自然灾害时按照应急预案，利用水上救援通道、陆路救援疏散通道进行及时救援。主要结合社区生活圈内的紧急避难场所布局，当发生人为灾害如火灾时，应考虑消防通道规划，对具有消防通道功能的防救灾通道要充分考虑消防给水设施的配备。面对台风、地震、洪涝等灾害时，社区级应急疏散通道是居民最先接触到的一级通道，因此需要做好居民疏散演练工作，提前熟悉避难方向，以免发生灾害时拥堵混乱等情况发生。

二、应急疏散通道系统评估（地震灾害下）

1. 通达性与可靠性评估

对城市避震疏散通道系统的评价主要在于通道系统的抗灾性能，主要表现在通达性和可靠性两个方面。通道系统的通达性评价可以通过网络集成度的方法进行分析，而通道系统的可靠性则主要是看各路段的有效疏散宽度、街道高宽比和在地震灾害中的易损程度。

（1）通道系统的通达性

借鉴空间句法（Space Syntax）集成度的理论和分析方法，主要研究连接度和控制值。为了与避震疏散交通实际相结合，将城市 GIS 数据系统中的道路中心线转化为轴线来进行空间句法计算，以路段（交叉口之间的道路）作为一个空间单元，比较其各自的连接度和控制度，分析每一路段在避震疏散过程中的重要程度。

（2）不包括桥梁路段的可靠性

对不包括桥梁路段可靠性的影响，主要来自两个方面，一方面是道路本身即路基在地震作用下的受损对路段通行能力造成影响，另一方面则是道路两侧建筑物或者路上构筑物受震坍塌后造成的堵塞对路段通行能力带来影响。避震疏散通道的有效宽度是考虑地震中通道两侧的建筑受灾倒塌时，通道的横断面部分受阻，但还有足够的宽度保证救援车辆、消防车辆以及疏散人群的通行。

（3）包括桥梁路段的可靠性

包括桥梁的路段实际上是桥梁单元和路段单元的串联，因此地震对包括桥梁路段可靠性的影响，应分为对桥梁单元的影响和对路段单元的影响。在评价包括桥梁路段的可靠性时，不同于无桥梁路段直接采用路段单元的通行概率，而是将桥梁单元的通行概率和路段单元的通行概率相叠合。如果考虑到工程结构、地震发生概率和加速度的空间差异等因素，那将更为复杂。

2. 风险性与安全性评估

城市中心区由于其高度集聚性的特征，最需要在灾时保证疏散通道的安全性。因此风险性、安全性评估是以实现工程、系统安全为目的，应用安全系统工程原理和方法，对工程、系统中存在的危险、有害因素进行辨识与分析，判断工程、系统发生事故的可能性及其严重程度。地震灾害发生时疏散通道会受到多重危险因素的共同影响，其中沿街建筑物倒塌和建筑坠物、次生灾害等的危险是最高的。因此需综合判断这些风险的危害程度，通过层次分析法、德尔菲法、熵值法、单一指标法等评价方法判定各类危险指标的危险度，从而减轻应急疏散路段的危险性[1]。

地震应急通道安全评价体系见表 5-2-1。

表 5-2-1 地震应急通道安全评价体系

一级指标	二级指标	三级指标
风险性	建筑或构筑物倒塌	1. 是否有超高层建筑（超过 100m）
		2. 建筑物抗震能力
		3. 道路高宽比
		4. 建筑后退红线距离
		5. 路面是否有超过 2m 的构筑物（雕塑、连廊等）
	建筑坠物	1. 建筑临街面玻璃幕墙面积
		2. 建筑物临街外立面广告牌面积
		3. 建筑物临街外立面空调外挂机数量

续表

一级指标	二级指标	三级指标
风险性	次生灾害（火灾）危险度	1. 是否有火灾风险较高的大型娱乐场所
		2. 易燃易爆危险据点（加油站、加气站、化工企业、天然气站等）数量
		3. 道路方向与城市常年盛行风向的关系
		4. 道路两侧建筑是否采用难燃材料
		5. 道路两侧是否连续种植难燃树种
		6. 道路两侧是否有消防栓或消防水池等消防设施
	路段高危险性	1. 现有道路及桥梁质量
		2. 道路及桥梁抗震能力
		3. 是否有高架桥路桥横穿
		4. 道路下方是否埋有危险性较高的管线
效率性	道路宽度	1. 道路总宽度
		2. 人行道面积占比（单位长度道路内人行道的总面积）
		3. 路边停车占道路面积比
		4. 电线密度（横跨道路上部空间次数除以道路长度）
	道路通达性	1. 道路坡度
		2. 人行道是否连续
		3. 是否有铁路或轻轨穿越道路
	道路管理	1. 是否有道路违法停车监控系统
		2. 是否对路边违章建筑或摊贩实行监督管制
		3. 灾害发生时，是否有交通管制路段（例如银行、重要办公单位、地面或地下文物保护区等）
		4. 是否有应急车道
	人口密度与年龄构成	1. 是否有大型商场
		2. 是否有地铁出入口
		3. 是否有地下商业街出入口
		4. 是否有中小学校
		5. 年龄构成情况
	道路标识性	1. 道路两侧通往避难场所的标识牌设置是否连贯
		2. 标识牌上标注内容是否明确
		3. 标识牌外观是否醒目
		4. 街道立面是否具有可识别性
		5. 是否具有标志性建筑
	夜景照明设计	1. 道路两侧是否有应急照明装置
		2. 主要建筑及救灾设施是否有醒目的夜景照明标识
		3. 道路两侧标识牌是否装有照明装置
		4. 下沉广场或起伏路段是否有照明装置

3. 通道与场所的连通性评估

衡量避震疏散场所与通道系统的联系情况，应该从疏散空间与疏散通道的相对位置、疏散空间周边的通道网络情况、疏散空间与疏散通道的吻合情况和疏散服务的薄弱度等几个方面来衡量。前两者侧重于对影响避震疏散场所服务范围的因素进行评价，后两者则侧重于利用量化手段对疏散空间与疏散通道相互配合的服务效果进行评价。

避震疏散空间与疏散通道之间存在着非常紧密的联系，通道网络形式的不同、通道网络通达性的不同、疏散空间周边通道网络密度不同以及疏散空间与疏散通道的相对位置关系不同都会影响到避震疏散场所的服务结果——服务范围大小。通过量化的手段来分析和评价避震疏散空间与其周边疏散通道的联系情况，是对避震疏散场所在通道系统基础上覆盖服务的深化分析。

疏散空间与疏散通道的吻合度，是一个衡量网络中某一服务点与该网络配合情况的整体性指标，计算公式见式（5-11）

$$AN=\frac{A_r}{m^2} \tag{5-1}$$

式中，r 是指基于路网建立服务区的半径；A_r 是指基于路网在半径为 r 的条件下形成服务区的面积，借助于GIS的网络分析功能（Network Analyst）可以完成。吻合度是一个 $0<AN\leqslant 1$ 的数值，吻合度越高，服务区的形状越饱满，越接近于圆形，说明疏散空间与疏散通道之间的契合性越好。

疏散空间与疏散通道吻合情况示意如图5-2-1所示。

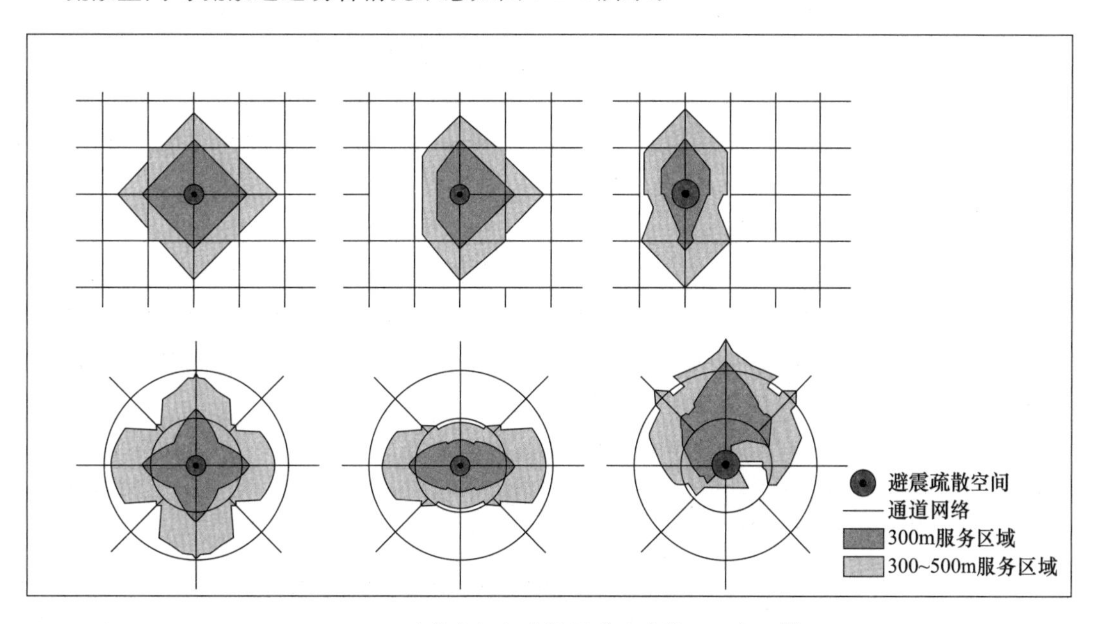

图5-2-1　疏散空间与疏散通道吻合情况示意图[2]

三、应急通道技术指标（多灾种下）

1. 最小有效疏散宽度计算

疏散救援通道的选择除了要考虑道路的抗震能力外，通行宽度也是一个重要因素。疏散道路的宽度应考虑两侧建筑物受灾倒塌后，路面部分受阻，仍可保证救灾车辆通行的要求

(图 5-2-2)。道路两侧建筑高度要严格控制。防灾疏散干道的宽度应符合式 (5-2):

$$W=H_1/2+H_2/2-(S_1+S_2)+N \tag{5-2}$$

式中,W 为道路红线宽度,H_1、H_2 为两侧建筑高度,S_1、S_2 为两侧建筑后退红线距离,N 为防灾安全通道的宽度。

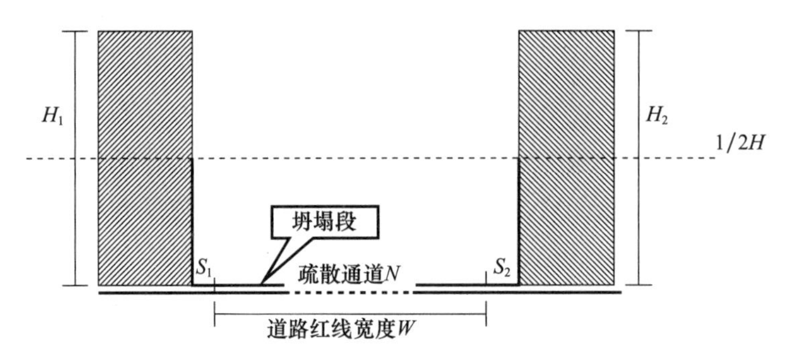

图 5-2-2 疏散通道示意图[2]

应急避难疏散通道规划是基于承灾体的脆弱性评价和孕灾环境的危险性评价,并赋以权重叠加得到道路易损性评价中易损性较低的道路,再根据规划,添加新的道路,根据道路等级将其分为主要疏散通道、次要疏散通道和紧急疏散通道[2]。

考虑到不同等级的应急通道在疏散交通和救援交通上发挥的作用不同,对通路有效宽度的要求也有所不同。根据《防灾避难场所设计规范》(GB 51143—2015),紧急应急救援通道以步行为主,同时考虑消防车的进入,有效宽度不小于 4m;主要应急救援通道和次要应急救援通道是城市避震疏散和抗震救灾的主要通道,除了满足大量疏散居民步行要求之外,还需要为消防车、救护车、救援机械车辆以及救灾物资等众多车辆预留通行宽度。因此主要应急通道的有效宽度应不小于 15m;次要应急通道的有效宽度应不小于 7m。

2. 建筑物倒塌影响距离计算

沿街建筑物倒塌影响距离由建筑物倒塌形式所决定,大量学者认为地震作用下造成的建筑物倒塌对道路影响距离约为该建筑物高度的 1/2~2/3,该理论结果偏于经验化,可采用采用马东辉教授[3]提出的竖向连续倒塌模型计算最大破坏情况下沿街建筑物倒塌后的道路影响距离。简化公式见式 (5-3):

$$W=H\times K \tag{5-3}$$

式中,W 为建筑物倒塌影响距离,m;H 为建筑物超出地面高度,m;K 为倒塌影响宽度系数。沿街建筑物倒塌影响宽度系数 K 根据表 5-2-2 求得:

表 5-2-2 建筑物竖向连续倒塌破坏影响范围简化计算表

建筑高度 (m)	倒塌影响宽度系数
$H<24$	0.55
$24\leqslant H<54$	0.55~0.45
$54\leqslant H<100$	0.45
$100\leqslant H<160$	0.45~0.35
$160\leqslant H<250$	0.35~0.3

3. 倒塌后道路最小宽度计算

道路最小宽度是计算道路通行能力的决定性因素，而道路最小宽度与道路的有效宽度、两侧建筑物倒塌影响距离相关，震后道路最小宽度计算见式（5-4）：

$$W_j = W_i - \max (W_m + W_n) \quad (5\text{-}4)$$

式中，W_j 为震后道路最小宽度，m；W_m 为左侧某栋建筑物倒塌影响距离，m；W_n 为右侧某栋建筑物倒塌影响距离，m。

4. 路段通行能力计算

路段通行能力主要受沿街建筑物倒塌、疏散人流量因素影响，通行能力大小由道路最小宽度、疏散行人流量共同决定[4]。结合《城市道路工程设计规范（2016 年版）》（CJJ 37—2012）避震疏散通道通行能力估算如下：

$$C = 60 \times Q \times W_j \quad (5\text{-}5)$$

式中，C 为避震疏散通道的通行能力，人/min；Q 为行人流量，人/（s·m）；W_j 为震后道路最小宽度，m。

参考文献

[1] 郭晓宇．城市中心区地震应急通道安全评价方法研究及应用［D］．北京：北京工业大学，2014.

[2] 桑晓磊．城市避震疏散交通系统及评价方法体系研究［J］．上海城市规划，2013（04）：50-55.

[3] 马东辉，田青芸，王威．地震作用下框架结构竖向连续倒塌影响研究［J］．沈阳建筑大学学报（自然科学版）．2014，30（4）．

[4] 马程伟．东川城区避震疏散通道通行能力评估及选择研究［D］．昆明：云南大学，2018.

第三节　不同灾害下各类应急通道的建设

一、地下防救灾通道

地下防救灾通道指利用地下交通和地下人防通道来建立的应急通道。可以分为主干道、支干道和连接通道。主干道可构筑地下人行通道和车行通道，用来运送物资、伤员和机动疏散。支干道是贯通各个防救灾据点并与主干道相连的人行隧道。在各防护单元之间、防护单元与支干道之间应构筑连接通道。我国在人防建设初期，曾强调过“连通搞活”，并取得一定成效，但后来由于种种原因没有坚持这种做法，主要是因为大量连接通道在平时难以利用，投资后基本不产生效益。解决这一问题的途径是在规划、建设城市地下交通系统时，将地下防灾空间的连通与地下平时使用的交通设施统一起来，可以充分利用地下铁路隧道、公路隧道、地下步行街等地下空间。美国的休斯敦、达拉斯，加拿大的多伦多、蒙特利尔等城市，中心区都有长达十几千米的地下步行道系统，将地面上的各重要建筑物的地下空间连接起来，不仅平时使用方便，从防灾的意义上看，也起到了重要的连通作用。上海地铁一号线，全长 14.5km，十二个车站，建成后是上海城市平时的地下交通要道，但由于城市民防需要地下交通干道，若两者分别建造，不但多花数十亿的费用，而且也会造成城市地下空间的用地矛盾与浪费，经过深入调查研究，计算得出地铁建设在满足城市平时交通需要的同时，完全可以适应城市防灾和防空时的地下机动干道和人员掩蔽的需要，结构抗力已经达到民防要求，只需在人员出入口和管道线路的进出问题上，增加少量投资，预留灾时改造设施，即可发挥平灾结合的双重通道作用[1]。

二、空中救援通道

某些灾害会造成城市道路系统的通行条件无法保证，空中救援成为一个必要的补充。应做到空地联动，发挥航空救援的“长臂功能”。日本阪神地震中，从东京、大阪等地调来救灾的 8 架直升机，由于城市中缺乏可供起降的场地而未能发挥作用。发达国家运用直升机作为空中救援的工具已经极为普遍，在医院、主要商业中心、大型公共建筑等主要位置上设置直升机停机坪，使直升机停机坪与市区交通无干扰，保证救援的时效性。目前，在我国也已经有一些城市建立了空中救援中心，如厦门已建立空中“120”，舟山市于 2002 年成立了空中救援中心。但大多数城市的空中救援还处于一种临时的应急策略状态，尚未加以系统规划。如城市中的直升机停机坪没有统一进行规划管理，也没有得到很好利用。

三、水上救援通道

在有海域或水面的沿海、内河城市，还应该建立水上救援通道作为陆路交通的补充。如唐山大地震中，唐山市西南的芦台镇内 3 座公路大桥全部震塌，交通中断，外地救援队伍和急需药品全被拦截在蓟运河对岸，使得整个城区在一定时间内只能自救，加大了灾害损失。因此在震后规划中除了增加过河桥梁外，还增加了驳船停靠的水上码头和船只，以备急用。有条件的城市还可建立消防码头，配备消防舰艇等水上消防救援设施。

参考文献

[1] 吕元．城市防灾空间系统规划策略研究［D］．北京：北京工业大学，2004.

第四节　应急疏散通道具体规划流程

一、前期分析研究阶段

1. 各种城市灾害下的疏散需求

（1）深圳市自然灾害风险评估

《深圳市国土空间总体规划（2020—2035）年》（草案）中确定深圳陆海总面积 $4027km^2$，陆域面积 $1997km^2$，海域面积 $2030km^2$；常住人口 1756 万人（含深汕），时间服务管理人口 2000 万人以上。2035 年城市发展规模，常住人口 1900 万人，建设用地规模

$1105km^2$。深圳市这样一个超大城市在自然灾害防御方面面临着新的挑战，首先表现在自然地理条件导致自然灾害多发易发，表现在深圳属亚热带海洋性季风气候，受热带海洋气旋影响，台风暴雨频发；在复杂的滨海低丘地貌形态影响下，河流洪水陡涨陡落，西部滨海区地势低洼，易发生洪涝灾害；陆域地层岩性多样，地质环境复杂，易导致滑坡、泥石流、岩溶塌陷等地质灾害；位于东南沿海地震带，具有发生中强地震的构造背景。其次，开发建设对自然灾害的诱发作用和后果影响显著，体现在陆地高程改变和硬底化，水系调整、覆盖和侵占，破坏雨水自然汇集条件，降低行洪排涝能力，加剧洪涝灾害风险。开发建设保护措施不当，引发水土流失，形成危险边坡，诱发岩溶塌陷，造成滑坡、崩塌、泥石流、河道淤塞、海水入侵；城市人口、资金、信息等要素高度密集、高速流动，承灾能力越发脆弱[1]。

（2）疏散要求

建立准确及时的监测预警体系，优化自然灾害监测预警系统，加强群测群防网络建设，建成全市综合减灾与风险管理信息平台。重点关注受台风影响严重区域：珠江口沿岸区域（沙井、福永、西乡等街道）、深圳湾沿岸区域（南山片区）、大鹏湾沿岸区域（盐田、葵涌、大鹏、南澳）。加强防御风暴潮的海堤基础设施，堤防沿岸周边区域是防御台风工作的重中之重。按照平灾结合、资源整合的思路，完善应急救援通道的空间布局和疏散保障体系建设。同时积极应对全球气候变化，预防洪涝灾害，全市建成区需80%达到海绵城市要求，城市防洪（潮）标准不低于200年一遇、内涝防治能力不低于100年一遇。

2. 疏散方向

（1）对外疏散

城市对外应急疏散救援通道的作用主要是在灾难发生后，尤其对破坏力强、影响范围广的重大灾害，需要向周边地区进行人员疏散和物资救援。深圳地处南海之滨，背靠珠江三角洲广阔腹地，毗邻港澳，灾时可进行人员疏散和物资救援。作为应急疏散救援通道，灾时应保证其道路的顺利通行。为了达到减轻灾害的目的，除了加强公路工程和桥梁的抗震设计外，还需要对已建成的公路交通系统的抗震能力进行连通性分析，为编制防灾规划和制定防灾政策提供重要的科学依据。

（2）内部疏散

城市内部转移疏散是指当灾害发生时，需要第一时间将受灾人口就近转移到避难场所。应当依据对城市各区县避难场所用地资源的评价，用地资源紧张的地区，灾时需重点向外疏散避难人口。深圳应在灾时充分利用罗湖区、福田区、南山区、盐田区、宝安区、龙岗区等9个区内的公园、广场、学校等避难场所进行及时疏散，避难人口不宜再向中心城区转移，保证救援疏散通道畅通无阻。

二、中期规划布局阶段

1. 对外疏散通道布局

对外救援通道主要依赖区域交通设施的合理布局，现阶段深圳市应当抓住珠三角区域融合发展的契机，针对相对薄弱的交通基础设施（大型铁路枢纽设施等），加快打造珠三角城际轨道；完善高速公路网络；扩建、完善机场、港口和深港交通衔接设施，提升区域紧急疏散能力。积极争取区域内各政府部门之间的合作计划，在近期建设规划中促进落实，尽快提高城市防御能力。

结合机场和全市的中心避难场所设置直升机机场，结合港口设置主要应急码头，除机场和港口等对外交通设施外，规划12个城市对外道路出入口并建立中心避难场所与对外交通系统的快捷联系。

2. 城市内部应急交通网络布局

（1）救灾干道

由公路、铁路、航道和空港四个部分组成。城市境内省道、国道（高速公路）路面等级高，路基路面强度比较高，安全性好。根据各地具体需求特点，可以规划以高速公路、干线公路、城市快速路和铁路为主要救灾干道，以河流航道、航空空港为辅助通道。

（2）疏散主干道

由城市道路、铁路和航道三部分组成。以城市主干道为主要疏散主干道，以内河航道和各单位内部的铁路专用线等为辅助疏散主干道。在建筑密集区，应对建筑后退距离不够的地区采取改建等措施，最大限度扩大道路红线宽度，保证灾时各主干道与城市对外疏散干道之间的联系。对于不能满足疏散通道要求的街道，应适当拓宽路面。对于城市新建的区域要严格控制道路两侧的建筑高度和道路的红线宽度，保证灾害发生后疏散通道的畅通和避难场所的可达性。新建、加建的多层建筑应保证后退道路红线5m以上，高层建筑的后退距离应保证在8m以上，同时要减少通道上的高架设施或其他障碍物。对于位于疏散主干道上的高架、隧道、桥梁等需要重点防范的位置，应考虑予以加固，并且需要编制紧急应对预案，在某一处节点受损时，组织道路绕行、抢修等恢复措施，避免整个疏散通道体系的瘫痪。

（3）疏散次干道

以城市部分满足疏散要求的城市次干道为主要疏散次干道；同时也是紧急避难场所外的疏散通道，道路必须保证灾后的有效宽度不少于4m。结合旧城改造规划，增辟干道和疏通死巷，保证整个道路网络系统的完整。

3. 应急通道与对外交通的联系

城市内应急通道与对外交通的联系通道要根据城市空间结构的特点设置，一般的要求是确保城市每个对外疏散方向均有两条或两条以上的应急通道，在城市面临灾害需要对外疏散和对内运输救援物资和救援人员时可以更为快速，特别是在一个通道受阻不能正常通行时，在该对外疏散方向还至少有一条通道可以维持内外通行。

当突发事件发生时，应将受灾人口疏散至城市主次干路中，往避难场所集中，同时有计划地通过对外交通联系通道向外疏散；同时，救灾人员与物资也通过对外交通通道迅速向城市地区集中。因此，内外交通的顺畅连接成为城市应对突发事件的重要环节。

深圳市城市内的交通组织方式主要为道路交通，因此，内外交通衔接的重点是航空、铁路、水运、公路与城市道路交通的快速顺畅连接。

三、后期维护管理阶段

应急通道的建设是否完善到位，直接关系到城市面临灾害时人员疏散和物资运输的能力，在对城市灾害作出充分的风险分析、评估的基础上，结合深圳市国土空间规划，组织市政、规划、交通等相关部门协同进行城市应急通道建设。

1. 完善城市道路系统

首先，加强城市快速路网的建设，增强城市交通的快速对外疏解能力。由于快速路红线较宽，两侧建筑后退红线较远，在救灾上也相应成为可选择的路径。同时，对于地质条件较差、有可能在灾时形成对外交通救援通道瓶颈的快速路段，进行必要的加固改造，保证快速通道的畅通和安全。其次，加密城市支路网，改善城市交通微循环，灾时居民的疏散路径选择也较多，对快速疏散意义重大。在支路网不完善的城市，结合支路网建设，对连接城市避难场所和周边用地的支路加强防灾性能维护工作，提升支路网络在救灾疏散时的通行能力。

2. 控制建筑后退道路红线

建筑后退道路红线越近，道路越容易受到建筑物破坏的影响。因此，对于规划建筑，应严格保证道路红线的权威性，同时按照城市当地的建筑规划管理技术规定，坚决贯彻执行对建筑后退红线的要求；对于现状建筑，能够整改的必须整改，而一些限于历史原因不能拆除或者整改的，应通过加固相邻建筑的方法，降低其连锁反应的可能，降低其对道路系统的影响。

3. 确保道路两侧建筑防灾性能

灾害造成路侧建筑物的坍塌或者损坏，将对邻近道路的通行能力造成影响。建筑物坍塌形成的瓦砾堆会缩减道路的宽度，行人出于安全考虑，会远离建筑物行走而占用城市道路。因此，对灾时通行能力较低的主干路及其两侧建筑，应采取相对应的改造加固措施，保证其灾后的有效通行宽度，进而保证救灾疏散的顺利进行。在道路两侧新建建筑的设计施工及审批过程中，应严格按照相关规范要求进行抗震等防灾方面的要求进行设防，对特殊建筑应提高一度进行设防，保障道路灾后畅通，提高灾时通行能力。

4. 制定灾时应急交通预案

城市在地震灾害中能够保存下来及时用于救援的交通系统与日常交通所依赖的交通系统有很大的区别。地铁，高架路、铁路等这些正常环境下在交通系统中发挥重大作用的基础设施，在地震灾害后很难作为救灾通道。震后交通系统的潜在破坏地段包括桥梁的破坏，建筑物倒塌引起疏散通道的堵塞，道路、铁路本身遭到的破坏。一般由地震或场地破坏引起。因此，在制定交通系统地震应急预案时，应针对城市交通系统中可能遭受破坏的地段，制定相应的应急交通对策，储备必需的物资及时进行道路抢修，保证震后交通的正常通行。

参考文献

[1] 王燕．深圳市自然灾害风险评估及应对策略研究［J］．中国农村水利水电，2014（06）：77-81.

第六章　城市应急医疗救援系统规划研究

进入21世纪，各类突发事件日益呈现频次高、区域广、多元化、损失大等特点，防灾减灾的任务也日趋紧迫。我国于1990年加入联合国“国际减灾十年”行动计划，首次开始强调“综合减灾”，直至2003年SARS非典疫情发生后，我国应急体系的建设才正式起步。2019年年末新冠肺炎疫情暴发，是继2003年之后的第二大全国性的重大突发公共卫生事件，造成了对特大城市武汉的“封城”，这也是新中国成立后的首次，影响巨大[1]。应急医疗救援体系作为国家应急体系的重要分支，是卫生系统的重要组成部分。

第一节　应急医疗救援系统构建重点、原则及技术要求

目前，我国已经基本形成了以各级“突发公共卫生事件医疗卫生救援应急预案”、《中华人民共和国突发事件应对法》等一系列法律规章制度构成的“一案三制”（预案、体制、机制和法制）应急医疗救援管理体系。但从近几年一系列突发事件，如2008年汶川地震、2009年甲型H1N1流感、2010年玉树地震以及2019年以来的新冠肺炎疫情等开展的应急医疗救援行动效果来看，我国的应急医疗救援体系仍有大幅改进空间，应急反应的滞后性、救援力量的分散性、应急物资的短缺等问题仍很突出。

一、构建重点

1. 强化突发事件分级管控，量化应急医疗需求

根据《中华人民共和国突发事件应对法》，自然灾害、事故灾难、公共卫生事件分为特别重大、重大、较大和一般四级。《城市综合防灾规划标准》（GB/T 51327—2018）中提出“应急医疗卫生救助人口数量宜按总人口核算，其中受伤及疫病人员数量不宜低于城市常住人口的2%”。国土空间规划应分析突发事件的过程、结果，建立全面的数字模型，模拟、计算出不同地区在不同级别、不同性质突发事件期间对医疗设施的需求，包括需要的固定和临时应急医疗设施的门急诊量、床位数、必要的医技检查设施等。量化的指标作为突发事件背景下医疗设施规划的依据，将其合理分配至既有设施、拟建设的临时医疗设施或拟改造的临时医疗设施，使各类设施分工明确、清晰，作好预案准备。

2. 强化区域内资源综合、优化使用

实现突发事件背景下的医疗设施规划，应综合、优化使用区域内资源。首先，应充分发挥既有医疗设施的作用，使其在安全前提下发挥最大的作用；其次，要充分研究、利用区域内如展览中心、体育馆、仓库、厂房等大空间建筑设施，预留或准备其迅速改造成临时医疗设施的条件，在需要时可快速转化功能；第三，利用规划中预留的用地，在作为人员紧急避险场地的同时，预留必要的建设条件，保证其能够快速建设医疗设施，形成服务能力。

二、构建原则

1. 平灾结合、保护环境原则

防患于未然是应对突发灾害事件的主要宗旨，建立平时运营与灾时应急相结合的系统运转机制是系统优化的保障。平时需结合城市规划战略留白进行应急医院场地预留，在建设与运行时做好医疗设施的弹性扩容与转换方案；灾时需注重临时性应急医疗设施的污染控制，重视医院内外环境的卫生安全，防止院区外对院内医疗区的干扰污染。

2. 安全至上、兼顾效率原则

在项目选址、总平面规划、建设设计和设施配套上，应遵循安全至上原则，确保建筑安全、医护人员和病患者安全、医院内外部环境安全，同时尽可能创造人性化的医护空间，引进信息化、智慧化、装配式等新技术，来提高医疗空间品质和运行效率。

3. 统筹规划、医防融合原则

应急医院的新改扩建必须符合市（县）国土空间规划和卫生专项的要求，结合城市交通系统和配套市政基础服务设施系统进行统筹考虑，树立临床医疗与疾病预防控制有机结合的建设理念，形成一个完备的突发性应急医疗救援体系。

三、体系构建

城市中为人们熟知的普通医疗体系，主要指按“市—区（县）—街道（镇）—社区（村）”4个层级设置的医疗服务设施，如综合医院、中医院、专科医院、社区卫生服务中心和社区卫生服务站等。应急医疗体系更强调对公共卫生事件的紧急处置能力，不仅包括综合医院、中医院和专科医院等医疗机构设置的传染病病区（或传染病门诊），还包括大型集中救治医院、120急救中心、传染病专科医院、职业中毒和核辐射救治医院等专门的卫生设施。从空间保障角度，应急医疗设施体系包括应急调度中心、培训中心、应急通道、市政公用设施等。应急医疗体系和普通医疗体系共同构成了公共医疗卫生体系，两者缺一不可，相互补充，形成城市的疾病预防控制系统（图6-1-1）。

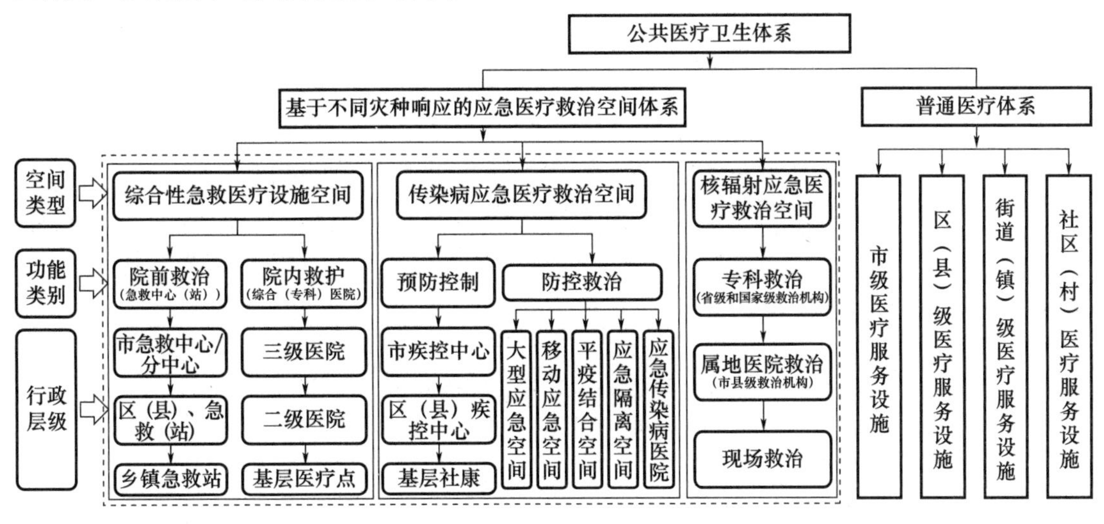

图6-1-1　疾病预防控制系统

四、技术要求

依据应急疏散救援空间体系的构建要求，应急医疗设施系统应合理划分医疗设施等级，明确常态下和危急时区域级、市级、区级、社区级和街道卫生室分级诊疗和紧急救治的任务、职责、分工，做到平常就诊便利、有效，危急时有序、高效。为此，在归纳相关建设规范的基础上，对各层次应急医疗设施的建设要求进行梳理，见表6-1-1。

表6-1-1 “非典”后我国医疗救治设施规划建设要求

医疗救治设施类型	主要职责	设置要求
综合医院或专科医院（急诊科室）	在直辖市、省会及地级市，根据需要选择在急救网络中纳入精选的综合医院急诊科，主要负责急诊病人的接收，转运需要急诊的伤病员，抢救相应患者，并向对口专科病房或其他机构转移；在突发公共卫生事件时接受所在市紧急救援中心的指挥和调度，承担伤病员的现场急救和转运	直辖市、省、地级市、市县、镇乡按标准需独立设置
紧急救援中心	指挥、调度本行政区域内所有急救医护资源，负责伤病员的现场急救、转运，对病人进行途中监护；县级紧急救援机构主要由实力较强的医院牵头成立，负责辖区内现场急救、转运和救治伤病员，同时向上级医疗机构转诊重症患者，须在必要时接受所在市紧急救援中心的指挥。边远中心乡（镇）伤病员的转运则由所属区域内卫生院负责	地级市及以上城市单独设置；市县、区、乡镇依托现有医院设置
传染病医院和医疗机构	① 突发公共卫生事件时临床、科研、教学等事务由特大城市医疗救治中心负责； ② 直辖市、省会城市、人口较多的地级市传染病的救治工作由各传染病医院或后备医院负责； ③ 市（地）级传染病医院（病区）承担疫情防控任务，负责集中收治传染病疑似病人和确诊病人，对危重传染病病人提供重症监护； ④ 人口较少的地级市和县（市）原则上传染病病区的建立由指定的具备传染病防治条件和能力的医疗机构完成； ⑤ 中心乡（镇）卫生院设立传染病门诊和隔离留观室，隔离观察和转诊疑似病例	① 特大城市建设突发公共卫生事件医疗救治中心； ② 省会城市、人口较多的地级市原则上建立传染病医院或后备医院；人口较少的地级市和县（市）部分医疗机构建立传染病病区； ③ 中心乡（镇）卫生院设立传染病门诊和隔离留观室
特种救治设施	建立完善的职业中毒医疗救治和核辐射应急救治基地，突发公共卫生事件后集中定点收治职业中毒、化学中毒、核辐射等特殊患者	没有明确设置要求

参考文献

[1] 翟国方．让城市更安全，防疫更高效 [J]．人类居住，2020 (2)：10-13.

第二节　应急医疗救援空间具体规划流程

一、前期分析研究阶段

应急医疗设施体系规划包括急救网络布局规划、急救流程制定等，其中院前急救反应时间是衡量急救服务体系功效的重要指标，而急救半径与院前急救反应时间是反映院前急救最为重要的指标，这两项指标也是急救网络布局的重要参考指标。

国外发达国家大多拥有侧重点不同的较为完备的急救体系，而我国在经历 2003 年 SARS 后由发展改革委与卫生部颁布了《突发公共卫生事件医疗救治体系建设规划》。该条例首先对我国医疗急救体系进行了现状分析，然后根据现状分析提出了体系建设目标与建设原则，并制定了医疗救治体系框架，在条例的附件中还包含了急救医疗设施的项目建设指导原则与基本标准。其中提出“急救网络应合理布局，急救半径应控制在 8km 内，保证接到报警后，救护车 15min 内到达患者驻地，并保证回车率小于 3%。”近年来，我国国内并无统一的急救半径与急救反应时间的标准。

1. 急救半径

急救半径是指急救医疗设施所执行院外急救服务区域的半径，它代表院外急救服务范围的最长直线辐射距离。我国的急救半径标准为城市急救半径≤5000m，农村急救半径≤15000m。我国由于城市急救医疗设施体系的不同选型与城市地域、人口、医疗资源分布等因素的不同导致各城市及其下属的郊县急救半径并不相同。北京急救半径为城区 3.5km，近郊区 4～7km。上海为 3.5km。广州市医疗卫生设施布局规划（2011—2020 年）中提到“调整和完善院前急救医疗网点布局，加强基层尤其是农村地区急救网点建设，在急救半径相对较长的地段增设急救站点。中心城区急救半径应控制在 4km 以内，外围城区急救半径应控制在 8～10km。”多个省会城市将急救半径缩小至 5km 以内。

国外发达国家（如德国）的应急救援设备较为先进，尤其表现在其较为完备的 50km 半径空中救护，10min 内赶赴现场，为世界上空中急救最发达的国家，每架直升飞机可运载 2 名伤病员，许多医院都有直升飞机停机坪。另设有 8km 半径救护车救护，救护车平均 7min 内到达出事地点。

2. 急救反应时间

由于城市与郊县、农村的交通状况差异较大，单凭急救半径划定急救圈并不能够适应所有地域。因此，用急救反应时间来衡量急救覆盖面是急救圈划定的重要参考指标。

院前急救反应时间是指从病患呼救开始，到急救医护人员抵达现场并展开院前急救所需的时间。包括病患与 120 调度中心的通信时间、调度中心派遣急救车辆人员出发时间、急救车辆到达现场的途中时间、急救人员到达病患身边时间。我国目前平均急救反应时间为15min。影响急救反应时间的主要因素有网络通信系统、急救医疗设施的布局、急救车辆的情况，医护人员的专业度、城市或郊区县交通状况等。高水平的院前急救首先要求有较短的平均反应时间，发达国家大多在5～7min。定期测定本地的平均反应时间，找出影响因素并加以改进。

二、中期规划布局阶段

1. 合理确定应急医疗救治设施规模，并合理规划布局。

根据量化的医疗救治需求指标，合理确定应对各类、各级突发事件所需医疗设施的规模。充分利用现有医疗设施，坚持经济、实用的基本方针，体现平灾结合的总体理念。

（1）充分利用既有医疗设施，作为重症患者的救治场所。结合既有医疗设施的专业、规模、区域位置等特点，量化分配其承担相应的应急医疗任务，依靠其医疗优势主要为重症患者服务。同时，也要为其临时扩建预留场地、交通、市政等方面的条件。

（2）合理规划、利用既有体育场馆、展览中心、工业厂房、仓库等建筑，临时改造为轻症患者医疗救治设施。在上述建筑附近需预留建设临时设施的场地，预留电、水、污水等市政设施的备份和接口，对建筑内的气流组织也应做必要的考虑和安排，合理规划人流、物流，对污物、污水的处理应给予重点关注。

（3）在规划中应为应急医疗设施预留必要的用地。结合城市防灾减灾规划，充分利用城市广场、公园、集中绿地等空间，作为人员紧急避险场地，同时也可作为搭建临时医疗设施的用地。在其周边预留必要的交通、市政等建设条件，保证其在采取快速建设方式后能迅速具备服务能力。

2. 优化、完善既有医疗设施的规划、建设方案，实现平灾结合、综合使用。

既有医疗设施始终是突发事件应急救治的主力军。针对突发事件，既有医疗设施应该采取一定的优化改进措施：

（1）适当提高医疗设施安全设防水平（如结构安全、通风系统安全等），提高设施抵御突发风险的能力，保证在突发事件发生后仍能开展医疗救治工作。

（2）结合医院承担的应急任务，宜靠近急诊、感染疾病科用房设置一定规模的预留场地，为应急搭建临时设施提供用地，并预留必要的水、电、气、热、污水、污物处理的条件。

三、后期维护管理阶段

1. 应急物资储备

自新冠肺炎疫情发生以来，医药物资生产和流通企业以“战时状态”，在医用防护物资、医疗救治设备、药品的生产、调拨、配送等方面发挥了重要作用，有效保障了疫情防控需求，充分体现了中国速度、中国效率。为此，城市在开展应急医疗空间管理时，要聚焦弥补重特大突发公共卫生事件物资保障短板，完善应急医疗物资储备品种、规模、结构，创新完善储备方式，优化产能保障和区域布局，切实提升应急处置能力，有效保障人民群众生命安全和身体健康。

2. 医疗队伍建设

加强基层医疗卫生人才队伍建设。通过基层在岗医师转岗培训、全科医生定向培养、提升基层在岗医师学历层次等方式，多渠道培养全科医生，逐步向全科医生规范化培养过渡，实现城乡每万名居民有2～3名合格的全科医生。加强全科医生规范化培养基地建设和管理，规范培养内容和方法，提高全科医生的基本医疗和公共卫生服务能力，发挥全科医生的居民健康“守门人”作用。建立全科医生激励机制，在绩效工资分配、岗位设置、教育培训等方面向全科医生倾斜。加强康复治疗师、护理人员等专业人员培养，满足人民群众多层次、多样化的健康服务需求。

第七章　城市应急物资保障系统规划研究

《国家突发事件应对体系建设“十三五”规划》中明确提出“加强应急物资保障体系建设，健全应急物资实物储备、社会储备和生产能力储备管理制度”的发展目标。《中华人民共和国突发公共事件应对法》第三十二条规定：“国家建立健全应急物资储备保障制度，完善重要应急物资的监管、生产、储备、调拨和紧急配送体系。”并指出对于各类灾害和突发公共事件频发、易发地，该地区市级以上人民政府应当建立应急救援物资、生活必需品和应急处置装备的储备制度。同时，县级以上地方各级人民政府也应当根据本地区的实际情况，与有关企业签订协议，保障应急救援物资、生活必需品和应急处置装备的生产、供给。《国家突发公共事件总体应急预案》中也提到：“要建立健全应急物资监测网络、预警体系和应急物资生产、储备、调拨及紧急配送体系。”从上述规定中可见，应急物资保障体系在应急物资储备、筹集和运输的整个环节中，涉及到政府、企业以及社会团体等多个主体，需要各主体之间相互协作以提高物资保障效率。

第一节　应急物资保障系统构成

应急物资保障是指在突发事件应对过程中进行的包括应急物资预测、采购、存储、调用、配送、更新、监督以及评估等一系列工作，主要包括应急物资的储备、筹集和运输等环节。近年来，随着重大突发事件日益增多，快速处置突发事件成为政府能力的重要衡量标准，应急物资成为应对突发事件的基础和保障，我国应急物资保障体系作为应急疏散救援支撑体系发挥作用的关键，主要由应急物资的储备、筹集以及运输三个方面构成，如图 7-1-1 所示，呈现统一领导、分级负责和属地管理的特点。

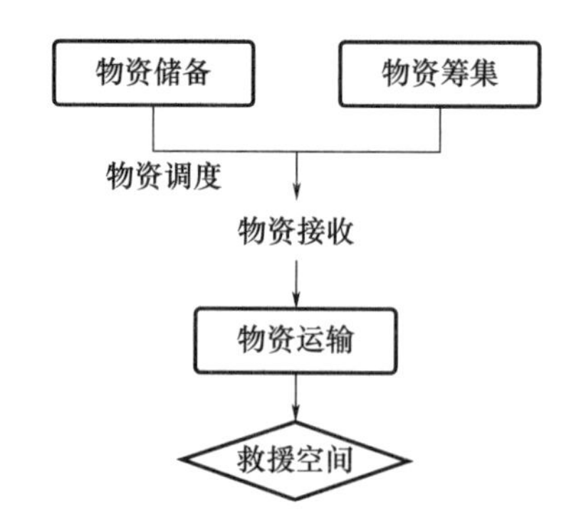

图 7-1-1　应急物资保障体系构成关系

一、应急物资储备

1. 单主体应急物资储备

我国已经初步建立了应急物资储备网络，应急物资储备可分为实物储备、合同储备以及生产能力储备等几种方式。其中实物储备主要是指以实物形式将应急物资储备于仓库中的方式，包括中央以及地方的应急物资储备库。合同储备主要是指以签订合同的方式，与企事业单位、社会团体等共建物资储备库，保证在突发事件发生后能够调用这些物资开展救灾活动的一种储备方式。生产能力储备是指政府和具备生产、转产或研制应急物资的企业签订有关协议，在突发事件发生后这些企业能够迅速生产或者转产应急物资，提高相关应急物资的保障。当然，在实际的应急物资保障中，应急物资的提供不仅限于此，现按照储备主体的不同将应急物资储备进行如下分类（图 7-1-2）：

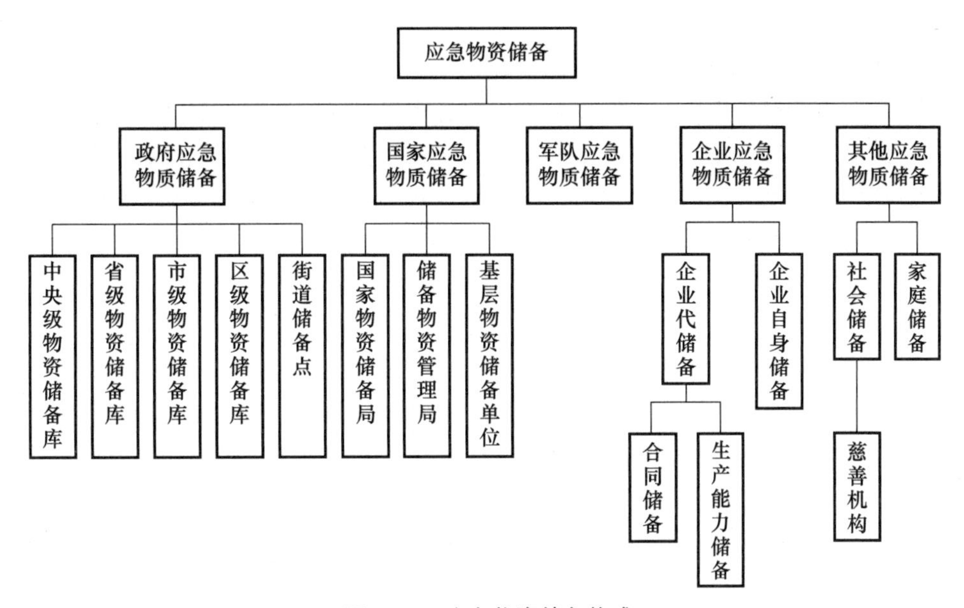

图 7-1-2　应急物资储备构成

（1）政府应急物资储备

我国已经初步建立了应急物资储备网络，是以中央储备为核心、省级储备为支撑、市县级储备为依托、乡镇和社区储备为补充的全国物资储备体系。

“十四五”期间，全国中央应急物资储备库已增至 113 个，实现 31 个省（区、市）全覆盖，形成了中央—省—市—县不同等级的应急物资储备库，实行中央、地方分级负责。按照“谁处置谁储备”的原则，不同的政府部门负责相关应急物资的储备管理工作，各地区根据自身地理特点和灾害发生情况建立不同的应急物资储备库，实行分级管理。

（2）国家应急物质储备

在应对突发事件的过程中，除了动用各级应急物资储备库的物资之外，也可视情况动用国家粮食和物资储备局的物资。我国的国家粮食和物资储备局是国家直接建立和掌握的战略后备力量，同时也是保障国家军事安全和经济安全的重要手段，在应急、救灾的过程中发挥着重要作用。

（3）军队应急物资储备

在应急管理过程中，军队是重要的保障力量，包括物资供应和人力资源的支撑。军队物资储备是由军队直接掌管的，用于临时应战和应急保障，是保障国家安全的重要物资储备，由于军队物资储备的主要作用是满足临时应战需求，因此只有在应对重大突发事件中才会动用军队的战略储备物资。

（4）企业应急物资储备

企业应急物资储备包括企业代储备和企业自身储备两种方式。企业代储备包含合同储备（或协议储备）和生产能力储备，主要是政府与一些具有充足生产能力或者储备生产能力的企业签订协议，由企业代为存储或在突发事件发生后迅速优先生产应急物资。这种方式可以减少存储成本，充分发挥企业在库存管理方面的优势，通过与企业单位的合作完善应急物资储备将是发展的必然趋势，但这一合作模式还有待成熟，并进行统一的规范和约束。企业自身储备，是企业根据自身特点，自行建立的物资储备，一般化工制造等具有一定风险的企业选择自主建立物资储备。

（5）其他应急物资储备

在其他应急物资储备中包含非政府社会组织、市场、家庭等物资储备。这里的非政府社会组织主要包含中国红十字会、中华慈善总会、中国扶贫基金会等各大慈善机构，在应急救援过程中这些机构主要提供的是资金方面的支持。目前，中国红十字会逐步确立了构建救灾物资储备网络体系的计划，目前分别在杭州、孝感等地区建成了 6 个区域性备灾救灾中心，以及在 15 个自然灾害频发省市建立了备灾救灾中心，初步形成了中国红十字会的救灾物资储备网络。市场储备即市场上流动的物资，突发事件发生后，政府应急物资储备有限，一般仅能满足短期内应急管理的需求，企业应急物资储备最多也只能满足企业自救。随着时间的推移，在突发事件处置的中后期需要更多种类更多数量的应急物资，这时市场上流通的数量巨大种类繁多的物资就成为了应对突发事件最快速最直接的来源，这也体现了应急管理中“平灾结合”的观念。家庭物资储备即以家庭为单位为应对可能发生的突发事件而存储的保障物资。由于家庭不仅是承灾体，而且也是突发事件的第一应对者，从灾害发生到应急救援队伍到达这段时间内，需要家庭进行自救、互救，因此家庭内部自备物资是十分必要的。

综上可知，我国应急物资的储备体系庞大，涉及的主体众多，牵涉的范围极广，因此在应急物资保障过程中容易出现职责不清、协调不顺，初期物资供应不及时，后期物资供应重复交叉的现象。

2. 多主体联合应急物资储备

随着突发事件应急管理的发展，传统以政府、企业等单一主体分散储备的模式弊端逐渐凸显，多个储备主体联合进行应急物资储备的模式已成为新时代处理急难险重任务的重点方向。多主体联合应急物资储备主导模式以政府主导应急物资储备和政府引导应急物资储备为主。

（1）政企联合应急物资储备模式（政府主导应急物资储备模式）

2007 年施行的《中华人民共和国突发事件应对法》中规定：“县级以上地方各级人民政府应当根据本地区的实际情况，与有关企业签订协议，保障应急救援物资、生活必需品和应急处置装备的生产、供给。”常见政企联合应急物资储备模式流程如图 7-1-3 所示。

在政府与企业的应急物资联合储备模式中，政府占据主导地位，政府追求更低的储备成本和更高物资储备效用，企业追求更高收益、政府的合作意向、政府的有利政策和更多社会责任感。

政企联合储备模式能将政府的应急物资储备并入企业的日常生产物资安全库存中，依托企业的规模经济实现闲置社会资源的解放，将专业的任务转移给专业的人去做，一定程度上属于一种外包，企业在日常生产活动储备的原材料、半成品以及生产活动所需器械设备等都可以纳入政企联合物资储备模式的储备物资范畴中。在这一过程中，政府以部分储备物资的管控力换取了较低的储备成本，也就意味着相对于政府储备而言，政企联合储备时政府需要从其他角度提升政府对应急物资的管控。这可以依赖法律法规、参与储备管理、监督巡查等手段实现。政府与企业的联合储备建立在签订合约的前提下，适用于我国的相关法律法规，如果企业不能履行合约，除要承担经济责任、民事责任之外，还要承担刑事责任。在联合储备中政府可以派遣部分成员参与物资的日常管理活动，及时向政府传递信息并及时发现储备中存在的问题，将参与日常管理活动与周期、临时抽查督导相结合，更全面地提升政府对储备物资的管控力。

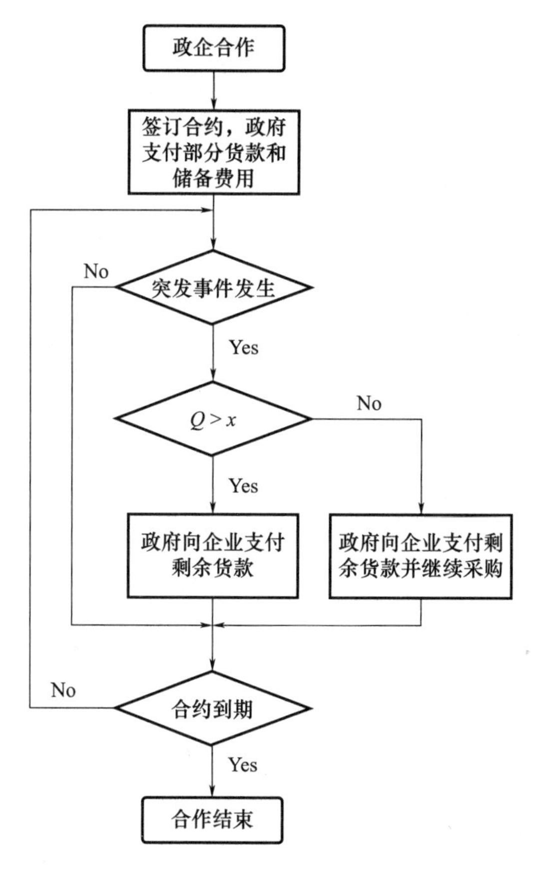

图 7-1-3　常见政企联合应急物资储备模式流程

（2）政府引导应急物资储备模式

政府在与企业外的三个储备主体合作进行多主体联合应急物资储备时，并不能占据主导地位，政府只能通过政策法规、社会舆论风向、知识普及、民众素质提升等间接手段来实现对各主体应急物资储备的有力引导。

政府与市场联合应急物资储备时，可通过提升流通商的社会责任感、增加法律法规中市场的管控、实行有效的市场宏观调控、规范化市场流通渠道等手段控制市场价格变动的风险，规范市场应急物资来源渠道，降低政府对市场流通物资整合的难度和成本。

政府与非政府组织联合应急物资储备时，面对有着较为完善的组织架构和制度的中国红十字会，应协助其向专业化、系统化方向靠拢。面对规模较小的慈善组织，协助其引导社会的奉献风气，普及安全教育知识，简化公开捐献渠道，在相关手续环节中为其开放绿色通道。

政府与家庭联合应急物资储备时，可通过电视、广播、微博、微信等多种媒体形式普及安全预防和应对知识，强化个人的安全意识，引导家庭主体进行应急物资科学化、全面化、专业化的储备，提升家庭主体在突发事件发生时自救和互救的能力。

二、应急物资筹集

我国应急物资筹集主要包括储备调用、物资动员以及社会捐助三个方面，如图 7-1-4 所示。

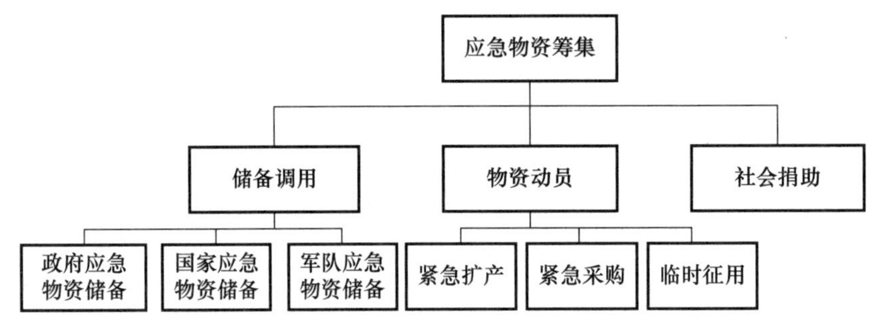

图 7-1-4　应急物资筹集构成

1. 储备调用

储备调用是应急物资筹集最为快捷的方式。调用主要是指对政府应急物资储备、国家应急物资储备、军队应急物资储备等的调拨。在突发事件发生后，灾区政府可按照突发事件的性质、严重程度、可控性和影响范围等因素，调用本级应急物资储备或申请调用上级救灾物资。

2. 物资动员

物资动员包括紧急扩产、紧急采购和临时征用三种方式。其中紧急扩产和紧急采购即对企业物资储备的动员，包括企业代储备和企业自身储备。

3. 社会捐助

社会捐助的主体包括企业、社会团体、个人等，是应急物资保障的主要来源之一。

三、应急物资运输

应急物资运输是连接应急物资和受灾点的桥梁，是应急物资保障的关键环节，是指将应急物资及时、快速配送到受灾点的过程。我国目前的应急物资运输主要有公路、铁路、航空三种方式。其中公路运输是主要的运输方式；铁路适合运输大宗物品，但在灾害发生时会对铁路运输产生比较大的影响，也无法保障受灾点有铁路规划路线；航空运输的缺点在于不适合近距离的物资运输。在应对突发事件的过程中，不仅需要充足的物资保障，同时还需要有充足的运输能力。

应急物资运输主体同样涉及政府、军队、企业等多个方面，尤其在应对各种灾害的过程中，充分显示出动员社会力量的重要性，我国越来越重视调集企业、社会团体等的力量共同应对，先后成立了中国物流与采购联合会应急物流专业委员会和商业企业物流配送应急保障动员中心，仍待进一步协调、形成顺畅合作机制。

第二节　物资保障空间布局规划

一、体系构建重点与原则

1. 建设重点

《中华人民共和国突发事件应对法》中规定“设区的市级以上人民政府和突发事件易发、多发地区的县级人民政府应当建立应急救援物资、生活必需品和应急处置装备的储备制度。县级以上地方各级人民政府应当根据本地区的实际情况，与有关企业签订协议，保障应急救援物资、生活必需品和应急处置装备的生产、供给。”

应急物资保障体系构建要根据已发生的应急事件的种类、程度、影响范围、事发地的具体情况和以往经验制定一套相对应的应急预案，对应急物资需求的种类数量进行判断预测，进行统一高效的应急物流指挥，包括对物资配送的成员以及运送力进行选择与判断，随时吸纳物流公司、企业、志愿者等社会力量补充缺口，以及对人员和物资运送路线进行系统优化。要重点加强应急物资保障节点建设，在物资的购买、存储、分配等具体物资操作过程中，节点的效率将决定整个应急物资保障体系的效率。

2. 建设原则

应急物资保障体系构建的最主要目的就是在最短的时间内，保障将应急物资送到灾害事发地灾民手中，所以，应急物资保障体系的设计应遵循以下几条原则。

（1）以人为本，当发生灾难时最重要的原则就是以人为本。当灾难发生后，事发地的灾民面临着死亡的考验，生命高于一切，任何耽误可能导致灾民死亡，所以说时间就是生命。该原则也是应急物资保障体系设立的核心所在。

（2）快速响应，应急物资保障是当应急事件发生以后产生的物资储备、筹集以及运输等行为，应急物资保障体系必须将应急物资以最快的速度发往事发地（灾区），所以在运输设备、运输路线以及发放物资等环节要拟定可行、可靠、高效的方案。

（3）预防为主，防患于未然。根据上述对于应急物流的分类可知：由于科技进步和人类对大自然的认识加深，对气象灾害和地质灾害的预测精准度有了明显的提高，可以挽回大量的生命和财产损失。应急物资保障体系可以根据需求在全国范围内建立大型的信息系统或者采用云计算、GPS等先进的信息技术对突发事件进行预测。

（4）统一指挥，协调一致。应急物资保障是在突发公共事件发生以后产生的物资流行为。在应急系统的设计中，依靠国家财政的同时也应该吸纳企业、个人以及慈善组织的资金，并紧紧依靠法律机制来实现对于应急物资的统一指挥，实现实时监控。

（5）法律与市场相结合。政府是目前控制的主体机构，然而当应急事件发生后，受到影响的不是某个人或者某个企业，而是受灾地区的所有民众。应急机制响应的时间与人民生命财产和物质财产成正比，响应时间越短损失就越小，所以在应急物资保障体系设计时必须将法律与市场相结合，这样才能保证应急物资保障的快速响应。

二、物资保障系统建设要求

1. 物质储备设施

（1）选址原则

救灾物资储备库的选址应遵循储存安全、调运方便的原则，宜选择工程地质和水文地质条件较好，并高于当地历史最高水位的地区；邻近铁路货站、高速公路入口及其他交通运输便利的地区，且市级及以上救灾物资储备库和大型救灾备用地对外连接道路应能满足大型货车双向通行的要求；市政条件较好，具有可靠、稳定的电力保障和完善的给排水系统的地区；地势较为平坦，视野相对开阔的地区，便于紧急情况下直升飞机起降。

不宜选择泥石流、滑坡、流沙等直接危害的地段；设计防洪标准低于救灾物资储备库的设防标准，或者堤坝溃决后可能淹没的地区；雷暴区或居民区；以及厚度大的新近堆积黄土等工程地质不良地区。

（2）建设规模

《救灾物资储备库建设标准》（建标 121—2009）要求储备库根据各地自然灾害救助应急预案中三级应急响应规定的紧急转移安置人口数量进行分类，并按其所需储备物资的建筑面积确定建设规模（表 7-2-1）。

表 7-2-1　各级救灾物资储备库规模分类表[1]

规模分类		紧急转移安置人口数（万人）	总建筑面积（m^2）
中央级（区域级）	大	72～86	21800～25700
	中	54～65	16700～19800
	小	36～43	11500～13500
省级		12～20	5000～7800
市级		4～6	2900～4100
县级		0.5～0.7	630～800

其中，地级市三级（较大灾害）应急响应启动标准一般为紧急转移安置人口在 4 万人以上，6 万人以下；按标准，地级市级储备物资库总建筑面积应在 2900～4100m^2 范围内；此外，也有城市按照近 5 年灾害发生时实际紧急转移安置人口的平均数，再根据其所需储备物资的建筑面积确定建设规模；或按照常住人口规模 1％的救灾物资储备机制来确定建设规模。

（3）建筑标准

救灾物资储备库的建筑标准应根据救灾物资储存、管理的功能要求合理确定。储备库宜采用轻型钢结构的单层库房或不超过 3 层的钢筋混凝土框架结构的多层库房，并按 9 级烈度设防；单层库房地坪荷载为 3t/m^2，多层库房首层 3t/m^2，二、三层不低于 2t/m^2；单层库房的净高不应低于 6m 且不超过 9m；多层库房首层净高宜为 4.5～6.5m，其余各层净高宜为 3.6～4.8m，且应设置货运电梯或货物滑梯等垂直货运设备；库房室内地坪与室外地坪的高差不应小于 0.3m；库房应具备良好的通风条件，供电应满足照明和设备运行的需要；建筑防火等级不应低于二级，消防设施的配置应符合有关建筑防火的规定，并宜设置闭式自动喷水灭火系统和消防水池，单库面积超过 1000m^2 的应设置防火墙；储备库防洪、防涝排水应根据库址地形及城市防洪、防涝规划确定流向，宜采用排水沟或排水管道等有组织排水方式。

（4）物资储备要求

通常应急物资储备从不同灾种储备和不同等级储备角度进行规划，对于市级、区级、街道不同等级的物资储备设施，应当结合气象灾害、洪涝灾害、地质灾害、地震和海啸以及海洋灾害等具体应急储备情况进行设置，如市级应急物资储备以地震灾害应急物资等使用频率较低的物资（如帐篷、毛毯、棉被等）为主，区级和街道级应急物资储备则根据当地灾害发生情况，以三防物资等使用频率高的物资（如橡皮艇、救生衣、编织袋等）为主。现以常见的洪涝、台风、暴雨等灾害相对应的各级防台防汛物资储备要求为例进行说明。

① 市级防台防汛物资。主要针对全市重要的水利“防台防洪”工程以及城市防涝排水集中储备的重要防汛抢险物资和设备。广东省防汛物资储备量一般是按全省需求总量的5%～10%计算。综合考虑灾情种类、风险程度、发生灾害后损失程度等多方面因素，深圳市市级防汛物资基本储备包括：

应急指挥装备由市级统一储备，抢险物料、抢险机具、救生器材、排水泵、移动泵车等排水设施，物资基本储备与全市总需求量的 10%。其中，移动泵车不少于 5 辆，冲锋舟、橡皮艇总数不少于 50 艘，砂石料、块石类抢险物料应以市场储备为主，其他以政府实物储备为主。

② 区级防台防汛物资。主要针对辖区内水利“防台防洪”工程以及城市防涝排水储备的专业防汛抢险物资和设备。按照风险评估的结果，对城市内涝风险均在高风险等级以上、易引起洪水灾害的区域，按照全区防汛物资总需求量的 10%～15%储备，并配置雨量自动监测仪、水情自动测报设备各 2 台，其他区按照全区防洪工程防汛物资总需求量的 5%～10%储备，并配置雨量自动监测仪、水情自动测报设备各 1 台。其中，区级移动泵车不少于 3 辆，冲锋舟、橡皮艇总数不少于 30 艘，砂石料、块石类抢险物料应以市场储备为主，其他以政府实物储备为主。

③ 街道办防汛物资。街道防汛抢险主要以转移人员、救人为主，其他主要依靠市、区及防汛专业抢险队伍的力量。因此其物资储备主要以救生器材与个人防护装备为主，包括橡皮艇（冲锋舟）、救生衣、救生圈、编织袋、应急照明、木桩、铁锹、绳索等应急抢险救援物资。由各街道三防办和街道水务所负责管理。街道作为防汛抢险的第一出动力量，防汛物资应以政府实物储备为主。

同时，街道级与社区级应急物资储备应包含一定的生活必需品储备，主要以毛毯、坐垫和能源燃料、应急食品以及生活器具为主，详情可参阅日本东京应急食品（表 7-2-2）与生活必需品（表 7-2-3）储备情况。

表 7-2-2　东京应急食品储备情况

种类	都	区	市町村	合计
毛毯	657 千张	1849 千张	529 千张	3035 千张
坐垫	1009 千张	1151 千张	459 千张	2619 千张
炉灶	21 千个	—	—	21 千个

续表

种类	都	区	市町村	合计
木炭	27 千袋	—	—	—
内衣	5 千组	371 千组	132 千组	508 千组
锅、壶	32 千个	—	—	32 千个
简易浴室	30 个	—	—	30 个

表 7-2-3　东京生活必需品储备情况

种类	都	区	市町村	合计
罐装食品	236 万件	517 万件	173 万件	926 万件
加热米饭	495 万件	669 万件	378 万件	1542 万件
速食面	220 万件	—	—	220 万件
其他	—	165 万件	56 万件	221 万件
共计	951 万件	1351 万件	607 万件	2909 万件

2. 物流配送设施

城市货运枢纽根据实际功能种类可分为货运站场、物流中心和物流园区三个层次（表 7-2-4）。货物流通中心是以对外交通的货运枢纽为中心，包括仓库、批发、城市货物运输，甚至包括小型加工、包装工厂等组织在一起的综合性中心，在功能上适合作为应急物流转运的节点。物流中心根据服务范围和性质可分为地区性、生产性、生活性货物流通中心三种，各有不同的服务范围和类别；根据服务规模等级分为市级物流中心和市区内次一级的物流中心，国外一些城市除服务于城市的地方性物流中心外还建设了跨地区的区域性物流中心等（表 7-2-5）。

表 7-2-4　货运枢纽分类

货运枢纽分类	功能
货运站场	传统货运集散点，货物的储存、分拣、集散、车辆停放
物流中心	集货、分货、配送、运转、储调、加工、商贸
物流园区	多种物流设施和物流企业空间上集中布局，有一定规模和综合服务功能

表 7-2-5　物流中心类建设标准

物流中心		
按照功能	选址	规模标准
地区性货物流通中心	城市边缘地区货运干路附近	根据流量和环境决定
生产性货物流通中心	结合工业区布置	服务半径 3～4km，规模 6～10hm^2
生活性货物流通中心	以行政区划分，和人口布局有关。大中城市宜分散，小城市可适当集中	服务半径 2～3km，根据人口密度调整
按照范围	储存物资	规模标准
区域性物流中心	食品、木材、工业产品	5～40hm^2
地方性物流中心	食品、日用品等生活资料	1～5hm^2

城市的应急货运多依托城市物流枢纽合作建设，在选址上要求通过地质灾害评估，符合当地建筑抗震要求。区域对外物流枢纽应能与两种以上运输方式有效衔接（表7-2-6）；二级物流运转中心可结合一定生产性、生活性物流中心建设，确保与区域性物流枢纽和社区级物流站的有效交通连接；社区配送站服务于社区生活圈，要求15min内可到达物资需求点或避难场所，可结合生活性物流中心、学校体育馆、公园等公共设施建设，指定明确的灾时紧急运输预案。

表7-2-6 物流中心交通连接方式[2]

连接方式要求	说明
具备至少两种运输方式或毗邻至少两条高速公路、国道	① 内有铁路装卸线或与铁路货运场站的距离在5km以内认定具备铁路运输条件； ② 内有码头或与码头距离在5km以内认定有水路运输条件； ③ 与机场距离5km以内认定具有航空运输条件； ④ 出入口与高速公路出入口距离在5km以内认定具备毗邻高速公路条件

三、物资保障空间布局

城市应急物资保障设施包括应急物资储备设施和应急物资配送设施两大类。

1. 应急物资储备设施布局

主要从应急救灾物资“存储”的角度考虑。依据现有国家、地方相关法规、政策、标准设置，设施共分市—区—街道三级救灾物资储备库和储备点，主要满足救灾物资的长期、稳定存储，保障灾情发生12小时内的紧急物资供应。此类设施公益性较强，且属于长期、稳定型设施，以政府自建为主，在应急物资储备设施建设过程中应注意以下几个方面内容：

（1）风险评估

通过历史和现状资料分析，对城市规划范围内的主导灾种进行判断，对灾害危险性、承载体易损性以及城市的综合防灾能力进行评估。

结合城市易发灾害情况，逐步形成以市—区—街道—社区为网络的物资储备体系。各街道和城乡社区视具体情况储备一定量的棉衣、棉被等生活物资以及简易的应急救援工具，并根据气象等部门发出的灾害预警信息，提前做好应急食品、饮用水等物资储备。

（2）场所评价

救灾物资储备库应按照选址原则，根据地形、地质、气象等条件和交通运输、消防安全等因素综合考虑，进行场所建设适宜性评价，做到选址安全、布局合理、流程通畅。

（3）需求预测

根据救灾物资储备库建设规模定位的相关要求，确定储备库建设规模（总建筑面积），并结合实际情况等因素，分别测算储备库生产辅助用房、行政办公用房、附属用房的建筑面积，以及各类应急物资需求规模。

（4）空间布局

① 确定与城市规模相匹配的救灾物资储备库建设规模和建设标准。

② 市—区—街道三级储备设施均独立设置，在此基础上新增第四级储备设施——社区级物资储备点，可与社区级避难场所合并设置。

③ 救灾物资、防汛物资为市、区、街道三级储备；

④ 专业应急物资为市、区专业部门按行业储备，结合专业应急救援队伍建设。

（5）体系完善

积极拓展救灾物资储备方式，完善以政府储备为主、社会储备为辅的救灾物资储备机制。在目前储备库自储实物的基础上，结合区域特点，试点运行不同储备方式，逐步推广协议储备、依托企业代储、生产能力储备和家庭储备等多种方式，将政府物资储备与企业、商业以及家庭储备有机结合，将实物储备与生产能力储备有机结合，逐步构建多元、完整的救灾物资储备体系。

2. 应急物资配送设施布局

主要从物资“流动”的角度考虑。依托城市各类物流设施节点构成，主要满足突发公共事件处置过程中，政府短期集中大量采购以及社会组织或团体、企业、个体捐赠的应急救援物资的集中存储、分拨、转运、配送等需求。此类设施具有一定的公益性和临时性，以政企合作建设或企业建设、政府协议使用等方式解决。对于大城市，考虑配送效率，并兼顾物流配送成本效益，应结合城市交通设施布局建立多级应急物流设施建设（图 7-2-1）。

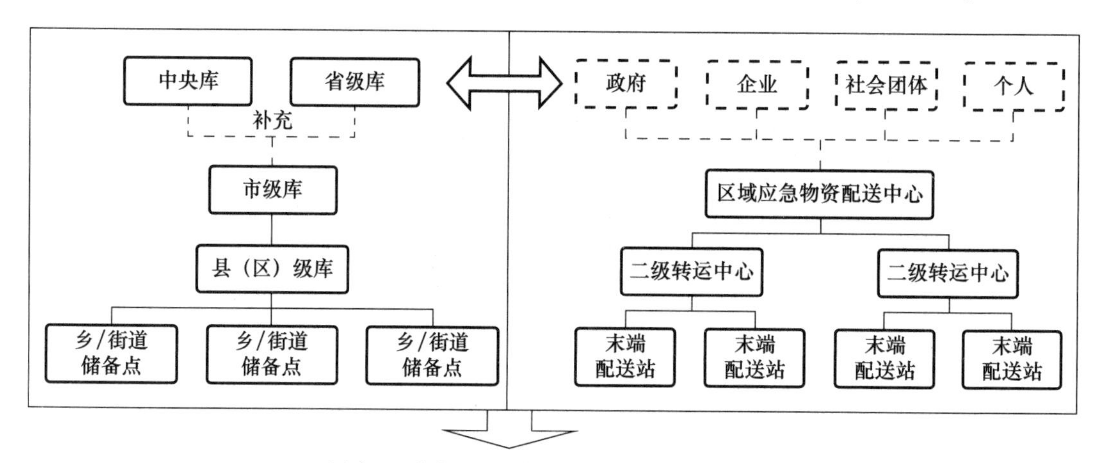

图 7-2-1　应急物流设施建设

（1）区域应急物资配送中心

依托市域内机场、港口码头等大型对外交通枢纽设置，主要承担市域外应急救灾物资的收集、储备、分拨转运，由市级部门进行管理。

（2）二级应急物资转运中心

依托城市组团或片区对外交通枢纽或配送中心设置，主要服务城市内部组团或片区的物资储备、转运，由市级部门进行管理并规划应急物资转运路线。

（3）末端配送站

围绕 15min 社区生活圈，结合社区公共设施布局一并考虑设置，服务于“最后 1km”配送需求，由区级进行指定管理，规划物流运输路线并上报市级部门统计。

3. 应急物资保障与管理

（1）应急物资保障

① 建设统一的智能化管理系统。分散化和多部门化的应急物资需求要建立统一的管理

体系，确保危急时刻物资“拿得出”和“用得上”。只有建立统一的应急物资管理信息平台才能实现物资的集中管理和统一调拨。应急管理部门与粮食和物资储备部门应统筹建设统一的应急物资管理信息平台，构建统一的智能化管理系统，整合来自各级政府、行业部门、社会组织、企业和家庭的物资资源。要统一物资分类编码，构建种类齐全和数量充足的应急物资，尤其是要补足专业物资的数量。主动拥抱“新基建”，应用区块链技术、物联网、人工智能、大数据技术等使每一件物资全程可追溯，实现产能、储备、调配和物流的全过程透明化和高效化。一方面，统一的智能化管理系统能够迅速收集和公开突发事件救援信息与物资需求信息，另一方面，这也使得应急管理者和社会各界支援者的救援更加有序和科学。同时，统一的智能化管理系统还需建立智能预警机制。一是根据应急物资的需求紧缺程度，给出相应的预警提示。二是能够预警应急物资储备不足、过度储备、重复储备等。

② 构建多元的应急物资储备体系。首先，坚持按需储备，强化精准储备。以实际使用者为导向，结合需求评估，动态调整应急物资储备种类和数量。其次，坚持储备方式多样化，完善政府储备、协议储备和产能储备的运行机制。例如，美国医疗物资储备主要有两种方式：一是 12h 能够到达的紧急物资，属于政府储备；二是针对性紧急物资，可在 24～36h 内到达，一般通过合约储备于供应商处。为此，我们应该从实际使用者的需求出发，完善基于政府财政资金支出的多样化储备运行机制。

③ 完善便捷化应急采购机制。a. 应用公共资源交易平台，及时启动便捷化应急采购。突发事件发生时，借助公共资源交易平台，充分应用大数据技术，汇总相关企业生产和销售信息，及时启动应急物资采购预案和发布采购信息，建立应急采购的“绿色通道”并实施应急物资采购。b. 强化应急物资采购全流程电子化，尽可能实现智能化采购。一是应该建设稳定且具有充足生产能力的供应商库。二是各级各类采购部门应该高度重视“互联网＋供应链”的构建，以保证在应急状态下的采购生命线的畅通与快捷。

（2）应急物资管理

① 应急物资储备的规范化管理。应急物资保障体系建设要强化应急物资储备日常监管和动态规划。首先，各级政府应积极建立应急物资储备标准，落实应急物资的储备，并建立和完善应急物资登记、调用制度等，提高应急物资专业化管理水平。其次，各应急物资储备单位要科学制定应急物资储备计划，与各级应急物资储备数据库进行对接，及时做好数据采集、整理与更新工作，全面共享应急物资储备信息。最后，推行机制创新，完善国家储备加社会储备的模式，推广实物、现金和生产能力储备等多种方式相结合的模式，并根据应急物资的特点选择相应的储备模式，如政府储备、相关专业应急队伍以实物储备、协议企业实物储备、企业生产能力储备，保障在灾害和突发事件发生后能够优先调用、征用此类物资进行救灾。

② 高端化、智能化的专业应急物资装备储备。为了满足应对极端突发事件的处置与救援需求，应对救援难度大、技术要求高的抢险救援任务，适当储备高端化、智能化的专业应急物资装备，主要包括人工智能装备和各类大型专业救援装备。采用人工智能设备进行高风险的现场侦察、检测、搜救、排险等工作，可以有效提高应急抢险的工作效率，保障救援人员的人身安全。同时结合专业救援队伍的建设，增加符合应急需求的各类大型专业救援装备的储备，以便于满足未来极端条件下复杂场景的应急救援任务的需要。

③ 构建应急物资保障的产业和社会基础。基于应急物资储备需求，应急产业发展方向，

全面摸清本区域监测预警、预防防护、处置救援等应急产品及其生产和销售企业，结合本区域突发事件风险特征和应急物资储备标准，确定重点发展的应急产品及企业名录，引导本地应急相关企业研发、生产、销售和储备当地急需的关键性应急物资和装备。同时，对人员密集场所、高层建筑、关键基础设施、危化品生产经营场所等敏感区域的应急物资配备、更新和监管力度。通过政策引导、宣传教育、资金补贴、购买保险等形式，鼓励社会组织、企业、家庭和个人积极储备逃生、避险、互救、个人防护、医疗急救等常用应急物资，逐渐形成社会基本储备与政府专业储备相互补充的局面，为提升市民自身的应急自救互救能力奠定物质基础。

参考文献

[1] 中华人民共和国民政部．救灾物资储备库建设标准：建标 121—2009 [S]．北京：中国计划出版社，2009.

[2] 中华人民共和国国家质量监督检验检疫总局，中国国家标准化管理委员会．物流园区分类与规划基本要求：GB/T 21334—2017 [S]．北京：中国标准出版社，2017.

第八章　城市应急消防救援系统规划研究

2019 年 5 月，《中共中央 国务院关于建立国土空间规划体系并监督实施的若干意见》中提出优化国土空间结构和布局，统筹地上地下空间综合利用，并要求相关专项规划在编制和审查过程中应加强与有关国土空间规划的衔接。在此大背景下，城市消防规划如何解决现有问题，如何满足中共中央、国务院对国土空间规划体系下的消防规划编制要求，需要规划同行进行探讨研究[1]。

第一节　应急消防救援空间体系规划研究

一、体系构建重点

1. 要加强消防设施用地的建设和布局优化

2018 年，中共中央办公厅、国务院办公厅印发了《关于推进城市安全发展的意见》，提出“各城市要加强消防站点、水源等消防安全设施建设和维护，因地制宜规划建设特勤消防站、普通消防站、小型和微型消防站，缩短灭火救援响应时间。”

2. 能应对全灾种、大应急的综合救援需求

城市人口密集，突发事件具有多样性，涉及的灾害类型、消防预案种类较多，体系较复杂，灾害影响较大，需要构建起能应对全灾种、大应急的综合救援需求的应急消防救援空间体系。

二、体系构建原则

1. 坚持生命至上、安全第一

牢固树立以人民为中心的发展思想，始终坚守“发展决不能以牺牲安全为代价”这条不可逾越的红线，强化消防救援空间的布局和优化，为人民群众提供更有保障、更可持续的安全感，最大限度保障人民群众的生命和财产安全。

2. 坚持政府主导、社会参与

以政府推动建设为主，积极引导社会救援力量参与并进行系统性培训，坚持专业化与社会化相结合，充分发挥各部门、各单位的作用。

3. 坚持系统建设、过程管控

建立健全组织指挥统一、综合协调有力、联动机制规范、系统保障高效、部门资源整合的消防救援工作机制和指挥体系。从规划、设计、建设、运行等各环节充分运用科技和信息化手段，加强消防救援工作的管理。

4. 坚持统筹兼顾、因地制宜

努力建成一支与经济社会发展相适应的精干高效、装备优良、战斗力强的消防救援队伍，根据当地灾害发生的特点，全面提升综合消防救援水平和保障能力。

三、构建的空间层次

基于不同的空间等级，从大到小，城市应急消防救援空间可以分为区域级消防救援空间、城市级消防救援空间、片区级消防救援空间和社区级消防救援空间。每一层级的消防救援空间自身都形成一个完整的体系，而各层级之间又紧密联系。

1. 区域级消防救援空间

区域级消防救援空间是指在区域内的城市之间组建的消防救援空间，包括了区域消防救援功能组织以及在应对灾害时城市间的相互救援联系。生命线系统的联动是区域间消防救援联动中最为重要的，主要包括道路运输系统、能源系统、水系统、通信系统等物资、能量和信息传输系统，还有救援物资系统。区域级的生命线系统是城市正常运行的保障，也是灾后救灾支援的关键。

2. 城市级消防救援空间

在单个城市层面，城市级消防救援空间是城市消防救援空间系统的实体环境，与之相关的消防救援力量和设施主要是部队和高等级的消防站。

3. 片区级消防救援空间

片区级消防救援空间指根据城市空间形态和功能结构，为有效地组织城市的自救和外界救援，及时疏散和安置受灾群众，保障城市功能正常运行而划分的城市消防救援片区。根据实际情况，可以将片区级的城市消防救援空间分为一级消防救援空间、二级消防救援空间，与之相配套的消防设施主要是低等级的消防站。

4. 社区级消防救援空间

社区级消防救援空间是城市的消防救援空间结构的基本空间体系。当城市遭遇灾害时，它可以起自救、服务城市居民和社区内部恢复正常生活生产的功能，与之相配套的消防设施主要是小型站、消防水池、消防栓、灭火器等。

结合对超大城市空间层次的分析以及中心城应急消防救援空间规划研究，应急消防救援空间体系应包含四个空间层次的内容：一是相互联系十分紧密的数个城市及乡村地区所形成的区域层次，二是单个城市的层次，三是根据城市空间形态和功能结构所划分出来的片区层次，四是社区层次。这有助于统筹考虑超大城市在全域空间范围内进行城乡应急消防救援空间的规划，建立科学的城乡应急消防救援空间系统。

四、构建体系

应急消防救援体系包括消防救援机制体系、消防救援队伍体系、消防救援基础设施体系、消防救援组织运行体系、消防救援保障体系、消防救援监督评价体系[2]（图 8-1-1）。

1. 消防救援机制体系

消防救援机制体系包括法律法规标准体系、消防安全责任体系、区域协同联勤联训和消防资源统筹共享，是救援体系的基础。区域内城市消防配置可以相互协同补充，消防装备资源具有相同的通用性规范标准，消防资料和案例信息共享。

2. 消防救援队伍体系

消防救援队伍体系包括综合性消防救援队伍、专职消防队伍和社会救援力量。综合性消防救援队伍着眼“全灾种”“大应急”任务需要，能应对常见的灾害救援需求。在强调“全能选手”的同时，还要注重打造“特长生”，即要按照专业化救援发展方向的要求，着力打造几支具有国际先进水平的专业消防救援队伍，如森林消防救援队伍、海事消防救援队伍、核生化消防救援队伍等，体现了“专业的人做专业的事”的专业化管理思路。同时，消防志愿者队伍在我国尚处在发育培养和快速发展阶段，虽然人数众多，但实战能力普遍较弱，在应急救援中基本上还不能承担核心任务，更多的是从事救灾保障服务、防火宣传教育培训或者社区消防隐患排查治理等基础性工作。要对社会救援力量进行专门的培训，使其能够成为消防救援队伍的有效补充。

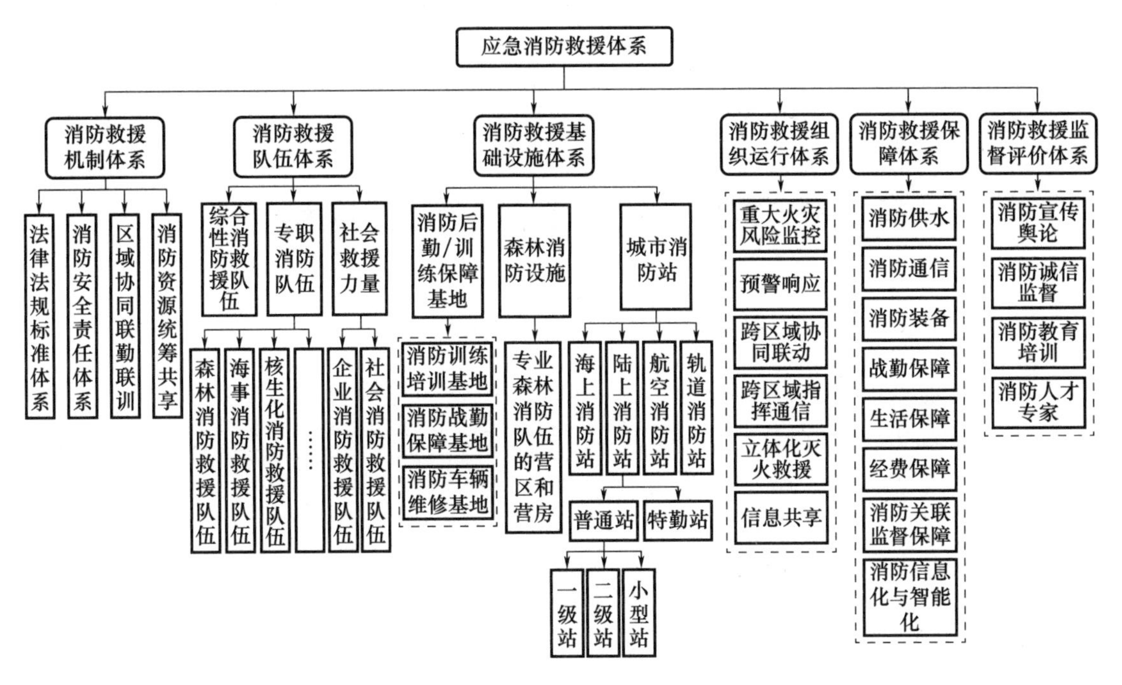

图 8-1-1　应急消防救援体系构成

3. 消防救援基础设施体系

消防救援基础设施体系主要分为消防后勤/训练保障基地和城市消防站两个方面，为消防救援提供硬件支撑。其中消防后勤/训练保障基地包括消防训练培训基地、消防战勤保障基地和消防车辆维修基地，负责消防队伍的训练培训、后勤保障和车辆设备的维修工作；城市消防站可分为陆上消防站、海上消防站、航空消防站和轨道消防站。陆上消防站可划分为特勤站和普通站。普通站根据规模由高到低又分为一级站、二级站和小型站。

4. 消防救援组织运行体系

消防救援组织运行体系包括重大火灾风险监控、预警响应、跨区域协同联动、跨区域指挥通信、立体化灭火救援和信息共享，是整个消防救援体系的核心内容，是整个消防救援体系的大脑。

5. 消防救援保障体系

消防救援保障体系包括消防供水、消防通信、消防装备、战勤保障、生活保障、经费保障、消防关联监督保障和消防信息化与智能化，是消防救援能力提升的关键，可以有效提升区域消防救援效能。

6. 消防救援监督评价体系

消防救援监督评价体系包括消防宣传舆论、消防诚信监督、消防教育培训和消防人才专家，对消防救援体系能起到很好的补充作用。

参考文献

[1] 刘瑶，叶惠婧，刘应明．基于国土空间规划体系下城市消防规划编制重点［J］．消防界（电子版），2021，7（02）：30-33＋36.

[2] 张国庆，王伟，杨君涛，等．超大型城市群消防协同治理需求分析与体系构建［J］．武警学院学报，2020，36（10）：26-31.

第二节　应急消防救援空间规划的技术要求

一、基于不同灾种响应的消防空间规划技术要求

实际上，应对不同灾种防治措施存在一定的共性，但是同样也存在差异，因此对于消防救援空间的建设和设施配置要求也同异并存。共同的要求有场地安全、交通便利、卫生条件较好，具备一定功能设施等。存在差异主要是因为不同灾害的特点不同。

1. 核电消防

根据《中华人民共和国消防法》和国家能源局发布的《核电厂消防安全监督管理暂行规定》（国能核电〔2015〕415 号）的要求，核电厂应建立消防站和专职消防队[1]。国内核电厂因技术路线的差别，即使同属压水堆核电机组、同样装机规模，因自行规定或参照标准各不相同，导致各核电厂消防站设置规模差别很大，有的核电厂采用特勤站标准，也有的采用一级站或二级站标准。

（1）消防车及车库

消防车的配置应满足全厂范围内消防车可以在 5min 之内到达任一着火点。需要设置的消防车类型包括：消防指挥车、灭火战斗车。灭火战斗车包括水罐消防车、泡沫消防车和 25m 登高平台消防车。当采用三相射流消防车时，泡沫消防车可以与水罐消防车合并设置，消防车数量可以减少一辆。

另外，消防站还应考虑车辆的维修保养，需要专门的车辆维修间，应留有一间备用车位。当一辆泡沫消防车与一辆水罐消防车合并设置为一辆三相射流消防车时，消防站设置 5 个消防车位，否则需要设置 6 个车位。对照《城市消防站建设标准》，摘录请见表 8-2-1，当一辆泡沫消防车与一辆水罐消防车合并设置时，采用普通二级消防站标准，分别设置时为一级消防站标准。

表 8-2-1　消防站车库的车位数

消防站类别	普通二级站	普通一级站	特勤站
消防车位数（个）	3～5	6～8	9～12

注：车位数均含一个备用车位。

（2）消防站定员

主要依据消防车的数量确定消防站定员，考虑到执勤人员要有一定量的机动和病、事假人员，每个班次执勤人员按每车 6 人计算。可以按照一个中队编制，设置队长 1 人，消防工程师 2 人，后勤保障人员 3 人，每辆消防车包括班长、司机和消防战斗员共 6 人，设置 4 辆消防车时全队编制共 30 人，设置 5 辆消防车时全队编制共 36 人。

2. 公共卫生事件消防

因疫情影响，当前医疗机构消防安全形势主要有以下特点：一是医疗机构火灾风险增大。疫情发生区医疗卫生系统因疫情的蔓延，患者大量增加，人员密集，且因隔离要求造成部分疏散通道堵塞，安全出口锁闭，火灾风险加大；二是医疗物资火灾风险增大。因响应国家号召和公民义务，各企业单位及个人捐赠医疗用品和物资集中到医疗机构，造成物资聚集多，火灾风险加大；三是医疗机构电力保障火灾风险增大。因患者集中在医疗机构治疗，造成用电荷载加大，供电系统 24h 不间断高负荷运行，造成火灾风险加大；四是消防安全主体责任落实难度加大。疫情防控期间，各地各级医疗卫生系统工作重心发生变化，将绝大部分精力用于疫情防控和患者救治，行业系统和单位内部消防安保人员身兼数职，不能集中精力开展自查自改，改变建筑使用性质带来的火灾风险尤为突出；五是医疗用品生产企业火灾风险增大。为满足疫情防护需求，大量生产口罩、消毒液体、医疗手套、医用隔离服、医用护目镜和医疗器材药品的企业加班加点运行，满负荷运转生产，造成企业火灾风险增大[2]。

随着国家应急管理体系改革，消防救援系统的任务也随之发生转变，由单一的灭火救援向“综合性、全灾种、大应急”过渡。面对重大突发公共卫生事件，消防救援队伍的主要任务，就是在立足岗位职责和专业特点，统筹做好疫情防控、消防救援和火灾防控等工作，配合卫生防疫部门完成病员转运、疫情消毒、疑似物品和人群洗消等工作[3]。

一般地，涉疫救援处置应按照划定区域、出入管控、逐一洗消、登记移交的程序进行。疫情救援现场区域可划分为三处，见表 8-2-2：

表 8-2-2　疫情救援现场区域划分

区域	范围	人员着装要求	功能
污染区	事故救援任务的核心区域	A 级防护服	用于救援和采样检测
半污染区	污染区的外围缓冲地带	B 级防护服	用于前线供应和保障
清洁区	风险相对较小的外围区域	—	用于支援作业和指挥

此外，洗消站选址宜设置在作业现场出入口，兼顾考虑上风或侧上风向、通行便利、远离水源的地区，洗消需按照一车、二物、三人的顺序于任务结束后进行。

3. 普通灾害消防（如地震、地质灾害等）

要区分地震带、非地震带和高风险、低风险地区分级部署地震救援队伍。高风险地区及其周边地区多部署重型及中型救援队，低风险区域做强做精 1～2 支重型救援队，作为跨区域增援准备，再视情况建立一定数量的中型及轻型救援队，防止队伍重复建设造成救援资源的浪费。另外，在消防救援队伍中普及地震救援技术训练，促进消防救援力量与地震救援力量无缝衔接，保证临时组建的救援队伍具备轻型救援队救援能力，作好应对可能发生的重特大地震灾害大兵团作战准备。

在市级层面，以特勤支（大）队救援力量为依托，定期组织救援队员开展搜索、支撑、顶撑基础技术训练和地震救援专业装备训练，不断夯实地震救援技术基础。

参考国际搜索和救援顾问组（INSARAG）救援装备配备标准，消防地震救援队伍应优化装备配备标准，增配侦检类（可燃气体检测仪、有毒气体检测仪等）、防化类（防化服、强制送风机、洗消器材等）、医护类（心肺复苏器、急救包等）等救援器材，升级顶撑、破拆、支撑类装备器材，并将装备轻量化、小型化、高效率作为装备配备的重要条件，满足救援需要[4]。

4. 森林消防

森林消防对有效减少森林火灾的损害具有重要作用，是提升森林防火的重要途径。森林消防保护了广阔山林，降低了国家森林经济的损失，也保护了人民的生命和财产安全。但目前我国的森林消防装备还处于较低水平，规模小、技术水平不高、发展缓慢，森林消防装备水平需要进一步提升[5]。

森林消防装备的主要类型包括：

（1）防火推土机。广泛应用于林区消防，防火推土机由履带式拖拉机和前置推土铲组成，在遇到消防人员无法到达灌木丛中的情况时，开辟出防火通道，推倒树干和残干，推走倒木和树桩，清除地面可燃物，防火推土机被视作建立防火线和防火隔离带的有效工具。

（2）森林消防车。森林消防车是森林消防的重要装备之一，可携带灭火器材和消防人员到火灾现场，车上装有灭火装置，由于运载的需要和森林地形的复杂性，运载能力和越野通过性能是衡量森林消防车的重要指标。根据行走方式不同主要分为轮式和履带式。

（3）割灌机。割灌可以有效避免林火发生时的水平蔓延和垂直蔓延。割灌机还可以开设防火通道、人员避难的安全岛、直升机停放平台等。

各城市应投入资金落实消防队伍建设，各级财政预算要标明森林消防设备的预算，国家年度开支要给予消防队伍一定的支持，对于森林灭火建立有偿机制：

（1）发展森林灭火航空装置。发达国家早已有先进的森林灭火航空装置，我国在这方面仍显不足，应大量增加直升机和固定翼运输机的数量，提升森林灭火空中侦察和空中直接灭火能力。

（2）专业、半专业森林消防装备需要更新，按规定出台更多专业森林消防装备标准，不断更新专业化森林消防装备。

（3）建设森林消防信息网络。应建设有线、无线、卫星共同工作的消防设备，将工作、指挥和信息库融为一体，共享互通，从而促进森林防火信息网络建设。

（4）森林消防装备的储备力量亟待提升，提升消防装备的储备数量、储备效能。中央应重视消防装备的质量提升，应加大财政支持森林消防装备的建设。

5. 重大危险源消防

（1）构建灭火救援圈

事故发生后，仅仅依靠重大危险源内部的消防设备与当地的消防队很难完成灭火救援工作。因此，针对重大危险源建立消防灭火救援圈就显得非常必要了。以火灾重大危险源为核心，提出了重大危险源灭火救援圈的构建模型，基本目的是完善区域性灭火救援应急预案和提高资源的利用率。灭火救援圈的主要内容包括人员圈、装备圈、药剂圈和供水圈等（图 8-2-1）。

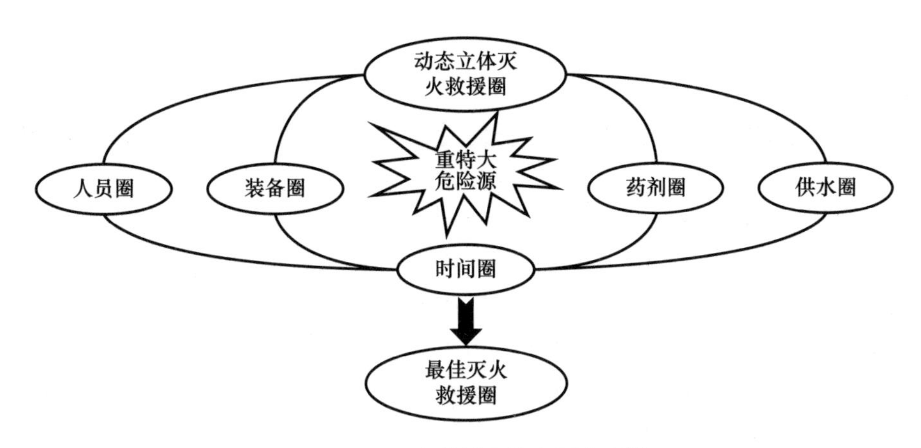

图 8-2-1　灭火救援圈的主要内容[6]

灭火救援圈的构建是以重特大危险源为基点的，因此，首先需要对重特大危险源进行辨识和评估。在应对重特大灾害时，应该先对重特大危险源的特点进行分析。根据以往火灾爆炸事故的扑救经历可知，在充分了解园区内危化品的储存条件以及加工生产工艺的情况下，更容易成功组织和指挥火灾的扑救工作。重特大危险源的重大灾害事故往往具有以下特点：发生火灾以后，火势蔓延速度快，常在很短的时间内就可能使整个装置区成为一片火海，火灾很容易引起爆炸现象，容易出现反复性的火灾爆炸事故，短时间内彻底扑灭存在困难。

因此，重特大危险源所带来的火灾隐患，对人员、装备配置、供水量以及通信设施的要求往往很高，需要很强大的灭火救援能力，这种灭火能力大大超出邻近单支消防队所能承受的灭火救援能力范围。所以需要建立化工园区附近的灭火救援圈，以提高资源供给能力和灭火扑救能力。但是整个灭火救援圈的建设过程不能一概而论，灭火救援圈的确定原则一般都是以满足重大灾害危险源的需求为准则，如图 8-2-2 所示[6]。

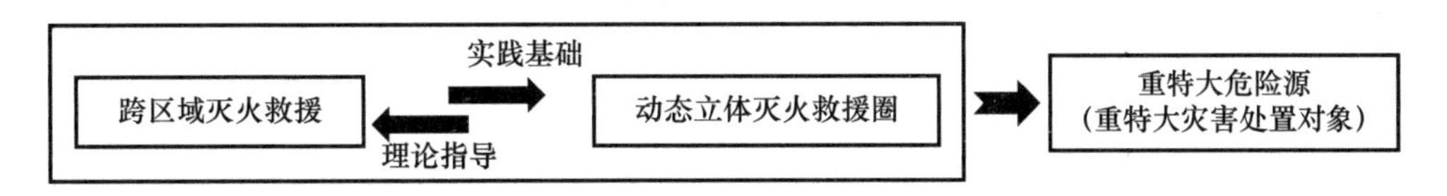

图 8-2-2　灭火救援圈建立准则[6]

（2）加强消防救援设备的配备

相对来说，泡沫灭火剂在扑救油类火灾中应用较为广泛，泡沫液的储备量太大易造成浪费，太小满足不了大型火灾扑灭基本要求。在实战中，油罐火灾由于受各种因素的影响，无法在短时间内扑灭，往往需要几小时或十几个小时，甚至几天几夜。如 3000m^2 的固定顶油罐着火，灭火物资准备按 4h 以上预计比较符合灭火救援实际。可以归纳为两点：一是多个储罐区并存的情况下，按照火灾延续时间确定泡沫液的储存量较为科学合理，应按照最大区域最大罐计算灭火剂用量；二是储罐区单一且罐容较小时，泡沫液储备以 30min 常备量来储存符合现实。但单罐容量大、罐区总容量较大时，则应该按照灭火延续时间计算比较合理。干粉常备量不应小于计算量的 2 倍。

辖区消防部队要针对石化火灾特点重点配备高喷车、多剂联用车、防化洗消车、化学事故抢险救援车，如大流量（不小于 160L/s）、远射程（不小于 120m）重型水罐（泡沫）消防车，大流量拖车消防炮和远程供水系统及化学抢险、侦检、堵漏、救生器材等特种装备，提高专勤类消防车配备比例。

6. 海事消防

提升海事救援效能，关键是要打造一支优质、高效、精准、有战斗力的海事消防救援专业队伍。

(1) 全面强化水域救援专业人才队伍建设

水域救援的专业化、复杂化，客观上要求尽快培养一支集专业化、知识化于一身的复合型救援队伍，队伍的关键则在人才。据统计，培养一名合格的舟艇驾驶员至少需要10年时间，培养周期长，要集中有限的资源和精力先培养一部分人。需要建设专门的救援训练基地，或遴选具备综合训练要求的天然场地，常态化、分年培养人才。

(2) 提高执勤中队水域装备配备

根据《城市消防站建设标准》，目前要求配备与水域救援有关的装备有以下几类：一是舟艇类，特勤消防站仅要求选配、普通消防站不需配置；二是器材类，特勤站和普通站均要求配备1套救生抛投器，再加上通用类的绳索；三是个人防护类，承担水域救援任务的普通站、特勤站消防救生衣按1人1件、备份2∶1要求配置，水域救援防护服普通站为选配，特勤站按12套每站配备；水域救援头盔，普通站为选配，特勤站按12顶每站配备。

这样的配备要求难以满足急流或其他水域救援需求，因此，一是在水域救援服，水域救援头盔配置基础上，增配水域救援靴、水域救援腰包、水域救援强光灯、水域救援刀，每个普通消防站不得少于12套。二是每个普通消防站配置2艘橡皮艇，动力不低于40马力，橡皮艇必须配置拖车，消防车或越野车加装拖车挂钩，以满足能迅速到达现场的要求[7]。

7. 综合消防

根据《城市消防规划规范》(GB 51080—2015)，重点区域消防安全技术要求见表8-2-3。

表8-2-3 重点区域消防安全技术要求

区域	相关要求
易燃易爆危险品生产、储存、装卸、经营场所或设施	相邻布置的易燃易爆危险品场所或设施之间的安全距离，可按安全距离规定的最大值予以控制。对周边地区有重大安全影响的易燃易爆危险品场所或设施，应结合当地风向、地形、水系等实际情况，在安全距离规定的基础上，设置防灾缓冲地带和防止灾害蔓延的安全设施
耐火等级为三级及以下或灭火救援条件差的建筑密集区（如棚户区、城中村、简易市场等）	应纳入近期改造规划，采取开辟防火间距、设置防火隔离带或防火墙、打通消防通道、提高建筑耐火等级、改造供水管网、增设消火栓和消防水池等措施，改善消防安全条件，降低火灾风险
历史城区及历史文化街区	在尽量保持这些区域传统风貌的同时，应建立消防安全体系，因地制宜地配置消防设施、装备和器材，严格控制危险源，消除火灾隐患，改善消防安全环境
城市地下空间（含地下交通设施、公共设施）	严格执行现行消防法规、标准的有关规定，采取切实可行的措施，保护人身和财产安全。参考日本大城市地下空间规划建设的经验，城市的大型地下空间经技术经济论证后，可设置专用的地下式消防站和消防车通道，配置适用的轻型消防装备和器材

消防供水设施是城市公共消防设施的重要组成部分。据有关资料统计，许多火灾由小火酿成大灾都存在着消防水源缺乏的问题，即“火旺源于水少”。因此，无论在城市给水工程

规划中，还是在城市消防规划中，消防供水都是非常重要的内容。城市消防供水可采用城市给水系统、消防水池及其他人工水体、天然水体、再生水等作为水源。多样性地配置城市消防水源，才能保障城市消防用水量、水压和可靠性。

消防供水管道与城市生产、生活供水管道合并使用，以节约建设投资和管道走廊，便于日常维护管理，并使管网内的水处于经常流动状态，有利于火场供水。部分城市的局部地区使用高压或临时高压消防供水系统，则应设置独立的消防供水管道。利用城市给水系统作为消防水源，必须保障城市供水高峰时段消防用水的水量和水压要求。消防水鹤是寒冷地区采用的为消防车供水的设施，功能类似于市政消火栓。消防水鹤服务半径不宜大于1000m，消防水池的面积不宜少于100m^2。

二、基于不同区域性质的应急消防规划重点要求

编制应急消防规划，可通过灾害风险评估，对城市风险、消防安全状况进行分析评估，对城市用地范围进行风险分区，可定性划分为重点消防地区和一般消防地区。城市应急消防规划以重点消防地区为重点，重点地区和一般地区分级设置消防设施，优化城市的消防站布局，使消防资源配置得到最大程度利用。

1. 灾害风险评估

未来应急消防着眼“全灾种”“大应急”任务需要，在应急消防规划时不能只进行火灾风险评估。在技术条件允许的情况下，可以采用定量化的城市灾害评估技术，如结合GIS、AHP层次分析法、离散定位模型等方法进行城市灾害风险评估。在定性分析方法中，可借鉴《城市消防规划规范》(GB 51080—2015) 中城市火灾风险的评估方法，可按照《城市用地分类与规划建设用地标准》(GB 50137—2011) 确定的用地分类，根据城市历年灾害发生情况、各类用地不同的火灾危险性和危害性、易燃易爆危险品设施布局、公共消防设施布局和消防装备状况，对城市用地范围进行灾害风险分区。这是一种比较粗略的定性评估方法，但能够实现一般城市的灾害风险定性评估，并能与城市消防规划有关内容有机衔接。

2. 重点消防地区

重点消防地区是对城市消防安全有较大影响、需要重点管制和加强保障的地区，为使相应的应急消防规划措施能更有针对性地应对风险分区的主要灾种和可能影响，还可根据城市特点、灾种特点以及各类用地不同的消防安全要求进一步分类。重点消防地区的划定将优先考虑人流较密集的公共集聚场所，城市生命线工程设施，城市公共服务设施，工业及仓储用地、城市核心区及高层建筑集聚区等。

在重点消防地区，可规划确定较短的消防响应时间，依据响应时间确定消防站的空间布局、责任区面积和规模大小，消防配套设施的等级等指标，重点安排消防力量，加强消防装备配置，提高区域的消防安全。

3. 一般消防地区

除重点消防地区外，城市中受灾害影响相对较小的均为一般消防区，如非城市中心高层集聚区和多层、低层城市住宅区等。在一般消防地区，可确定相较于重点消防地区更宽松的消防响应时间，应急消防规划的要求可以相应降低。

三、基于不同等级类型的消防设施布局特点

消防设施用地指消防站、消防楼、消防通信及指挥训练中心等设施用地。基于不同空间

等级，将城市消防设施用地分为城市级、片区级、社区级三级。

1. 城市级

城市级消防设施主要用于协调城市各类消防队伍，系统性地统筹城市消防设施的整体布局，构建符合城市建设发展需求的消防安全空间格局。

2. 片区级

片区级消防设施主要担负着消防站辖区内的灭火救援、社会救助等任务，由消防大队和消防中队组成片区级消防组织体系，主要承担火灾扑救、各项火灾隐患排查整治和消防监督执法工作，并推动消防工作社会化。

3. 社区级

社区级消防设施主要用于保障社区日常的消防安全，包括消防宣传培训、消防文化建设等。以社区级消防设施为基础层级，加强社区消防安全管理，形成城市全方位的消防安全体系。

参考文献

［1］马逸萍．某核电厂消防站主要设备选型及设置规模分析［J］．电力勘测设计，2020，4（07）：60-63.

［2］范立刚，杨艳山．突发公共卫生事件时期医疗卫生系统消防监督管理工作风险分析和对策［J］．今日消防，2020，5（02）：52-53.

［3］滕波．消防综合救援系统应对公共卫生事件等多重危机的策略研究［J］．城市与减灾，2020，4（02）：44-49.

［4］于建．消防地震救援队伍建设发展初探［J］．中国应急救援，2020，4（05）：28-32.

［5］张晓明．森林消防装备建设的思考分析［J］．工程建设与设计，2020，4（20）：200-201.

［6］夏敬豪．化工园区灭火救援圈的构建模型［J］．中国应急救援，2015，4（06）：20-22.

［7］杨茂聪．当前消防救援队伍水域救援效能提升的探讨［J］．今日消防，2021，6（05）：68-69.

第三节　应急消防设施具体规划流程

本节主要探讨在实践中的应急消防设施的具体规划流程，按照先后可以将其划分为三个阶段，包括前期分析研究阶段、中期规划布局阶段和后期维护管理阶段。

一、前期分析研究阶段

1. 风险评估

作为复杂或重大事项决策的必要辅助手段，风险评估在安全领域得到了广泛应用。城市火灾风险评估为火灾风险管理决策提供了依据，通过对火灾发生风险的影响因素进行分析评估，可以预测一定区域内火灾发生的概率，并将火灾风险评估结果应用在消防布局优化上。首先，对城市各类影响火灾发生的因素进行分析，整理对火灾风险影响较大的因素。其次，利用专家打分、层次分析法等制定影响因素权重，构建风险评估模型。最后，将各风险因素的空间数据在 ArcGIS 进行图示化处理，得到火灾风险结果。

2. 供给水平评价

供给水平评价主要是对区域消防能力评价，评价区域消防能力是否能满足消防救援的需要。目前评估主要采用的方法有层次分析法和模糊综合评价法。

（1）消防能力因素评价体系

根据相关行业建筑现状、相关参考文献、专家和一线工作人员的意见，可从消防设施现状指标、社会消防管理指标以及消防灭火能力指标三个方面建立区域消防能力因素评价体系（图 8-3-1）[1]。

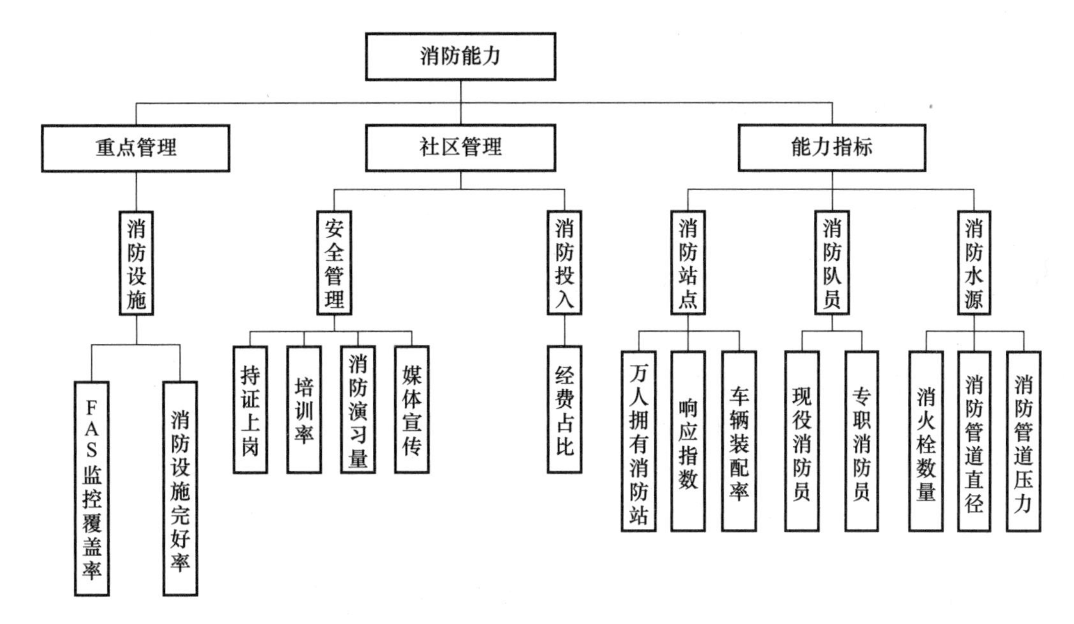

图 8-3-1　区域消防能力评价体系

（2）层次分析法

层次分析法是目前在火灾危险评估领域比较常用的方法，它的出现主要是为了解决目标选择问题，可以对方案进行优化。在层次分析法中，权重的计算是层次分析方法能否成功的重要步骤，可以通过权重对每一个因素进行排序，从而进行决策选择或优化，同时还可以作为另一种评估方法的输入参数，进行更加深入的评价分析。层次分析法的计算过程并不复杂，首先根据层次分析法的原则将指标分层，如总目标、子目标和准则，通过专家或者调研情况打分，然后利用特征向量的求解方法进行逐层计算，得到最终的计算结果。

（3）模糊综合评价法

模糊综合评价方法同样是一种常用的评估方法，这种方法的主要优点就是可以将定性的数据给出定量化的结果，使得结果更加直观，具有可比性。在火灾风险中，有许多的评价是定性的，甚至是难以量化的，但是模糊综合评价法能够较好地解决这一问题。通过模糊数学的理论，利用隶属度的计算方法，其结果清晰明了、科学合理。模糊综合评价法计算过程如下：

首先，建立每个区域消防安全情况的评价集，对各指标进行评价，包括5个评语，分别为很低、低、中、高以及很高。其公式表达为$V=\{V1, V2, V3, V4, V5\}$。经过对每一个评语进行量化，可以得到其相关的量化表（表8-3-1），之后得到各层次指标的模糊关系矩阵，再通过层次分析法确定的权重进行综合评价得到计算结果。

表8-3-1 评价量化表

评价	等级划分	分值区间
很低	1	90～100
低	2	80～90
中	3	70～80
高	4	60～70
很高	5	50～60

二、中期规划布局阶段

1. 布局原则

现阶段区域风险评估方法和消防站布局规划评估方法已相对成熟，较多地区已经开展了这项工作，未来消防站的布局应以响应时间作为第一核心指标，应逐步推动我国消防站布局从“面积确定法”向“响应时间确定法”过渡。

（1）城市消防站布局原则

根据火灾发展过程一般可以分为初起、发展、猛烈、下降和熄灭五个阶段，一般固体可燃物着火后，在15min内火灾具有燃烧面积不大、火焰不高、辐射热不强、烟和气体流动缓慢、燃烧速度不快等特点，房屋建筑火灾15min内尚属于初起阶段。如果消防队能在火灾发生的15min内开展灭火行动，将有利于控制和扑救火灾，否则火势将迅速蔓延，造成严重的损失。15min的消防时间分配为：发现起火4min、报警和指挥中心出警2.5min、接到指令出动1min、行车到场4min、开始出水扑救3.5min。

从国外一些资料来看，美国、英国的消防部门接到指令出动和行车到场时间也在5min左右，日本规定为4min，基本与我国规定的5min原则吻合。

综合考虑我国各城市的实际情况，以消防队从接到出动指令起5min内到达辖区最远点为城市消防站布局的一般原则，是较为合适的。

综合我国目前的实际情况，并考虑消防站的分类，确定作为保卫城市消防安全主要力量的一级站的辖区面积不宜大于$7km^2$，兼有辖区消防任务的特勤站辖区保护面积同一级站，同一辖区内一般不再另设一级站。

（2）片区及社区消防站布局原则

城市建成区内由于设置一级站确有困难而建设二级站的，其辖区面积不宜大于$4km^2$。小型站装备配备、人员配备有限，主要解决快速出动、快速响应问题。由于小型站多位于城市中心区，鉴于消防车平均时速缓慢的实际情况，所以辖区面积不能太大，要小于二级站的辖区面积，定为$2km^2$。

（3）道路交通约束条件

城市道路交通受很多因素影响，而它畅通情况将直接影响消防员的灭火救援行动。其中有两大方面需要考虑：一是交通管理，包括行车时间、行车路段、行车方向等约束条件；二是交通能力，包括车辆通行能力和道路拥堵程度等约束因素。在辖区规划设计选择最短路径时，道路交通约束条件起到了举足轻重的作用。

（4）重大火灾风险的应急救援约束条件

城市区域存在各种差异，具有不同等级的火灾风险，针对不同区域的应急响应时间其限定也应不同。火灾风险等级高的区域，消防救援应急响应时间应缩短，才可以更及时有效地开展消防救援，即在消防站布局规划中风险等级高的区域应距离消防站点更近一些。消防相关规范规定正常情况下消防应急响应时间为 5min，在此基础上，提高高风险火灾需求点的标准，其应急响应时间为 0～2min。

（5）消防站辖区面积确定

消防站辖区面积计算公式： $A=2P^2=2\times(S/\lambda)^2$ （8-1）

式中，A 为消防站辖区面积（km^2）；P 为消防站至辖区最远点的直线距离，即消防站保护半径（km）；S 为消防站至辖区边缘最远点的实际距离，即消防车 4min 的最远行驶路程（km）；λ 为道路曲度系数，即两点间实际交通距离与直线距离之比，通常取 1.3～1.5。

按照公式计算，根据上海、内蒙古的部分城市在不同时段消防车的实际行车测试，并考虑到我国城市道路系统大多是方格式或自由式的形式，得出消防车平均时速为 30～35km，道路曲度系数取 1.3～1.5，得出消防站辖区面积在 3.56～6.28km^2 之间，即 4～7km^2。近年来，虽然我国道路交通情况有所改善，但路上行驶的车辆也相应增加，致使消防车车速难以提高。所以，综合我国目前的实际情况，并考虑消防站的分类，确定作为保卫城市消防安全主要力量的一级站的辖区面积不宜大于 7km^2，兼有辖区消防任务的特勤站辖区保护面积同一级站，同一辖区内一般不再另设一级站。城市建成区内由于设置一级站确有困难而建设二级站的，其辖区面积不宜大于 4km^2。

2. 规划布局流程

应急消防设施的确定，首先要在前期对备选用地梳理的基础上，通过对场所建设适宜性评价以及应急消防设施的建设标准进行筛选，得到可用的单一灾种和多灾种应急消防设施；然后以防灾空间分区的风险评估以及应急消防设施的规划布局和选址原则进行指导，从而选定现有的应急消防设施和规划新建的应急消防设施；之后再结合对高风险火灾点规模的估算以及应急消防设施的服务半径覆盖要求等，对规划布局进一步统筹修正，最终完成应急消防设施的布局（图 8-3-2）。

三、后期维护管理阶段

公共消防设施的完善程度是衡量城市现代化程度的主要标志；做好公共消防设施的维护管理工作，是适应现代化城市综合防灾减灾要求，加强城市消防安全的战略需求。加强公共消防设施维护管理，需要创新管理体制、机制和法制，探索多元化投资，实行社会化、规范化、精细化、专业化管理。

1. 探索多元化投资

改革维护管理体制，探索多元化投资。随着市场经济的发展，应将公共消防设施的维护管理逐步纳入社会主义市场经济秩序中。在宏观管理方式上，政府部门应转变职能，重在做好组织、协调、推动与服务工作。在投资模式上，应改变单一财政投资模式，在加大市区县财政保障力度的同时，应扩大筹资渠道，鼓励引导多种形式的资金投入城市公共消防设施建设和运行维护。要积极创新建设、运行、维护管理体制，实现从单一的政府投资行为到市场化、社会化行为的转变；探索建立与国际接轨的建设与运营新模式，建立新型的政府与企业间委托建设、代理运行维护的关系。

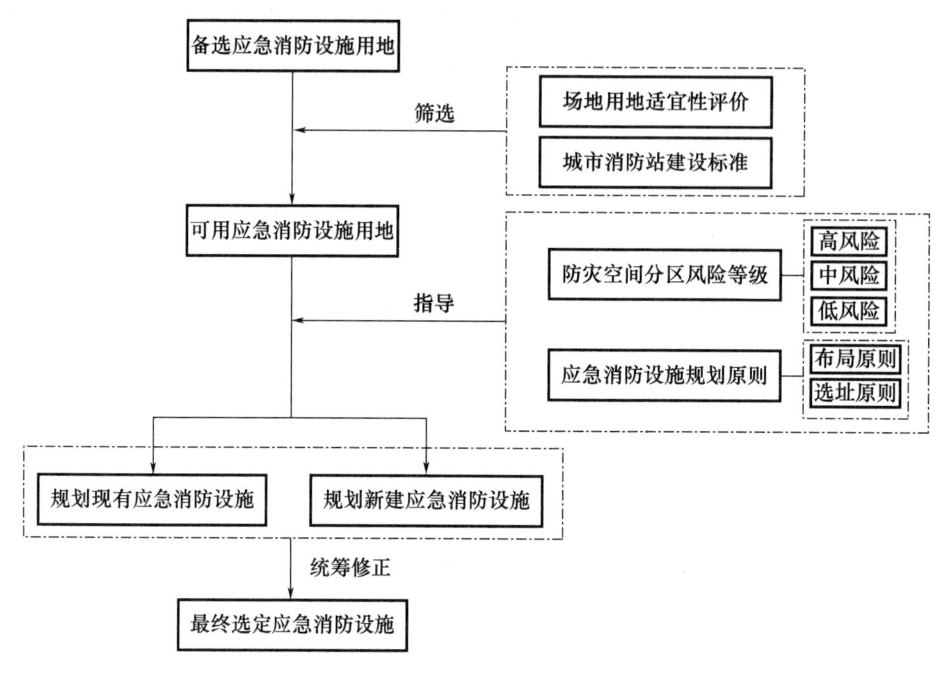

图 8-3-2　应急消防设施布局流程

2. 实行社会化管理

消防社会管理是与社会环境密切相关的动态管理活动。根据动态相关性的原理，加强城市公共消防设施管理，要调动社会各方面的积极性，形成保障公共消防设施安全运行的合力。一是强化部门责任机制。贯彻统一领导、分级负责、条块结合、以块为主的要求，科学划分各职能部门、社区、居委会的管理责任，分解公共消防设施管理压力，降低管理成本，提升管理效率。二是强化协调联动机制。建立公共消防设施维护、监督、管理协调联动机制，简化管理审批手续，设立城市管理热线，统一受理市政设施等方面的举报和咨询，及时维修改造市政消火栓、尽头式消防车道。三是强化市场竞争机制。城市公共消防设施管理应引进市场竞争机制，形成政府（部门）、市场（企业）、社会（中介和市民等）协同管理的格局。四是强化全民参与机制。大力宣传加强城市公共消防设施维护管理的目的、意义，宣传公共消防设施管理的公益性、全民性，进一步提高市民对城市公共消防设施管理的参与程度。

3. 实行规范化管理

法治化在实体意义上是保障社会管理的有序性和市场的公开、公正和公平。没有法制和规则，社会管理就会失去秩序，市场就会陷入混乱。目前，城市公共消防设施管理无论在立法还是在执法方面都存在较大欠缺，制约了城市公共消防设施管理的效能。加强法治建设，制定比较完善的法规和标准，是城市公共消防设施管理的必要条件。一是制定公共消防设施应急抢修维护补偿办法，明确应急抢修维护补偿范围、补偿方式、补偿流程，调动维护管理单位的积极性。二是建立社会和舆论监督制度，对一些不文明、违反城市公共消防设施维护管理制度的行为进行曝光，营造全社会自觉爱护城市公共消防设施、主动参与公共消防设施管理的氛围。三是建立公共消防设施联合执法制度，公安、工商、城市管理、市政管理等部门联合执法，加大对破坏、盗窃市政公共消防设施行为的打击整治力度。

4. 实行精细化管理

加强城市公共消防设施的管理，必须综合运用行政、法律、经济和教育等手段，切实防止和纠正损坏公共消防设施的行为，全面提升公共消防设施维护管理水平。从城市公共消防设施的管理对象来看，既有社会性的行为，也有内部性的行为。社会性的行为，是指社会上的人们在使用公共消防设施时的个人行为；内部性的行为，是指承担公共消防设施维护管理工作人的行为。两者都对城市公共消防设施的管理产生影响。对社会性的行为，应该以法律手段为主，经济手段和思想教育手段为辅，通过对人们的行为进行规范等措施，降低对公共消防设施的损坏，实现最佳的管理效果。对内部性的行为，应该以思想教育手段为主，行政手段和经济手段为辅，强化精细化管理机制，建立健全“横向到边、纵向到底”的网格化责任体系，通过提高职工的工作积极性和主动性，实现最佳的管理效果。

5. 实行专业化管理

城市公共消防设施维护管理的发展要满足现代城市发展的需要，要积极推广新技术、新材料在城市公共消防设施建设、维护中的应用，加大科技创新力量的投入。尤其是要运用信息技术进行城市公共消防设施管理，建立公共消防设施管理信息资源库，便于加强公共消防设施的管理。与此同时，应充分发挥社会技术力量，建立消防水源、消防通信等城市公共消防设施维护管理的高素质专业化队伍，实行专业化管理，切实提高公共消防设施维护管理水平[2]。

参考文献

[1] 董新明．基于消防安全评估及 GIS 技术的城市消防规划研究 [D]．北京：中国科学技术大学，2018.

[2] 沈友弟．加强城市公共消防设施维护管理的几点思考 [J]．消防科学与技术，2011，30 (05)：438-440.

第四节　应急消防设施空间布局与消防队伍建设规划

参考《城市消防站建设标准》(建标 152—2017)、《城市消防站设计规范》(GB 51054—2014) 等国家规范，结合深圳市现有消防救援场站的空间布局，着眼于水陆空消防场站立体布局的要求，将应急消防救援场站分为陆上消防站、水上消防站、航空消防站、轨道地铁消防站。

一、陆上消防站的规划布局

依据消防响应时间确定辖区面积和空间布局，借鉴国内外消防站的布局要求，深圳陆上消防站布局原则可定为：对于重点消防地区，接到出动指令后平均在 5min 内第一辆消防车和第一支消防队可以到达辖区边缘，平均在 8min 内第二辆消防车和第二支消防队达到辖区边缘；对于一般消防地区，接到出动指令后平均在 6min 内第一辆消防车和第一支消防队可以达到辖区边缘，由第一支消防队判断是否需要后续消防支援。

消防站的空间布局由专业布局原则确定，此外消防站的选址仍需注意以下事项：

1. 消防站应设置在便于消防车辆迅速出动的主、次干路的临街地段。

2. 消防站执勤车辆的主出入口与医院、学校、幼儿园、托儿所、影剧院、商场、体育场馆、展览馆等人员密集场所的主要疏散出口的距离不应小于 50m。

3. 消防站辖区内有易燃易爆危险品场所或设施的，消防站应设置在危险品场所或设施的常年主导风向的上风或侧风处，其用地边界距危险品部位不应小于 200m。

4. 消防站不宜设在综合性建筑物中。特殊情况下，可采用合建消防站的形式，如与商业设施、居住用地等合并建设；设在综合性建筑物中的消防站应自成一区，并有专用出入口。

5. 在利用强度高的区域，则鼓励采取垂直设置，减少消防设施占地面积。

6. 特勤消防站应根据特勤任务服务的主要灭火对象设置在交通方面的位置，宜靠近城市服务区中心。

7. 小型站不可取代一级站和二级站，因此小型站的辖区至少应与一个一级站、二级站或特勤站辖区相邻，可布置于以下区域：①商业密集区、耐火等级低的建筑密集区、老城区、历史地段；②经消防安全风险评估确有必要设置的区域。

陆上消防站具体的建设标准见表 8-4-1。

表 8-4-1　陆上消防站建设标准

	特勤消防站	普通消防站		
		一级普通站	二级普通站	小型消防站
面积（m^2）	4000～5600	2700～4000	1800～2700	650～1000
主要功能	承担特种灾害事故应急救援和特殊火灾扑救任务； 对有明确辖区要求的，同时承担普通消防站任务	承担火灾扑救和一般灾害事故抢险救援任务		
辖区面积（km^2）	≤7（若特勤站兼有应急救援任务）	≤7	≤4	≤2
消防装备	消防站的装备由消防车辆、灭火器材、灭火药剂、抢险救援器材、消防员防护器材、通信器材、训练器材、战勤保障器材，以及营具和公众消防宣传教育设施等组成			
配备车辆（辆）	9～12	5～7	2～4	2
适建情况	地级及以上城市、经济较发达的县级城市应设置特勤消防站	城市范围内必须设置一级普通消防站； 设置一级普通消防站确有困难的区域，经论证可设二级或小型消防站	在建成区内繁华商业区、重点保卫目标等特殊区域设立一级站确有困难的情况下，结合总体规划布局，经过认真的调查论证，可设立二级站	对于设置二级站条件也不具备的商业密集区、耐火等级低的建筑密集区或老城区、历史地段，在专项论证的基础上才可设置小型站

二、水上消防站的规划布局

根据《深圳市消防发展规划（2001—2010）》，水上消防站以“接到出动指令后平均在20min内达到辖区最远点，消防队至其辖区边缘的距离不应大于20km”为布局原则。

1. 设置消防站注意事项

（1）水上消防站应设置陆上基地，用于满足消防人员执勤备战、快速出动以及生活、学习、训练等方面的要求；陆上基地应按照陆上二级普通消防站的标准来进行选址和建设，其用地面积应与陆上二级普通消防站的用地面积相同；

（2）为水上消防站配备装备时，基础配置趸船1艘、消防艇2艘、指挥艇1艘；此外可结合水域灾害事故的特点，重点配备消防船艇、冲锋舟、浮艇泵、潜水装具等水域救援装备；

（3）消防船可配拖消两用船只，吨位可根据需要自行确定，其他救生和灭火的各种辅助器材可根据需要配备；

（4）水上消防站应设置供消防艇靠泊的岸线，满足消防艇灭火、救援、维修、补给等功能的需要，岸线长度不应小于消防艇靠泊所需长度，河流、湖泊的消防艇靠泊岸线长度不应小于100m；

（5）为节省城市资源，水上消防站靠泊岸线应结合城市港口、码头进行布局和建设，也便于同步建设实施；

（6）在水陆皆有消防任务的地区，可建设水陆两用消防站，成立多功能消防指挥中心，使其既具有水上应急救援功能，又能利用滨江路交通的便利条件，承担港口和部分陆上区域的应急救援任务。

2. 水上消防站的选址要求

（1）水上消防站应靠近港区、码头，避开港区、码头的作业区，避开水电站、大坝和水流不稳定水域；内河水上消防站宜设置在主要港区、码头的上游位置；

（2）当水上消防站辖区内有危险品码头或沿岸有危险品场所或设施时，水上消防站及其陆上基地边界距危险品部位不应小于200m；

（3）考虑到消防员快速出动的要求，水上消防站趸船和陆上基地之间的距离不应大于500m，且不应跨越高速公路、城市快速路、铁路干线；

（4）辖区内有危险品码头或沿岸有危险品场所或设施的，水上消防站及其陆上基地选址应考虑自身安全问题。

三、航空消防站的规划布局

航空消防站可最大可能地利用消防直升机进行救援工作，满足深圳市“小底盘、高密度”的特点以及森林防火、水上消防等需求。建设航空消防站主要用于：高层建筑火灾救人灭火；向山林火灾现场运送灭火人员、物资，实施空中侦察、灭火；海上救护、搜索、打捞；以及大型消防抢险救援现场，实施空中指挥。为加强空中消防力量。

1. 航空消防站的设置和选址注意事项

（1）航空消防站应有供直升机起降的停机坪，满足高空、陆（山）地等灭火救援任务的需要，针对缺少森林防火直升机起降点的情况，积极建设全功能的航空护林站，使其具备机场

（包括跑道、停车坪、护栏等）、指挥系统（包括调度室、指挥塔、通信设备等）、保障系统（包括油料、电源、气象、场务等）等能够提供飞机正常起降的硬件设施及相关工作人员；

（2）除消防直升机站场外，航空消防站的陆上基地的建设标准应与陆上一级普通消防站相同，其用地面积应与陆上一级普通消防站用地面积相同；

（3）航空消防站的陆上基地应独立建设，当独立设置确有困难时，陆上基地可与机场建筑合建，但应有独立的功能分区；

（4）由于航空消防站建设成本较高，且有较大的空间领域的限制，从节省资源和方便管理的角度看，航空消防站的选址可整合民用机场资源，统一布局和建设，同时独立出自有的功能分区；

（5）航空消防站飞行员、空勤人员训练基地宜结合城市现有资源设置；

（6）航空消防站的功能宜多样化，并应综合考虑消防人员执勤备战、迅速出动、技能和体能训练、学习、生活等多方面的需要。

2. 消防直升机相关规定

消防直升机作为航空消防站的主要消防装备，需要在城市消防规划中结合城市低空领域的开发情况以及临时起降点和停机坪的位置进行空中消防通道的规划。

消防直升机临时起降点是航空消防的重要配套设施之一，消防直升机起降点设置和选址应符合下列规定：

（1）消防直升机起降点可分为固定起降点和临时起降点，固定起降点主要在各设区市、民用机场、景区布局，临时起降点主要在应急救援场站、学校、医院、体育场、车站、景区、高速公路等既有设施布局；

（2）结合城市综合防灾体系、避难场地规划，在高层建筑密集区、城市广场、运动场、公园、绿地等处设置消防直升机的固定或临时的地面起降点；

（3）消防直升机地面起降点场地应开阔、平整，场地的短边长度不应小于 22m；

（4）场地的周边 20 米范围内不得栽种高大树木，不得设置架空线路。

四、轨道消防站的规划布局

目前，深圳市轨道交通线网密度和客流强度位列全国首位，轨道消防站的设置存在客流集中、空间有限、通道狭窄、封闭运行等问题，为满足轨道交通的消防安全要求，结合国内外轨道消防站的建设经验，提出以下几点设置和选址建议：

1. 设置轨道交通微型消防站，以救早、灭小和“3 分钟到场”扑救初起火灾为目标，可设置多类型、多数量、广分布的轨道交通微型消防站，不同类型场所的微型消防站要求不一，对消防员的专业消防素养要求也随之不同，如车辆段微型消防站消防员需要具备扑救甲乙类易燃易爆物品火灾的能力，车站微型消防站消防员需要开展乘客疏散和区间隧道火灾扑救工作；

2. 单独设置陆上的轨道消防站，选址以靠近轨道线路或重要轨道站点为原则，按城市一级普通消防站的标准建设，站内用地包含业务用房、执勤用房、训练场地等；

3. 轨道消防站也可采取与地面普通消防站合建的方式，地面普通消防站扩展功能，增强轨道消防装备，在进行地面消防的同时还可以进行地下轨道交通消防；

4. 在配备装备上，除了常规的防火救援工具外，轨道消防站需要配备路轨两用消防车和专业排烟车等轨道抢险专用消防车，用于开展区间隧道火灾扑救任务。

五、消防训练培训基地和战勤保障基地的建设

在消防训练基地建设方面，消防训练基地建设主要是为消防救援人员、应急处置人员提供培训和实战训练。消防训练基地的设置和选址应符合以下规定：

1. 应选择工程地质和水文地质条件较好的区域，避免选在可能发生严重自然灾害的区域，满足实训场地需求，应考虑设置在用地较为宽阔平整的区域。

2. 训练基地的平面布置应根据基地化训练的需求，进行合理的功能分区，分为训练区、教学区和生活区等，各区之间应联系方便、互不干扰。

3. 教学区和生活区应布置在训练基地相对安静的区域，并应根据当地气象条件，优化建筑物的朝向、间距、通风和绿化，为受训人员和基地工作人员提供良好的工作和生活环境。

4. 消防训练基地不仅承担着培训教学的职能，可能还会分担所在地区的应急消防救援职能；若承担消防救援职能，消防训练基地的选址应于辖区的适中位置。

5. 训练基地应选择在城市常年主导风向的下风向以及城市河流下游，以防止实训时产生的环境污染，同时应尽量远离集中居民区，避免实训时的噪声、烟气等对居民区产生不良影响。

训练基地的建设项目由场地、房屋建筑、训练设施、配套设备和训练装备等部分构成，训练基地的场地包括训练场、道路、绿地、停车场等，训练基地的房屋建筑包括教学用房、训练及辅助用房、生活及附属用房等。目前《消防训练基地建设标准》按照所属公安消防部队编制人数作为分类依据，将支队级训练基地分为三类，其具体建设标准见表 8-4-2。

表 8-4-2　支队级训练基地建设标准

类别	支队级训练基地		
	一类	二类	三类
所属公安消防部队编制人数（人）	＞400	200～400	＜200
建筑面积（m^2）	13800～16000	8800～13800	＜8800
教学用房占总建筑面积比例（%）	26	23	14
训练相关用房占总建筑面积比例（%）	30	36	55
生活相关用房占总建筑面积比例（%）	44	41	31
所属公安消防部队编制人数（人）	＞400	200～400	＜200

在战勤保障基地建设方面，战勤保障站的建设面积规定为 4600～6800m^2，基本功能建设用地面积为 6200～7900m^2，容积率约为 0.5。战勤保障站的装备配备应适应本地区灭火救援战勤保障任务的需要。在设置时可参考以下建议：

1. 进行模块化建设，将消防后勤物资分为通用模块（基本防护、照明、医疗、饮食等装备）、森林火灾救助模块、水难救助模块、航空援助模块等，不同模块可以按班组、分队、大队等不同等级进行组合配备，依据消防需要随时扩充升级。

2. 进行分级建设，如建立支队、大队两大保障体系，支队级设置战勤保障的中心站，以战勤保障处为主体实施保障；大队级设置战勤保障的卫星站，以配备器材、保障车辆的“队站”为主体实施保障。

六、森林消防队伍及相关设施建设

扑救森林火灾以专业森林消防队等受过专业培训的扑火力量为主，驻军、武警其他部队、民兵、应急森林消防队伍等扑火力量为辅，必要时可动员当地林区职工、机关干部及当地群众等力量协助扑救工作（表 8-4-3）。

表 8-4-3　森林消防队伍建设标准

专业森林消防队伍建设	
主要概念	以森林防火、灭火为主，有建制、有保障，防火期集中食宿，按军事化管理
建队规模	有防火任务的县级单位应组建 20 人以上的专业或半专业森林消防队伍；国有林场、森林类型的自然保护区、风景名胜区和国家森林公园应建立专业或半专业森林消防队
基础设施建设	营区建设：森林消防队应配建专属营区，营区训练场地面积每人不少于 30 平方米，并配备训练器材。 营房建设：森林消防队应配建专属营房，设有办公室、培训室、活动室、食堂、宿舍、机具库、装备库等，并可根据需要配建车库及必要的附属设施
航空消防设施建设	发生森林火灾后，首先依托火灾发生地周边航空护林站森林航空消防飞机进行处置；在本省（区、市）范围内调动森林航空消防飞机支援，由省级森林防火指挥机构按辖区向国家林业和草原局北方航空护林总站或南方航空护林总站提出请求，总站根据实际情况统一调动。 发生重大、特别重大森林火灾需要跨省（区、市）调动森林航空消防飞机支援，由省级森林防火指挥机构按辖区向国家林业和草原局北方航空护林总站或南方航空护林总站提出请求，总站报国家林业和草原局同意后组织实施；需要调用部队及其他民航飞机支援，按有关规定组织实施
装备建设	专用消防车等交通工具、指挥通信设备、灭火机具、宿营及野炊装备等
应急森林消防队伍	
主要职责	由驻军、武警部队、预备役部队、民兵应急分队和公安民警组成，经过必要的扑火技能训练和安全知识培训，配备必要扑火机具和防护装备的扑火队伍
基础设施建设	应急森林消防队伍不设置专门消防站，若普通消防站的辖区内有森林，则结合该消防站配置森林消防的训练装备和训练场地
装备建设	根据扑火预案的要求，其装备建设参照半专业森林消防队伍的标准和相关规定执行

第二部分　实践案例

第九章　东京经验

日本是灾害多发国家，多次吸取经验教训后，其灾害防御能力位于国际前列。日本发生地震的数量约占世界 1 成，是有名的地震多发国家，同时火山喷发、台风、海啸等灾害频发。由地震引起的建筑物倒塌、火灾、海啸等二次灾害同样为民众带来更大的生命财产威胁。东京作为日本特大城市，人口密度高，灾害多样且出现频繁，因此对于防灾方面有更高的规定和要求。东京应急疏散救援空间功能结构体系由避难空间、应急交通、应急物资、消防救援和医疗救援组成，主要分为城市级、片区级、社区级三层级的等级结构。

第一节　东京概况及城市防灾规划概要

一、东京灾害概况

1. 地震

东京人口、建筑密集，同时是国家经济、社会、行政等中枢职能聚集区域。在过去也曾发生过马氏 7 级以及相模海沟周边马氏 8 级的大规模地震（图 9-1-1）。根据日本文部科学省的地震调查研究，由于菲律宾板块下沉，今后 30 年内发生东京直下型地震（震源所在地）的可能性高达 70%。如果发生东京大规模地震，将带来较广范围的巨大灾害影响（表 9-1-1）[1]。

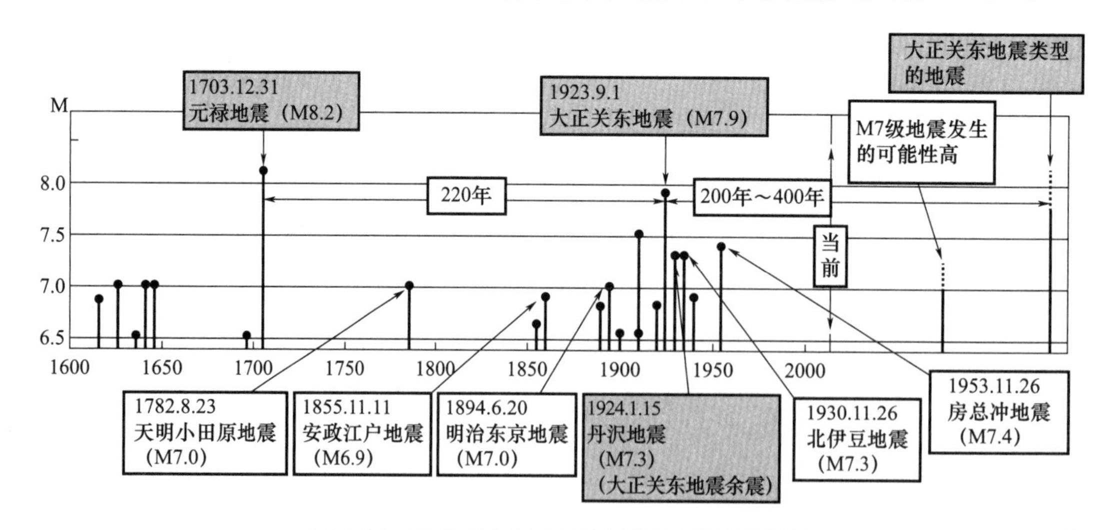

图 9-1-1　过去 400 年间南关东地区大规模地震[1]

2. 火灾

2018 年日本的火灾发生频率为平均每日 103 次，其中建筑物火灾占据火灾总数的 55.7%，为最高比例，其次为车辆、丛林火灾等；建筑物火灾造成的死伤者数量分别占火灾死伤数量的 80.6%和 83.4%，同时 65 岁以上的老年人占据火灾死者数的 7 成以上（表 9-1-2）[1]。

表 9-1-1　东京直下型地震受灾预测[2]

条件	规模		东京湾北部地震 7.3 级			多摩直下地震 7.3 级		
	时间		冬 5：00	冬 18：00		冬 5：00	冬 18：00	
	风速		4m/s	4m/s	8m/s	4m/s	4m/s	8m/s
人员伤亡	原因	死者	7613 人	9413 人	9641 人	5089 人	4658 人	4732 人
		建筑倒塌	6927 人	5378 人	5378 人	4489 人	3220 人	3220 人
		地震火灾	504 人	3853 人	4081 人	378 人	1229 人	1302 人
		其他	183 人	183 人	183 人	222 人	208 人	208 人
建筑损坏	原因	建筑损坏	134974 栋	293153 栋	304300 栋	89976 栋	135118 栋	139436 栋
		地下水上溢损坏	116224 栋	116224 栋	116224 栋	75668 栋	75668 栋	75668 栋
		地震火灾	19842 栋	189406 栋	201249 栋	14711 栋	61323 栋	65770 栋

表 9-1-2　2018 年日本火灾类型比例及死伤状况[1]

火灾种类	类型比例		死者				伤者			
	2018 年（%）	2019 年（%）	2018 年		2019 年		2018 年		2019 年	
			人数（人）	构成比	人数（人）	构成比	人数（人）	构成比	人数（人）	构成比
建筑火灾	54.7	55.7	1146	80.3%	1197	80.6%	5172	84.6%	4889	83.4%
车辆火灾	9.6	9.5	70	4.9%	102	6.9%	221	3.6%	226	3.9%
林野火灾	3.6	3.7	9	0.6%	12	0.8%	77	1.3%	112	1.9%
船舶火灾	0.2	0.2	0	0.0%	1	0.1%	0	0.0%	1	0.0%
航空飞机火灾	0.0	0.0	0	0.0%	0	0.0%	12	0.2%	23	0.4%
其他	31.9	30.9	202	14.2%	174	11.7%	632	10.3%	614	10.5%
总计	100.0	100.0	1427	100%	1486	100%	6114	100%	5865	100%

东京人口众多，建筑密集，年火灾发生数高居全国首位，同时木质住宅密集的区域较多，住宅密度大，防火区域覆盖率相对其他地区较低，火灾受害危险性较大[2]。同时地震造成的燃气设施损坏也会引发火灾的次生灾害（图 9-1-2）。

道路未整修，木制建筑密集

昭和50年(1975年)的老旧木制住宅现状

图 9-1-2　东京木制住宅密集区现状[2]

3. 台风、洪水

日本为东亚岛屿国家，属于温带海洋性气候，6 月多梅雨，夏秋季节多台风，常带来集中区域的数小时强降雨，造成洪涝灾害。近年来日本遭遇台风数有所增加，受灾状况呈加重趋势。随着东京都市建设造成地表水渗透性减弱，强降雨带来的河流泛滥及雨水管道倒灌的情况常有发生。同时由于东京的土地高强度利用和地下空间逐渐开发，水害的危险性以及造成的损失也逐年增加（图 9-1-3、表 9-1-3）[3]。

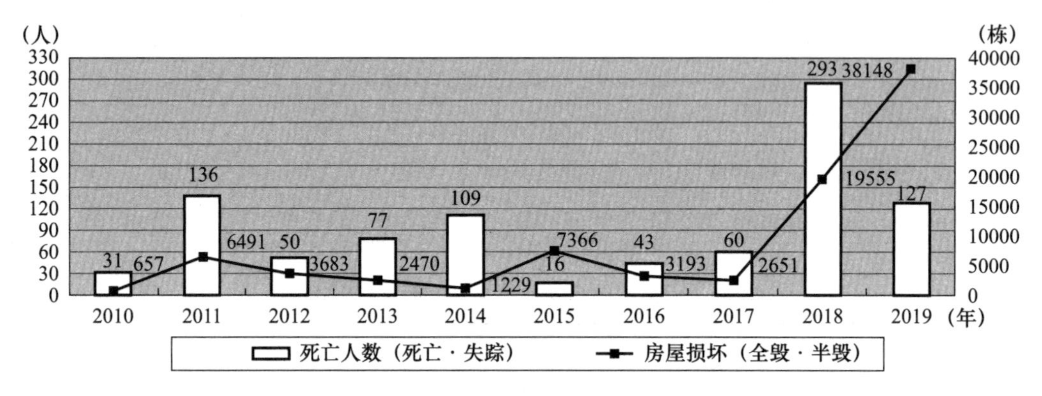

图 9-1-3　过去十年间日本台风洪水灾害受灾情况[1]

表 9-1-3　东京经历的重大灾害性台风[3]

名称	年月日	主要损失					摘要
		死亡	失踪	受伤	房屋损坏	房屋浸水	
卡斯林台风	昭和 22 年 （1947 年） 9. 14～15	6 （1077）	2 （853）	3 （1547）	196 （9298）	床上 78，993 床下 24，879 （384，743）	给房总半岛带来了暴雨。由于利根川栗桥附近的崩塌等，数日后溢出的水到达东京都内，东部地区被淹没
基蒂台风	昭和 24 年 （1949 年） 8. 31～9. 1	18 （135）	— （25）	104 （479）	196 （17203）	床上 73，750 床下 64，127 （144，060）	降雨量相对较少的风台风。登陆时间恰好是满潮时，因此形成高潮，以江户川等河口地区为中心遭受洪水灾害等
狩野川台风	昭和 33 年 （1958 年） 9. 26～28	36 （888）	3 （381）	164 （1138）	962 （4293）	床上 142，802 床下 337，731 （521，715）	刺激秋雨前线，伊豆半岛、关东地区南部出现了记录性暴雨。在东京，山区受到了中小河流泛滥和崩塌等灾害
第 26 号台风	平成 25 年 （2013 年） 10. 15～16	37	3	25	162	床上 588 床下 103	由于台风日本东部、北部以日本太平洋侧为中心下了大雨。特别在大岛町，1 小时降雨量超过 100 毫米，24 小时降雨量达到 824 毫米，成为创纪录的大雨

续表

名称	年月日	主要损失					摘要
		死亡	失踪	受伤	房屋损坏	房屋浸水	
第 15 号台风	令和元年（2019 年） 9.7～9.9	1	—	6	1694	床上 24 床下 13	随着台风的接近、登陆，以千叶县为中心出现了猛烈的风雨。在东京，以伊豆群岛北部为中心，除了建筑物受损之外，还给直播线路带来停电和断水等重大损失
东日本台风 第 19 号台风	令和元年（2019 年） 10.10～13	3 （98）	— （3）	10 （484）	1747 （27，886）	床上 320 床下 531 （37，529）	由于台风的接近，下起了暴雨，1 都 12 县发布了大雨特别警报。由于河流泛滥和泥石流灾害，发生了很多建筑物损坏、浸水灾害，在东京奥多摩町和日出町暂时成为孤立地区

4. 火山及其他大规模事故

日本境内有 111 座活火山，经历多次火山灾害。东京湾至南太平洋上的伊豆诸岛和小笠原诸岛等一连串的岛屿中大部分位于富士火山带上，有众多火山岛及海底火山。火山喷发会带来火山碎屑流、融雪型火山泥流、岩浆流、火山灰、泥石流、火山气体、山崩以及伴随而来的海啸等灾害[4]。同时，近年来日本大规模火灾、地下设施内事故、石油泄漏等大规模事故时有发生，东京面临更严峻的防灾挑战[5]。

二、城市防灾规划概要

日本根据管理层级构建了全国、都道府县、区市町村三级防灾规划体系。国家通过中央防灾会议进行灾害风险研究并制定基本法规，都道府发布区域防灾规划及防灾城市建设规划，进一步指导区市町村一级的具体防灾对策[6]（图 9-1-4）。

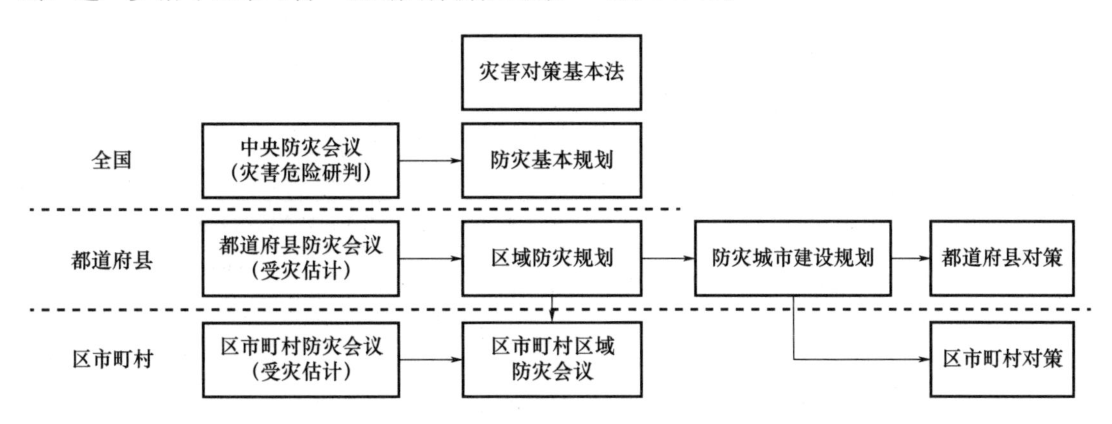

图 9-1-4　日本防灾规划体系[3]

在具体规划之间的关系上，防灾城市建设规划位于长期施策与象征城市蓝图的城市总体规划和针对具体位置短期施策的地域防灾规划之间，与二者相互联系，并在规划内容成果上可以在以上两种规划中有所体现（图 9-1-5）。

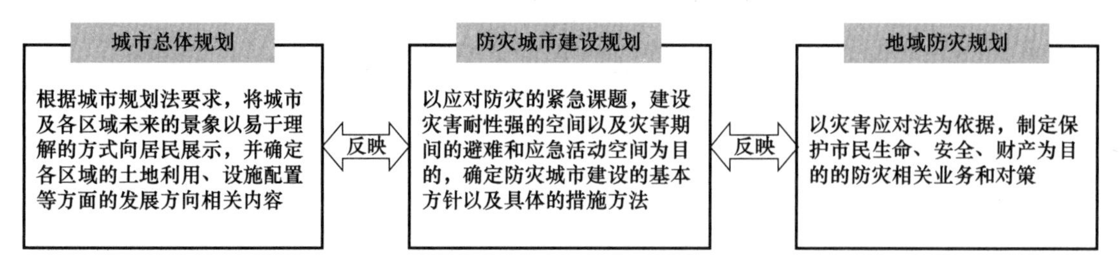

图 9-1-5 日本防灾规划间相互关系[4]

日本《消防白皮书》中，针对全国范围灾害情况，以火灾、石油泄漏、危险品灾害、森林火灾、风水灾害、地震、核辐射及火山、雪灾等几大类别分别制定防灾课题。针对在地震防护方面，根据首都直下型地震对策特别处置法，将直下型地震危险性较强的地区划定为“首都直下型地震紧急对策区域”进行管理，包括 1 都 9 县 309 个市区町村。同时，将维持首都中枢功能和保护停留者安全的重点地区指定为“首都中枢功能维持基本整备地区”，包括千代田区、中央区、港区及新宿区[1]。

《都市营造的宏伟设计——东京 2040》中提出“安全之城”的发展愿景，并制定城市发展战略及行动计划指导韧性城市建设。提出“创建对抗灾害风险与环境问题的城市”的发展战略，在延续已有的“100％耐震”“木质建筑密集区不燃化改造”等内容的同时，将水资源、能源和环境治理等方面的内容纳入了城市安全考察范围。在城市防灾建设方面强调与城市更新美化、高科技信息数据相结合，从灾前防护、灾时应对到灾后重建，建立完整的城市运作流程，全面提高城市韧性（表 9-1-4）。

表 9-1-4 《都市营造的宏伟设计——东京 2040》城市防灾政策方针[5]

序号	政策方针	具体内容
1	预想各种灾害，创建可以抵御灾害的城市	将木质住宅密集区改造成为安全放心和展现地域特色的街区
		应对大规模洪涝风险，推进防灾减灾对策
		防范地质灾害，提高地区的防灾能力
2	创建无电线杆、安全美丽的城市	消除城市范围的主要道路的电线杆
		创造身边无电线杆的道路空间
3	灾害发生时市民可以正常开展活动，并迅速投入到灾后重建	强调灾害前后城市功能的延续性
		创建城市迅速复兴所需要的机制
		充分利用 ICT 的数据管理基础支撑灾后重建
4	持续使用城市基础设施	延长城市基础设施的使用寿命，降低维护管理成本
		一体化推进基础设施更新与城市改造
5	减少城市整体负荷	抓住开发的机会，推进低碳与高效的能源利用
		根据地区特性，引入可再生能源
6	实现可持续发展的循环型社会	实现良好的水循环
		为促进森林循环作出贡献
		充分使用城市可再生资源

东京城市整备局发布《防灾城市建设推进规划基本方针》，主要针对燃烧隔离带的形成、紧急运输道路功能保障、安全优质的城市建设以及避难场所保障等方面，进行城市建设的改善和相关防灾政策的推进[2]。主要包括防灾城市建设相关的政策指导和目标确定的“基本方针”以及具体的防灾“建设项目”两方面内容。

《东京地域防灾规划》由东京防灾会议研究编制，针对东京全域的特别区、多摩地区及岛屿地区，分地震灾害、洪水灾害、火山灾害、大规模事故灾害以及核辐射灾害等五个方面进行详细研究与应灾对策规划，并每年加以修编完善。

参考文献

[1] 総務省消防庁．消防白書令和 2 年版 [EB/OL]．(2021-3) [2021-6-18]．https：//www. fdma. go. jp/publication/hakusho/r2/items/r2 _ all. pdf.

[2] 東京都都市整備局．防災都市づくり推進計画の基本方針 [EB/OL]．(2020-3) [2021-6-18]．https：//www. toshiseibi. metro. tokyo. lg. jp/bosai/pdf/bosai4 _ 02. pdf.

[3] 東京都防災ホームページ．東京都地域防災計画 風水害編 [EB/OL]．(2021) [2021-6-18]．https：//www. bousai. metro. tokyo. lg. jp/ _ res/projects/default _ project/ _ page _ /001/000/360/202102/1. pdf.

[4] 東京都防災ホームページ．東京都地域防災計画 火山編 [EB/OL]．(2018) [2021-6-18]．https：//www. bousai. metro. tokyo. lg. jp/ _ res/projects/default _ project/ _ page _ /001/000/361/2019chiikibou _ kazan. pdf.

[5] 東京都防災ホームページ．東京都地域防災計画 大規模事故編 [EB/OL]．(2021) [2021-6-18]．https：//www. bousai. metro. tokyo. lg. jp/ _ res/projects/default _ project/ _ page _ /001/000/362/202102/1. pdf.

[6] 樊君健．中观尺度下城市中心城区避难空间规划研究：以中日典型案例为例 [D]．大连：大连理工大学，2020.

[7] 韩雪原，路林，张尔薇．《东京 2040》系列解读之二：东京的安全建设：创建对抗灾害风险与环境问题的城市．[EB/OL]．(2019-9-10) [2021-6-18]．https：//mp. weixin. qq. com/s? __ biz=MzA4Nzk3MTUyMg==&mid=2650371871&idx=1&sn=7c79cd27b02ddb186d2d2e4175f1342c&chksm=883c94b2bf4b1da4e628757d39605e9a9fda76831d4bd31c26140e10e77561dc10f1c8bccc77&scene=27#wechat _ redirect

第二节　东京应急疏散救援空间功能结构体系

一、避难空间体系

1. 东京避难空间系统介绍

东京都按照日本国家标准构建了临时集合场所、广域避难场地和避难所 3 个层级，其中广域避难场地和避难通道设置为都级措施，避难所、临时集合场所设置为市町村级措施[1]。

第一层级——临时集合场地，主要为邻近住宅、办公、商业等建筑的开阔空旷区域，通常面积较小且分散于城市建筑之间。其作用在于为灾害突发后第一时间为灾民提供就近暂时停留、紧急躲避、等待支援的临时避难空间。

第二层级——广域避难场地，包括避难场所和地区内停留地区。避难场所主要是作为第二阶段避难行动的集中场所，以确保避难者生命安全、提供人员有效的活动面积与安全停留为主要目的。其特别强调需要具有防御火灾蔓延及其他危险灾害的能力，主要以城市内大规模的公园、绿地为主。地区内停留地区指地区的防火措施在不断改进中，发生火灾时不用担心地区内发生大规模燃烧，也不需要大范围避难的区域，居民可在此区域内待命而不需要前往避难场所。

第三层级——避难所，指为接纳并保护因地震等导致房屋倒塌、烧毁等受害者或可能受害者而开放的学校、体育馆等设施，可以为受灾者提供较长时间的居住停留。避难所的指定标准原则上以町内会、町自治会或学区为单位，主要考虑抗震防火性能较好的钢筋混凝土框架结构公共建筑，大致按每 3.3m^2 安置 2 人的标准进行规划建设。

2. 东京避难空间运作机制

通过对城市既有空间资源的调查，由灾后经验总结与地理行为学等研究方法，以使城市内各场所发挥有效避难疏散功能，不断完善防灾规划中的市民避难场所体系设计。1923 年关东大地震的经验教训总结表明，公园绿地等开放性公共空间具有防御火灾蔓延、收容大量灾民紧急避难的重要防灾作用，因此从 1956 年《城市公园法》开始，到后来的《城市绿地保全法》(1973)、《紧急建设防灾绿地计划》(1986)，城市公园、绿地、广场等的避难防灾功能被逐步确定、逐渐纳入城市防灾体系中，1993 年的《城市公园法实施令》正式将防灾计划中指定为避难场所与连通避难通路的公园称为防灾公园，并制定出城市规划中各种绿地公园等在防灾体系中的不同层级与功能（图 9-2-1）[2]。

2013 年开始，东京实施不燃化特区制度，指定不燃化整治地区，要求区域内不燃领域率达到 70％以上。主要措施包括耐火建筑物的建造以及非耐火建筑物拆除，创造开敞空间等。不燃化整备地区的指定根据当地木质建筑密集率、老旧情况、不燃领域率、综合危险度等情况确定，不燃领域率高于 70％，危险度较低，整备完整的区域将被移出整治地区名单以纳入更多的新地区进行滚动整治，不断提升全域的不燃化程度。

截止到 2020 年，东京共整备地域约 6500hm^2，其中重点整备地域 52 个区域，约 3350hm^2[3]。

发生灾害或接到灾害预警时，居民首先根据避难指示前往区市町村长官指定的临时集合场所避难，等待危险解除后再回家或进入避难所。当无法前往临时集合场所或临时避难场所存在危险时，根据指示前往 3km 内指定的避难场所，可作中长时间停留。如避难场所距离较远，要通过指定的避难道路前往（图 9-2-2）。

（1）地区级停留地区

随着不燃化整治的推进，一部分不燃领域率较高的地区在发生火灾时也不会有大规模蔓延的危险，因而不需要前往指定避难场所进行广域的远距离避难，只需在当地的临时集合场所等安全地区待命，这样的地区被称为“地区级停留地区”。这样的地区内部有足够多的临时集合场所可以容纳避难人口，同时要求建筑耐火率＞70％，火灾危险等级＜3。地区级停留地区内不需要指定避难场所，但仍需要区长官指定临时避难集合地点等。地区级停留地

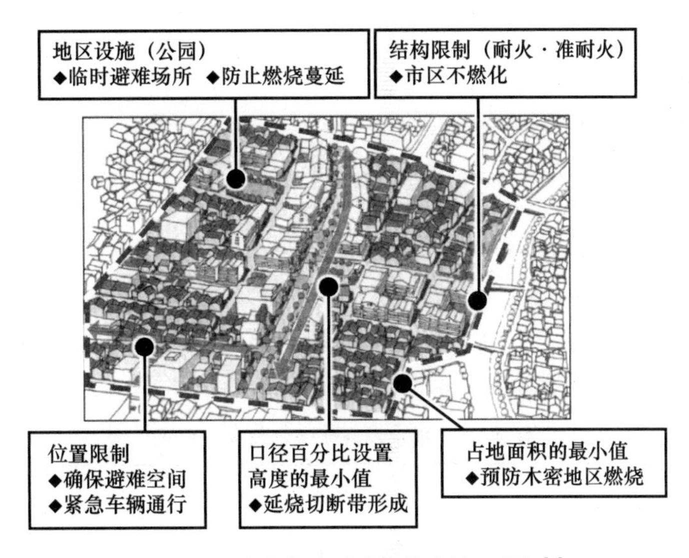

图 9-2-1 东京都木质建筑集中社区整备[4]

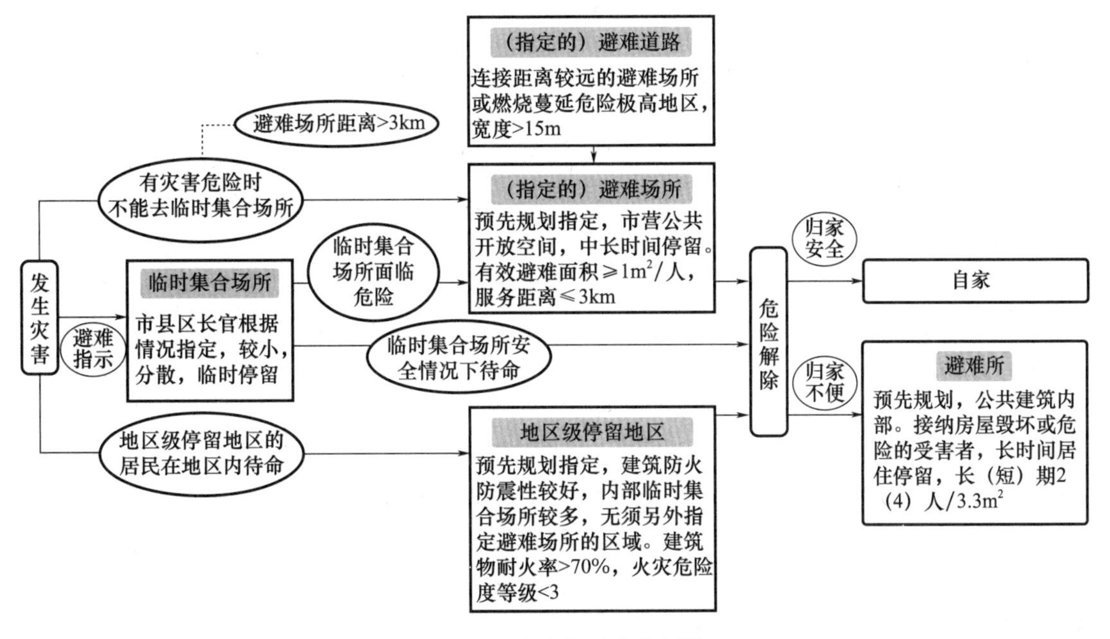

图 9-2-2 东京都避难流程[5]

区指建筑耐火率较高地区，居民在火灾以及地震引发火灾等危险时不需要远距离避难，可以原地区内等待的地区，降低了避难危险，缩短了避难距离。其他地区居民则需要进行较远距离的移动。该避难模式仅针对火灾、地震等灾害，在面对海啸、洪水等大规模迁移避难需求时并没有相关对策研究。截至 2018 年 6 月，东京共有 37 处地区级停留地区，共 111km²[5]。

（2）面向特殊群体的福祉型避难所

根据日本灾害对策基本法，福祉型避难所主要考虑高龄者、残障人士、婴幼儿以及其他需要特殊关照者（称为重点关照者）的停留需求，具有可以确保重点关照者方便的使用设施、与其交流并提供帮助的体制，满足政府规定的保障其良好生活环境相关事项标准的避难所。

国家指定避难所要求如下：

① 具有应对避难的居住者和受灾者停留所必需的合适规模；

② 具有迅速接收受灾者的结构，同时具有发配生活物资的能力和设施；

③ 位于预测灾害影响较小的地方；

④ 位于易于接收车辆和其他交通运输手段的位置；

⑤ 主要针对高龄者、残障人士、婴幼儿和其他需要特殊关照者停留的设置，确保重点关照者顺利使用，与其进行交流和帮助，以及接收其他支援的体制等，为保障重点关照者的良好生活环境进行符合内阁府的相关条例的建设（表 9-2-1）。

表 9-2-1 指定避难所选址与建设要求

选址	建设要求	配置要求
①主要以无障碍设施、支援者容易保障的设施为主进行选定，一般避难所设施（小、中学校、公民馆等）； ②老人福祉设施（老人看护中心、特别养护老人家园、老人福祉中心）； ③残障人士支援设施（公共、民间）儿童福祉设施（看护所等）、保健中心； ④特别支援学校； ⑤宿泊设施（公共、民间）	①设施自身安全性的确保； ②确保耐震性； ③原则上处于泥石流特别警戒区域外； ④在考虑浸水历史和预测的基础上，即使出现浸水情况也能在一定时间内保障重点关照者的避难生活空间； ⑤附近没有储备危险物的设施； ⑥原则上进行无障碍化； ⑦没有进行无障碍化的情况下储备残障者用厕所和坡道器材等； ⑧保障重点关照者的避难空间； 在考虑重点关照者特点情况下，确保避难生活必需的空间	①人均面积根据地方公共团体指定，实际约为 2～4m^2/人； ②每 10 人配备 1 名生活交流员，确保储备和水电； ③高差消除、引导装置设置、残障人士厕所、通风换气、非常用发电机、通信、医疗器械保障、冷暖房设备、情报关联机器等

广义福祉避难所包括指定福祉避难所和根据协约建立的福祉避难所，截至 2019 年，日本全国指定避难所（满足基准①～④条）中广义福祉避难所占比 39%，其中指定福祉避难所（满足基准①～⑤条）占比 11%，协约福祉避难所占比为 28%。指定福祉避难所按照各自所接收的关照者类型事先公示，与本人事先确定，灾时可直接前往。其他一般避难所应根据需要建立福祉型分区（图 9-2-3）。

二、应急交通网络体系

应急交通系统根据灾后功能可分为避难疏散道路和医疗物资的紧急运输道路两种类型。

在避难交通方面，除了为远距离避难服务的避难道路，还规划有服务于防灾生活圈内部避难及消防的防灾生活道路。同时为避免地震次生火灾或大规模城市火灾的蔓延，提高疏散救援成功率，东京专门划定了沿城市水系和主要道路的火灾延烧遮断带，并依据防灾重要度设置了城市防灾轴线、主要延烧遮断带、一般延烧遮断带三个不同层次，成为兼具火灾阻断功能和避灾撤离疏散功能的重要城市生命线网络空间。

城市防灾轴线——主要是东京市内各河流水系和城市主要干线路网骨架，是不同区域之间阻断火灾蔓延的最重要空间条带，同时也是应急疏散和紧急救援的生命线通道。

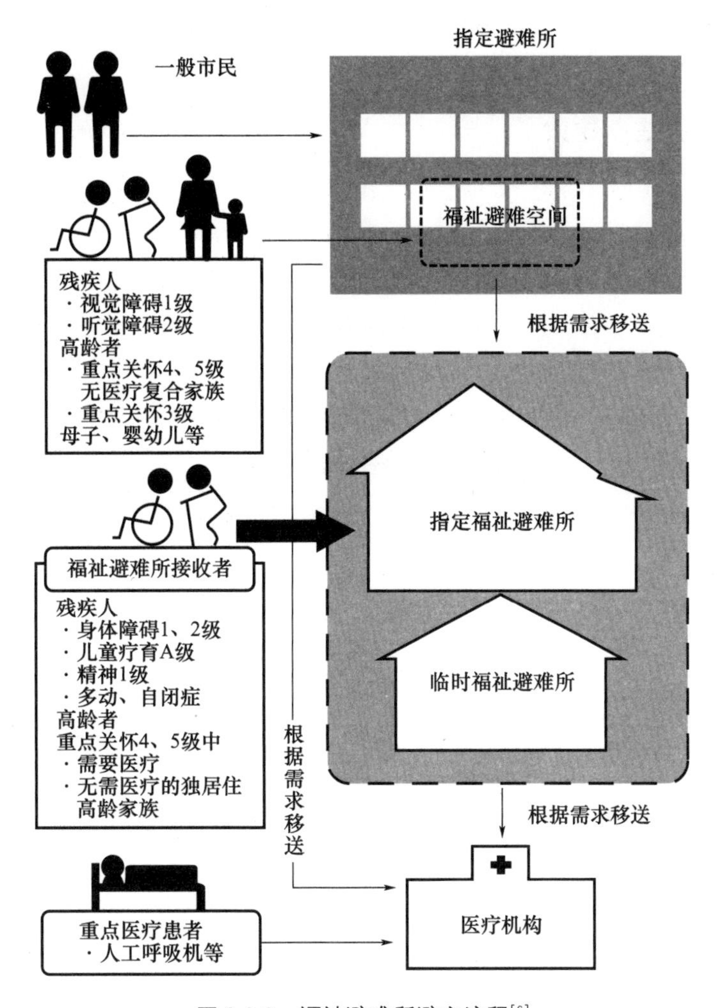

图 9-2-3　福祉避难所避灾流程[6]

主要燃烧遮断带——城市主干道路连接干线之间的重要支路，是各社区、小区之间防止火灾蔓延的防烧隔离通道。

一般燃烧遮断带——社区防灾生活圈周围的各种城市道路，在这些遮断带两侧的建筑物必须达到一定的不燃率指标。

在灾后紧急运输方面，东京防灾都市建设计划设定了用于灾时和灾后救援力量输送、应灾物资运输、医疗救援输送的紧急输送道路网络，全长约 2060km，包括高速公路、国道及连接城市一般道路与高速公路和国道的城市干线道路，以及重要的道路交叉和物资储送节点、联系指定防灾救援据点的道路。根据灾时的功能发挥，分为第一级、第二级、第三级[6]。

第一级紧急输送道路——主要为高速公路、国道等高等级道路以及连接应急救灾指挥中枢、东京都各部厅、地区防灾应急据点、货运集散枢纽、港口和机场等的重要道路。

第二级紧急输送道路——连接第一级紧急输送道路以及广播机构、自卫队、警察、消防、医疗机构等主要的应急救援机构、应灾生命线机构，包括直升机临时应灾起降场地等的道路线路。

第三级紧急输送道路——连接运输车辆停靠转运站、应急物资运输据点、储备仓库、市町村内物资储备运输据点等的道路线路。

三、应急物资站点建设

东京目前建有都级储备仓库20所，区市町村级2936所，其中都级储备仓库分为直营仓库、兼用仓库和契约仓库三种类别，单个仓库面积多为1000～2000m^2。

灾害物资运输站点按广域运输基地和地域内运输站点两个等级进行配置。广域运输基地为市层级，分为海、陆、空三种方式，多依附港口、车站建设。地域内运输站点多依附学校、体育馆和办公厅等公共设施建设，目前东京共建设广域运输基地21处，辅助广域运输的水上运输基地98处，地域内运输站点101处（表9-2-2、表9-2-3）。

表9-2-2　物资转运基地类别

广域运输基地	接收其他城市紧急物资、暂时保管，并派送到地域内运输站点。多为货车集散站、港口、空港等
地域内运输站点	地域内部接收紧急物资并分配发往受灾地区的站点

表9-2-3　东京各层级应急物资管理职责划分

区市町村	储备仓库运营 区域内物资运送路径规划
都福祉保健局	都储备仓库运营 把握区市町村指定的运送站点情况 与物流企业合作联动的体制构建
都总务局	整备紧急物资运送路线、输送基地 民间仓库暂管广域运送基地滞留物资

四、消防救援站点建设

东京的消防活动由东京消防厅统管负责，将整个东京都分为第一至第十消防本部，分管十个大的消防区域，并按照负责范围大小建立消防本部、消防署、消防分署和办事处三个等级的消防站点。每个消防本部范围内布局5～10个消防署，建立以消防署为中心的管理区域，负责面积为5～180km^{2}不等，根据实际地域范围和人口分布确定，负责人数约20万人/署，根据人口密集程度有所差异，东京东部地区更为密集。每个消防署管理区域按需求设置1～8个分署或办事处协同进行消防活动，平均每个办事处负责5～8万人（图9-2-4）。

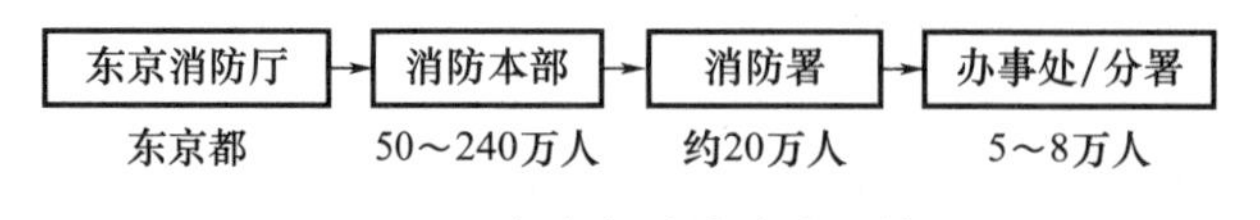

图9-2-4　东京都消防站分级体系

五、灾害医疗救援空间

日本于2005年形成了“灾害派遣医疗救援队”制度，Disaster Medical Assistant Team（简称DMAT），并不断完善发展。灾害派遣医疗救援队平时在救灾据点医院中接受相关教育及训练，并与医院签订灾害发生时的紧急派遣救援契约。东京都建设有专门的城市DMAT，用以解决重大灾害突发时区域、地方自治体或社区出现严重的医疗救治资源短缺问题。DMAT最重要的工作之一在于针对患者数与医院容量和治疗能力不平衡问题，将灾后的大量伤员、病患进行紧急转运输送，以最快时间送至灾区以外或没有被受伤灾民挤兑的仍有剩余医疗救治能力的医院。DMAT进行患者转运输送时，根据患者伤情和紧急程度送往相应的社区级、区级或广域高等级医院，除了最常用的救护车以外，还会运用医疗直升机等先进运送手段。因此灾害医疗救援空间也受到重视，除了前文提到的防救灾紧急输送道路网络作为重要的救护车急救搬运通道以外，各防灾据点设有专门的医疗急救通道、各社区设有专门的救护车停靠区域、东京市辖各区还设有专门的医疗直升机临时停靠和起降点。在临时集合场所和广域避难场地中也设有专门的救护车安全作业区域用以就地临时急救伤员（图9-2-5）[7]。

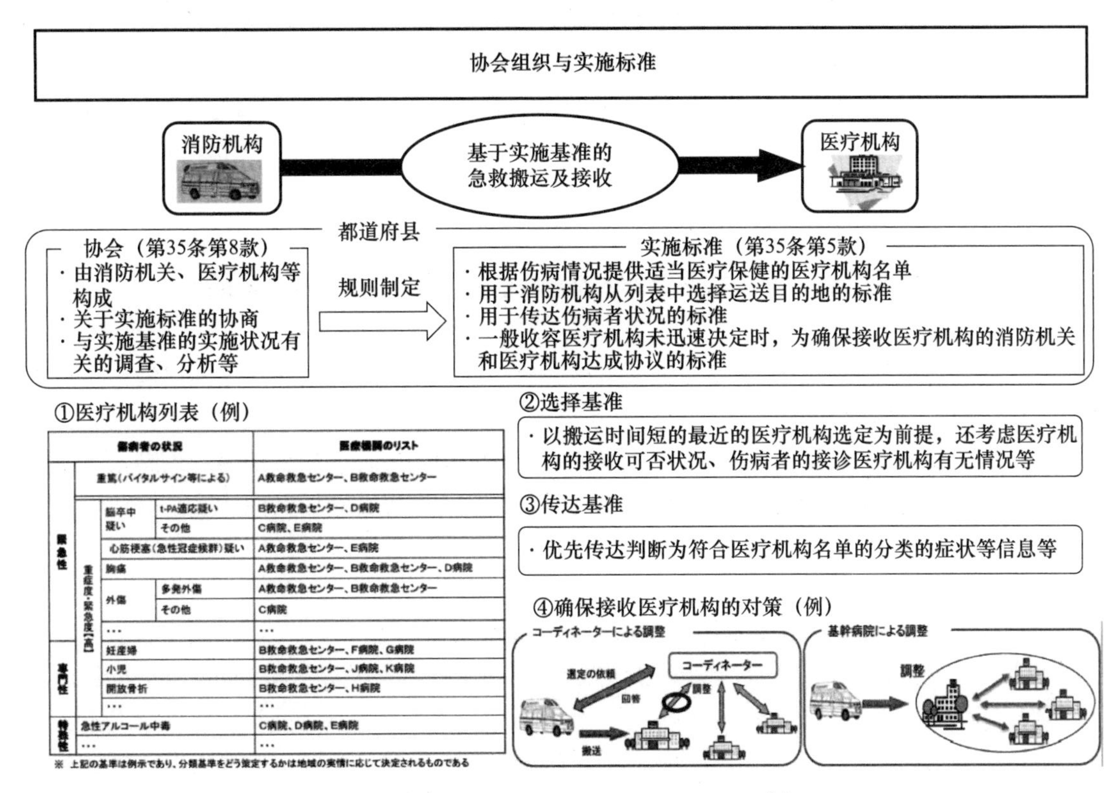

图9-2-5　日本DMAT工作实施标准流程[8]

参考文献

[1] 樊君健．中观尺度下城市中心城区避难空间规划研究：以中日典型案例为例［D］．大连：大连理工大学，2020.

[2] 董衡苹．东京都地震防灾计划：经验与启示［J］．国际城市规划，2011，26(03)：105-110.

[3] 東京都都市整備局．防災都市づくり推進計画（第7章 整備地域・重点整備地域の整備）［EB/OL］．(2021-3)［2023-1-11］https：//www.toshiseibi.metro.tokyo.lg.jp/

bosai/pdf/bosai4 _ 08. pdf
［4］東京都都市整備局．防災都市づくり推進計画（資料）［EB/OL］．（2021-3）［2023-1-11］．https：//www. toshiseibi. metro. tokyo. lg. jp/bosai/pdf/bosai4 _ 172. pdf
［5］東京都防災ホームページ. 震災時火災における避難場所・地区内残留地区等の指定（区部）［EB/OL］．（2020-10-11）［2021-6-18］．https：//www. toshiseibi. metro. tokyo. lg. jp/bosai/hinan/index. html. 東京都防災ホームページ. 震災時火災における避難場所・地区内残留地区等の指定（区部）［EB/OL］．（2020-10-11）［2021-6-18］．https：//www. toshiseibi. metro. tokyo. lg. jp/bosai/hinan/index. html.
［6］内閣府（防災担当）. 福祉避難所の確保・運営ガイドライン-内閣府（2016-4-1）［2021-6-18］．https：//www. bousai. go. jp/taisaku/hinanjo/pdf/r3 _ hinanjo _ guideline. pdf
［7］厚生労働省．救急・災害医療に係る現状について［EB/OL］．（2020-10-11）［2021-6-18］．http：//www. mhlw. go. jp/
［8］東京都都市整備局. 防災都市づくり推進計画（第 5 章 延焼遮断帯としての都市計画道路の整備）［EB/OL］．（2020-10-11）［2021-6-18］．https：//www. toshiseibi. metro. tokyo. lg. jp/bosai/bosai4. htm#project

第三节　东京应急疏散救援空间等级结构体系

东京的应急疏散救援空间主要分为城市级、片区级、社区级三层级，不同层级应急疏散救援空间的作用功能存在差异。

城市级应急疏散救援空间是整个东京城市的防灾结构骨架，包括最重要的大型永久避难场所、长距离大宽度火灾延烧遮断带和防救灾紧急疏散干道等，它们共同构成了城市级的生命线系统，在避难、通信、交通等方面起到重要作用，关系着整个城市防灾应急组织工作的正常开展。

片区级应急疏散救援空间是指根据城市空间形态和结构功能，为有效组织城市自救和外界救援，及时疏散和安置受灾群众，保障城市功能正常运行和防止次生灾害威胁而划分的城市应急疏散救援片区，各分区之间有一定独立性，但又相互保持联系，成为完整的防灾空间体系。

社区级应急疏散救援空间是城市防灾空间结构的基本单元，在城市遭遇灾害时，起着服务城市居民紧急避难自救以及社区内部恢复正常生活生产的功能，主要为灾后半日至三日内的疏散和避难救援提供空间，一般涵盖了社区通信系统、消防系统、医疗系统和交通系统等，包括学校、绿地等避难场所，主要为 4 万～6 万居民提供防灾生活圈。

第四节　东京应急疏散救援空间建设组织形式

东京应急疏散救援空间组织形式主要为点、线、面三个层级。

一、点

东京城市层面的应急疏散救援点主要是指避难场所、防灾据点、防灾安全街区、重大基础设施、防灾公园绿地系统等。避难场所包括临时集合场所、广域避难场地和避难所三个层级类型。防灾据点是以城市政府、消防站、警察局、医院及大型公共设施等为基础，加上救灾指挥中心、消防调度中心、灾民信息咨询和生活支持中心等据点设施，防灾据点建筑采用抗震防火性能良好的材料和结构建造，并且考虑建筑倒塌范围。防灾据点内还配备有小型发电机、应急水源、应急通信设施、防灾食物日用品等储备，确保灾后发挥救灾赈济及通信指挥作用。防灾安全街区主要集中了相关防灾据点的社区、街区，即防灾生活圈，包括防灾中心、地区行政中心、福利设施、消防设施、防灾公园等，还配有应急物资储备仓库、社区求救咨询中心等。

二、线

东京城市层面的应急疏散救援线主要包括防灾安全轴线、避难疏散与救援通道、水系滨水沿岸防灾带等。防灾安全轴线包括火灾延烧遮断带、防救灾紧急输送道路等，用以阻挡火灾蔓延、确保物资运输和外界交通连接通畅。避难疏散与救援通道是居民疏散和确保外来救援力量进入的重要城市道路和通道。水系滨水沿岸防灾带主要从生态保护角度出发，在满足防洪防火功能的基础上结合土地功能和景观环境整治，加强与外部空间的联系，发挥综合功能。

三、面

东京城市层面的应急疏散救援面主要指防灾分区、土地利用规划、土地利用方式调整，以及老旧城市区域的防灾整备工作。防灾分区与土地利用规划调整主要是在合理利用土地的基础上，根据不同功能分区的防灾特性进行组合，制定防灾要求，确保城市防灾能效。老旧城区主要是在木质建筑集中社区等公共安全和城市防灾脆弱的地区进行更新改造，以适应现代社会的防灾需求。

第五节　东京应急救援系统组织

一、东京都灾害应急措施系统

东京都根据灾害经验和地区防灾能力，制定防灾政策及其生效时间，确立政策之间的互动关系。

1. 预防措施

居民防灾能力的提高。日常准备灭火器与警报器，提升建筑物耐火性、耐震性，日常准备足量的食物药品等应急物资，进行居民的防灾避难教育和演习，建立避难行动支援者名单，提供行动困难家庭的避难帮助等。针对外国人制定针对性的防灾支援政策，减少语言障碍，推动外国人参加防灾训练活动。

推进地域互助体系。指导建立市区、社区等对于地方情况较为熟悉的防灾市民组织，同时考虑到防灾推进中性别造成的视角差异，建立女性视角的防灾计划，推进包含女性和青年领导者的防灾教育活动实施。

充实消防团的活动体制。协调常规消防组织、区市町村政府以及地区防灾市民组织和居民之间的关系，预防阶段确保消防团的活动环境以及资源器材整备工作，推动包含女性、学生的多元化团员募集和训练活动。

各事业单位的合作互动与志愿支援。建立事业单位之间合作互助体制以及各方面志愿服务支援体制，确定各自相关责任内容，加强人员整备和培训，并与消防厅建立合作联系，推进灾害时协同管理互动。

2. 应急对策

居民个人应急对策。灾害时首先保护自身和家人安全，并防止火灾发生，接收灾害、避难信息，前往避难所，针对物资短缺的可能性适量储备生活必需品。建立外国人的情报传达支援体制（表 9-5-1）。

表 9-5-1　东京都防灾救援机关应急对策[1]

机关名	对策内容
防灾市民组织	邻里互助（防火、初期灭火和救助） 受灾与安全情况的信息收集 初期灭火活动 救援活动 伤者的照顾和转运 居民的避难指引 对避难行动主要支援需求者的帮助 避难所运营 自治体以及相关机关的情报传达 食物及饮用水供给
消防团	与消防队合作进行灭火 与当地居民协同进行救助和应急救护 灾害信息的收集与传达 居民指导、避难劝告和指示传达、确保避难者安全
事业单位	事业单位间合作机制建立以及与防灾市民组织合作进行灭火、救援活动的支援

地域应急对策。防灾市民组织和事业单位在保障自身安全的同时，与作为地域防灾核心的消防团合作，担任灾害发生初期的灭火、救援和应急救护活动主体。

消防团的应急对策。灾时传递附近居民的防火信息，收集和传递灾害情报，与消防署联动，执行负责区域的建筑物灭火工作、障碍物排除和避难道路防护工作，进行区域居民的救援活动和伤者的应急处置及转运工作，并指导当地居民避难。

事业单位的应急对策。确保职员和来访者的安全，进行初期救援救护，防止火灾发生。在事务所灾害对策完成后参与地域的救援和居民生活帮扶活动。

志愿组织的联动。设立东京都灾害志愿中心，明确各层级组织的责任范围（图 9-5-1）。

将灾害发生后的时段分为 24h 内、72h 内、第四天及以后三个阶段，根据当前需求紧急程度进行相应的应急工作。灾害发生后 24h 以内，首先确保开启应急启动态势和各机关间的广域连接，构筑危机管理体制。同时确保防灾行动情报通信畅通，进一步进行消防救援、物资供给活动，因此需要确保道路交通顺畅。灾后 72h 内，主要开展消防救援互助，并确保医疗机构、避难所的运营及医护、物资支持，确保作为生命线的电源、燃料的供给。灾后 4 天以灾后恢复为重点，进行应急住宅建设以及捐助资金供给等方面工作（图 9-5-2、图 9-5-3）。

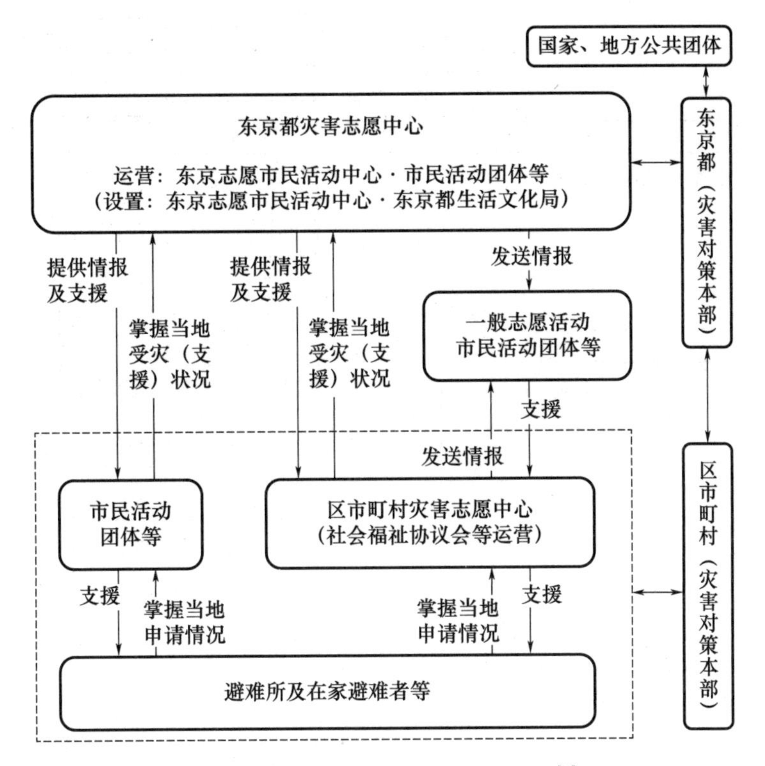

图 9-5-1　东京都志愿活动组织结构[1]

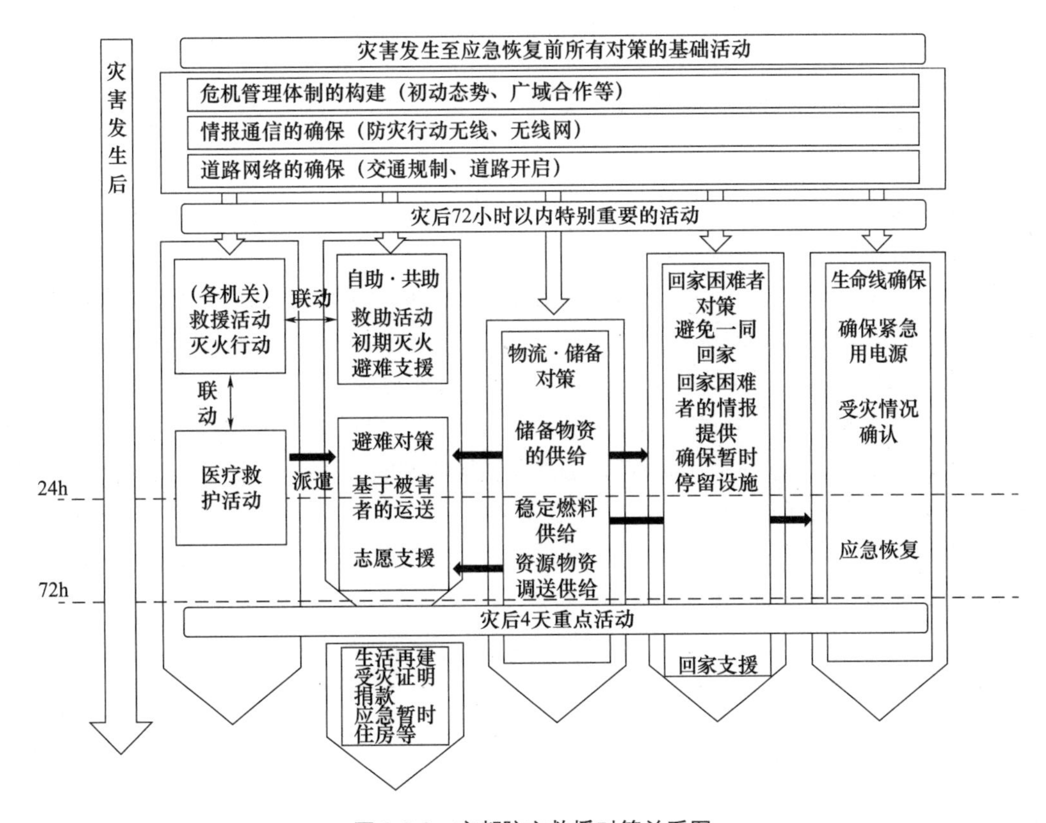

图 9-5-2　京都防灾救援对策关系图

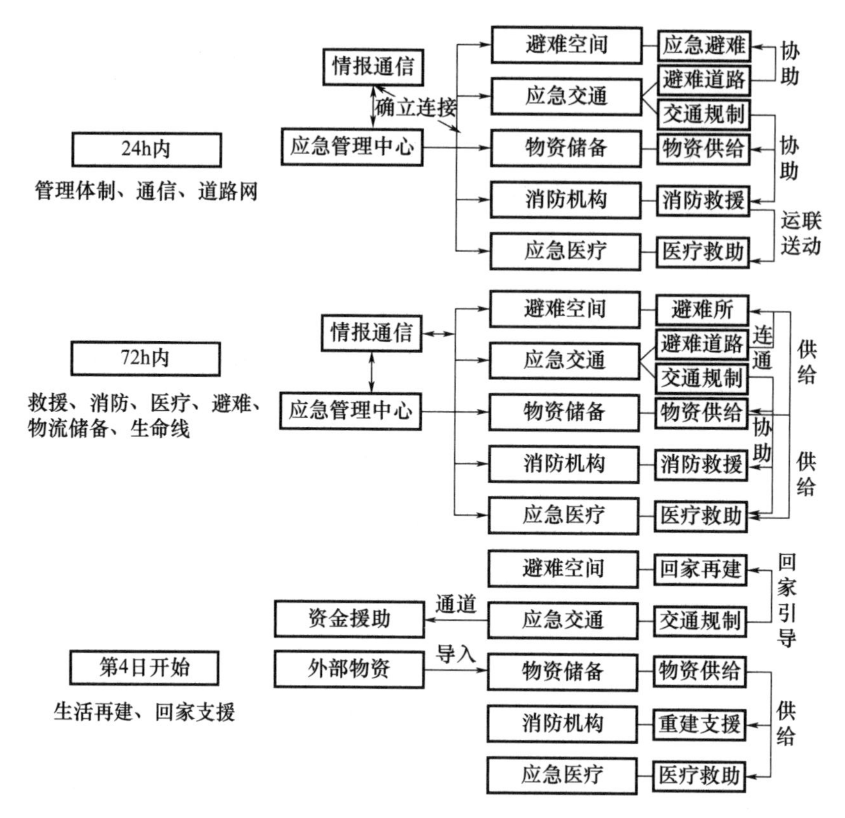

图 9-5-3　东京都防灾救援各系统关系图

二、东京都综合消防救援体制

东京都根据防灾要求，建立东京都防灾中心，作为负责防灾的情报联络、分析、灾害对策审议、决定和发布指示的中枢，在消防培训方面，建立都防灾训练、模拟训练、九都县市联合训练、市区町村防灾训练、警视厅防灾训练以及东京消防厅的消防训练等多项训练制度。

建立 BCP（Business Continuity Plan）制度，为保障特殊时期的必要功能运营，事先制定大规模灾害时期优先处理的重要业务（称为非常时期优先业务）。为保证时效性，东京都制定的 BCP 具有立即确立全厅灾害应对态势、非常时期优先业务切实实施和基础业务原则上暂停等三个基本特点。BCP 的基本内容包含权限代理、职员的集散体制、水电食物确保、情报通信手段的确保、重要的行政信息备份以及受援体制的整备、执行环境的确保等灾害发生时期对于业务运营不可缺少的要素。

根据都本部、警视厅、东京消防厅、区市町村、自卫队以及海上保安部分别制定各自的救援救灾行动负责内容（表 9-5-2、图 9-5-4）。

表 9-5-2　东京都灾害消防行动[1]

项目	内容
活动方针	连续性火灾发生时全力进行灭火工作 震灾消防行动体制确立后在灭火工作同时进行急救救助行动 连续性火灾较少时以急救救助行动为主

续表

项目	内容
部队运用	根据灾害情况、火灾、急救救助规模和需求情况进行合理规划
灭火行动	以防火水槽为主，使用各类水源的同时，最大限度使用现有消防部队和装备，力求尽早发现火情并迅速抑制； 发生连续性大规模火灾时，优先保障生命安全，阻止燃烧扩散并保护避难场所和道路。若存在巨大水利设施等取水源，可使用远距离输水装备； 道路阻塞、瓦砾等造成灭火困难的地区，应与消防团、防灾市民组织等合作，运用可搬运水泵进行灭火
救援行动	特别救助队和急救队合作，运用救助器械有组织地进行伤员救助行动。针对通常的消防能力对应困难的救助对象，可投入消防救助机动部队； 救助和急救行动所必需的重机械、救援物资不足时可根据既定条约向相关事业单位申请调配； 在医疗救护所开设之前，消防署建立临时救护所的同时，在救灾现场设立救护所，与医疗相关机构、消防队员、灾害时支援志愿者等合作，使用急救资源器材进行救护工作； 根据伤情初步分级，优先救治紧急度最高的伤者，运用急救车和直升机迅速转运至医疗机构； 警视厅、自卫队、东京 DMAT、防灾市民组织之间相互联动进行救援活动
情报收集	消防本部、“方面队”本部、署队本部根据灾害预测、119 通报情况、观测情况以及情报“活动队”、参与职员情报、消防直升机等进行灾害信息收集工作以及传达、管理工作； 派遣职员至相关防灾机构，交换灾害情报信息
航空队行动	发生大规模地震或大规模受灾预测的情况下，立即进行情报收集活动； 在飞行活动环境允许的范围内与地上消防部队进行消防合作； 针对灭火活动的航空机进行航空消防活动的调整以及空中指挥； 运送消防部队及消防器材物资； 进行必要的情报传达和灾情广播； 运送急救患者、医生和医药用品

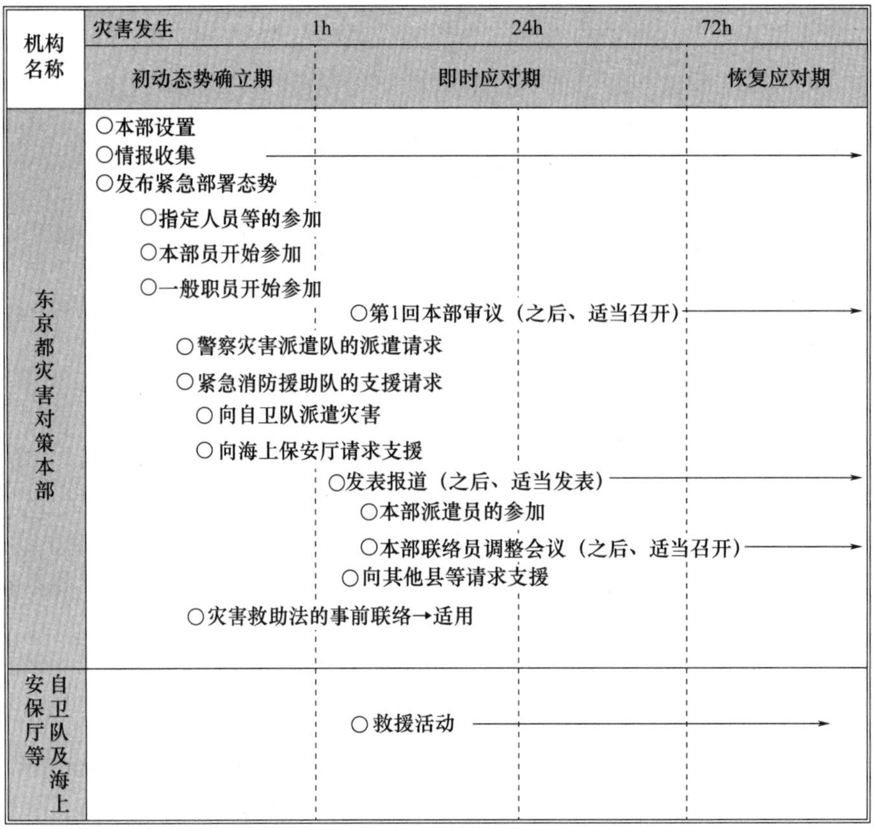

机构名称	灾害发生　1h　24h　72h
	初动态势确立期　即时应对期　恢复应对期
东京都灾害对策本部	○本部设置 ○情报收集→ ○发布紧急部署态势 ○指定人员等的参加 ○本部员开始参加 ○一般职员开始参加 ○第1回本部审议（之后、适当召开）→ ○警察灾害派遣队的派遣请求 ○紧急消防援助队的支援请求 ○向自卫队派遣灾害 ○向海上保安厅请求支援 ○发表报道（之后、适当发表）→ ○本部派遣员的参加 ○本部联络员调整会议（之后、适当召开）→ ○向其他县等请求支援 ○灾害救助法的事前联络→适用
自卫队及海上保安厅等	○救援活动→

图 9-5-4　东京都灾害对策本部对策实施[1]

三、东京都应急医疗体制

1. 东京都医疗救护体制的完善目标

（1）进行全域医疗资源布局，同时以二次医疗圈为单位设立地域灾害医疗合作会议，强化以东京都地域灾害医疗协调者为中心的迅速、切实的情报联络体系和根据地域实情的医疗合作体制。（2）根据紧急度和搬运人数，最大限度使用水、陆、空的搬运手段，同时确保执行负伤者向其他县等地域外运送的航空运送基地临时医疗设施的设立场所。（3）为保障医药品和医疗器材，强化与药剂师会以及贩卖从业者合作的供给体制。构建灾害基地医院等医疗功能的维持以及切实的情报联络体制。包括灾时水、食物、自发电的燃料确保以及相关合作团队的多元供给体制的确立、卫星电话等多元通信手段的情报联络体制的建立等。（4）迅速建立验视医生和情报联络体制，确保快速顺利的火葬机制运行。

2. 东京都应灾医疗团队的建立与养成

东京具有于2004年建立的DMAT（灾害派遣医疗团队）指定医院25所，并进行队员培育活动。队伍编制原则以医生1名、护士2名为基准，必要时也可包含业务调整员。东京消防厅编制东京DMAT合作队伍，与东京DMAT进行一体化活动，争取实现平时的情报共享。

东京于2018年开展DPAT（Disaster Psychiatric Assistance Team）的队员培育工作。DPAT指掌握受灾地区的精神保健医疗信息，与其他的医疗体制和相关机构合作，为提供高度专业性的精神医疗保健支援活动而接受专业的教育和训练的灾害派遣医疗团队。东京DPAT 的小队编制以精神科医生、护士、业务调整员等 4 名人员为标准。

3. 东京都医疗设施应急措施

停电时切换至自发电装置，确保手术等紧急情况必需的电源。

停水时遇紧急情况使用储水槽供水，仍不足时通过都灾害对策本部申请都水道局应急供水。

一般通信设施失效时使用卫星通信，通过医院经营本部以及各都立医院间的通信及信息交流进行情报收集。

患者避难方面，平时掌握担架运送和可独立行走者的情况，灾时优先转运可担架运输者避难，并引导可行走者至安全场所。

员工集合方面，经营本部在紧急时通过“安否”确认系统确认员工的安全以及集合确认，构建集合体制。

重要器材保管方面，手术用器材以及其他紧急必需器材要确立相关的安全保管以及紧急时期的调出机制。灾时使用具放射性的医疗设施时根据情况建立禁止进入的防范措施。

4. 东京都医疗救护等级程序

日本根据城市医疗等级构建初期、二次、三次医疗圈体系，针对具体医疗需求等级进行就医。其中二次医疗圈、三次医疗圈中一些具有较高应灾救护条件的医院被指定为灾害基地医院，在灾发后作为医疗急救的核心医疗机构，同时在灾后建立临时应急救护所进行初期处理，与诊疗所等共同构成灾害医疗救助系统（图 9-5-5～图 9-5-7）。

初期医疗圈由家庭医生、夜间急诊中心等小型诊所组成，服务同市町村一级，主要提供便捷的门诊服务，多针对不需要住院的轻度病症进行治疗处理。城市人口大于 5 万人时，必须配有夜间急诊中心。二次医疗圈主要为中等规模的医院，主要接受需要住院诊治的病人，具体布局和数量多根据具体交通、人口分布、社会经济和患者数量等情况设置，因此在服务范围和人口上各地区有着较大差异，人口较密集的城市相应配置较多。二次医疗圈在东京都共有 303 所二次医疗圈医院，约为 4.5 万人/所。三次医疗圈主要为二次医疗圈无法诊治的患者提供高标准的住院医疗，也被称为救命急救中心，服务范围为都道府县层级，服务人口以 100 万人/所为标准，目前东京都的救命急救中心数量已超过要求 1 倍（表 9-5-3、表 9-5-4）。

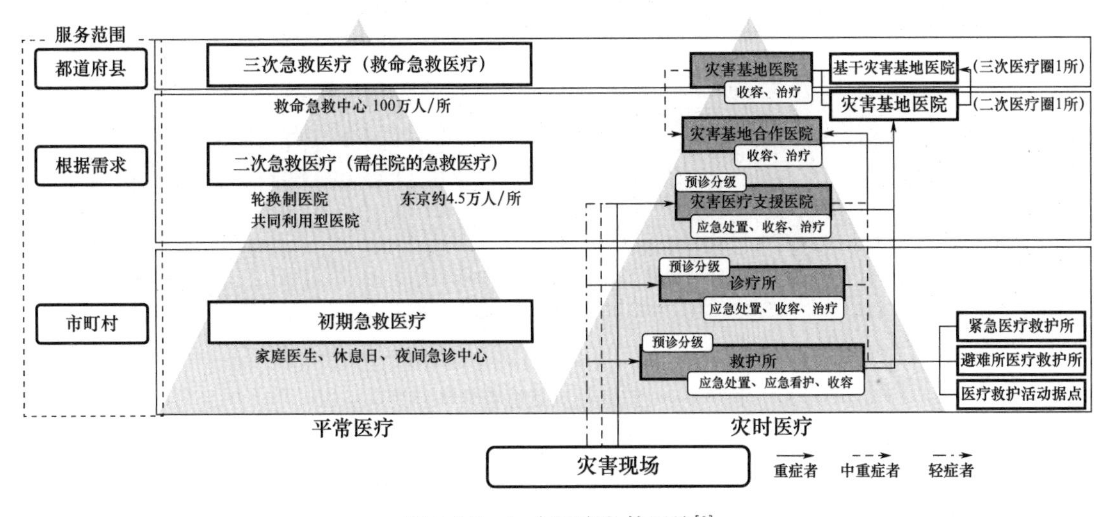

图 9-5-5　日本医疗急救系统[2]

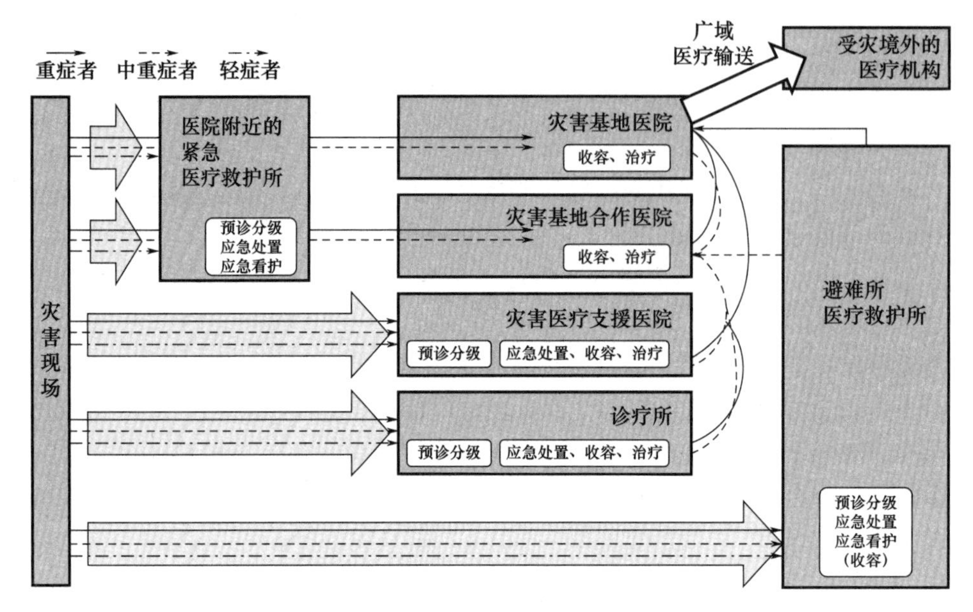

图 9-5-6　东京都灾时医疗救护流程[1]

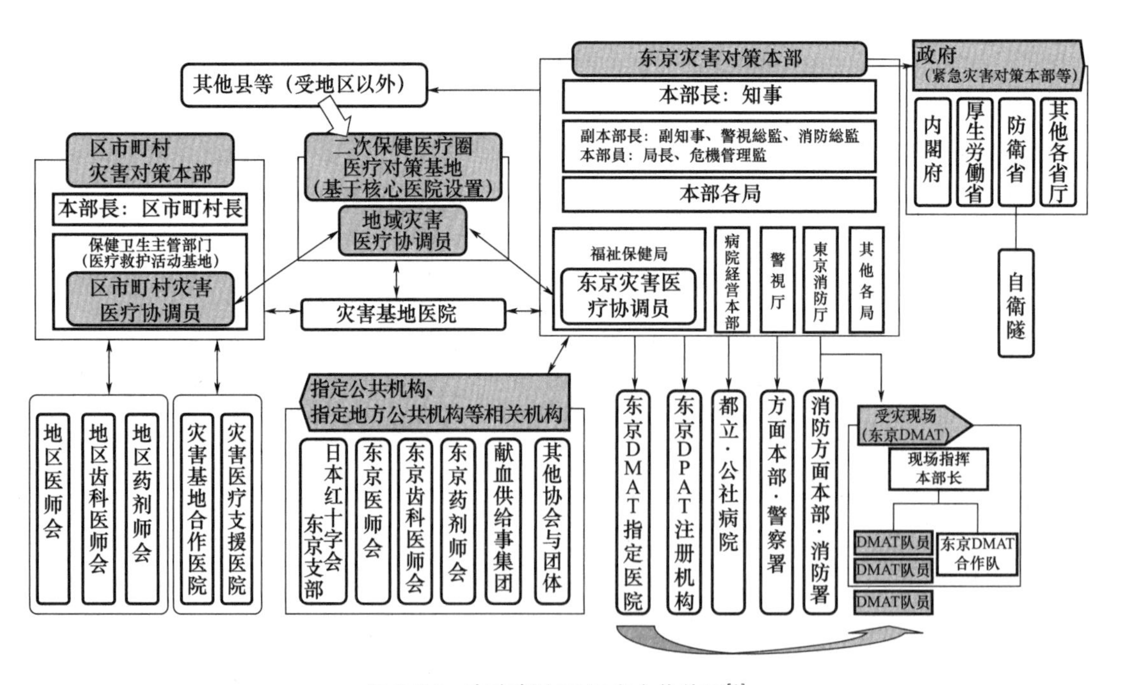

图 9-5-7　东京都灾后医疗合作体系[1]

表 9-5-3　医疗救护所分类[1]

名称	说明
紧急医疗救护所	区市町村在灾后迅速在灾害基地医院附近（医院同意情况下于医院空地）设置医疗救护所，主要进行伤者预诊分级、轻症者的应急处置和转运调整
避难所医疗救护所	区市町村对于非急症患者在避难所内设置的医疗救护所（无医院地区约为超急症以下）
医疗救护活动据点	区市町村进行医疗救护以及在家休养者的医疗支援调整和情报交换的地方

表 9-5-4　灾害基地医院及其合作医院[1]

分类	说明
灾害基地医院	主要收治重症者的东京都指定医院
灾害基地合作医院	主要收治中等症状和病情稳定的重症者的东京都指定医院
灾害医疗支援医院	主要诊治专门性、慢性疾病的医院，参与区市町村地域防灾规划的医疗救援活动

5. 东京都院前急救医疗体制

建立队员急救医疗资格认定分级体系，根据研修情况、医疗能力分为急救“救命士”、急救队员、应急处理指导员三个等级，并承担不同等级的院前医疗救护行为，其中急救“救命士”为最高等级。

按照成员资格情况编制急救和消防队伍。急救车的成员由急救队长、急救员、急救机管员（车辆驾驶）构成，其中急救队长和急救员中至少有一人获得国家急救“救命士”资格，确保急救处置顺利实施，同时“气管插管”“药剂使用”以及“血糖测定”等急救措施必须由经过特别研修学习认定的急救“救命士”执行。同时，乘坐消防车的消防队员除急救队员以外，应具备应急处理指导员资格，进行基础的心肺复苏、创伤、固定等急救处置[3]（图 9-5-8）。

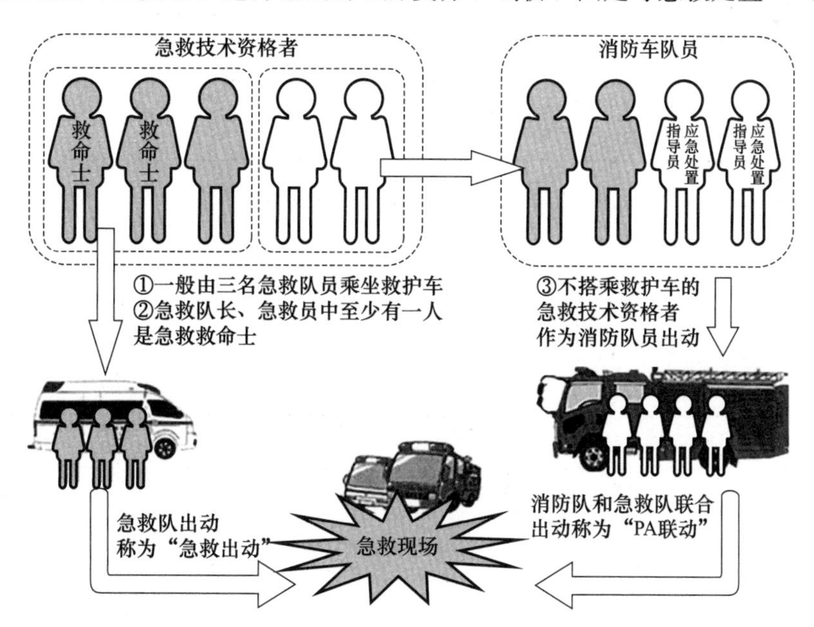

图 9-5-8　东京消防医疗队伍配置[3]

在消防急救队配置方面，急救队多为救护车和直升机编制，根据急救要求标准，2019 年各消防所共配置 267 台急救车。在特殊救护车方面，第 2、8 消防本部配置了面对大规模灾害的大型消防救护车辆（最大 40m²，8 床），府消防署配置了应对感染病人搬运的胶囊型担架、作业照明灯及自动展开作业棚的救护车辆，而八王子消防署应对山岳地区道路配置小型救护车等。同时，为应对特殊情况，所有消防署各配置一台非常时期备用救护车。目前，东京各特别区各急救队约负责 3～4km²/队、人口 5 万～6 万/队，千代田、中央区人口较为密集，负责人数较多，为 17 万人/队。

急救过程由东京消防厅灾害急救情报中心统一指导，根据急救情况可允许急救队员或情报中心直接对现场人员进行电话急救指导，并根据急救等级确定后续医疗机构接收等方面的联络途径，院前急救后迅速进行入院交接。2019 年急救队单次行动平均时间为 85min39s，平均距离为 10.3km，由出动至到达现场平均需要 6min35s。相关情况见（图 9-5-9～图 9-5-11）。

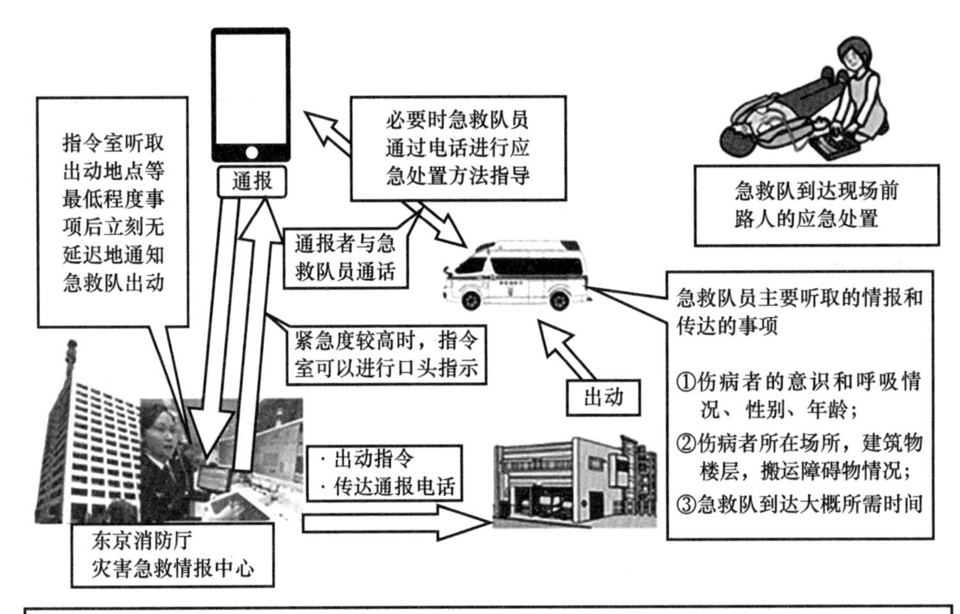

图 9-5-9　东京急救队出动程序[3]

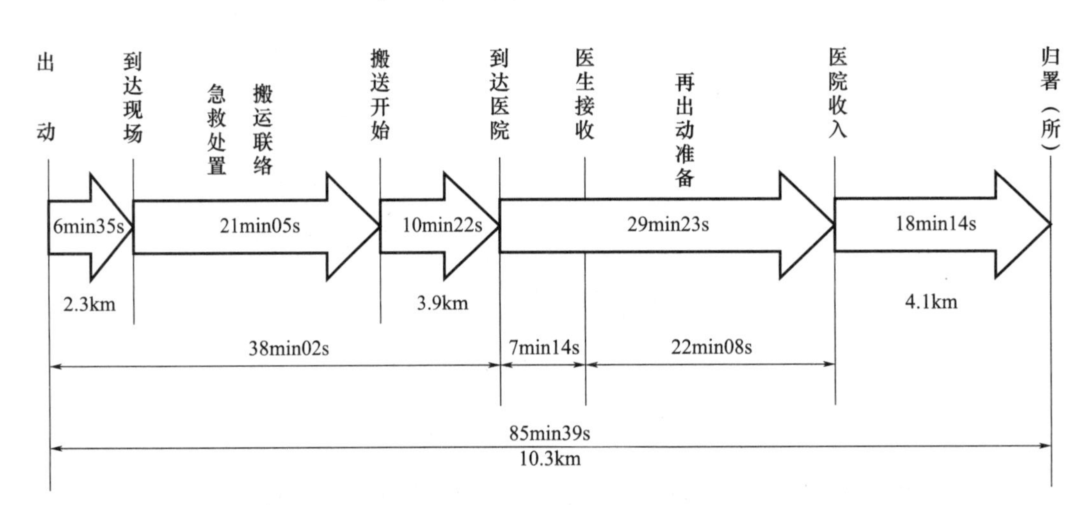

图 9-5-10　东京急救队执行任务过程[3]

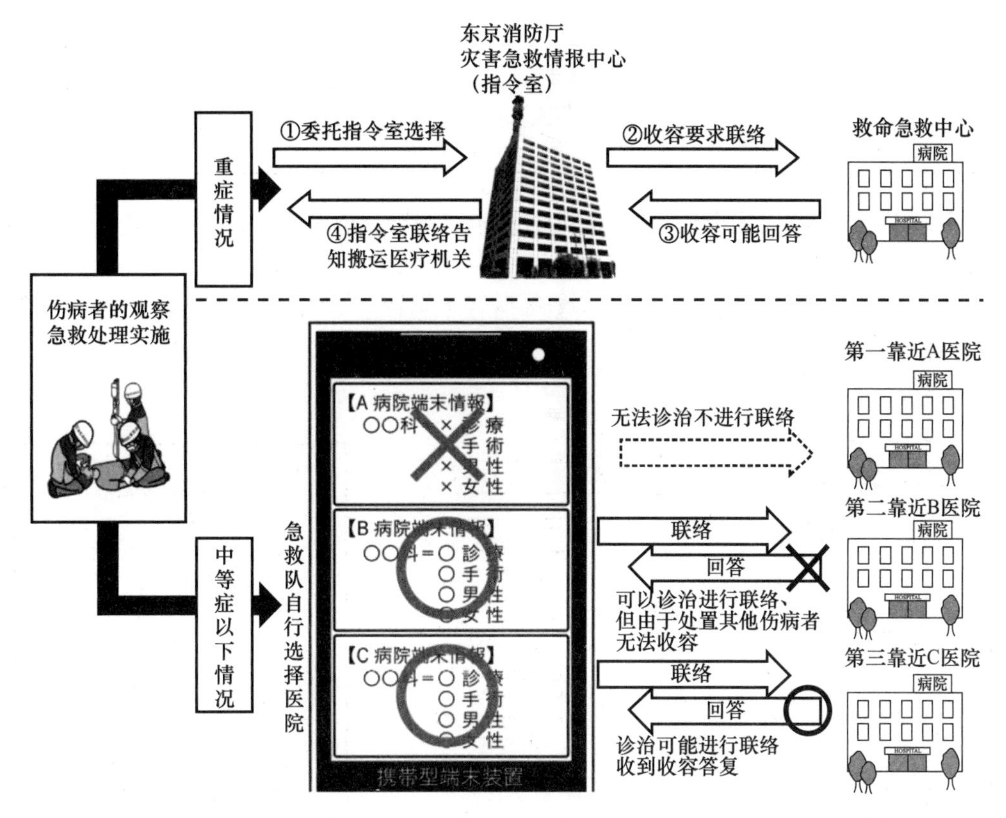

图 9-5-11　东京急救队送医程序[3]

日本消防和医疗救护由消防厅统一指挥，消防车与救护车同属消防署管理，救护车上通常只有救命士，没有医生。特殊情况下可由救护车前往指定医院接载医生一同前往救援。在火灾以及一些由消防车辆（Pumper）和救护车（Ambulance）同时出动的事故现场，由急救队员与消防队员合作，进行快速消防救援和急救活动被称为 PA 联动，该制度于 2000 年 4 月开始实施，当前在急救行动中 PA 联动的比例在 20％左右，根据不同的救援情景要求分为不同的应对分工（表 9-5-5）。

表 9-5-5　不同情景下 PA 联动分工情况[3]

情况	急救队员	消防队员
抢救	3 名，进行高标准抢救处置，联络医疗机构进行搬运	辅助急救处理准备伤病者搬运担架及辅助搬运
搬运困难	险要地段、高层建筑中，3 人进行急救处置同时搬运比较困难	辅助进行搬运处理
危险	急救处置同时由于周围危险难以确保病人和急救队员安全	进行安全保障工作
繁华地段	人群聚集的繁华路段，预计会对急救行动产生影响	进行群众引导、安全确保以及救护车停车位置确保等支援工作
消防附近	消防署 21 分钟行车距离内，自身无急救队或急救队在其他现场	消防队员先到达现场进行应急处置，等待其他地区急救队支援

续表

情况	急救队员	消防队员
延迟	同时多事故发生，其他区域急救队支援未赶到	消防队先行前往进行急救处理，等待其他地区急救队支援

DMAT 出动请求：当遇到大规模灾害时由东京消防厅向东京 DMAT 指定医院发布出动指令。出动请求基准为：①负伤者＞20 人或急救队＞10 人；②重症者＞2 人或中等症者＞10 人，无法迅速运至医疗机关的情况；③负伤者 1 名以上，需要尽快救助，无法搬运至医疗机关的情况；④经警防本部或者指挥本部长判断东京 DMAT 出动具有较好的效果的情况（图 9-5-12）。

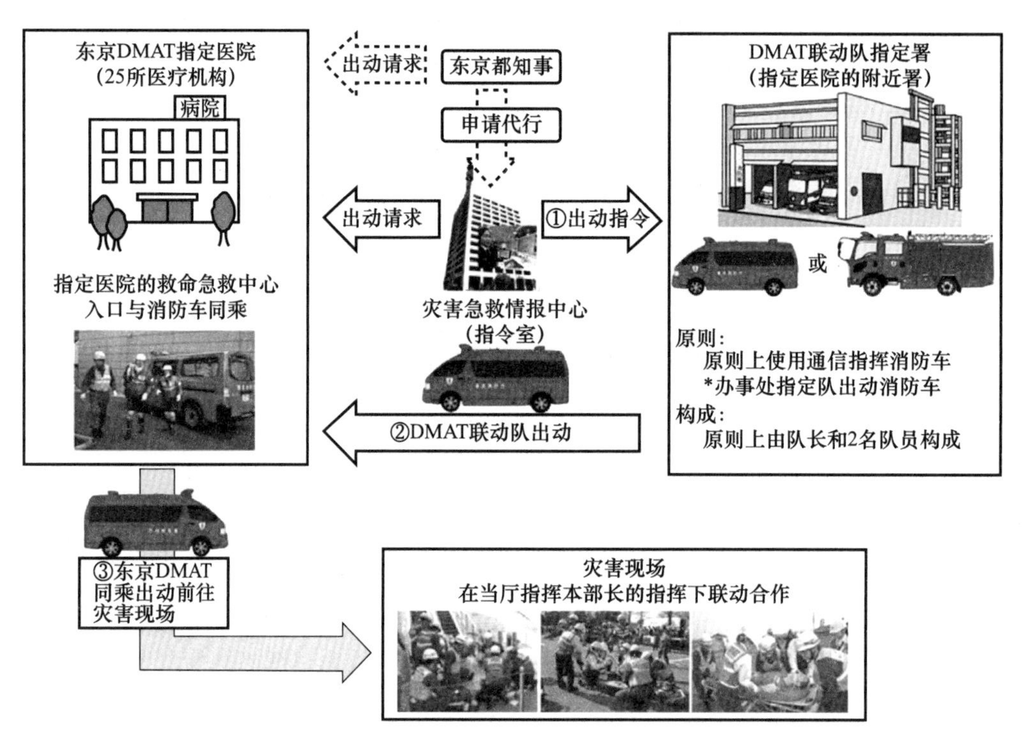

图 9-5-12　东京 DMAT（灾害派遣医疗团队）出动程序[3]

6. 东京都新冠肺炎疫情对策

政府措施方面，建立医疗机关等情报支援系统（G-MIS：Gathering Medical Information System），统一全国各大医疗机构（约 37000 所）的医院运行情况、病床、医护人员状况、患者数、检查数以及医疗和医疗器材的情况。建立感染者情况管理支援系统（HER-SYS：Health Center Real-time Information-sharing System on COVID-19），实时收集和管理感染者的情报信息共享，快速进行病情发现处理，同时通过网络电子化手段减少了患者、医生和行政方面信息沟通和报告传递的麻烦和困难。通过 App 统计个人出行和接触信息，在有感染风险时进行提示通知。在医疗机构方面，建立感染应对实施医疗机构登录制度，建立防感染安心医院地图，帮助居民放心就诊。在医疗流程上，确立了针对新冠肺炎疫情医疗资源紧迫时的供给分担机制，根据核酸检测呈阳性等无症状、轻症、中等症和重症患者分别建立对应机制，建立完整的医疗管理流程（图 9-5-13）。

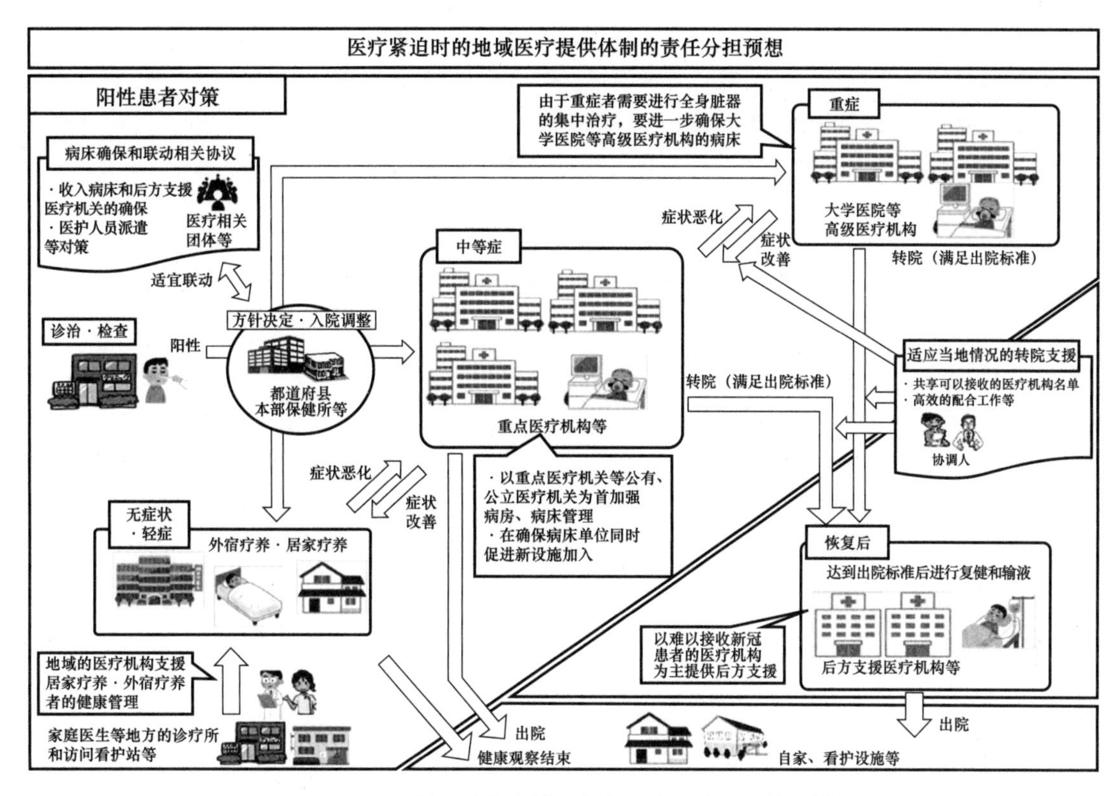

图 9-5-13　新冠肺炎疫情下东京医疗系统应对策略[4]

东京都面对可能的风险，建立了在病床紧缺时暂时接收等待入院的患者的设施，作为东京入院等待站点，成为在供氧和药物治疗方面进行了一定的医疗强化的外宿疗养设施，于2021年7月中旬开始投入使用（表9-5-6、图9-5-14）。

表 9-5-6　东京住院等待站点建设情况

设置地点	平成立石医院内
设置规模	20床
设置时间	7月中旬
设施特点	入所全员享受医生诊疗 护士24小时看护 供氧和药物治疗 血氧、心电图实时监测

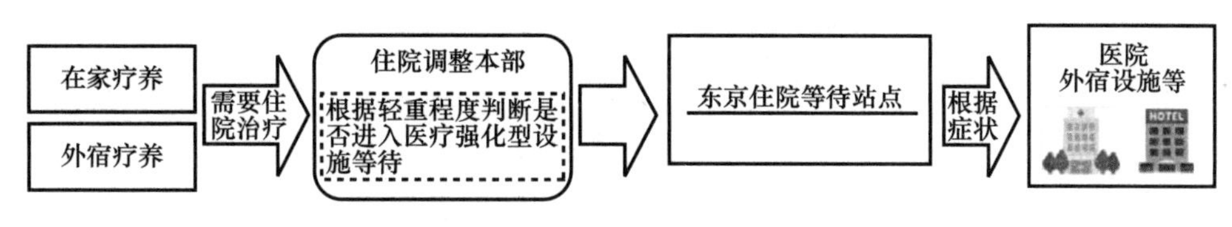

图 9-5-14　东京新冠患者入院程序

在灾害避难所设置方面，针对新冠肺炎疫情进行了防感染的相关调整，包括避难所配置数量和空间增加、指定避难所人数限制，入场健康状态确认以及利用当地附近的旅馆、企业空地、大学关联设施、职员宿舍等公共住宅探讨灵活开设避难所等。同时在避难所进行预先的消毒、防护器具储备和对于居家疗养等特殊群体进行预先的避难规划设计。避难所在经营方面保障人与人间隔 1m 以上，床间隔 2m 以上，床高 35～37cm，为高感染风险和特殊人群建立专用空间，同时明确规划卫生间、洗手台等共用空间的移动路线，避免人群接触。避难所 2 个方向的门窗每隔 30min 进行交叉通风，并尽量进行几分钟的全开通风（图 9-5-15、图 9-5-16）。

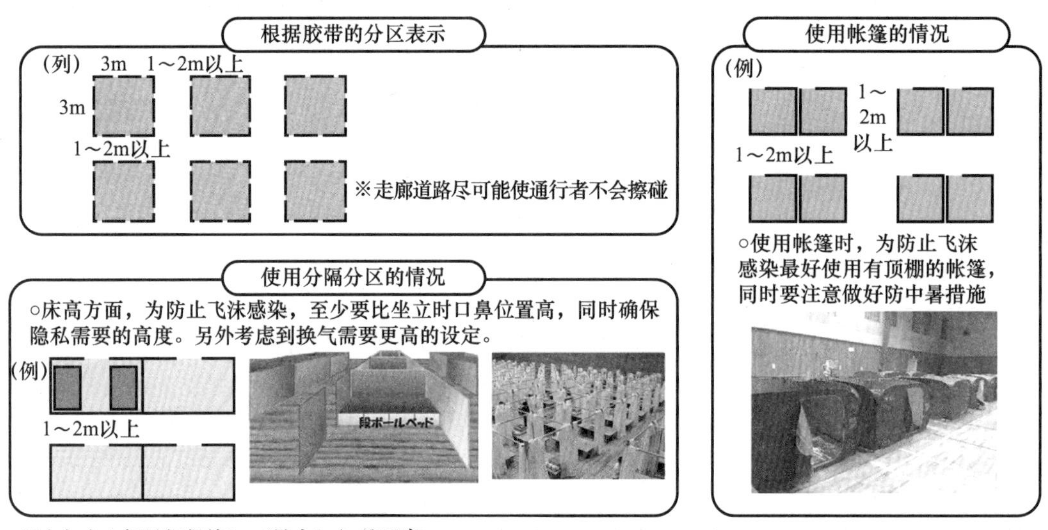

图 9-5-15　东京新冠患者入院程序[5]

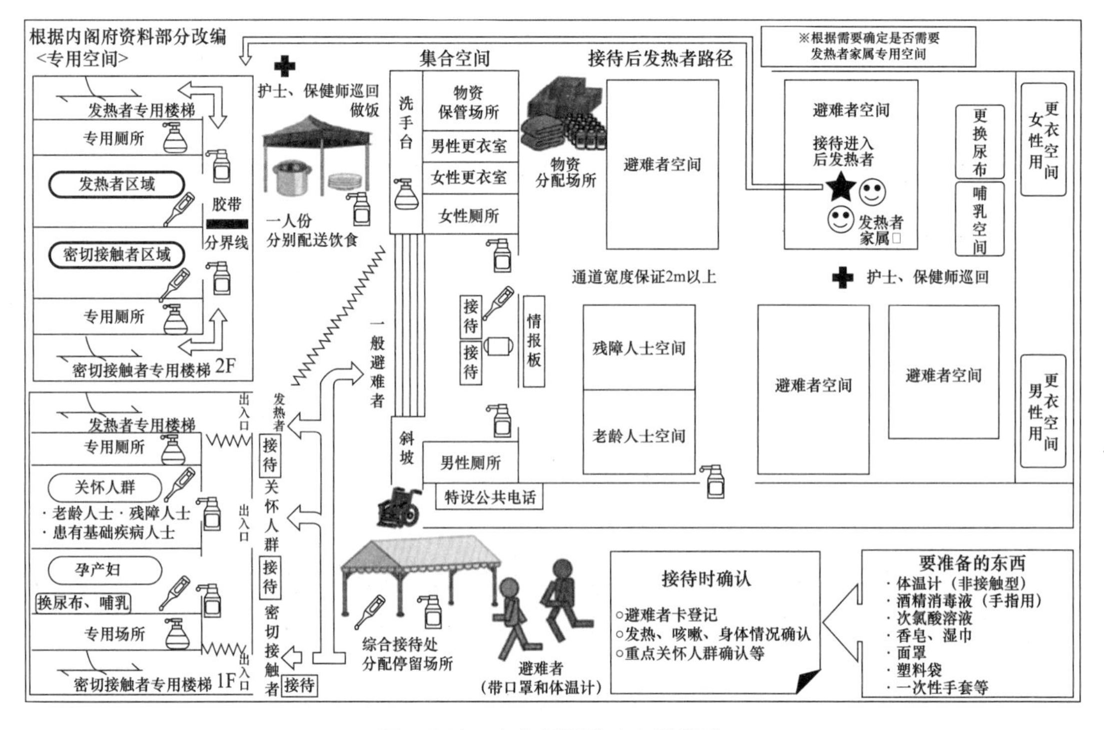

图 9-5-16　东京新冠患者入院程序

四、东京都应急物资保障机制

在生命线设施保障方面，以受灾者生活及首都东京的功能恢复为中心确立恢复目标，保障灾后 60 天之内 95%的设施恢复（表 9-5-7）。

表 9-5-7　生命线设施灾后恢复目标[1]

生命线设施	预计恢复时间（天）
电力	7
通信	14
上水道	30
下水道	30
天然气	60

在物资运输和能源供给方面，2019 年实现通达首都中枢、急救医疗机关和灾害基地合作医院的水管道 100%抗震化，2020 年实现紧急运输道路 100%抗震化，预计 2025 年实现特定紧急运输道路沿街建筑物 100%抗震化。为保持城市功能进行相关设施配置独立、分散型电源和燃料储备。建立紧急输送道路系统网络，预先设计应急物资运送路线；与交通运输、物资经销商等各相关企业签订合作契约制度，确保灾时快速联动供给。

平时建立陆、海、空、地下、水上等多途径运输网络，灾时为保障紧急输送网络的实效性，根据具体灾情确定紧急机动车专用路、紧急交通路以及优先进行道路障碍物清理和应急修缮的紧急道路障碍物清理，实行道路交通管制，确保应急救援活动顺利进行（表 9-5-8、表 9-5-9）。

表 9-5-8　东京应急道路类型[1]

类型	特点
紧急运输道路	通往知事指定的据点或据点间联络的运输道路
紧急机动车专用路	灾后根据道路交通法进行交通管制，仅供用于生命救援、消防行动的紧急机动车通行的路线

表 9-5-9　东京紧急运输道路分类[6]

分类	承担职能
第一次紧急运输道路	担任应急对策中枢的东京都本厅舍、立川地域防灾中心、运输道路管理机构及重要港湾、空港的联络路线
第二次紧急运输道路	第一次紧急运输道路和电台机构、自卫队、警察、消防医疗机构等初始对应机构、生命线相关机构以及直升机临时着陆地后补区域联络路线
第三次紧急运输道路	货运集散点等长距离输送站点、储备仓库和区市町村的地域内运输站点的联络路线
分类	耐火建筑物建设需求
特定紧急运输道路	建筑物高耐火建设等级
一般紧急运输道路	建筑物相对较低耐火建设等级

交通规制按执行时间分两次进行，第一次为灾后立即执行，根据预定路线指定紧急机动车专用道路；第二次在将之前的紧急机动车专用路指定为“紧急交通路”的基础上，根据受灾情况指定其他部分的路线为紧急交通路。

参考文献

[1] 東京都防災ホームページ. 東京都地域防災計画　震災編 [EB/OL] . (2019) [2023-3-8] . https：//www. bousai. metro. tokyo. lg. jp/taisaku/torikumi/1000061/1000903/1000359. html.

[2] 厚生労働省 . 救急・災害医療に係る現状について [EB/OL] (2019-8-21) [2023-1-11] . https：//www. mhlw. go. jp/content/10802000/000540372. pdf.

[3] 救急活動の現況-東京消防庁 [EB/OL] . (2020-9)　[2021-7-20] . https：//www. tfd. metro. tokyo. lg. jp/hp-kyuukanka/katudojitai/R01. pdf.

[4] 厚生労働省 . 新型コロナウイルス感染症診療の手引き [EB/OL] . (2021) . [2023-3-8] . https：//www. mhlw. go. jp/content/000801626. pdf.

[5] 日本医師会 . 新型コロナウイルス感染症時代の避難所マニュアル [EB/OL] . (2020-6-17) [2023-3-8] . https：//www. med. or. jp/dl-med/kansen/novel _ corona/saigai _ shelter _ manual. pdf.

[6] 東京都都市整備局 . 防災都市づくり推進計画 [EB/OL] . (2021-3) [2023-3-8] https：//www. toshiseibi. metro. tokyo. lg. jp/bosai/pdf/bosai4 _ 07. pdf.

第六节　东京应急疏散救援空间建设相关标准

一、避难空间建设标准

目前东京避难空间三个等级的建设标准（表 9-6-1）：

表 9-6-1　东京避难空间建设标准

避难等级	场所类型	建设标准
第一级	临时集合场所	保证避难人群安全的空间，如学校操场、神社、寺庙、公园、绿地、社区广场等与民众生活圈结合的场所，由市区町村主任指定
第二级	广域避难场地	以热辐射地域 2050kcal/（m^2・h）为有效安全避难面积； 人均有效避难面积≥1m^2/人，服务距离≤3km； 主要为东京都经营的住宅校区、公园、学校等
	地区内停留地区	建筑物耐火率＞70%； 火灾危险度等级＜3
第三级	避难所	长期避难：收容 2 人/3.3m^2； 临时避难：收容 4 人/3.3m^2

资料来源：三船康道、日本国土厅整备局。

二、应急交通网络建设标准

东京关于避灾疏散通道的建设有避难道路、燃烧隔离带、防灾生活道路等几种不同类型，分别承担不同的功能，在建设标准上也有所区分（表 9-6-2、表 9-6-3）。

避难道路。应对不得不进行远距离疏散（＞3km）以及火灾蔓延危险性极高的区域，以宽度＞15m 的道路为主指定为避难道路，随着城市避难场所增加不断缩减。目前东京特别区共有 14 个系统，58 条路线，共 54.1km，可连通 12 个避难场所[1]。

燃烧隔离带。阻止城市火灾蔓延的带状不可燃空间，由道路、河流、铁路、公园等设施和耐火建筑物构成，在地震灾害时承担避难道路、救援活动的运输通道等功能。

防灾生活道路。指由燃烧隔离带包围的城市空间中可供紧急车辆通行、消防救援活动以及避难活动进行的重要防灾道路。

表 9-6-2　东京避灾疏散通道建设标准[1]

通道类型	具体分类	选择方法	建设标准
燃烧隔离带	骨架防灾轴（约 3～4km 间隔）	从宏观的城市构造来看，可以为防灾轴的城市骨架路线； 主要的干线道路； 范围较广的河流	a. 宽度：＞27m；24～27m，沿路 30m 不燃率＞40%；16～24m，沿路 30m 不燃率＞60%；11～16m，沿路 30m 不燃率＞80%； b. 位于耐火建筑物较多的地区以及穿过或邻近避难场所的道路
	主要燃烧隔离带（约 2km 间隔）	骨架防灾轴包围的地区内整备重要性较高的道路； 干线道路	
	一般燃烧隔离带（约 1km 间隔）	除上述以外构成防灾生活圈的隔离带	
避难道路	—	连接距离较远的避难场所或燃烧蔓延危险性极高地区	宽度＞15m
防灾生活道路	宽度＞6m（约 250m 间隔）	主要用于消防、救援车辆通行，方便救援活动	间隔≤250m； 无围栏与电线杆
	宽度 4～6m（约 120m 间隔）	主要用于避难活动	

表 9-6-3　东京都内避难场所与避难道路发展情况[2]

年度	制定修改	避难场所（个）	避难道路
2008	第六次	189	20 系统 8.5km
2013	第七次	1977	14 系统 54.1km
2018	第八次	213	14 系统 54.1km

三、灾害医疗救援空间建设标准

东京共有 DMAT（Disaster Medical Assistance Team，灾害派遣医疗团队）指定医院

25所，队员约1000名，东京都医疗救护班219个。根据灾害多发的外伤、挫伤、大范围烧伤等灾种，建立“灾害基地医院”进行专门化医疗救护，并根据医疗服务能力分为“地域灾害基地医院”和“基干灾害基地医院”（分级主要与应灾医疗能力、医院服务范围大小相关，病床数不做重要参考），同时建立与其协同合作的医院和支援体系，全部相关医院具备EMIS（广域灾害急救医疗情报系统）[2]（表9-6-4）。

表9-6-4 灾害基地医院类型[3]

分类	布局标准	要求
地域灾害基地医院	每个二次医疗圈一所	具备DMAT和相应派遣体制，派遣的紧急车辆并搭载医疗器材、帐篷、发电机、食物、饮用水、生活用品等； 作为急救救命中心或者二次医疗机构； 急诊部门拥有应对灾时患者（住院人数为平常的2倍，患者数为平常的5倍）的空间和简易病床； 拥有多发外伤、挤压综合征、大面积烧伤等灾时多发重症急救患者的救命医疗诊疗设施； 至少保证诊疗功能设施具有耐震构造； 备有日常6成发电量的发电机和3天份的自发电能力以及食物和医疗物品； 具备卫星电话和卫星线路使用环境； 具备EMIS系统； 拥有合适容量的水箱，停电时可用的水井设施，灾时确保水源供给； 原则上具备直升机起降场地，或附近可着陆地，派遣同乘医生
基干灾害基地医院	每个都道府县一所	满足上述基本要求； 拥有复数的DMAT小组； 作为急救救命中心； 具有灾害医疗研究室； 具有维持医院功能所需的全套防震构造设施； 具备直升机起降场地

四、物资保障系统标准

东京的应灾物资保障系统大致可分为灾前物资储备和灾后物资运输两大部分。

在物资储备方面，在居住地半径2km以内建立给水点以保障饮用水供应，截至2019年，共建立灾时给水处215个，区市町村共储备净水装置3378个，灾时每人每日提供饮用水3L。东京都与区市町村合计保障储备当地居民3日份的食物和一周的幼儿奶粉，第四天后物资调配机制运作。截至2017年，共建立储蓄物资仓库2956所，大范围物资输送基地21个。

在物资运输方面，分别在水管道、电气管道、通信等多方面进行100%、耐震化建设，规划紧急输送道路系统确保物资运输畅通，并通过沿路建筑耐震化、道路路幅拓宽以及无电线杆化改造等三方面提高灾时和灾后的物资流通保障能力。东京都地域防灾计划共制定约2060km紧急运输道路网络，由高速公路、一般国道以及其联络干线组成，根据灾时职能等级分为第一次至第三次紧急运输道路，同时将其中特别需要进行沿路建筑物耐震化建设的道路指定为特定紧急运输道路。

参考文献

［1］東京都都市整備局．防災都市づくり推進計画［EB/OL］．（2021-3）［2023-3-8］https：//www. toshiseibi. metro. tokyo. lg. jp/bosai/pdf/bosai4 _ 03. pdf.

［2］東京都防災ホームページ. 東京都地域防災計画 震災編［EB/OL］．（2019）［2023-3-8］．https：//www. bousai. metro. tokyo. lg. jp/taisaku/torikumi/1000061/1000903/1000359. html

［3］厚生労働省．災害時における医療体制の充実強化について.［EB/OL］．（2012-3-21）［2021-6-18］. https：//www. mhlw. go. jp/seisakunitsuite/bunya/kenkou _ iryou/iryou/saigai _ iryou/dl/saigai _ iryou01. pdf.

第七节　东京经验与启示

一、避难空间

根据当地具体防灾能力建立灾后不同时间对应的避难空间及各避难空间的衔接、连通方法，构建应急避难空间系统整体运作模式，明确各等级避难空间的建设管理负责层级和部门。根据灾种应对能力对避难场所进行分类，高效利用所有避难空间资源。通过不燃化整治等措施，针对当地常见灾害——地震、火灾进行根本性防御改造，提升整体防灾能力，创新“地区内停留地区”的避难方式，缩短了部分地区的避难距离，减小了避难难度和危险性。但本措施对于洪涝等其他灾害风险考虑相对不足，不能适用于大规模迁移避难，在其他灾害方面应增加相应的考量和措施。

二、应急交通

建立火灾隔离带作为城市防灾道路网络，在灾时防火阻燃，灾后提供疏散避难、物资、医疗运输等功能。根据隔离带规模和防灾能力进行分级，划分出防灾生活圈，成为城市防灾基本单元，可确保单元内交通功能，方便管理。根据当地地形情况建立多途径运输网络，实行灾时紧急交通管制，确保应急救援和运输车辆能够顺利通行。根据紧急程度进行紧急运输道路分级，按恢复能力依次优先保障对策中枢、空港车站、消防医疗机关、物资仓库和避难所的交通连接。

三、物资保障

确保当地受灾群众灾后 3 日份饮食和生活必需品物资，4 日后恢复外部供应。建立不同生命线设施灾后预测恢复时间。建立分层级的物资运输基地，明确基层管理职责划分。在规划中增加女性视角，加强对弱势群体、哺乳期女性等重点关怀人群的对应软、硬件设施建设，如避难所育婴室、重点关注室设置，婴幼儿乳粉储备等。建立严密物资申请供给流程，预先设计应急物资运输路线，与交通运输、物资经销商等企业建立合作契约制度，确保灾时物资迅速供给。在医院、消防部门、避难所、防灾指挥机构等重要设施设置自发电设施、卫星通信设施以及至少 3 日份的燃料储备。

四、消防系统

根据人口分布确定消防署各自分管范围，组建地区消防团进行灾时互助式消防活动。建立消防厅进行消防与医疗救助二者统一管理，提高救援效率。建立 PA 联动机制和科学的应急医疗队伍编制制度，根据不同情况进行分工合作。

五、应急医疗

构建初期、二次、三次医疗圈体系，按需分级就诊，提高医疗资源使用效率。建立灾发后完整的医疗救护流程，建立专门应对灾害的 DMAT、APAT 医疗团队，指定灾害基地医院，按标准配置 EMIS 医疗信息系统、防震构造、直升机起降等设施功能。确立“救急救命士”制度并进行队员培育，在灾时与消防系统联动。在应对新冠肺炎疫情等卫生事件时，可设立配备对应医疗支持的入院等待站点，缓解医院压力同时为患者提供所需医疗服务。

第十章 纽约经验

纽约市位于美国东海岸北部、纽约州东南部，是美国第一大都市和第一大商港，也是世界最大都市圈——纽约都市圈的中心城市。2012 年“桑迪”飓风对纽约市造成了严重的破坏，灾难导致纽约州 48 人丧生，直接经济损失超过 180 亿美元。为了应对类似的自然灾害再次发生，纽约市应急管理中心制定了一系列的提升措施与改进计划，旨在进一步完善应急疏散救援空间体系。

第一节 纽约概况与应急疏散救援空间体系

纽约（New York）人口多达 850 万，是全美人口最多的城市，其人均 GDP10.56 万美元，居世界城市第一名。繁荣的经济也促进了纽约市的建筑技术发展，据 2009 年统计，纽约市拥有 5794 座高楼，位居全美第一。纽约市作为国际政治、经济、贸易、艺术、娱乐、教育之都、联合国总部所在地，其众多的人口、林立的高楼以及独特的经济、政治和历史地位，对纽约的应急疏散救援体系建设提出了严峻的挑战。自 1984 年纽约市危机管理办公室（New York City Office of Emergency Management）成立起，纽约市政府便开始不断探索并逐步发展出一套特有的应急管理和疏散救援体系[1]。进入 21 世纪以来，一系列自然灾害和社会安全事件，如 2001 年的“9·11”恐怖袭击、2003 年的大规模停电事件以及 2012 年的“桑迪”飓风等，对纽约市的应急体系提出了更高的要求，也促使纽约市政府不断完善并改进应急疏散救援空间体系的建设。

第二节 纽约应急疏散救援空间功能结构体系

一、防救灾交通空间

1. 飓风疏散区域的划分

纽约市应急管理中心按照沿岸地区受风暴潮影响的风险从大到小，将纽约市的飓风疏散区划分成 1～6 共 6 个不同等级的区域，其中 1 区是最容易发生城市内涝的区域，也是最可能被强制撤离的区域。疏散区域等级的划定并不是一成不变的[2]，应急管理中心通常会根据实时更新的气象数据来预测灾害的影响范围和严重程度，并修订疏散区域等级划分。

按等级划分飓风疏散区域有利于疏散撤离指令的发布与传达，同时能够确保疏散撤离有序进行，避免出现长时间拥堵，缓解避难通道的交通压力。

2. 防救灾交通空间分类

纽约市的防救灾交通空间由疏散避难通道（Evacuation Route）和灾害救援通道（Disaster Route）两大部分组成。

疏散避难通道指用于将受影响人群从受灾地区转移至安全地区的路线。疏散避难通道主要由疏散道路和大众捷运系统构成[3]。

（1）疏散道路：疏散道路由城市内部大大小小的各级道路组成，这些道路通常具有较好的通行能力，同时也指向高地。为了方便市民识别，这些疏散道路通常会设置有“飓风疏散路线”的标识（图 10-2-1）。

图 10-2-1　飓风疏散路线标识

（2）大众捷运系统：大众捷运系统是纽约交通最重要的组成部分，其网络也是全北美洲规模最大。大众捷运系统由地铁、轻轨、公共汽车和轮渡构成。纽约市政府十分强调公共交通在避难疏散中的重要性，为方便市民使用公共交通进行疏散，应急管理部门在应急疏散网络地图中专门添加了实时公交信息以及公交路线导航系统。使用公共交通系统进行应急疏散能够有效减少道路上的疏散人员数量，从而避免交通事故和交通延误带来的风险[4]。

灾害救援通道指用于将应急人员、设备和物资运送到受影响地区以进行救援恢复的路线。灾害救援通道可被分为陆路通道、水路通道和空中通道。

① 陆路通道：陆路通道是灾害救援通道的主要组成部分，包括城市干道、高速公路以及铁路。城市干道及高速公路作为陆路通道的主体，在灾后拥有比其他道路优先清理、修复和恢复的权利[5]。

② 水路通道：纽约市水系十分密集，水网航道较为发达，全市各类码头数量超过 50 个。在灾后陆路交通中断的情况下，水路通道为纽约市的灾害救援交通提供了一个关键的备选方案。

③ 空中通道：纽约市拥有两座机场，直升机场分布广泛，民用直升机超过 2000 架用于抢险救援和医疗救护。

二、避难疏散空间

1. 避难场所概况

纽约市的避难场所以建筑型为主，通常是位于非疏散撤离区且交通便利的学校、礼堂和体育馆等公共设施。全市共设有 60 个公共避难疏散中心，几乎全部的疏散点都设置有完善的无障碍设施，餐厅、住宿区、洗手间以及医药物资储备空间等基础设施配备齐全[6]。

2. 避难场所分类

美国的避难场所可分为家庭避难所（safe room）和公共避难所（shelter）[7]。家庭避难所通常指将私人房屋中的厨房、卫生间或地下室等改造成避难空间或在房屋周边新建专用的地上或地下避难空间。

根据美国红十字会制定的避难所建设标准（ARC4496），公共避难所可被分为三类：大众避难所（General Population Shelters）、特需避难所（Special Needs Shelters）和最后诉诸避难所（Shelter of Last Resort）[8]。纽约市的避难场所通常为前两类（表 10-2-1）。大众避难所是基于公众需求建立的公共避难所，在人们必须撤离家园的情况下，大众避难所提供了一个安全的临时居所[9]。纽约市的大众避难所的配套设施条件较为完善，且具有完备的无障碍系统，可以提供基本的补给和服务（如食物、水和急救）等。疏散到大众避难所的人员应备好个人物品，如衣物、毯子、洗漱用品和个人常用药品。特需避难所是专门为需要特殊庇护援助且已在地方应急管理部门注册备案的民众设置的避难场所，这些民众往往由于因身体残疾、精神障碍、认知障碍或感官功能障碍等导致无法自理，必须得到治疗或特殊护理[10]。特需避难所的人均避难面积标准达到了 5.6m^2/人。除了基本服务以外，特需避难所还能够提供制氧机、呼吸机等专业的卫生医疗设备。特需避难所通常具有更完备的应急电力系统，发电机的燃料储备应确保能够在满负荷的情况下连续使用 72～96h。最后诉诸避难所是为未能及时撤离灾区的民众提供的临时安置地点，这些地点通常缺乏必要的基础设施和应急管理人员，也仅拥有最基本的避难功能。最后诉诸避难所的目的是灾区在无法完成全面疏散的情况下尽可能提升灾民的生存概率并为救援争取时间[11]。

表 10-2-1　纽约避难所分类

类型	标准	适应人群	特征
大众避难所	由美国红十字会定期检查和评估	适应所有人群	拥有充足的避难设施和卫生设施
特需避难所	由美国红十字会定期检查和评估	适应特殊需求人群	为患有身体或心理疾病等脆弱人群设置
最后诉诸避难所	没有通过美国红十字会检查	适应所有人群	缺乏基础设施，仅供短时间的灾害躲避

3. 旧金山避难所情况对比

与纽约市的避难所不同，旧金山的避难所建设更加强调针对地震等灾害的响应。旧金山的避难所按照开放时序可划分为：应急疏散中心、短期应急避难所以及长期避难所。除此以外，旧金山还设有自发避难所、室外避难场地以及大型避难所等不同类型的避难场地（表 10-2-2）。

表 10-2-2　旧金山避难所分类

按时序区分		
应急疏散中心	一个资源和人员有限的场所，其主要目的是为撤离人员提供一个安全和受保护的地方，以便在很短的时间内聚集在一起，直到人们可以返回家园或迁移到其他场所。24～48h 内开放	疏散中心可以作为第一步开放，直到资源到位，开始向更全面的应急避难所过渡
短期应急避难所	为撤离人员提供短期庇护，他们可能只需要一个临时住所，直到可以作出其他住房安排。72h 内开放	在一个由 ARC 运营的紧急避难所，ARC 通常会在第 4 天引入客户服务团队，帮助留下的居民寻找替代住房
长期避难所	如果灾害的程度大大限制了住房选择，而其余居民将继续需要较长期的住房救助，那么现有的应急避难所将被合并为少数几个较长期避难所。长期避难所的运作可能会再持续 30 天、60 天或 90 天	
自发组织避难所	由 ARC 或 CCSF 以外的组织运营的社区避难所，通常为教堂、社区中心等	

三、应急指挥空间

纽约应急管理中心（New York City’s Emergency Management，NYCEM）是纽约市应

急管理的指挥核心[12]。中心设有指挥中心大楼，功能包括：负责信息发布的联合信息中心、媒体简报室；负责城市监控的危机监控室；负责应急指挥的城市紧急行动中心。危机监控室是应急行动中心的中枢机构，来自城市各安全分支机构的代表每天 24 小时在此待命，他们监控警察和消防广播，如果有事故发生，他们会派遣 NYCEM 现场应急人员。监视指挥官还可以访问纽约市的 911 系统，负责向地方、州和联邦官员发出紧急情况警报。他们与纽约州应急行动中心办公室和周边司法管辖区保持直接联系，在需要时提供支持或援助。作为中央信息交换中心，地方、州和联邦机构可以聚集在这里评估和应对一些紧急情况。同时应急管理中心还包含了 130 个城市、州、联邦和非营利机构的工作站[13]。

同时，为确保在灾害发生后社区的居民能够得到及时的帮助，各社区往往会成立社区应急响应小组（CERT）来协助救援。

CERT 是一个基于社区的自救项目，这一项目通过招募志愿者并进行训练来组建一支社区应急队伍。当灾害发生时，CERT 能够在外界援助尚未及时到达的情况下应对社区的紧急需求。他们的职责包括：应急准备、现场指挥、风险评估、消防救援、医疗急救、失踪者搜救以及灾后心理辅导。

四、医疗救护空间

纽约市的应急医疗救护空间主要分为长时间收容场所以及临时医疗场地。

长时间收容场所包括医院、护理站以及社区诊所等可提供长久收容的医疗设施。全纽约拥有 57 家医院、183 座护理站以及 137 个社区诊所[14]。当飓风来临时，约有 90%的医疗设施可及时投入救灾工作，提供医疗急救服务并帮助位于灾区医院或诊所的病人疏散撤离。

美国的医院类型主要分为社区医院、联邦医院、精神病护理医院以及长期护理医院（表 10-2-3）。

表 10-2-3　美国医院分类

医院类型	特征	治疗周期	所属	备注
社区医院	提供常规医疗和急救服务，部分侧重专科治疗，床位 6～500 个不等	短期	非联邦政府	又可分为教学型和非教学型
联邦政府医院	为特定的病人群体，如现役军人，提供常规医疗和外科治疗	—	联邦政府	—
长期护理医院	不再需要急救护理的极端疾病患者通常被转送到长期护理医院	长期	非联邦政府	—
精神病护理医院	为需要紧急住院治疗的精神病患者提供特殊的服务	长期	非联邦政府	—

社区医院：根据美国医院协会标准，大多数美国医院被归类为社区医院，其中，三分之二位于大城市。一些社区医院提供一般护理，另一些则侧重于某些疾病和病症，如骨科，提供专门护理。一般的社区医院也可能有专门的治疗领域，比如创伤和癌症治疗，这些领域通常由美国外科医生学院（American College of Surgeons）等认证机构进行认证。社区医院可以有 6 个床位，也可以有 500 个床位。

联邦政府医院：在美国，大约有200家医院由联邦政府运营。这些医院为特定的病人群体，如现役军人，提供常规医疗和外科治疗。国防部、卫生与公众服务部和退伍军人健康管理局负责监管这些医院。

精神病护理医院：为需要紧急住院治疗的精神病患者提供独特的服务。这些医院治疗严重抑郁症和药物滥用等患者。

长期护理医院：不再需要急救护理的特殊疾病患者通常被转送到长期护理医院。这些医院将提供长期医疗和康复护理。

临时医疗场地一般为设置在避难场所的急救医疗场所。灾害来临前，由卫生部门、医院或地方机构派遣的医疗队伍会前往避难疏散场所提供应急医疗服务。

纽约市的应急医疗体系中还包括纽约市医疗预备队（NYC Medical Reserve Corps）。纽约市医疗预备队是一支志愿者队伍，他们由一群熟练的医疗救援专业人员组成。这一团队通常用于应对灾害、紧急情况和公共卫生事件，为医疗资源短缺的社区提供医疗服务。

“9·11”事件发生后，纽约市政府开始意识到常规医疗体系在应对重大伤亡事件时常常难以为继，因此创立了医疗预备队。

作为纽约市健康局的组成部分，纽约市医疗预备队拥有超过8300名医疗救援志愿者，成员包括医生、护士、牙医、心理医生等许多其他健康专业人员。

五、物资援助中转空间

纽约市的物资援助中转空间包括城市的各级机场、港口、物流中心以及联邦政府设立的物资储备中心、城市内部的大型超市和“食物银行”等。

参考文献

［1］New York City Stormwater Resiliency Mayor's Office of Recovery and Resiliency［EB/OL］．［2021-06-15］．https：//www1. nyc. gov/assets/orr/pdf/publi-cations/storm-water-resiliency-plan. pdf.

［2］Know Your Zone.［2021-06-11］．https：//www1. nyc. gov/assets/em/html/know-your-zone/knowyourzone. html.

［3］Plan for Hazards：Coastal Storms & Hurricanes.［2021-06-17］．https：//www1. nyc. gov/site/em/ready/coastal-storms-hurricanes. page.

［4］MICHAEL A. SCHWARTZ，TODD A. LITAMAN. Evacuation Station：The use of Public Transportation in Emergency Management Planning［J］．ITE Journal，2008.

［5］Using Highways During Evacuation Operations for Events with Advance Notice. U. S. Dept. of Transportation. Federal Highway Administration［EB/OL］．［2021-06-17］．https：//ops. fhwa. dot. gov/publications/evac _ primer/primer. pdf.

［6］NYC Hurricane Evacuation Finder.［2021-06-18］．https：//maps. nyc. gov/＃.

［7］朱延飞，衷菲．国外防灾避难场所的发展特色及对我国的启示［J］．城市学刊，2016，37（06）：49-52.

［8］HAROLD C，HANSEN，ANNE PALMER，DANA RISINGER. Mega-Shelter

Planning Guide [M] . International Association of Venue Managers, Inc, 2010.

[9] General Population Shelters. [2021-06-18] . https: //www. westmelbourne. org/320/General-Population-Shelters#: ~: text=General%20Population%20Shelters%20provide%20a, hygiene%20items%2C%20medications%20and%20clothing.

[10] Important Shelter Information. [2021-06-19] . https: //www. floridadisaster. org/planprepare/disability/evacuations-and-shelters/shelter-information/.

[11] 王滢．基于疏散行为的滨海城市避难空间规划策略研究 [D] . 天津：天津大学，2016.

[12] 维基百科．[2021-06-14] . https: //en. wikipedia. org/wiki/New _ York _ City _ Eme-rgency _ Management.

[13] 王菲．纽约市应急管理体系研究及其启示 [D] . 北京：北京大学，2011.

[14] Preparing for A Safer Future. NYC Department of Health [EB/OL] . [2021-06-18] . https: //www1. nyc. gov/assets/doh/downloads/pdf/em/prep-for-safer-future. pdf.

第三节　纽约应急疏散救援空间等级结构体系

一、区域级应急疏散救援空间

在区域级应急疏散救援空间规划方面，美国各级政府主要依据《国家应对框架》，针对区域疏散以及交通、通信、能源、水、物资等区域性生命线工程进行建设。当巨灾发生时，本地政府难以仅通过城市内部资源进行灾害援救，此时地方官员就会联系州政府或联邦政府以寻求帮助（表 10-3-1）。

表 10-3-1　各级应急疏散救援空间规模

级别	区域级	城市级	片区级	社区级
管理要求	区域	全市	街区	社区
面积	1 万～20 万 km^2	50～100km^2	4～15km^2	500m 半径
防护隔离	农田、森林、林地、河流等自然分割	天然分割及救灾主干道、防护隔离绿地	河流、疏散主通道、绿化带	疏散此通道、绿化带
避难疏散场所	—	大众避难所	大众避难所	大众避难所
交通保障	高速公路、铁路等灾害救援通道、机场、码头	灾害救援通道	避难疏散通道	疏散次通道
指挥中心	联邦政府、州政府	市级	市、区级	社区
供水	具备应对巨灾情况下的供水保障	具备应对巨灾情况下的供水保障	具备应对大灾情况下的供水保障	具备应对中灾情况下的供水保障
医疗	医疗救援	医院	医院、诊所	临时医疗服务点、诊所、CERT

续表

级别	区域级	城市级	片区级	社区级
通信	卫星、网络、电话	卫星、网络、电话	卫星、网络、电话	卫星、网络、电话
消防	消防站、军队	消防站	消防站	消防设施、消防志愿者
治安	—	纽约市警察局	各区警察分局	各区警察分局
物资保障	联邦政府、州政府储备	市级储备	大型超市	大型超市及物资援助点

二、城市级应急疏散救援空间

纽约的城市级应急疏散救援空间由城市防灾应急指挥系统、城市生命线基础设施、疏散救援通道以及公共避难场所等共同构成。

三、社区级应急疏散救援空间

通常以弹性防灾社区和各避难场所周边500m半径的生活圈构成，一般包含指挥系统、通信系统、避难系统、消防系统、医疗系统和生命线系统。

四、建筑及应急疏散救援空间

一般为学校、礼堂、体育馆等公共避难所，也包括位于非疏散区的私人房屋。

第四节　纽约应急疏散救援空间建设具体标准

一、避难场所建设标准

纽约市的避难所规划原则遵循与相关规划协调原则、弹性规划原则、选址安全性原则、就近布局原则、综合应对原则以及平灾结合原则。根据美国红十字会颁布的《飓风疏散所的选择标准》(ARC 4496)、《避难所选择的准备和操作》(ARC 3041）以及联邦应急管理署颁布的FEMA P-320、FEMA P-361等各项规范[1-4]，可将纽约市的避难所规划要求归纳为表10-4-1。

表10-4-1　避难所规划要求

项目	技术指标	备注
类型	学校、体育馆、礼堂等公共建筑	经过联邦应急管理署认证
选址要求	应位于疏散撤离区以外，远离各类危险源，处于地势较高且交通便利处。场所地面标高应高于历史最大洪水水位	确保避难设施的选址安全性
交通设施	在两个方向至少各有一个无障碍出入口	保证人员与物资的畅通
防风能力	建筑的结构强度应符合相关建筑规范，所能承受的最大风速应不小于250m/h	—
防火要求	避难所周边应设置防火隔离带或隔离墙，耐火等级不应低于两小时	—

续表

项目	技术指标	备注
避难时长	大众避难场所：灾害发生前 24h 至灾害发生后 72h	灾害发生 72h 后变为恢复性避难场所
人均避难面积	大众避难所：2.2m²/人 特需避难所：6.7～11. 1m²/人	灾害发生 72h 后变为 4.4m²/人
医疗区域面积	按 4.4m²/人计算	特需避难场所拥有更大的医疗区域面积
卫生设施要求	每 20 人应配备 1 个马桶、1 个淋浴喷头及 1 个洗手池，每 10 人应配备 1 个 113. 6 L 的垃圾桶	—
基础设施	用水、排污、供电照明设施以及卫生医疗设施，无障碍设施、餐厅、栖身空间、生活必需品及药品储藏设施，消防设施、通信广播设施、备用能源设施等	物资储备应能够保证超过 3 天的供应，能够满足一般民众和残障人士的长期生活需求

二、疏散通道建设标准

联邦应急管理署针对应急疏散路线的选择提出了如下的要求[5]：

(1) 疏散路线在疏散过程中预计不会因降雨或风暴潮而洪水泛滥；

(2) 疏散路线沿途没有或很少有树木覆盖；

(3) 疏散路线应充分考虑脆弱人口的分布与数量；

(4) 疏散路线应充分考虑疏散人员的数量和可用的避难所的数量；

(5) 疏散路线应设有足够宽的路肩；

(6) 疏散路线的制定应综合考虑道路的流量以及完成疏散预计所需要的时间。

同时，为了最大限度地提高疏散效率，反流车道常常被运用在一些重大灾害的紧急疏散中。反流，或俗称的反向车道，是指通过反向使用一条或多条车道以达到增加车流量的目的。如图 10-4-1 所示，共可形成四种不同的反流车道运作模式[6]。

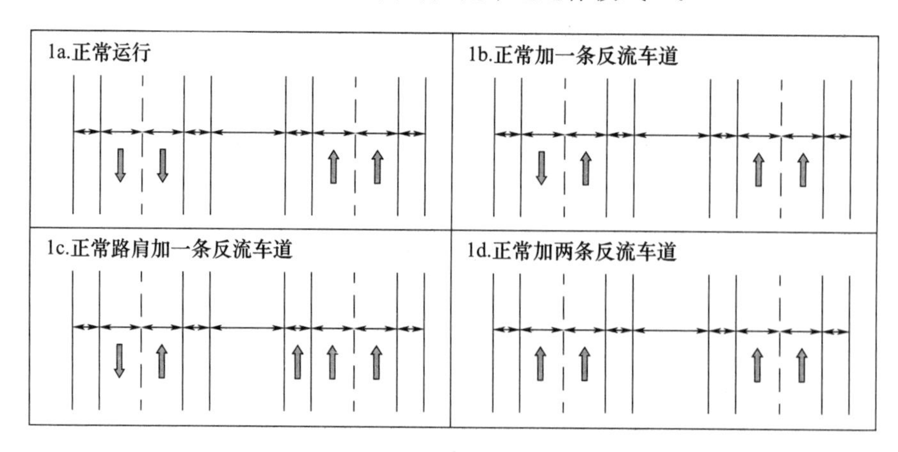

图 10-4-1　反流车道运作模式

三、消防系统

1. 陆地消防系统

纽约市的消防系统主要由纽约市消防局和其下属的分支机构组成。纽约市消防局下设 5 个分局分管纽约市的 5 行政区，每个分局下属 1～3 个消防师，每个师有 3 至 7 个消防营，每个营进一步划分为单独的消防站。按消防部队功能划分，纽约市的消防系统又可分为综合救援部队、高压水枪部队、云梯部队、人力救援部队、应急医疗部队、危险物质处理部队和水上消防部队。每个消防站点通常由 1～3 个不同的消防连队组成，在应对复杂的火灾或危机事件时，来自不同站点的消防部队会通力合作，应对危机。

全市共设立 254 个消防站点配备有消防车 340 辆，另有救援装备车、危险物质处理车、全地形消防车、消防快艇等多种特殊消防装备。纽约市消防站点辖区平均面积为 3.6km^2，平均保护人口为 3.92 万人。在曼哈顿这样的人口密集区域，共设有消防站 47 座，平均消防辖区面积仅为 1.26km^2，站均保护人口为 3.5 万人，站均建设用地与建筑面积分别为 481m^2 和 969m^2。每个辖区配备消防车 100 辆，人均消防车数量为 0.611 辆/万人。

在接到出警指令后，首辆消防车应在 240s 内到达现场，一个完整的消防队伍应在 480s 内到达现场。国家消防规范（National Fire Protection Association，NFPA）针对不同消防部队，也细化规定了不同的响应时间，如高压水枪部队应在 4min 内到达现场。

NFPA 也针对消防站的选址给出了建议：

（1）确保消防部队的车辆能够快速出入，出入口转弯半径不应小于 10.67m；

（2）选址应确保消防部队能够快速到达辖区内任意位置；

（3）选址的面积能够满足消防站的基本需求如停车空间、消防训练空间和日常生活空间等；

（4）选址处应有充分的水源补给；

（5）选址处的电力与通信设施应充分满足消防部队的需求。

2. 水上消防系统

除了陆上消防以外，纽约市政府还非常重视水上消防的发展。纽约市共设有水上消防站 6 个，其中 1、6、9 连为常驻连队，3、4、8 连为季节性连队。纽约市消防局还专门制定了水上行动策略（Marine Operations Strategy），水上行动策略包含消防、水上救援、医疗后转运以及危险物质处理。根据水上行动分级响应系统，水上行动按应对事件的轻重缓急分为 3 级，其中 1 级为最高响应等级，需出动高性能消防艇；2 级其次，通常会派遣快速响应消防艇；3 级最低，仅出动洪灾救援消防艇。全部消防艇总喷水量可达到 6.8×10^5L/min（5.68×10^5L/min），单次救援最大承载人数可达 500 人。每艘高性能消防艇和快速反应消防艇上都配备有 AED 急救设备以及急救人员，确保在遭遇突发事件时，消防艇能够给予伤员基本的紧急治疗并迅速运送至最近的医院。水上消防能力不仅对纽约港口内的船只很重要，同时也保护着纽约市关键的基础设施，包括货运港口、桥梁、发电厂以及石油燃气库等，这些设施陆基消防部队往往难以到达。利用水上行动分级响应系统，纽约市消防局能够有效部署资源，减少突发事件对临港侧关键基础设施的破坏，增强纽约生命线系统的整体韧性。

3. 地铁消防系统

地铁消防系统包括消防指挥系统、消防警报系统、紧急通信系统、自动喷淋系统、消防水管系统、主动通风系统和应急电源系统等。

除了常规的地铁消防系统外，纽约中央车站还专门成立了车站消防队。纽约中央车站消防队由 20 名志愿消防员组成。队伍配备有可在地铁站内行驶的小型消防车。此类消防车配有水泵、各类消防设备、应急医疗设备等。中央车站消防队可在 2min 内完成响应并到达站内任何一处地点，尽可能早地扑灭火灾，阻止火势蔓延。

4. 消防训练场地

纽约市设置有专门的消防训练场地——兰德尔斯岛消防训练学校。该消防学校占地 66 英亩（$2.67\times10^5 m^2$），场地内设施丰富，具备各类模拟场景，包括高层公寓、公路、地铁、船只等，能够针对各类火灾以及建筑坍塌、道路事故、地铁事故、水上救援等情景进行模拟演练，拥有能够进行各类火灾事故的消防救援活动模拟系统。每一名纽约市消防员都将在此完成为期 18 周的消防培训训练，规范消防救援能力，提升应对各类公共事件的响应能力。

除了消防训练场地外，纽约市消防局还设有应急医疗学院，根据不同医疗训练等级，每名消防员将在此培训 2 周半到 6 个月时间，并至少取得应急医疗处理员（EMT-B）的资格。对消防员进行医疗训练，能够提高消防员的应急医疗救援水平，让消防员有能力对事故现场的轻伤员进行简单的应急处理，争取宝贵的急救时间。

四、医疗救护系统

1. 院前救护系统

纽约市的应急医疗系统由纽约市应急管理处统一指挥，纽约市健康局负责医院等医疗机构的应急预案制定与管理，纽约市消防局则负责市内院前救护服务的统筹与管理。

纽约市的院前急救机构通常在接到急救电话后 10min 内派遣人员对受伤人员进行急救处理。全纽约市共有院前急救站点 87 个，救护车 481 辆。这些急救站点通常由消防部门、公司、大学、工厂、志愿者组织或医院经营，在险情发生时，这些机构将接受纽约市消防局的统一调度。

纽约市的院前救护系统按等级可分为高级生命支持系统（Advanced Life Support，ALS）以及基础生命支持系统（Basic Life Support，ALS）（表 10-4-2）。

表 10-4-2 院前急救等级

院前救护类型	医疗人员等级	车辆类型	服务类型	特征
高级生命支持系统（ALS）	高级急救医疗技术员（AEMT），急救医师（EMT-P）	全尺寸救护车	包含所有 BLS 服务，以及静脉输液，注射治疗，气管插管等	以救护车为基本单元，提供更高级的应急医疗服务
基础生命支持系统（BLS）	急救医疗响应员（EMR），急救医疗技术员（EMT）	非运输性医疗车辆	稳定、评估伤员情况，急救护理，呼吸道清理，心肺复苏，心脏除颤等	运营成本低，响应时间短，车辆安排灵活，不能进行创伤性治疗

（1）高级生命支持系统（ALS）：ALS救护系统通常以救护车为基本单元。每辆救护车上至少配备有一名护理人员以及一名急救医生。救护车配备了医用呼吸设备、心肺复苏设备、心电监测仪以及血糖检测仪等设备。ALS救护车上的设备能够为那些需要静脉输液、使用呼吸机和需要心电监测的患者提供更高水平的医疗监测。ALS的随车医疗人员受过较高等级的培训，能够在送医途中进行输液、用药和注射等急救治疗，稳定病人情况。

（2）基础生命支持系统（BLS）：BLS服务由急救人员、医护人员或公共安全专家提供，服务包括现场急救护理、心肺复苏、心脏除颤和气管清理等基础急救服务。BLS服务通常会配备非运输性医疗车辆，这些车辆能够快速响应并提供现场紧急医疗服务，但不能运送病人。非运输性医疗服务能够帮助紧急医疗机构更有效地利用他们的资源，提高响应时间。大多数非运输车辆的成本远低于全尺寸救护车，而且这些车辆的工作人员可能只有一个人。同时，这些车辆种类丰富，能够较好地适应环境和路况，提高响应时间。纽约市许多消防车增加了应急医疗功能。

2. 爆炸及大规模伤亡事件响应预案

爆炸及大规模伤亡事件响应预案（Integrated Explosive Event and Mass Casualty Event Response Plan）由纽约市大医院协会和纽约市健康局共同制定。该预案从信息传递、控制指挥、增加容量、分诊计划、员工培训和供给保障六大方面入手，指导医院为大规模伤亡事件创建临床响应计划。

紧急行动中心（EOC）是一个设在医院中的特别集中设施，医院的领导层和管理人员在这里协调医院的急诊部门、放射部门、术前准备、手术室和重症监护部门。同时与纽约市应急管理署进行沟通，使相关医院能够在事故发生时迅速完成响应并调动所有可用资源，为重症病人提供及时的救护。

五、物资保障系统

1. 联邦层面

联邦应急管理署要求各市政府应在灾害发生后采取行动，保障食物、电力、燃料在内的基本商品、设备和服务的供应，以支持受影响的社区和幸存者。同时应尽快恢复物流能力，使受影响的供应链重新运作[7]。

为了应对紧急情况的发生，联邦政府专门打造了12个国家战略物资储备中心，中心储存了大量的医疗用品和设备，包括抗生素、抗病毒药物、疫苗、呼吸机和医用床等。为了提高救援物资的配送效率，中心内的应急物资均被提前打包，这些包裹被称为“12h包裹”。每个包裹约有50t重，包括广谱口服和静脉注射抗生素、紧急药物、静脉输液药包、气道设备、绷带、疫苗、抗毒素和呼吸机。储备中心在收到疾控中心的请求后12h内，会通过卡车和飞机部署物资。

2. 区域层面

为了应对大灾巨灾带来的物资缺口，确保灾时物资物流的正常流通，纽约州政府与新泽西州、康涅狄格州、宾夕法尼亚州共同签订了区域物流计划（Regional Logistics Program），计划涉及了30个郡、数百个城镇，整个计划由四大部分组成：

（1）物流中心，为应急管理机构提供协助，以接收资源请求、进行资源管理、实施突发事件响应所需的物资流向控制策略。

（2）地区物流应急反应小组，向应急管理机构提供训练有素的物流后勤人员，以支持突发事件响应所需的复杂物流行动。

（3）接收和分配中心，当关键商品、供应品和资源到达受影响地区时，负责管理它们的接收以及下一步配送。

（4）商品分发点，负责向公众分发食物、水和关键物资的独立运作机构。

3. 市级层面

纽约市应急管理署在市内设有两个应急物资储存点，储备包括100多万升的水和数十万份即食食品，以及急救箱、婴儿配方奶粉、尿布、帆布床、衣物、毯子和护理用品等基本消耗品。

除此以外，纽约市广泛地利用超市、学校等地点进行应急食物储备。在出现紧急情况时，这些食物储备将在48h内发往纽约市内800多个食品分发处和应急食品供应网点，这些网点既有大型“食物银行”，也包括一些社区中心和小型教堂。

除了本市的食物储藏外，纽约市政府还在新泽西州韦恩市建立了大型食物储存仓库。仓库面积与足球场面积相当，距离曼哈顿约32.2km，可提供600万人份的食物。

六、环境卫生系统

纽约市的环境卫生系统主要由纽约市环境卫生局及其下属机构、各级垃圾收集和转运站、垃圾填埋场等组成。在灾害发生后，环境卫生局能够迅速组建一支包括2000辆垃圾清运车和9000名环卫工人的专业清理队伍，将因灾害产生的各类垃圾迅速转运至垃圾处理厂，避免因污染产生次生灾害，帮助城市快速恢复运行[8]。

参考文献

［1］ARC 4496-Standards for Hurricane Evacuation Shelter Selection［EB/OL］.［2021-06-17］.https：//portal. floridadisaster. org/shelters/External/Current/2018% 20SRR/Appendices/Appendix%20C. pdf.

［2］JAMES P. GREGG. Development and application of methods for evaluation of hurricane shelters［D］. Louisiana State University and Agricultural and Mechanical College，2006.

［3］FEMA P-320-Taking Shelter from the Storm［EB/OL］.［2021-06-17］. https：//www. fema. gov/sites/default/files/documents/fema_taking-shelter-from-the-storm_p-320. pdf.

［4］FEMA 453-Taking Shelter from the Storm［EB/OL］.［2021-06-17］. https：//www. fema. gov/pdf/plan/prevent/rms/453/fema453. pdf.

［5］Transportation's Role in Emergency Evacuation and Reentry. Washington，D. C.：Transportation Research Board［EB/OL］.［2021-06-17］. https：//www. nap. edu/ read/14222/chapter/1.

［6］Freeway Management and Operations Handbook.（2021-06-16）. https：//ops. fhwa. dot. gov/freewaymgmt/publications/frwy_mgmt_handbook/chapter12_01. htm#12-1.

［7］Mission Areas and Core Capabilities.（2021-06-15）. https：//www. fema. gov/emergency-managers/national-preparedness/mission-core-capabilities.

[8] A Stronger, More Resilient New York. (2021-06-15). https://www1.nyc.gov/site/sirr/report/report.page.

第五节　纽约应急疏散救援空间建设组织形式

一、点组织形式

纽约市的点组织形式应急疏散救援空间包括各类避难场所、防灾据点（一般为纽约市政府、消防站、警察局、医院等公共设施以及负责管理协调的纽约市应急管理行动中心等据点设施）、具有应急响应能力的弹性社区、防灾公园、生命线系统等。

二、线组织形式

纽约市的线组织形式应急疏散救援空间包括疏散通道和救援通道（一般为主要道路、公共交通系统等）以及各类沿岸的防护性景观规划等。

三、面组织形式

纽约市的面组织形式应急疏散救援空间包括疏散撤离分区、纽约市土地利用规划以及纽约市减灾规划等。

第六节　纽约信息化建设情况

纽约市应急管理行动中心一直致力于防灾救灾信息化系统建设，系统涵盖了信息收集、信息管理和信息发布三个方面[1]。

信息收集：纽约市的危机信息收集主要由危机监控中心完成。危机监控人员通过公共安全广播、计算机网络、社交媒体以及气象预测系统来收集与危机事件有关的信息，并及时将监测到的信息及时通知各职能机构，从而确保能够及时地动员足够的资源应对危机。

信息管理：纽约市应急管理中心构建了全市突发事件管理系统（Citywide Incident Management System，CIMS）（图 10-6-1），该系统以美国国家危机命令指挥系统为模板组建[2]。通过信息收集和前期的预案制定，纽约市应急管理行动中心可以利用该系统对各政府机构在危机处理中的角色和责任进行明确界定，明确规定各种不同类型的危机应由哪些机构负责，其中，有些危机需要多个机构协同负责，有些危机则只需一个机构独立负责。同时，全市危机管理系统还包括一整套进行危机反应和处理的程序，用以指导有关机构按照怎样的步骤，有序地进行危机处理工作。

信息发布：纽约市应急管理行动中心的信息沟通包括两个方面，一是危机发生前教育公众，帮助他们为可能出现的突发事件作好准备，从而减少损失；二是在危机发生时，向公众传递重要信息[3]。为此，纽约市应急管理中心特别制定了一款允许用户制定应急计划的移动应用程序“Ready New York”。该程序旨在为所有纽约市民及时提供灾害信息并帮助他们为所有类型的危机事件作好准备。

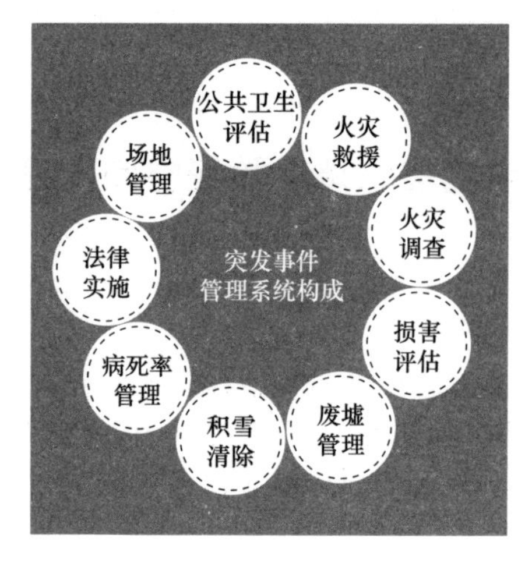

图 10-6-1　CIMS 系统

（资料来源：https：//www. nyc. gov/site/em/about/citywide-incident-management-system. page）

参考文献

［1］曹伟，周洋毅．国外大城市防灾应急管理体系研究及借鉴［J］．城市环境设计，2008（04）：6-8.

［2］Citywide Incident Management System.［2021-06-18］. https：//www1. nyc. gov/site/em/about/citywide-incident-management-system. page.

［3］郭晓来．美国危机管理系统的发展及启示［J］．国家行政学院学报，2004（01）：90-92.

第七节　纽约经验与启示

一、应急避难空间

（1）设立特需避难所，专门为那些不能和普通民众安置在一起的需要药物、医疗服务或心理治疗的人群专门设置，以满足无法自主生活的老年人、残疾人、病人等群体的避难需求。

（2）将公共交通通达性纳入风暴避难所选址的考虑因素，多数风暴避难所位于公共交通沿线，方便市民利用公共交通进行提前疏散，以减轻陆地交通的压力。

（3）以社区为单元推进紧急避难疏散所建设，旧金山政府要求各社区都应有指定的应急疏散中心（即紧急避难所），全市避应急疏散中心的服务区划以社区为基本单位，选址多以中小学、社区服务中心、休闲中心等场所为主。

（4）推动室外避难场地与室内避难所的综合建设，旧金山的避难所类型以建筑型避难所为主，多数学校、体育场馆等场所在建设之初就融入了避难功能。同时，为了应对大灾巨灾，旧金山政府还指定了六处室外避难场地，此类避难场地通常选址在与室内场地相连有平坦开放空间的地方，各类设施可与室内的配套设施相结合利用。

二、应急医疗空间

(1) 纽约市的院前急救由消防部门统一管理，其中高级急救服务由急救站点提供，以全尺寸救护车为基本单元，配备有高级院前急救技术员，提供高级急救服务。基础急救服务由消防站点提供，以非运输性医疗车辆为单元，服务由接受过医疗训练的消防员提供。二者都由消防部门统一管理，基础急救服务充分利用消防站点极高的可达性，更快速地提供基本的应急医疗服务。

(2) 纽约市的救护车基数大、种类多，平均 1.76 万人配置一辆救护车，同时配备有危险环境救护车、应急调度车辆（指挥用车）、急救主要响应车辆等多种特殊救护车。

(3) 纽约市健康局联合纽约大医院协会编制了多套应急预案，使医院在面对各类自然灾害及突发事件时能够维持有序运作。预案包括了爆炸及大规模伤亡事件响应预案、化学污染事件响应预案、放射性事故响应预案等多类灾害及事件预案。

三、应急消防空间

(1) 曼哈顿等人口密集区的消防站点建设布局呈现小而密的态势，曼哈顿区建筑密度高，地价昂贵，不具备建设大型消防站的条件，同时，美国消防救援强调响应救援时间，因此消防站整体呈现小型化的趋势。区共设立有消防站 47 座，平均消防辖区面积仅为 1.26km^2，单个消防站平均保护人口为 3.5 万人，站均建设用地与建筑面积分别为 481m^2和 969m^2。

(2) 各消防连队职责划分精细，分工明确。纽约市的消防系统按功能划分可分为高压水枪部队、云梯部队、人力救援部队、综合救援部队、危险物质处理部队和水上消防部队，每个消防站点通常由 1～3 个不同的消防连队组成，各站点功能明确，遇到大型灾害或事件时，各连队将协作完成救援任务。

(3) 纽约市设有完善的水上消防系统，共有水面消防站 6 个，其中 3 个为常驻消防站，其他为季节性消防站，各站点责任区划较为明晰。水上站点不仅负责水面的灾害救援，也负责沿岸重要设施的火灾扑救以及汛期时市内洪涝救援等任务。水上消防救援响应遵循纽约消防局制定的水上行动分级响应系统，依据事件严重程度出动不同级别的救援队伍。

(4) 纽约市设有完善的地铁消防系统，除了常规的管道消防系统外，纽约市的大型地铁站还专门配备有站内微型消防站，负责车站内的火灾及紧急事件。微型消防站在阻止火势蔓延以及快速救援响应等方面起着重要作用。

(5) 基于小而密的消防站点布局，各消防站点很难利用站内空间进行消防训练，因此纽约市消防局专门成立了消防训练学校以及应急医疗学校，每名消防员都需要通过两个学院的训练，以提升消防救援水平以及基础急救能力。

四、应急交通空间

(1) 积极利用公共交通系统进行提前疏散。在遇到飓风等灾害时，纽约市政府根据灾害预警会提前 48h 组织受影响地区居民疏散，大众捷运系统作为疏散的主要运力，每小时能够运送 74 万人，最短可在 4h 内将纽约市飓风疏散区的 300 万人疏散完毕。

（2）纽约市设立有专门的疏散道路及救援道路，当飓风来临时，两类道路都将接受严格的交通管制。在基本完成提前疏散后，纽约市将关闭市内主要的隧道、桥梁、地铁以及码头，确保灾后这些设施能够快速恢复。在灾后，政府部门将按照疏散道路—连接受影响严重区域与医疗、消防机构的道路—对外救援道路—物资保障道路的次序依次清理恢复，针对主要道路实施交通管制，利用反流车道等方式扩大交通承载力。

（3）纽约市应急物资输送十分依赖公路运输系统，超过95%的食品运输是依靠道路交通完成的。为了确保公路运输系统在灾时的对外通行能力，纽约州公路管理局制定了一系列绕道路线以确保物资运输和救援行动在主要救灾道路遭到破坏时能够稳定运行。

五、应急物资物流空间

（1）纽约市政府与大型物流企业合作进行应急物资保障工作，聘请了大型物流企业以完善应急物资储备的方案规划、仓储补给、运输管理和现场运营。

（2）建立完善的应急食品储存及分发体系。纽约市广泛利用超市、学校等地点进行应急食物储备。这些食物储备能够在48h内发往纽约市内800多个食品分发处和应急食品供应网点。同时邻近的新泽西州韦恩市建立了大型食物储存仓库。仓库面积与足球场面积相当，距离曼哈顿约32.2km，可提供600万人份的食物。

第十一章　伦敦经验

伦敦是世界上最大的经济中心之一，是全世界顶级的国际大都会。目前，英国的应急管理已经将重心转向了提高综合抗灾能力等方面，逐渐形成了完整的应急管理体系。其主要特点是逐层指挥、分工明确的运转机制和系统抗灾力的核心和精髓。作为英国的首都，伦敦在增强城市韧性和风险管理上的行动在全球有示范意义。伦敦的应急疏散救援强调各部门的分工协作，突出协同治理的作用，在空间方面没有形成应急疏散救援空间结构体系，但是现有应急措施仍对我国应急空间的建设有所启发。

第一节　伦敦概况与应急疏散救援体系

一、伦敦概况

《伦敦规划 2021》提出以“提高城市韧性”作为未来建设目标之一，规划通过公共、私营、社区和志愿部门共同规划和合作，制定战略性计划，完善地方基础设施，从而创造一个能够抵御火灾、洪水、恐怖主义等紧急事件影响的安全可靠的城市环境。

英国《国家风险清单 2020》（National Risk Register 2020）将国家风险分为自然灾害、公共卫生事件、事故灾难、社会安全事件、恐怖主义威胁和国民的海外风险等六类[1]。在《伦敦风险清单 2021》（London Risk Register 2021）中，将伦敦面临的风险分为事故和系统故障、公共卫生事件、社会安全事件、自然灾害、网络攻击和恐怖主义威胁等六类，其中最高等级的风险[2]见表 11-1-1。

表 11-1-1　伦敦最高等级的风险简介表

风险类别	风险名称	风险概述	对伦敦的影响
事故和系统故障	国家输电系统故障	电力故障（也称为电源丢失或停电）发生的原因包括恶劣天气破坏网络基础设施、设施故障、电力供求失调等	因输电网损坏或技术故障造成国家输电系统损失而造成的全国性停电。技术恢复过程（黑启动）可能需要 5 天；然而，大面积电力中断的高达 14 天，对民众生活造成恶劣影响
公共卫生事件	传染性疾病	大流行病是一种新的人类病毒在世界各地出现和传播的结果。2020 年 1 月 31 日，英国确诊首例 COVID-19 病例，截至 2020 年 12 月 15 日，该病毒在英国境内导致 76287 人死亡（以死亡证明上的 COVID-19 死亡人数计算）	新型传染性疾病在世界范围内暴发，多达 50%的人口可能出现症状，导致较高死亡率和旷工率，在大流行高峰期的 2～3 周内达到 20%，从而对业务连续性造成重大影响

续表

风险类别	风险名称	风险概述	对伦敦的影响
自然灾害	城市内涝	指由于强降水或连续性降水超过城市排水能力致使城市内产生积水灾害的现象	在大城市地区，由温暖不稳定的大气引起的地表水泛滥，最可能发生在夏季，因为温暖的大气有更大的蓄水能力，导致对流降雨
	河流洪水	连续的降水使河流流域饱和（土壤水分亏缺为零），并将河道填满，形成洪水	高强度的暴雨导致伦敦的河流（泰晤士河的支流）超过河道容量。洪水发生得非常快，几乎没有预警和疏散时间
	极端空间天气	空间天气这一术语描述的是源于太阳的一系列现象，主要包括太阳耀斑、太阳高能粒子、日冕物质抛射等	导致电网中断，曾导致两个农村/沿海变电站中断1个月或更长时间，影响约10万人。电压不稳定也可能导致局部停电，可能在城市地区持续数小时
	干旱	英国气候变化导致冬季更潮湿，夏季更干旱，改变了英国出现某些极端天气的风险。由于多年降雨不足导致水资源短缺，存在干旱的风险	在经历了连续三个前所未有的干旱之后，伦敦正处于严重的干旱（四级）状态。紧急干旱已对数百万处供水构成威胁。用水减少导致疾病增加，影响卫生水平，伤亡和潜在死亡人数增加。心理健康问题会影响社区，导致沟通障碍

二、伦敦应急疏散救援体系

18世纪60年代，在英国工业革命蓬勃发展的背后，相继出现城市灰色地带，造成严重的城市环境与公共卫生危机，水源的污染造成英国三次大的霍乱流行，对此英国开始实施一系列的城市重建计划，为城市预留了一定的防灾空间。1948年，英国议会制定了首部法律文件《国民防务法案》，并建立了可持续更新的多组织防灾空间体系。2006年，英国内阁办公室出台了《应急准备指导》（Emergency preparedness），阐述了详细的法律法规要求，包括预测、评估、防范和准备步骤。同年，出台《避难所和疏散指导》（Evacuation and shelter guidance），为帮助规划管理者制定避难疏散弹性计划，划分不同疏散规模（表11-1-2），并概括出全国范围内《疏散和避难规划的发展和实践》（该文件于2014年修正更新）。2008年，制定了《危机中识别脆弱人群：规划管理则和救援人员指导方针》，强调了对人群的避难疏散的差异化思考，是对《避难所和疏散指导》的扩展和补充。2009年，为医院避难疏散、社区对洪水灾害避难疏散等不同主体和灾种制定指导方法。2013年，英国内阁办公室制定《应急响应和恢复复原指导》（Emergency response and recovery guidance），制定与实施从灾害发生前到灾后恢复工作的全方位指导建议。重视学校避难疏散场所的建设，旨在提高社区面对灾害弹性恢复力和提高学校突发事件的应变能力。如图图11-1-1所示，从灾前到灾后恢复疏散空间建设指导[3]。

表 11-1-2　避难疏散类型及部门分工协作

序号	类型	部门分工协作	适用灾害类型
1	小规模/地方性的疏散	地方性（局部）响应救援	街道疏散，如煤气泄漏
2	中等规模的疏散	地方性响应，可能涉及互相帮助，甚至国家的支援	局部城市范围或局部工业场地的疏散
3	大规模疏散	地方性响应，涉及互相帮助，甚至国家的支援	化学、化工污染疏散
4	集中疏散	地方性响应，涉及互相帮助，甚至国家的支援	洪水等重大自然灾害疏散

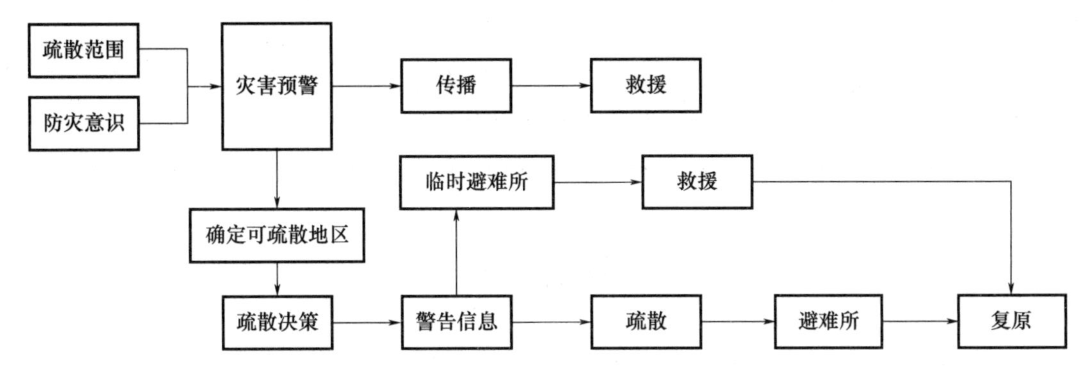

图 11-1-1　从灾前到灾后恢复疏散空间建设指导

在伦敦，应急管理组织体系可分为：地方层面、区域层面和中央层面，其中地方层面是突发事件管理的重心。在地方层面，根据英国《民事突发事件法》，伦敦设有依法承担职责的正式机构，具体分为核心应对者和合作应对组织，用于对突发事件的评估、制定应急计划、提供应急疏散救援的服务与空间等；同时设立地方应急论坛（Local resilience forums，LRFs），用于整合政府与社会的防灾减灾资源，沟通和协调所有应急管理相关方[4]，支持地区一切旨在增强抗灾能力的举措。英国政府将伦敦 33 个地方政府划分为 6 个组群，分别成立 6 个地方应急管理论坛：西部、东北部、北中部、西南部、东南部和中部，地方应急论坛的成员包括英国突发事件应对法规定的第一类（核心）应对者和第二类（合作）应对者（表 11-1-3）。通过正式机构的职责划定和论坛机制的沟通协调，伦敦能够做到灾时的成功疏散和随后的避难。同时，每个应急处置部门，如警察、消防、医疗救护部门，设立“金银铜”三级指挥，金层级主要负责制定任务和目标，通过远程指挥下达任务；银层级负责明确完成任务的方式方法，为下一层制定方法；铜层级负责具体实施，将任务进一步细化，包括安排的人数、完成的时间、进行的地点等。

表 11-1-3　伦敦地方应急管理论坛成员组织单位

第一类应对者	第二类应对者
英国交通警察总署	伦敦所有机场
伦敦中心市	电力供应商
伦敦中心市警察署	煤气供应商

续表

第一类应对者	第二类应对者
英国健康保障署	码头和港口管理局
伦敦急救服务署	卫生和安全行政官
英国环保署	高速公路管理局
伦敦消防总队	伦敦地下防空
国家海岸警卫局	大众通信供应商
大伦敦警察服务署	网络轨道
全民健康服务署	战略卫生署
Acute 信托	电话服务供应商
基金信托	—
初级保健信托	—

参考文献

[1] National Risk Register 2020 [R]. Cabinct Office. 2020.

[2] London Risk Register 2021. [EB/OL]. [2021-06-26]. https://www. london. gov. uk/sites/default/files/london_risk_register_v10_summarised_threats_public_0. pdf.

[3] 王滢. 基于疏散行为的滨海城市避难空间规划策略研究 [D]. 天津：天津大学，2016.

[4] 万鹏飞. 大伦敦应急管理体系建设及启示 [J]. 北京规划建设，2012 (01)：120-127.

第二节 伦敦应急避难场所体系

一、应急避难场所体系

英国很少指定应急避难场所[1]，而是通过《民事突发事件法》(civil contingencies act，CCA) 建立了一个系统的、可持续更新的多组织防灾体系，该体系旨在灾前的预防策略，灾害发生后的控制措施或应采取的补救措施，避免出现次生灾害，从而减小突发事件影响，以及考虑长时期的恢复问题，主要强调灾时的应急响应和各部门的协调配合。在这样的理念下，英国强调在应急准备阶段，建立和避难场所候选点（酒店等）管理者或权属者之间的联系，同应急物资供应商签订合同[2]，在灾时要求政府能够第一时间指派避难场所，并对救援工作作出安排。

在《避难所和疏散指导》中，避难所包括提供避难建筑物、人道主义援助和个性化支持，依据避难者需要避难的时间将避难疏散空间分为短期避难空间和中期避难空间（表 11-

2-1)。在短期避难空间方面，在应急疏散救援规划中确定适合用作避难中心的建筑物，如学校、康体中心或社区礼堂，应与房屋所有者或使用者达成协议，如果确定将学校作为避难中心，规划者应该考虑启用后可能造成的额外干扰；选定避难中心时，要保证避难中心在灾害发生时自身的安全性、维持电力和水供应的能力以及道路可达性；避难中心需要为预期避难人数保证足够的卫生设施，因为基本的卫生能力（厕所和洗涤设施的数量）才能决定可以容纳的人数。在中期避难空间方面，避难者的中期避难场所应尽可能靠近原来的居住区域，并保持与当地社区的联系。

表 11-2-1 《避难所和疏散指导》规定的避难疏散场所分类

场所分类	用途	建议场所
短期避难空间	72 小时内为疏散人员提供住所，直到他们能够返回家园或作出中期安排	学校、休闲中心或社区会堂
中期避难空间	为住房受到损毁的被疏散者提供住宿方面的帮助	靠近撤离者原居住地的公共场所，使人们更容易重返工作和学校，并与当地社区保持联系

《大规模疏散框架》[3]（Mass Evacuation Framework）中则将避难场所分为了紧急疏散中心、短期庇护所、紧急休息中心（ERC）与自助庇护所，但没有给出具体的建设标准(11-2-2)。

表 11-2-2 《大规模疏散框架》规定的避难疏散场所分类

场所分类	用途
紧急疏散中心	紧急情况下为大量人员提供即时、基本庇护的设施
短期庇护所（STS）	为那些无法做出替代安排的人提供短期庇护所的设施，提供基本的食物，但不太可能提供宿舍设施
紧急休息中心（ERC）	为那些没有其他住宿选择的人提供基本食物、洗涤和宿舍的设施
自助庇护所	个人在事故期间自行安排替代庇护所，不依赖公共当局的支持

二、开放空间布局体系

除政府确定的应急避难场所外，城市中的开放空间也是应急疏散体系的重要组成部分，在灾害来临时可为居民提供短期的疏散庇护。伦敦进行了完善的开放空间体系建设，城市开放空间分为区域开放空间和城市开放空间两个层级（表 11-2-3），城市开放空间又依据形态分为面状开放空间、线状开放空间和点状开放空间。

表 11-2-3 伦敦城市开放空间类型

分类	开放空间类型	描述	面积	离家的距离
区域开放空间	区域公园	大范围自然景观、绿地等开放空间，提供一系列休闲、生态、景观、文化等功能	$400hm^2$	3.2～8km

续表

分类	开放空间类型	描述	尺寸	离家的距离
城市开放空间	城市公园	大面积开放空间，公共交通可达性高	60hm²	3.2km
	线性开放空间	非正式娱乐空间	—	任何可能的地带
	街区公园	较大面积开放空间，以自然景观及体育运动设施为主，提供非正式娱乐及不同年龄儿童玩耍设施	20hm²	1.2km
	地方公园和开放空间	院落级开放空间，具备儿童玩耍、户外乘凉等功能	2hm²	400m
	小型开放空间	花园、户外乘凉休息处、儿童玩耍空间等	小于 2hm²	小于 400m
	口袋公园	小面积开放空间，提供自然景观和遮阴纳凉区，休息座椅等	小于 0.4hm²	小于 400m

1. 区域开放空间

伦敦市的区域开放空间为较大的区域公园、绿地、自然景观、农田水域等。区域开放空间以自然景观为主，可提供一系列休闲、生态、景观、文化等功能，平时可调节区域生态环境，达到减少自然致灾因素的作用；灾害发生时，一方面区域开放空间以其大面积的开敞地带和自然植被阻隔城市灾害的蔓延，另一方面，区域郊野公园可作为受灾人员的长期避难场所，并作为城市复兴重建的基地。

2. 城市面状开放空间

伦敦城市公园包括已建成的城市公园、具有发展成为城市公园潜力的地带以及缺乏城市公园的地带。

3. 城市点状开放空间

除区域开放空间和城市面状、线状开放空间外，伦敦市还有各类较小面积的开放空间，这类开放空间主要对一定范围内的居民就近使用，一般以自然景观为主，并设置健身、休闲和娱乐玩耍等设施，灾害来临时可以作为居民疏散的第一去处。

参考文献

[1] 张海鹏．国外应急避难场所对我国避难场所建设的启示［J］．城市与减灾，2020（03）：29-33.

[2] 朱延飞，衷菲．国外防灾避难场所的发展特色及对我国的启示［J］．城市学刊，2016，37（6）：49-49.

[3] London resilience partnership［EBLOL］．https：//www.london.gov.uk/sites/default/files/mass_evacuation_framework_2018_v3.0_0.pdf.

第三节　伦敦应急医疗救援体系

一、英国国民医疗服务体系（NHS）

国民医疗服务体系（National Health Service），简称 NHS，是全球最大的单一保险人制度医疗体系，所有的合法英国公民可以通过英格兰国民保健署获得医疗保健服务，其中大部分项目是免费的。NHS 是全球最大规模的公立医疗系统，雇员达 150 万，其中包括 9 万医生、3.5 万家庭医生、40 万护士和 1.6 万急救人员。全国有 1600 间医院和特别护理中心。

NHS 体系分两大层次。第一层次是以社区为主的基层医疗服务，例如家庭医生（简称 GP）、牙医、药房、眼科检查等。第二层次医疗以医院为主，包括急诊、专科门诊及检查、手术治疗和住院护理等。

二、综合应急医疗救援空间

在英国，应急医疗救护体系由中央和地方两级系统组成，中央系统由卫生部及其下设机构（突发事件计划协作机构，简称 EPCU）组成，地方系统由国民医疗服务体系（NHS）及其委托机构实施。在 NHS 体系中，医院急救系统是提供应急医疗服务的核心，紧急救护机构负责突发事件的现场处理，基本社区服务系统向民众提供直接的医疗保健服务[1]。

《民事突发事件法》中规定，在地方应急医疗救护中，第一类应对者提供基于《国民保健服务和社区保健法案 1990》（National Health Service and Community Care Act 1990）确定的国民医疗服务体系（NHS），配合国家医疗服务信托基金，具体提供救护车服务、紧急情况时的医院住宿和服务、公共卫生服务；第二类应对者具体指健康与安全执行局，辅助第一类应对者提供健康服务。

1. 院前医疗救护

NHS 对紧急医疗事件按照严重程度进行了区分。紧急情况（Emergency）：需要立即、强化治疗的危及生命的疾病或事故；一般紧急情况（Urgent）：需要紧急处理但不危及生命的疾病或伤害。

突发事件发生后，轻症患者可以第一时间拨打 NHS111 热线，NHS 会通过电话指导患者进行自救或者将患者引导至正确的本地服务场所。

NHS 的院前紧急医疗救援主要包括救护车与直升机救援。英国救护车队一般由护理人员、紧急医疗技术人员和紧急护理助手组成，许多救护车队受雇于私人救护车公司和自愿援助协会，例如英国红十字会和圣约翰救护车，在需要时或与他们签订合同时为 NHS 救护车服务提供支持。此外，空中医疗紧急救援是伦敦的一大特色。直升机的应用在许多发达国家和地区的紧急医疗服务（EMS）体系中已成为不可或缺的一部分，并专门提出了“直升机紧急医疗服务”（HEMS）这一空中医疗救援的细分概念。直升机紧急医疗服务（HEMS）的任务是向受伤人员尽可能快地提供高水平的急救护理，将伤者快速运送到医院，以确保患者在急救黄金时间内获得更多的生存机会。英国的 HEMS 模式和世界其他地方有很大差别，主要在于 HEMS 模式由慈善机构赞助的资金来经营。对每家医疗救援信托机构而言，直升机、飞行员和维修工作是由主要经营者提供的，而空中护理人员和紧急医疗服务医生则由英国国民医疗服务体系（NHS）提供。

英国使用民用直升机实施HEMS服务始于20世纪80年代，目前有22个空中紧急救护航空队，共有40架直升机和2架固定翼飞机，每个航空队负责相邻的几个郡的空中救护工作。伦敦空中紧急救护队自1989年投入运营以来，参加过33000多次救护活动。机上配备有除颤仪、二氧化碳指示器、液体加热器和心肺复苏装置等基本急救设备，可以在抵达医院前进行紧急救治。

除了NHS的院前救治外，伦敦消防和应急规划局也改进了伦敦消防队的紧急医疗救护服务，实施紧急救护计划。所有前线消防车、消防救援队、消防艇和快速反应小组都配备了信息、教育和宣传设备包，其中包括一个自动体外除颤器（AED）和一个为伤员提供医用氧气的复苏系统。与伦敦救护车服务合作，遵循相同的协议，为需要的人提供更好、更及时的紧急救助。

2. 紧急护理中心

紧急护理中心是用于处理紧急但不威胁生命的医疗情况，NHS公立医院设有免费的轻症急诊（Urgent care centre/minor injury units）和免预约医疗站（walk-in centre），用于分流重症急诊的压力；私立医院则设有紧急护理中心，用于服务那些不想长时间等待但愿意自费支付医疗费用的病人。大伦敦地区共有九个紧急护理中心，用于治疗扭伤、轻微的头部受伤、咬伤等紧急情况（表11-3-1）：

表11-3-1 伦敦紧急护理中心信息表

名称	所在位置	地址
The Princess Grace Hospital	伦敦中心	The Princess Grace Hospital, 42-52 Nottingham Place, London, W1U 5NY
The Lister Hospital	西南伦敦	The Lister Hospital, Chelsea Bridge Road, London, SW1W 8RH
The Wellington Hospital	北伦敦	The Wellington Hospital, Wellington Place, St. John's wood, London, NW8 9LE
Hospital of St John & St Elizabeth	北伦敦	60 Grove End Rd, St John's Wood, London NW8 9NH
London Bridge Hospital	东南伦敦	London Bridge Hospital, 27 Tooley Street, London, SE1 2PR
The Portland Hospital	伦敦中心	The Portland Hospital, 205-209 Great Portland Street, London, W1W 5AH
St Mary's Hospital (NHS)	西伦敦	Praed Street, Paddington, London, W2 1NY
Chelsea and Westminster Hospital Urgent Care Centre (NHS)	西伦敦	369 Fulham Road, London, W6 8RF
Guy's Hospital Urgent Care Centre (NHS)	东南伦敦	Guy's Hospital Urgent Care Centre, Ground floor, Tabard Annexe, Great Maze Pond, London, SE1 9RT

3. 紧急医疗救护流程

患者如果需要住院治疗，则需经过NHS的临床审查，确定是否有资格入住医院，之后才会得到相应的院内治疗。

伦敦的紧急医疗救护流程可以被总结为：应对应急事件，进行院前综合紧急护理，通过救护车或直升机等交通工具分别到达紧急治疗中心和医院进行治疗康复。

三、传染病应急医疗空间

在新冠肺炎疫情期间，英国建设南丁格尔医院以应对疫情冲击。“南丁格尔医院”被称为英国版的“方舱医院”，是英国在新冠肺炎疫情暴发初期建立的，这样的临时医院一共有七座，其他几座也都位于英格兰地区。第一座“南丁格尔医院”位于伦敦会展中心，可提供4000张配备氧气和呼吸机的设备齐全的床位。

参考文献

［1］青义春．突发公共事件医院应急救援机制研究［D］．重庆：第三军医大学，2012.

第四节　伦敦应急物资保障体系

一、应急物资物流系统

在英国的“金银铜”三级应急指挥机制中（图11-4-1），“铜”层级官员在现场负责具体实施应急处置任务，并可根据不同阶段的处置任务和特点，决定正确的处置和救援方式，直接管理应急物资的使用。在突发事件发生时，在地方设立后勤支援小组，为流离失所者提供必需品和服务。同时中央后勤组与经济组协调供求量，并进行采购以协助应急物资的部署。此外，疏散计划制定者应考虑承包商和供应商的应急处置能力，以及人员和应急物资的位置。

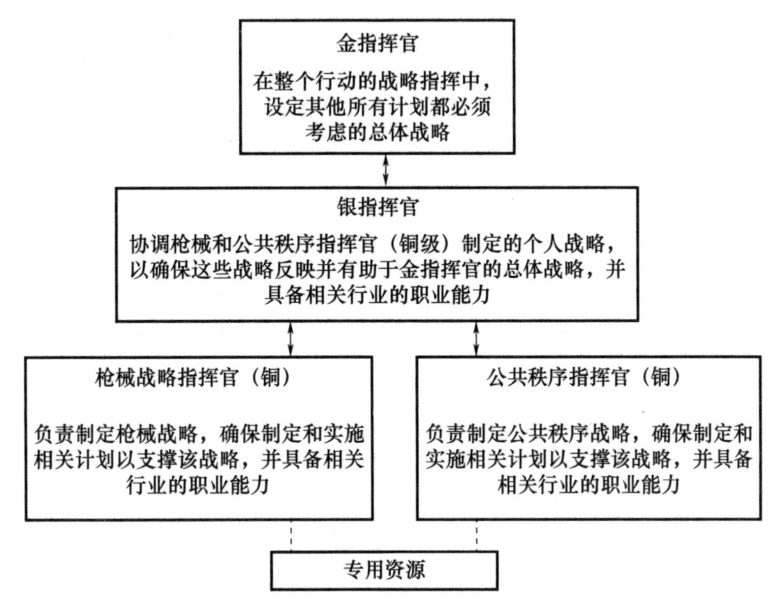

图11-4-1　“金银铜”三级应急指挥机制示意图

二、应急物资储备系统

英国在国家、社会救助、家庭物资储备三方面建立了应急物资储备系统。国家层面，英国卫生部拥有足够的抗病毒药物储备，自 2009 年猪流感暴发后，英国卫生部就曾向医院与社区分发了大量的抗病毒药物，也采购了大量的药品以备不时之需。社会物资救助层面，英国三大志愿组织英国红十字会、圣约翰救护车和圣安德鲁急救协会均建立了物资储备平台。在发生灾害时，主要为社区提供基本物资。家庭物资储备层面，重视社区与家庭的救灾物资储备。英国红十字会提倡每个英国家庭在平时都进行必要的灾时物资储备（表 11-4-1），并列出了物资清单供居民参考，增强了家庭的应变能力和准备能力。

表 11-4-1　英国红十字会建议的应急物资储备清单

紧急家庭工具包	出行时的应急包	应急车包
紧急联系电话列表 电池供电的手电筒和备用电池 电池供电的收音机和备用电池 基本药物和急救箱 三天的瓶装水和不会过期的即食食品 重要文件的副本 ……	即食食品、瓶装饮品和瓶装水 手机和充电器 任何必需的药物 现金和信用卡 紧急联系电话列表 婴儿和宠物用品（如果需要）	刮冰器和除冰器 雪铲 一张地图 毯子和保暖的衣服 急救箱 电池供电的手电筒和备用电池 电池供电的收音机和备用电池

第五节　伦敦综合消防救援体系

伦敦消防队（LFB）是应对世界上最大的火灾、救援和社区安全组织之一，为伦敦提供世界级的消防和救援服务，约有 7200 名职员，包括 5800 名职业消防员和警官。伦敦消防队共有 112 个地面消防站、1 个水上消防站；平均每个消防站的服务面积为 14km^2，服务人口为 6.7 万人。救援设备上，伦敦消防队共拥有 169 辆消防车及 102 辆专勤车。另外，伦敦消防队，现有大约 170 个特等双用泵体车、14 辆城市搜索和救援车辆、11 辆云梯车、2 架消防直升机、2 艘消防艇；大伦敦地区内，6min 内第一辆消防车到达事故现场；8min 内第二辆消防车到达事故现场；95％的情况下 12min 内消防车可到。

伦敦制定《伦敦安全计划》[1]（London Safety Plan，LSP）来明确伦敦消防队、消防员和相关救援人员承担的包括消防救援在内的责任范围和应有措施，包括在老年人家中安装烟雾报警器，处理交通事故或处理突发洪水，甚至要为应对恐怖主义事件作好准备。在空间建设方面，该计划确定了如下的具体措施：

1. 合理布局消防站和消防车

伦敦消防队目前有 14 个消防救援队，战略性地分布在整个伦敦。消防救援队分为三种类型，每种都提供独特的响应能力：技术救援队（Technical Rescue FRUs）共计五个，提供城市搜救、绳索救援和水上救援能力。危险物质救援队（Hazmat FRUs）共计五个，主要负责对危险材料事故、水上救援和动物救援事故提供专业响应。技术技能救援队（Technical Skills FRUs）共计四个，具有专业绳索救援能力，负责应对越来越多的涉及城市探险者或高层坠楼危险的自杀事件。所有三种类型的消防救援单位还提供了一套核心的专业设备，包括困难地区的进入，沉重的切割和延长持续时间的呼吸器。

伦敦消防队为自己设定的出勤率目标是：（1）平均在6min内第一辆消防车到达事故现场；（2）平均在8min内第二辆消防车到达事故现场；（3）在伦敦的任何地方，95%的情况下都能在12min内找到消防车。为在紧急情况发生时达到该目标，提高响应速度，伦敦消防队通过场景建模来分析应对已知风险的需求，评估了所有消防站位置的合理性，并划定了消防站布局的合理位置。对于消防车的位置，该计划提出紧急事件发生时，第二辆消防车可能更接近目标，因此要重视第二辆消防车位置的合理性。

2. 创新消防站的应用模式

伦敦消防队为消防站赋予一种社区精神，这与消防站作为社区建设核心这一原则相契合。因此消防队将与伦敦市长、蓝光合作伙伴（blue light partners）和地方当局密切合作，以一个创新灵活的方式来设计消防站，使其成为社区中心。它们将能够处理当地的风险、采取预防和应对措施，并可作为典型站（或）社区枢纽，既满足大型和小型应急车辆的停靠需求，又有可能成为教育中心或外联办事处。

3. 多领域的共商共建

伦敦消防队呼吁多领域的合作共商共建，提出合作项目如下：（1）建设应急服务控制室，使其兼具电话处理、信息发送、远程指挥等功能；（2）开展预防活动，如提供全方位的社区安全指南、提供全面综合的转诊服务、构建灵活的沟通传达模式；（3）制定应对措施，如建设社区应急服务团队、针对心脏骤停患者和其他紧急情况协同整合伦敦消防局和伦敦警察厅的资源；（4）创新保障机制，通过采取商业化的方式提高效率，如采用协同采购、招聘和学徒制等。

参考文献

［1］London Safety Plan.［EB/OL］.［2021-06-18］. https：//www.london-fire.gov.uk/media/5114/london-safety-plan-2017.pdf.

第六节　伦敦经验与启示

1. 立法先行，逐渐完善且细化的法律体系

英国建立了比较完善的法律体系，尤其是2004年颁布的《国民紧急状态法》成为英国应急安全最高立法文件，规定了三方面内容：（1）对紧急事件给出了明确定义；（2）明确了灾害发生时从中央到地方应急机构的责任，并对其进行分类；（3）在紧急条件下，为应对突发事件政府具有临时立法的权力。在法律支撑下，伦敦的韧性城市建设、防灾能力的提高都得到了强有力的保障和支撑。

2. 逐层指挥，建立有效的协同运行机制

英国的地方政府对每一个应急规划机构均建立了“金银铜”三级指挥的运行机制，可以让消防、医护和警察三方之间的沟通更加及时有效。同时英国十分重视相关工作人员的培训

工作，这使地方政府能够高效应对紧急事件。

3. 多方参与，构建多元主体沟通协作平台

英国防灾减灾救灾主体多元化，鼓励多部门、机构相互协作，非政府组织和社区成为英国减灾救灾管理体系重要的组成部分。设立地方应急管理论坛，沟通协调第一类反应者和第二类反应者共同参与应急救援。

4. “社区自救”，重视减灾型社区建设

英国是社区建设的发源地，随着社区在社会问题和社会挑战中作用的日益提升，英国政府越来越重视社区在应急管理体系中的作用和地位，通过提高社区宣传和紧急情况下疏散群众的能力，定期组织灾难演习和应急培训等方式，理念上推动形成“社区自救”的应急能力，完善社区应急疏散救援能力。

第十二章　新加坡经验

新加坡位于东南亚的重要地段，介于马来西亚和印度尼西亚之间，是亚洲重要的金融和教育中心。新加坡应急疏散救援空间体系以新加坡民防部队（SCDF）为核心，通过指挥调配其下属部门进行应急疏散救援，同时强调包括政府、社会团体、私人部门、志愿者和媒体等多位一体、全民防范的应急疏散体系的构建。

第一节　新加坡的概况与应急疏散救援空间体系

一、新加坡概况

新加坡全境由新加坡岛及周围 60 多个小岛组成，截至 2020 年，新加坡国土面积 724.4km^2，至 2019 年 6 月人口数量达 570 万。新加坡位于马来半岛南端、地处太平洋与印度洋航运要道马六甲海峡入口，是东南亚地区的中心、“亚洲的十字路口”。新加坡属于热带海洋性气候，全年气温保持在 24～30℃之间。10—12 月是新加坡雨季。但因为新加坡地理位置的特殊性隔绝了台风侵扰。同时因为新加坡处在板块深处，被印度尼西亚群岛和马来西亚包围，不是地震频发区，常年无地震，发生海啸的概率较低。

二、新加坡应急疏散救援空间体系

新加坡的应急救援体系主要由中央消防局（SCDF）承担，负责民防应急准备和灾难控制的具体方针制定和最高领导权。其主要职责是提供并完成消防与救护服务，制定并落实安全规划，执行与维护全民警报与防御系统，策划并开展全民消防安全宣传教育培训。其下辖四个分区，其中司令部负责监督部队行动和建设，包括作战、人事、立法、训练、社会关系和对外交流、财政、医疗等特别事务。四个分区则由在岛内占据战略位置的消防站和卫星消防岗网络进行支持，实际行动以多级应对作为基础。司令部下属的火灾安全和避难局主要对于建筑物和安装设施强制实施火灾安全规则，同时负责民房避难所的立项和执行。

中央消防局（SCDF）建立了 4 个系统，以满足新加坡的紧急需求，分别为（1）公共预警系统（PWS），该系统用于警告公众军事威胁，提醒居民注意局部地区的任何严重工业事故或自然灾害，发出警告后，市民可寻求保护；（2）保护系统，即避难系统，用于补充 PWS，从 1987 年开始建设，至今涵盖了所有公共和私人住宅楼以及捷运站等；（3）救援系统，在和平时期，警队可通过多站配置，处理多个救援行动及多宗火警事件，通过部署有组织、有训练的现役军人来满足战时需求。消防处与建筑发展局、公用事业局及新加坡警队等多个有关机构合作，使得城市尽快恢复正常；（4）命令、控制和通信系统（C3）。一个综合的计算机化系统，确保在紧急情况下有效控制稀缺资源，并在岛上最需要的地区部署部队。

其中新加坡的公共预警系统（PWS）是中央消防局（SCDF）在全岛战略要地设置的警笛网络。该系统的目的是警告公众军事袭击、自然及人为灾难，可能危及生命和财产的迫在眉睫的威胁。应用不同的信号表示不同情况下民众需要采取的相应措施（表 12-1-1）。并且每年的 2 月 15 日和 9 月 15 日下午 6 时 20 分，通过全岛 PWS 警报器网络发出“重要信息”信号[1]。

表 12-1-1　不同类型公共警告信号及含义

信号	情况说明	含义
“警报”信号	当空袭或炮击迫在眉睫时，就会响起这种声音	应立即转移到避难场所
“全部清除”信号	当威胁结束时，就会响起这种声音	可以离开避难场所
“重要消息”信号	这是为了提醒民众注意收听收音机中的重要广播	立即收听任何本地调频电台或电视频道

总体上，新加坡的国家灾害管理规划包含两个层面。首先在政策层面上，在国家级危机情况下，如流行病或劫持人质事件，由政府委员会负责管理。由关键的政府部门和董事会的常任秘书和首席执行官分别组成的国内危机执行小组辅助政府委员会的工作。在新加坡，内政部是民防危机准备和灾害管理的主要政策制定部门。其次是策略层面上，紧急事件管理者负责多个机构的联合响应，发布统一的命令进行紧急事件管理。在每一次重大的国内灾害中，新加坡民防局作为紧急事件管理者应制定综合的国内紧急事务行动规划，规划中将详细列出所有机构的作用、协作响应、协作命令和控制框架。相关机构的代表组织形成联合规划组，通过提供专家建议等来支持紧急事件管理者。联合规划组的成员来自主要相关机构，如新加坡警察部队、社区发展和体育部、信息和艺术部以及卫生部。其他的支持机构视紧急事件的类型而定，包括政府部门和处理环境、水、气、电等公用事业的董事会及建筑当局、交通当局、信息通信当局等[2]。

SCDF 下属有三个战略部门，分别为（1）行动和韧性部门，负责 SCDF 的前线行动，并且整合志愿者们的反馈去建立一个有弹性的社区。该部门主要要求在消防、救援、危险行动和紧急医疗服务方面保持高水准；（2）未来技术发展和公共安全部门，负责部门的职能转型和能力发展，涉及采用和开发尖端技术，为 SCDF 应对未来挑战作好准备；（3）战略和企业服务部门，负责企业战略和支持服务，有助于善政实行，确保在开展各种外包、资源优化和转型措施时 SCDF 的高效运行。

同时 SCDF 还成立了特种行动小组用以处理一些复杂和特殊任务。如伤员援助和救护小组（DART）主要处理在浓烟和有毒环境进行救护、地下救护，在倒塌建筑内和高空进行救护，是处理与本国相关的海外突发事件的主要力量；危险品紧急处理小组（HAZMAT）的职责则是尽可能降低工业生产和道路施工中化学品泄漏和溢出的危险。

除建立专业团队全天候处理各种紧急事件外，民防部队还与社区紧密合作，加强公众参与，从社区招募志愿者，培训后他们可协助团队开展行动并参与公众教育。还成立多个社区团体（如民防执行委员会）协助民防工作，在民间发布民防信息，同时建立由生活在各社区的居民组成的社区应急事件反应小组（图 12-1-1）。

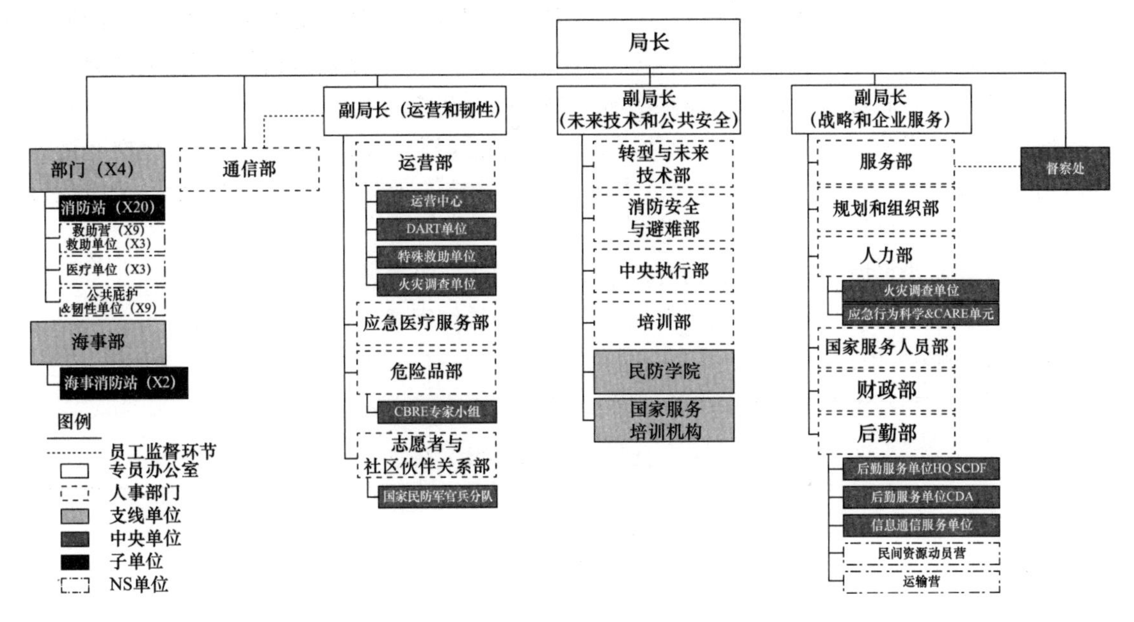

图 12-1-1　新加坡民防部队组织结构

（资料来源：https：//www. scdf. gov. sg/home/about-us/organisation-structure）

参考文献

［1］斯考德夫．新加坡中央消防局公共预警系统［EB/OL］．［2022-11-08］．https：//www. scdf. gov. sg/home/civil-defence-shelter/public-warning-system.

［2］简森·谭禅僧，李素菊．新加坡的紧急事务管理系统［J］．中国减灾，2004（07）：48-49.

第二节　新加坡应急避难救援空间体系

一、庇护系统

新加坡应急避难救援空间体系庇护系统主要为应急避难空间

因新加坡灾害威胁主要以恐怖袭击、公共卫生和火灾等为主，所以新加坡的避难疏散空间主要针对民防安全。新加坡公共避难所由中央消防局（SCDF）法规进行建造，地铁、建屋发展局（HDB）、学校、社区中心/俱乐部及其他发展区会在应急时成为公共避难所。其避难所发展史主要经历了以下四个时期：（1）1983 年，在南北线和东西线的 9 个地下捷运站上，建造了第一个公共避难场所；（2）1987 年，在新政府组屋（建屋发展局，HDB）住宅区的空甲板上开始了一项全面的避难场所方案。此后，还在中学、社区中心和其他公共建筑中建造了公共避难场所；（3）1994 年，宣布将在新的组屋公寓内建造家庭避难所，使得居民能够在战争或紧急情况下快速获得保护，同时停止了在组屋街区的空甲板上建造公共避难场所的做法。但是将公共庇护所纳入中学、社区中心和其他公共建筑的方案仍在继续；

（4）1997 年，根据《民防庇护所法》，新的房屋和公寓必须将家庭/楼层庇护所纳入开发范围。因此，向市区重建局（URA）申请新单位或房屋的规划许可时，必须包括住户或楼层遮蔽处。

在此发展下，新加坡公共民防避难场所主要有以下几类（表 12-2-1）：

（1）捷运避难所，目前共有 48 个地下捷运站被加固建成公共避难场所。每个捷运避难场所可容纳 3000 至 19000 人，可视地区大小而定。避难场所设施包括防护防爆门、净化设施、通风、供电和供水以及干式厕所系统。

（2）组屋避难场所，该类避难场所位于某些组屋住宅公寓楼的地下室内。

（3）学校避难场所，中学的地下室气步枪射击场被加固成掩体。

（4）社区中心/俱乐部。

（5）其他公共避难场所，包括地下室停车场、训练或活动室。

表 12-2-1　新加坡公共民防避难场所统计

避难场所类型	资源类型	应对灾害	数量（个）	规模指标
捷运避难所	室内	地震、战争	49	大型：容纳 1.6～1.9 万人；小型：容纳 0.6～0.8 万人
组屋避难所	楼层避难层（室内）	地震、战争、台风、海啸、火灾	446	—
	家用避难间（室内）	地震、战争、台风、海啸	约 7 万个	3～5m²
学校避难所	室内：训练场等 室外：操场等	地震、战争、洪涝	60	—
社区中心/俱乐部	室内：社区娱乐中心	地震、战争、洪涝、海啸	19	—
其他公共避难场所	室外：公园、交通道路等 室内：政府大楼等	室外：地震、火灾 室内：战争、洪涝、海啸	7	—

除以上避难场所外，还包括①住宅避难场所，即对家庭或篷宿区的墙壁、地板和天花板进行加固，按照 SCDF 批准的材料进行加固，业主不得擅自改装其门、结构墙、地板和天花板。②临时掩体，利用可用的家庭物品和家具进行临时保护（图 12-2-1）。

二、救援系统

1. 应急交通空间

新加坡道路交通系统致力于公共交通和步行、自行车道的规划发展。新加坡城市以卫星城发展为基础，通过铁路网络连接各区，促进了新加坡的城市发展，并成为公共交通的支柱，每 10 个家庭中将有 8 个住在离火车站步行 10min 以内的地方。在新加坡交通发展总蓝图（2040）中将实现“20min 可达市镇，45min 可达城市”的目标，采取新建从北部道南部滨水地区的地铁线、延长汤申—东海岸线至樟宜机场、设置巴士专用道、增加综合交通中心等措施。

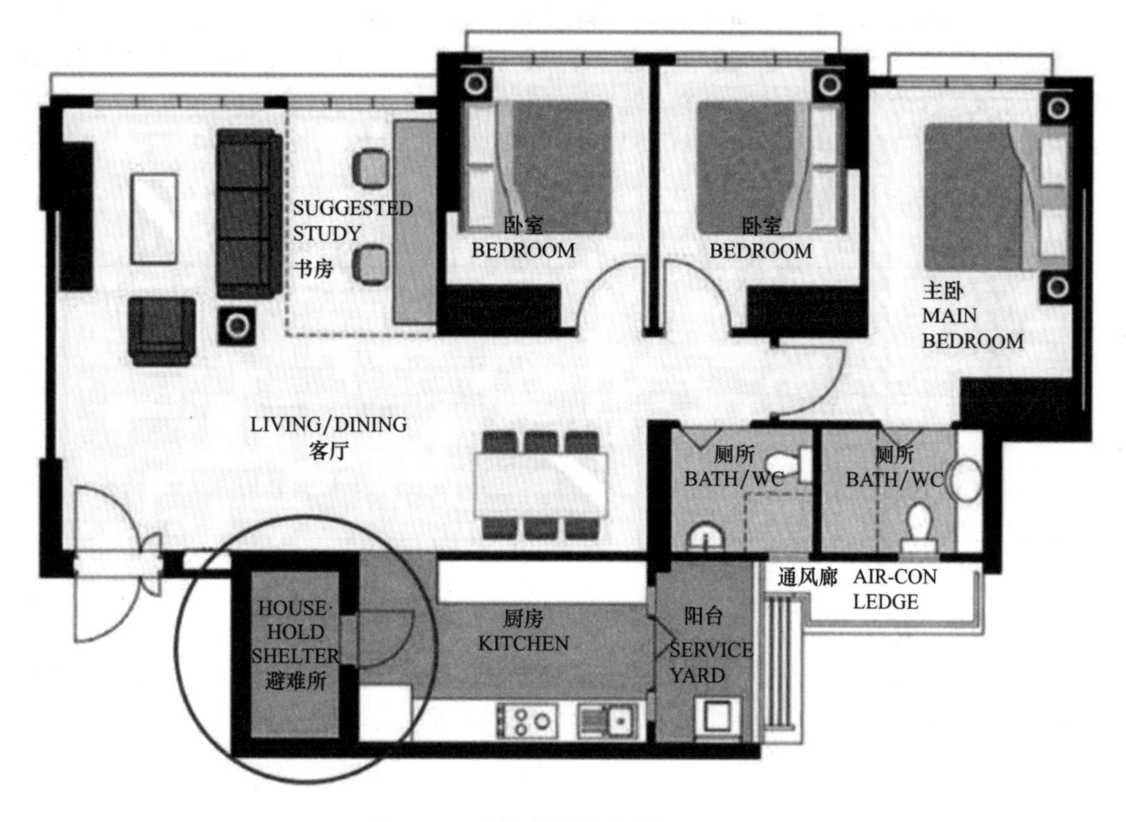

图 12-2-1　新加坡民房避难场所平面图

（资料来源：https：//qanvast. com/sg/articles/3-common-household-shelter-layouts-youll-find-in-hdb-flats-2070）

新加坡陆路交通通过打造一体化的综合交通枢纽，整合了地铁、公交和轻轨等多种交通方式，并垂直形成集休闲娱乐、交通运输、紧急医疗诊所等于一体的交通枢纽节点，截至2020年共建成10个综合交通枢纽（ITHS）。

同时新加坡对部分交通道路进行应急设计改造（表12-2-2），如新加坡东海岸公园路高速公路兼具高速公路和机场跑道双重功能，道路中间的隔离绿化植物放置在一个个装满土壤的独立式木箱中。当紧急战备情况出现时，这些木箱可以被迅速搬移清空，以便拓宽道路。道路两边种植易于砍伐的槟榔树，可以在短时间内把道路扩张成足够宽度的战斗机起降平台。经过实地测验证明，10分钟之内这条道路就可根据需要变身为一条高等级战备高速路，作为邻近军事基地的临时机场跑道使用。在新加坡境内有多条像这样具有高速公路与军备机场跑道两用功能的道路。

表 12-2-2　新加坡应急陆路交通及应对灾害

交通类别	应对灾害种类或灾难情景
地铁	战争避难、地铁设施未受损情况下（如台风）的人员转运
高速公路	部分高速兼具高速公路与机场跑道双重功能，是民事、军事两用跑道。在紧急战备情况和大规模灾害来袭，大量人员、物资需要转运时承担应急功能
其他道路	依靠新加坡强大的无缝衔接的公共交通系统，实现洪水、地震等灾害地区的人员和物资转运

2. 消防救援空间

新加坡民防部队负责全国的消防安全，将全国按照东西南北划分为四个区域，设置民防分区，分区最高指挥官（即分区司令或师长）是民房分区指挥灭火救援和医疗救护的最高长官。截至 2021 年，新加坡全国共有消防局（类似我国消防中队）20 个、消防站 26 个。每个消防局的平均辖区面积为 30 万 km^2，承诺"8min 消防救援"（表 12-2-3）。

表 12-2-3　新加坡消防空间覆盖区域

	覆盖区域	下属消防局数量（个）	人数（人）
第一民防分区	南部地区	8	926
第二民防分区	东部地区	4	584
第三民防分区	北部地区	3	488
第四民防分区	西部地区	5	657
SCDF 中央消防局	海上灭火和救援	2	134

新加坡消防系统中还包括应急计划（ERP）和公司应急小组（CERT）（图 12-2-2）。应急计划包含了火灾应急计划（FEP）、现场保护计划（IPP）和纵火预防计划（APP），对公共建筑和指定场所的不同类型火灾和火灾相关事件（包括大规模伤亡事件）的相应程序进行了概述，规定了不同紧急情况下需采取相关行动保护和疏散建筑内人员。

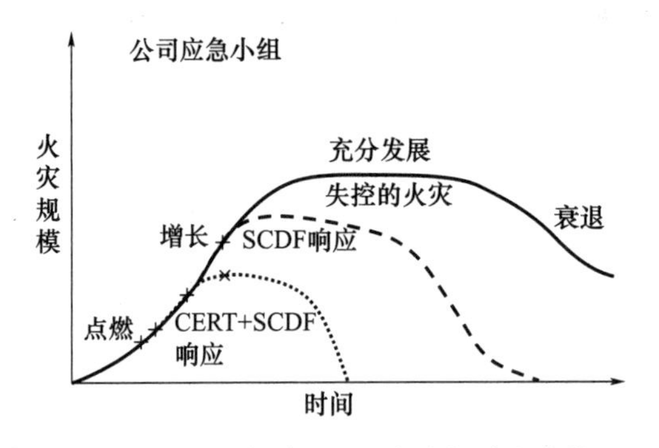

图 12-2-2　新加坡公司应急小组响应阶段

（资料来源：https：//www. scdf. gov. sg/docs/default-source/scdf-library/p-fm/introduction-to-cert-（2017-10-24）-intl-ver _ 0. pdf）

针对建筑的消防规定，在《消防准则 2018》中对建筑工地临时建筑物、在建建筑物、一般仓库、全自动机械化停车场、超高层住宅楼、电梯救援、残障人士消防安全、大型地下空间等提出了具体的消防安全要求。其中一般的消防系统包括便携式灭火器、上水总管和软管卷盘系统、电气火灾报警系统、洒水器安装系统、固定自动灭火系统和电梯救援系统等部分。

新加坡对高层建筑的定义是 8 层以上或 24m 以上的建筑。高层建筑火灾扑救的出动排序中（1）第一出动：3 辆消防车、1 辆云梯车、2 辆支援车、1 辆救护车、2 辆摩托车；（2）增援的第二出动：4 辆消防车、2 辆云梯车、1 辆支援车、2 辆救护车、1 辆指挥车。其力量设置重点在着火层下 2 层以下和上层，并将所有力量分配在 5 个区域，即①着火层为拯救灭火区；②着火层下 2 层为指挥和救援人员集结区（较为安全，负责快速支援，收集信息和情况并上传下达，掌握、指挥人员和器材等力量）；③着火层上层为人员疏散区（搜寻可能存在的被困人员，引导人员疏散）；④一层大厅为人员出入和引导区（疏散群众，保证群众安全；防止群众与消防人员拥挤妨碍灭火救援行动，与警察密切合作）；⑤室外安全区停放指挥车、设置救护点及备用器材集结点，同时指挥云梯车工作、车辆停放和维持交通秩序，照顾受伤人员并送医院救治。

其中《新加坡防火规范》中针对特殊建筑（如医院、疗养院等）的消防系统要求医院建筑应在每一楼层至少设置一个避难区（表12-2-4）。在超高层住宅中每20层提供一个避难楼层，火灾紧急情况下，必须指定至少避难楼层建筑面积的50%为临时的居民聚集区。

表12-2-4　医疗建筑避难区人员荷载指标

避难区	人员荷载
医院	2.8m²/人
疗养院	2.8m²/人
不为病患提供住宿的楼层	0.56m²/人

新加坡规定所有3层及以上建筑要在一些窗户上贴有红色倒三角标记，表明这种玻璃窗是普通玻璃材料，易于击碎。因此在灭火救援时，民防部队的云梯车升梯位置通常首选带红三角标记的窗户。

3. 应急医疗空间

（1）平时应急医疗系统

和平时期，新加坡应急医疗响应系统属于单层系统，新加坡紧急医学救护服务主要由中央消防局（SCDF）负责，提供24小时的紧急医疗服务（EMS），并根据紧急医疗求助类型和案件验证程度启动相应的救援规模和影响速度，将患者送往附近的公立医院。

新加坡实行分级转诊制度，形成以社区医疗为基础、综合医院为支撑、专科医院为补充的金字塔形结构（表12-2-5）。其中基层诊所基本覆盖全岛，且分为综合诊所（polyclinics）和家庭医生式诊所（general practitioners clinics），前者由政府经营，部分医药费由政府补贴，后者由私人运营。新加坡每个社区布局有综合诊所，每个组屋（HDB）楼下有家庭医生式诊所。

表12-2-5　新加坡医疗机构分级数量

医疗机构分级	数量
第一级医院	10家公立医院、9家国家专科医院、8家私立医院、1家非营利医院
第二级社区医院	5家公立社区医院、4家非营利社区医院
第三级社区诊所	20家公立社区诊所、2304家私立全科门诊

（2）灾时应急医疗系统

新加坡将可能造成大规模人员伤亡的灾害事故可分为10类：重大火灾、建筑物坍塌、火车事故、空难、轮渡事故、公路隧道事故、工业有害物质事故、化学/生物事故、放射性威胁、爆炸事故。灾害发生时，政府各机构有明确的责任分工，如中央消防局负责灭火和救援行动，并进行早期医疗救治和疏散；卫生部负责医疗和公共卫生检测、疫情预防和检伤分类，包括接管中央消防局的现场治疗、疏散伤员到医院、救治被污染的人员、确定伤亡情况、安抚伤亡人员家属等。

在新加坡国内灾害医学救援中，医疗服务主要从三个层面展开：顶层是政府，以国家卫生部为主，在中央消防局（SCDF）等协助下，全面负责医疗救助；医院，以新加坡中央医院为代表的公立医院为主；基层是灾害现场，以灾害现场医疗指挥部以及各种医疗队为主。

对国内灾害的处理通常分为四个阶段：第一阶段为初始阶段，主要由新加坡中央消防局为代表的应急队伍快速响应，建立封锁带、进行消防和救援、救治伤员并送医院、初始信息公开等；第二阶段为民事紧急行动阶段，主要是激活衔接规划人员、卫生部接管先前中央消防局建立的急救站、建立临时停尸间和家属等待区、受影响人群的处理等；第三阶段为民事紧急行动持续阶段，包括召集执行小组和持续灾害处理等；第四阶段为恢复阶段，包括恢复行动、中央消防局暂时从总部撤离。

首先灾害发生时，新加坡现场最初的紧急医疗救援常常是由新加坡中央消防局的院前急救人员在救护车中做出的。这些急救人员在灾害现场附近的安全区建立初步急救站，对伤员进行检伤、提供初步医疗救助，现场急救站是伤员得到有效处置的场所，每个急救站通常都有 2～6 支医疗队，每支医疗队由 2 名医生和 4 名护士组成。现场分诊将灾难伤亡人员分为四类：优先级 1（P1）＝重伤者、优先级 2（P2）＝中度损伤、优先级 3（P3）＝轻伤、优先级 0（P0）＝死亡，用于管理和疏散。公立医院急诊科（EDs）是灾时伤员运输的末端。

灾害发生的 24 小时内，新加坡中央医院（SGH）承担了应急医学救援早期指挥的责任。新加坡遵循民事灾害三级响应系统，一级响应指伤亡人数在 20～50 之间，卫生部将根据灾害严重情况和接收医院的能力激活有限医院，二级响应指预计伤亡人数在 50～100 之间，将激活大多数医院，三级响应指灾害伤亡人数大于 100 人时，所有医院和卫生机构的资源将全部动员起来。如果灾害伤亡达到 20 人，新加坡国内应急行动被激活，首先启动卫生部国内灾害应急预案，其次向各公立医院发出指令准备接受伤者，下一步卫生部负责组建灾害现场医疗指挥部到达灾害现场指挥医疗救援工作，同时成立卫生部行动小组协调整体医疗救援工作（表 12-2-6）。

表 12-2-6　卫生部对灾害严重性的定义（伤亡人数为主要考察对象）[1]

等级	伤亡人数（人）	涉及的医院	现场医疗队（支）	灾害现场医疗指挥部
Ⅰ	＜20	单个或 2 个有急诊科等级的医院	0～1	没有
Ⅱ	20～50	2 个或更多医院	2～4	有
Ⅲ	50～100	大多数公立医院	5～10	有
Ⅳ	＞100	所有公立医院	32	有

注：两家公立医院亚历山德拉医院和 KK 妇女儿童医院不包括在研究中。
最多可从所有公立医院调动 16 个医疗小组。

灾害现场医疗指挥小组到达以后，将展开以下工作：①接管新加坡中央消防局急救人员建立的初步医疗站，并对中央消防局救援力量进行重新部署；②指挥不同医院（除公立医院以外，根据灾情需要，有时会动员新加坡武装部队以及联合诊所等医疗机构）的医疗队，向他们简要说明职责，并分配到相应的医疗站，为他们提供适当的指示，必要时建立额外的医疗站以便进行紧急救援和后送；③与拯救行动总指挥（通常由中央消防局总监担任）磋商建立一个救护车集结区域，以便于快速后送；④与新加坡警察机关协调建立临时停尸房，并安排法医在处理尸体方面向警方提供法医学方面的帮助。新加坡除了能从不同公立医院动员组建医疗队，必要时联合诊所也可以派出医疗队，由此组成的医疗队和少量中央消防局急救人员、新加坡武装部队医疗队共同组成了灾害现场的医学救援力量。

灾害发生后，新加坡医院（特别是公立医院）要承担的责任主要包括：①接收灾害最初信息；②履行医院协作职责；③执行医院在灾害现场的任务；④接收灾害现场后送的伤病员；⑤提供洗消设施以及技术人员：⑥妥善处理好本院医疗资源在新接收的灾害受伤人员与原有住院治疗患者之间的分配；⑦启动医院应急预案：⑧提供场地以进行 24 小时观察。每家医院都有应对灾难医学模式的指挥机构，该机构负责院内有限医疗资源的合理整合、配置，同时也是向卫生部传递信息、反馈和响应的重要枢纽。

新加坡医院将灾害中受伤患者集中收治在“灾难医学病房”，预设该病房能够使相关医疗工作人员更及时地应对突发事件，平时该病房也能收治一般患者，一旦灾害来了，通常将原有患者分流到院内其他科室或向社区转诊，便于“灾难医学病房”规划和控制[2]。

（3）院前应急医疗系统

新加坡 24h 紧急医疗服务（EMS）主要针对院前应急医疗开展相关救助，2017 年新加坡中央消防局（SCDF）出台 EMS 分层响应框架（表 12-2-7），优化院前应急医疗服务资源。首先患者致电求助，根据病情严重程度区分优先级，其次将应急医疗响应资源和响应速度与呼叫严重程度匹配，分为最危急的危及生命的紧急情况到轻微的紧急情况和非紧急情况。新加坡注重对公民进行医疗急救的相关专业培训，包括成立应急响应小组（CERT）和社区应急准备计划（CEPP），进行心肺复苏技能（CPR）和自动体外除颤仪（AED）等基础医疗技能培训，在专业应急医疗人员到达之前，可通过电话诊疗的方式在电话指导下对患者进行相关救助。

表 12-2-7　新加坡中央消防局（SCDF）院前应急医疗服务分层响应框架

案例类别	举例	响应机制
威胁生命的紧急事件	心脏骤停、意识不清、呼吸困难、主动发作、严重创伤和卒中	最高优先级 最快的反应 部署的额外资源
急诊	严重过敏、紧急分娩、头部受伤、骨折、哮喘、患有慢性疾病的老年人和患病儿童	高优先级 快速响应
较轻的紧急事件	伤口出血，意外擦伤，肿胀，轻度损伤和持续发热	低优先级 反应较慢
非紧急事件	便秘、慢性咳嗽、腹泻和皮疹	不需要紧急医疗援助在诊所寻求治疗或拨打 1777 寻求非紧急救护车

为更好地进行新加坡消防人员和医疗人员资源分配和转换，建立了消防响应人员（FRS）承担应急医疗技术人员（EMT）工作的机制（FRS-EMT），自 2012 年以来，已有 300 多名 SCDF 消防响应专家（FRS）接受了紧急医疗技术人员（EMT）的培训。首先由消防摩托车上的 FRS-EMT 处理危及生命的紧急情况。每辆摩托车都配有一个医疗包，其中包含一系列基本医疗用品，例如医疗药品、氧气瓶、AED 套件和诊断设备。FRS-EMT 机制

的快速移动性能保证在救护车之前医疗救助就可实施，并为危及生命情况下的患者提供即时医疗。

针对每年有10%的非紧急情况救助电话占用紧急救助电话资源的问题，自2019年4月起，SCDF将不向医院转诊非急诊病例。这些病例将被建议在附近的诊所向家庭医生或全科医生寻求治疗。对于坚持要去医院的非紧急情况，建议患者自己安排或致电付费非紧急救护车。

（4）重大公共卫生应对系统

新加坡政府制定了疾病暴发应对系统（DORSCON），将公共卫生事件分为4个级别，分别用颜色表示事件严重程度，通过该系统来告知民众公共卫生事件的严重程度，明确告诉民众该如何进行防护，避免在社会引起恐慌（表12-2-8）。

表12-2-8　新加坡疾病暴发应对系统

级别	疾病性质	日常影响	给公众的建议
绿色级别	疾病轻微或严重但不易人传人（如MERS、H7N9）	最小干扰，如边境检查、旅行建议	对社会负责；如果你生病了，待在家里；保持良好的个人卫生；注意健康防护
黄色级别	轻微或受控制的人传人现象，但发生在国外并得到有效控制（如H1N1大流行）	最小干扰，例如在边境和/或卫生保健设置的额外措施；较大的停工停课可能	
橙色级别	疾病严重并容易人传人，但还没有在新加坡普遍扩散（如SARS、COVID-19）	中度干扰，如隔离、温度检测、医院看病限制	对社会负责；如果你生病了，待在家里；保持良好的个人卫生；注意健康防护；遵守防控措施
红色级别	疾病严重，传播广泛	重大干扰，如学校停课、在家办公、大量死亡	对社会负责；如果你生病了，待在家里；保持良好的个人卫生；注意健康防护；保持社交距离；避免去人多处

疫情背景下，建立如下工作流程，患者在社区或初级卫生诊所就诊初步诊断后转诊至医院急诊部门，先进行分流前的筛查。根据结果分为三类：轻度怀疑、中度怀疑和高度怀疑，并根据检验结果分别进入三类住院病房进行治疗。若决定出院，则以社区为主要治疗单元，高风险者在社区进行隔离，卒中险强制自我隔离，低风险按常规门诊管理[3]。

在疫情期间，新加坡的公共卫生防备诊所（PHPC，类似于上海发热哨点）也发挥了重大作用。新加坡政府以社区门诊为依托，建立了PHPC（Public Health Preparedness Clinic），目的在于让遍布全岛的社区全科诊所（私立和公立诊所）能在卫生部的统一指挥指导下，按照统一的标准进行诊断、上报、转诊和隔离，快速准确地发现疑似病例，最大限度地减少漏诊、避免恐慌性的公共卫生资源挤兑。基于新加坡分级分诊的制度上，防备诊所在一定程度上对轻重病患进行了分级和分流，避免了新加坡医疗资源暂时短缺的问题。同时新加坡政府通过给予加入PHPC的私立诊所医疗补助等方式鼓励更多的私立诊所加入疫情防控中来。2021年6月新加坡已有976所PHPC诊所。

参考文献

［1］ Lee F C Y，Goh S H，Wong H P，et al. Emergency department organisation for disasters：a review of emergency department disaster plans in public hospitals of Singapore ［J］．Prehospital and disaster medicine，2000，15（1）：28-39.

［2］ 叶泽兵，蒋晓红，田军章，等．新加坡紧急医学救援体系建设的理念及实践［J］．现代医院，2013，13（04）：132-135.

［3］ Nadarajan G D，Omar E，Abella B S，et al. A conceptual framework for Emergency department design in a pandemic ［J］．Scandinavian journal of trauma，resuscitation and emergency medicine，2020，28（1）：1-13.

第三节　新加坡应急疏散救援空间等级结构体系

一、社区级应急疏散救援空间

新加坡应急疏散救援空间以防空壕为主，分为公共防空壕和家用防空壕。公共防空壕多为社区级的应急疏散空间，指建在政府和法定结构建筑内的民防防空壕，市民可在紧急情况下避难的公共场所，包括地铁站、学校、社区俱乐部以及地下停车场。目前新加坡共有 87 个社区，建有 19 个社区俱乐部防空壕，平时是社区娱乐活动场所，在灾时可作为临时疏散点。最主要的公共防空壕是地铁站。新加坡已建成有 3 条地铁主干线，总长 179km，143 个车站，其中按公共防空壕建设的地铁站有 33 个，这些防空壕小的可容纳 0.6～0.8 万人，大的可容纳 1.6～1.9 万人，防护设施比较完备，每个工程都安装有屏蔽门系统，把站台区域与列车区域、地面区域互相隔开，都建有防护防爆门、洗消设施、通风系统、供水供电系统和移动厕所等。同时，站内各种宣传板（防空壕使用方法和注意事项等）一应俱全。

二、建筑级应急疏散救援空间

新加坡建筑级应急疏散空间以组屋为主。新加坡组屋是由新加坡建屋发展局（HDB）承担建设的公共房屋，经过 40 多年建设，已建成近百万套组屋，目前约有 84%的人口住在组屋内。新加坡居民区基本没有建设地下停车场（建设地面立体停车场，一般 5 层楼高），很少在住宅下建设地下防空室。1997 年起新加坡政府颁布法令，规定所有的新的政府组屋和私人住宅区都必须在屋内或者楼层建防空壕，取代了原本在组屋底层或地底建造防空壕的做法。所以凡是从 1998 年 5 月 1 日提呈发展准证申请的新组屋或房屋，都必须建造防空室或防空梯间。

目前，新加坡已建有约 7 万个防空壕，这些防空壕建在每一套组屋内，一般 3～5m^2 大小，配建在厨房或卫生间旁，按标准加强了“三板”（顶板、底板、墙板）的厚度和强度，配备了标准的防护钢门和通风孔，内设电力、网络、收音机等插座。这些防空壕作为每个家庭的避难场所，能在战时（遭到空袭）或在灾时（楼房结构遭到破坏时）保证避难人员的安全，并能接收外界信息，按政府的指令行动。

第四节　新加坡应急疏散救援空间建设具体标准

一、避难场所建设标准

新加坡民防部队（SCDF）针对民防避难所建设标准出台了《2015 楼层避难所技术要求》（《Technical Requirements for Storey Shelters 2015》）和《2017 家庭避难所技术要求》（《Technical Requirements for Household Shelters 2017》）。

针对家庭避难所（以下简称 HS）建设，规定家庭避难所（家用防空壕）任何楼板和屋面板的最大内部长度应为 4000mm，最小内部宽度应为 1200mm，墙体的内部长度和宽度设计增量为 50mm。HS 的最大内部建筑面积应为 $4.8m^2$。经有关当局批准，内部建筑面积可超过 $4.8m^2$。HS 最小和最大净高应分别为 2400mm 和 3900mm。如果净高超过 3900mm，应提供中间钢筋混凝土板或钢筋混凝土梁。钢筋混凝土梁的设计应至少具有与钢筋混凝土板相同的刚度。如果非避难所掩体设计有两面墙，钢筋混凝土梁应设置在非避难所的外围。

针对楼层避难所（以下简称 SS）建设，规定楼层避难所（SS）或楼梯楼层避难所（S/C SS）的最小内部建筑面积和最小内部体积应基于住宅单元的总建筑面积（GFA）和居民的入住率设计。SS 的最大内部建筑面积应为 $32m^2$。任何楼层和屋顶板的最大内部长度应为 8000mm。SS 的最小内部宽度应为 1200mm，内部长度与内部宽度之比不得超过 3∶1。SS 和非避难所的最小净高应为 2400mm。

此外还规定 HS/SS 的墙壁、地板和天花板随着厚度的增加而加强。其墙壁应远离建筑外部，并且门需由 SCDF 批准的轻质防护钢制成。每个 HS/SS 门都有一个固定在其内表面的通知，该通知将结构标识为 HS/SS，并清楚地说明严禁在其内进行的活动。HS/SS 只需要最基础的维护，并且业主不得擅自改装避难所的门、结构墙以及地板和天花板。

二、疏散通道建设标准

在新加坡《快速交通系统消防准则 2018（交互版）》中阐述了对车站的一般逃生途径的设计要求。车站逃生通道的最小净宽应满足以下条件：（1）从站台屏蔽门到任何障碍物之间的最小距离为 2.3m；（2）平台从平台边缘到任何障碍物的最小距离为 2.5m；（3）公共走廊和坡道最小宽度为 1.75m；（4）非公共走廊和坡道最小宽度为 1m；（5）楼梯和出口通道最小宽度为 1m；（6）车站收费门最小宽度为 500mm；（7）十字转门最小宽度为 460mm；（8）门和大门的最小宽度为 850mm；（9）位于站台下的服务管道最小宽度为 500mm。紧急情况下残障人士的疏散路线在《建筑环境无障碍规范》中也进行了规定。

第五节　新加坡应急疏散救援空间建设组织形式

一、点组织形式

新加坡应急疏散救援空间点组织主要由公共民防避难所和家庭避难所组成。其中公共避难所包括捷运站、学校和社区中心等公共区域，家庭避难所则因新加坡独特的组屋住宅制度和政府对住房安全设计的高要求而广泛分布于新加坡全岛。

二、线组织形式

新加坡应急疏散救援空间线组织分为实体空间和虚拟空间。实体空间线组织形式主要由公共交通系统和各疏散救援通道等应急生命线系统组成，并且捷运站类点组织的公共避难所成为新加坡公共交通系统中重要的组成部分。虚拟空间线组织形式则通过风险评估与扫描系统（RAHS）中数据流对各已存在和潜在风险进行预测追踪，并加以应对。

三、面组织形式

新加坡应急疏散救援空间面组织主要指由各应急疏散救援空间点连接生命线系统等线组织形成覆盖新加坡全岛域的应急疏散网络空间。除实体空间的应急疏散救援网络，新加坡利用信息技术建立了全岛统一的城市级公共安全信息平台和公共安全监管体系，在虚拟空间实现对城市公共安全事件的快速发现、实时响应、协同处置。

第六节　新加坡信息化建设情况

新加坡积极构建数字经济行动框架，聚焦数字治理、数字产业、数字生活等领域，计划建成世界首个“智慧岛”。

其中新加坡建立的城市公共安全监管体系规划将整个城市综合安全防范与治安监控的整体技术性能和自动化、多功能的协同联动响应能力作为其基本要求，同时重视城市公共安全管理在信息层面的执行和运作过程。建立新加坡全岛统一的城市公共安全信息平台，通过实时监测城市公共安全运行情况，实现对影响城市公共安全事件的快速发现、实时响应、协同处置的统一监管、信息集成、高效协同指挥，并将城市公共安全各单一业务及监控系统在网络平台进行融合、信息交互、数据共享。

建立风险评估与扫描系统（RAHS）。基于 SARS 病毒对国家发展造成的影响，新加坡国防部借鉴美国全景扫描系统（TIA）的思路建立风险评估与扫描系统（Risk Assessment and Horizon Scanning，RAHS），进行预测，以提前预防并采取措施。

“虚拟新加坡”项目。2015 年新加坡政府与达索系统、西门子等多家公司合作，完全依照真实物理世界中的新加坡，打造一个汇集所有物联网传感器的大型城市数据模型。平台于 2018 年面向政府、市民、企业和研究机构开放，广泛应用于城市环境模拟仿真、城市服务分析、城市规划与管理决策、科学研究等领域。

新加坡 one map 网站提供了全域的安全和民防信息，用户可查找距离自己最近的应急避难场所等寻求帮助。

第七节　新加坡经验与启示

新加坡注重对全民的安全教育和防灾培训，SCDF 在各社区进行宣传教育并培训社区民防志愿者，首先每个社区都有民防志愿者小组，其活动由一名民防执行委员协调，一旦发生紧急事件，民防志愿者就可转为全职民防职员和国家公务员开展救援行动。其次新加坡重视安全防灾的智能化应用，新加坡“智慧岛”计划进行了全岛智慧政府、智慧安全、智慧交通、智慧基础设施和智慧社区等多领域的规划和建设，搭建了公共安全信息平台和城市公共安全监管体系。

第十三章　北京经验

北京是我国的首都，是全国政治和文化中心。《北京城市总体规划（2016年—2035年）》阐述了如何健全公共安全体系，提升城市安全保障能力。强调建设综合应急体系，提高城市应急救灾水平；包括完善应急指挥救援体系、健全救援疏散避难系统、完善生命线应急保障系统、推进应急救灾物资储备系统建设、加强应急保障设施日常管理。北京市的应急疏散救援空间体系由应急避难空间体系、应急医疗体系、消防救援体系、疏散通道体系、应急物资保障体系五大体系组成，其在全国的核心领导地位和重要国际位置决定了必须建立和完善城市总体综合防灾体系，以抵抗和防御可能发生的包括地震在内的各种突发性自然灾害。

第一节　北京概况与应急疏散救援空间体系

一、北京概况

北京位于华北平原的北部，"北依燕山，西拥太行，南控平原，东濒渤海"，处于华北主要地震区阴山—燕山地震带的中段。对于北京而言，威胁最大的是市域内分布的顺义—前门—良乡、南苑—通县、黄庄—高丽营、来广营—平房、南口—孙河、小汤山—东北旺等主要断裂带，带长大多在10～20km左右。北京地区的干旱、洪涝、冰雹、大风、寒潮、雪灾等受灾风险也较高。北京历史地震情况如表13-1-1所示。北京是我国防灾减灾重点设防城市，也是世界上三个历史上曾经遭受过八级以上地震灾害的国家首都之一。北京地区被国务院确定为全国地震重点监视防御区之一。

表13-1-1　北京历史地震情况

参考震中	年份	震级	烈度
延庆东	294年	6级	8度
北京南	1076年	6.75级	9度
北京	1337年	5级	6度
居庸关一带	1484年	6.75级	8～9度
通县附近	1536年	6级	7～8度
北京	1586年	5级	6度
通县东南	1632年	5级	—
通县西	1666年	6.5级	8度
三河—平谷	1679年	8级	11度
北京西北郊	1730年	6.5级	8度
昌平	1746年	5级	6度
昌平西南	1765年	5级	—

北京的建设基于原有的城市基础，形成了中心城建筑集中、人口密度大、新旧建筑同时存在的特点。老建筑以木质结构为主，胡同比较狭窄，对于防震防火都十分不利。北京市的地震灾害有以下两个特点：

1. 地震时直接性灾害：建筑倒塌

地震灾害相对于其他灾种，对城市的破坏性最大，范围最广。实践证明，城市化程度越高，现代化水平越高，人口密度越大，建筑密度越高，地震带来的直接破坏就越严重。地震将会造成大批建筑物倒塌以及大量人员伤亡，严重的甚至还会导致城市瘫痪。

2. 地震后的次生灾害：水灾、火灾、有毒有害物质扩散

火灾对人民生命安全的危害最大。特别是老城区，破旧房屋多，木结构建筑多，一旦发生震后火灾，加上消防系统也可能受到地震的破坏，火势很难扑灭，容易形成大灾难。美国旧金山和日本关东地震时的地震火灾教训值得我们吸取。如果相关的减灾措施跟不上，次生火灾也很有可能成为北京地震后的又一个重要灾害。

二、北京市应急疏散救援空间体系

北京市的应急疏散救援空间体系由应急避难空间体系、应急医疗体系、消防救援体系、疏散通道体系、应急物资保障体系五大体系组成（图 13-1-1）。其中，应急避难空间体系从避难场所建设标准及规范、避难疏散空间体系展开介绍；应急医疗体系分为综合应急医疗卫生空间、传染病应急医疗卫生空间、核应急医疗卫生空间；消防救援体系分为消防救援空间体系、应急消防救援力量建设；疏散通道体系从城市及避难疏散通道建设、疏散通道建设标准两方面进行阐述；应急物资保障体系对北京市的应急物资储备的等级结构以及北京市的应急物资储备主体进行介绍，如图 13-1-1 所示。

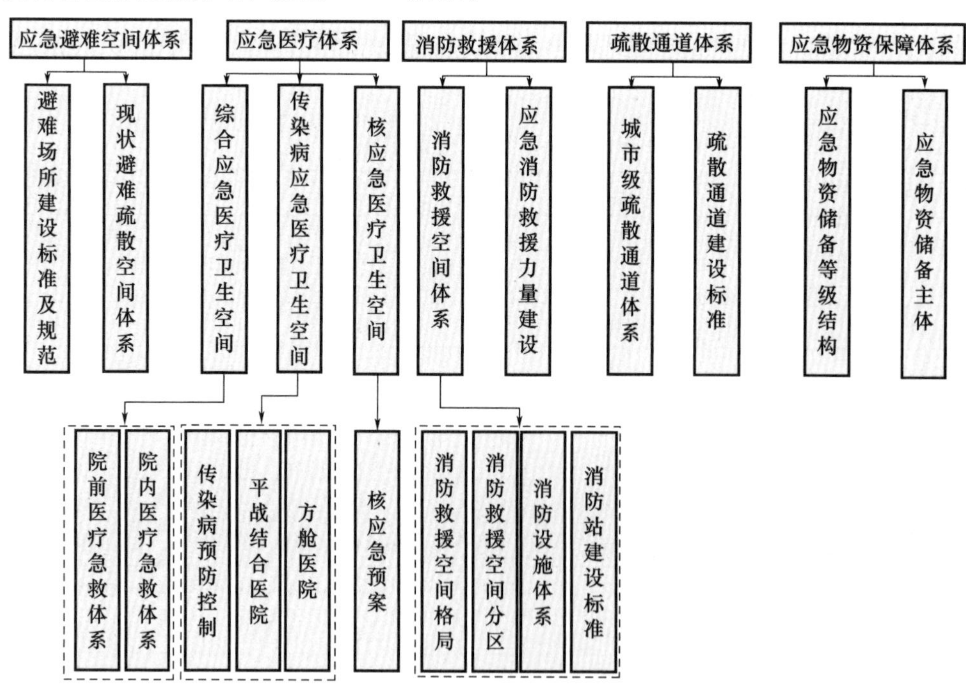

图 13-1-1　北京市应急疏散救援空间体系

第二节　北京应急避难空间体系

一、北京市避难场所建设标准及规范

目前，指导北京市应急避难场所规划的相关规范和文件主要有3个（表13-2-1）：《城市抗震防灾规划标准》（GB 50413—2007）（以下简称为“规划标准”）、《地震应急避难场所场址及配套设施》（GB 21734—2008）（以下简称为“设计规范”）、《北京中心城地震应急避难场所（室外）规划纲要》（以下简称为“规划纲要”），从场所分类、用地规模、服务等级、人均面积、疏散通道、设施配置等方面进行规范[1]。

表13-2-1　北京市的应急避难场所规划文件

规范名称	场所分类	用地规模	服务半径	人均面积	疏散通道	设施配置
规划标准	紧急避震疏散场地	≥0.1hm^2	500m	≥1m^2	主通道≥4m	—
	固定避震疏散场地	≥1hm^2	2～3km	≥2m^2	主通道≥7m	
	中心避震疏散场地	≥50hm^2	—	—	不少于8条，主通道≥15m	
设计规范	Ⅰ类地震应急避难场所	≥0.2hm^2	—	≥1m^2	不少于2条不同方向的疏散通道	基本、一般、综合设施
	Ⅱ类地震应急避难场所					基本、一般设施
	Ⅲ类地震应急避难场所					基本设施
规划纲要	紧急避难场所用地	≥0.2hm^2	500m	1.5～2.0m^2	不少于2条疏散通道	原则描述要求
	固定避难场所用地	≥0.4hm^2	2～3km	2.0～3.0m^2	不少于4条疏散通道	

二、2004年版规划避难疏散空间

根据2004年的《北京中心城地震应急避难场所（室外）规划纲要》，北京市的应急避难场所划分为紧急避难场所和固定避难场所（表13-2-2）。

紧急避难场所用地主要是指发生地震等灾害时受影响建筑物附近的面积规模相对较小的空地，包括小公园绿地、小花园（游园）、小广场（小健身活动场）等。这些用地和设施在发生地震等突发灾害时，在相对短的时间内，具有提供用地周围若干个邻近建筑中受灾居民临时和紧急避难使用的功能。也可以认为它是转移到固定避难场所的过渡性用地。但在实际中它却又是在最短的时间内可以最快、最直接地接受受灾市民，最可能减少灾后人员伤亡的用地（场所）。

长期（固定）避难用地主要指相对于紧急避难场所用地来说，面积规模较大的市级、区级公园绿地，各类体育场等，规模再大些的还包括城区边缘地带的空地、城市绿化隔离地区等，主要用于安排居住区（社区）、街道办事处和区级政府等管理范围内的居民相对较长时间的使用。此类避难场所用地既可以被一个居住区或街道办事处范围内的受灾市民使用，也可被多个居住区服务。避难用地面积越大，离居住区、建成区越远，相对就越安全，越有利于灾后政府集中救助工作。

表 13-2-2　2004 年版规划避难场所指标要求

<table>
<tr><th rowspan="2"></th><th colspan="5">主要指标</th><th colspan="6">其他指标</th></tr>
<tr><th>分类分级</th><th>应对灾害</th><th>资源类型</th><th>空间布局</th><th>规模指标</th><th>选址要求</th><th>工程建设</th><th>功能设施</th><th>运行管理</th><th>城市人口规模</th><th>城市用地面积</th></tr>
<tr><td rowspan="2">2004 年版规划</td><td>紧急避难场所</td><td>提供用地周围若干个邻近建筑中受灾居民临时和紧急避难使用的功能</td><td>小公园绿地、小花园（游园）、小广场（小健身活动场）</td><td>≤500m</td><td>≥3000m²</td><td rowspan="2">避让断裂带，远离可能发生地质灾难区域，远离泄洪区、低洼易积水区域</td><td rowspan="2">周围建筑采用抗震防震、防火耐火材料和结构，考虑建筑坍毁范围，建筑高度和密度</td><td>自来水等基础设施、就近入厕或设置厕所</td><td rowspan="2">安排物资、进行检验维护</td><td rowspan="2">1149 万人</td><td rowspan="2">16.4 万 km²</td></tr>
<tr><td>长期（固定）避难场所</td><td>用于安排居住区（社区）、街道办事处和区级政府等管理范围内的居民相对较长时间的使用</td><td>面积规模较大的市级、区级公园绿地，各类体育场等，规模再大些的还包括城区边缘地带的空地、城市绿化隔离地区等</td><td>≤1000m</td><td>≥4000m²</td><td>篷宿区、生命线工程、应急供水、应急厕所、救灾指挥中心、应急监控、应急供电、应急医疗救护、应急物资供给、垃圾及污水处理、消防器材</td></tr>
</table>

资料来源：《北京中心城地震应急避难场所（室外）规划纲要》。

三、现状避难疏散空间体系

截至 2019 年年底，北京市参照《地震应急避难场所场址及配套设施》的要求，建成各类应急避难场所 168 处，总面积 2200 万 m²，可容纳 300 多万人，人均避难场所面积为 0.76m²（较 2010 年的 0.78m² 有所下降）；构建起市、区两级地震应急指挥技术系统和覆盖全市的灾情速报网。北京市的应急避难场所依据国标划分为Ⅰ、Ⅱ、Ⅲ类应急避难场所（表 13-2-3）。

表 13-2-3　北京市现状应急避难场所指标要求

	主要指标						其他指标		
	分类分级	应对灾害	避难空间资源	避难时长	空间布局	规模指标	选址要求	城市人口规模	城市用地面积
现状	Ⅰ类应急避难场所	特别重大灾难	公园、学校、体育场馆	≥30 天	≤5000m	≥15 万 m^2，10 万人以上	半小时到 2 小时的摩托化输送应可到达	2189.3 万人	16.4 万 km^2
	Ⅱ类应急避难场所	重大灾难来临时		≥10 天，≤30 天	≤1000m	≥1.5 万 m^2，1 万人以上	灾难预警后，在半小时内应可到达		
	Ⅲ类应急避难场所	灾害短期避难		≥10 天	500m	≥2000m^2，1000 人以上	灾难预警后，5～15 分钟内应可到达		

资料来源：《地震应急避难场所场址及配套设施》。

Ⅰ类应急避难场所为市级。规模一般在 15 万 m^2 可用面积以上，可容纳 10 万人以上，可供受灾居民避难（生活）不少于 30 天，服务半径 5000m 以内。为特别重大灾难来临时，灾前防灾、灾中应急避难、灾后重建家园和恢复城市生活秩序等减轻灾害的战略性应急避难场所，灾难预警后，通过半小时到 2h 的摩托化输送应可到达。

Ⅱ类应急避难场所为区级（含新区）。一般规模不少于 1.5 万 m^2 可用面积，可容纳 1 万人以上，可供受灾居民避难（生活）10 天以上至 30 天以内，服务半径 1000m 左右。主要为重大灾难来临时的区域性应急避难场所，灾难预警后，在半小时内应可到达。

Ⅲ类应急避难场所为街道、社区或大单位级。一般规模不少于 2000m^2 可用面积，可容纳 1000 人以上，可供受灾居民避难（生活）10 天以内，服务半径 500m 左右。主要用于发生灾害时，在短期内供受灾人员临时避难，灾难预警后，5～15min 内应可到达（图 13-2-1、表 13-2-4）。

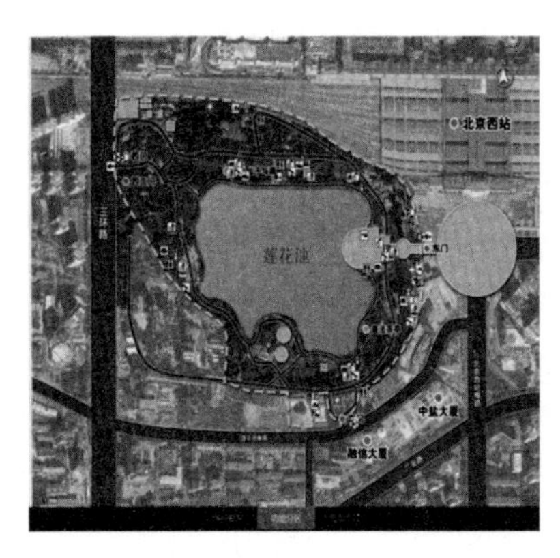

图 13-2-1　北京市避难场所分布及避难场所在线示意图

（资料来源：北京市应急管理局网站 http：//yjglj. beijing. gov. cn/yjglzt/htdocs/htdocs/index. html）

表 13-2-4 北京市应急避难场所一览表

区	序号	场所名称	建成时间	类别	类型	总面积（万 m^2）
东城	1	皇城根遗址公园	2005	公园	Ⅲ	9
	2	地坛园外园	2005	公园	Ⅲ	5.4
	3	明城墙遗址公园	2005	公园	Ⅱ	15.5
	4	玉蜓公园	2005	公园	Ⅲ	3.7
	5	南中轴绿地公园	2004	绿地	Ⅱ	3.7
	6	南中轴路绿地北大地	2017	绿地	Ⅱ	3.4
	7	南馆公园	2017	公园	Ⅲ	2.5
	8	龙潭公园	2018	公园	Ⅱ	4.08
	9	龙潭西湖公园	2018	公园	Ⅲ	0.78
	10	香河园绿地	2018	绿地	Ⅲ	0.89
	11	前门箭楼绿地	2018	绿地	Ⅲ	0.55
	12	二十四节气公园	2018	公园	Ⅲ	0.14
西城	13	先农坛神仓外绿地	2004	绿地	Ⅱ	0.9895
	14	翠芳园绿地	2005	绿地	Ⅲ	1.0062
	15	玫瑰公园	2010	公园	Ⅲ	3.6178
	16	金中都公园	2004	公园	Ⅲ	4.7271
	17	万寿公园	2004	公园	Ⅰ	4.7
	18	西便门绿地	2009	绿地	Ⅲ	3.4552
	19	南中轴绿地	2004	绿地	Ⅲ	11.0678
	20	长椿苑公园	2005	公园	Ⅲ	1.4
朝阳	21	元大都城垣遗址公园	2003	公园	Ⅰ	67
	22	朝阳公园	2004	公园	Ⅰ	288.7
	23	太阳宫公园	2006	公园	Ⅰ	37
	24	奥林匹克森林公园	2008/2018	公园	Ⅰ	355.7
	25	兴隆公园	2009	公园	Ⅱ	43.4
	26	红领巾公园	2009	公园	Ⅱ	26.7
	27	北小河公园	2010	公园	Ⅰ	22.88
	28	京城梨园	2009	公园	Ⅰ	70
	29	望和公园	2016	公园	Ⅱ	38.6
	30	翠城公园	2017	公园	Ⅱ	3.48
	31	鸿博郊野公园	2017	公园	Ⅱ	80
	32	西大望路社区公园	2017	公园	Ⅱ	2.96
	33	立水桥公园	2018	公园	Ⅱ	21.8
	34	常营公园	2019	公园	Ⅱ	66.7
	35	安贞涌溪公园	2006	公园	Ⅲ	2.1
	36	将台坝河绿化带	2006	绿地	Ⅲ	28

续表

区	序号	场所名称	建成时间	类别	类型	总面积（万 m²）
海淀	37	海淀公园	2004	公园	Ⅰ	32.8
	38	曙光防灾教育公园	2008	公园	Ⅱ	27
	39	北京西站下沉广场	2017	广场	Ⅱ	1.5534
	40	北京市第二十中学	2018	学校	Ⅱ	6.66
	41	马甸公园	2008	公园	Ⅲ	8.6
	42	阳光星期八公园	2008	公园	Ⅲ	1
	43	温泉公园	2008	公园	Ⅲ	10
	44	东升文体公园	2009	公园	Ⅲ	8
	45	长春健身园	2009	公园	Ⅲ	10
	46	东北旺中心小学	2004	体育场	Ⅲ	0.8
	47	九十九顶毡房阜石路店绿地	2016	绿地	Ⅲ	10
	48	海淀北部新区实验学校	2018	学校	Ⅲ	6.4733
	49	首师大附属小学	2018	学校	Ⅲ	3
	50	海淀区民族小学	2018	学校	Ⅲ	2.8684
石景山	51	国际雕塑公园	2005/2019	公园	Ⅰ	40
	52	石景山区体育场	2017	体育场	Ⅱ	2.3
	53	古城公园	2017	公园	Ⅲ	2.45
	54	石景山雕塑公园	2018	公园	Ⅱ	3.17
	55	西山枫林一区南侧绿地	2018	绿地	Ⅲ	6.4
门头沟	56	永定河文化广场	2007	公园	Ⅱ	34
	57	黑山公园	2007	公园	Ⅲ	3.8
	58	葡山公园	2011	公园	Ⅱ	8
	59	陇驾庄公园	2011	公园	Ⅲ	1.4
	60	滨河公园	2011	公园	Ⅲ	4.8
	61	石门营公园	2012	公园	Ⅲ	5.3
	62	京门铁路遗址公园	2012	公园	Ⅲ	0.8
	63	王平镇公园	2013	公园	Ⅲ	1
	64	斋堂文化公园	2014	公园	Ⅲ	2.6
	65	龙泉务社区广场	2016	广场	Ⅲ	0.2
房山	66	长阳组团公园	2009	公园	Ⅲ	11.339
	67	阎村镇文化体育广场	2009	公园	Ⅲ	5.336
	68	房山体育场	2009	体育场	Ⅲ	11
	69	窦店中国版图主题公园	2010	公园	Ⅲ	2.55
	70	燕山公园	2010	公园	Ⅲ	16
	71	房山府前广场	2010	广场	Ⅲ	6.5

续表

区	序号	场所名称	建成时间	类别	类型	总面积（万 m²）
房山	72	北潞园健身公园	2011	公园	Ⅲ	6.3365
	73	琉璃河绿色广场	2011	公园	Ⅲ	13.32
	74	周口店镇应急避难场所	2012	公园	Ⅲ	5.7362
	75	青龙湖果各庄公园	2012	公园	Ⅲ	3.0015
	76	大石窝静婉广场	2012	广场	Ⅲ	7.8706
	77	长阳镇加州水郡御苑公园	2013	公园	Ⅲ	8.7
	78	石楼镇文体广场	2013	广场	Ⅲ	2.7
	79	张坊镇应急避难场所	2013	体育场	Ⅲ	3
	80	长沟镇圣泉公园	2014	公园	Ⅲ	15
通州	81	通州区体育场	2012	体育场	Ⅱ	5.4
	82	玉春园	2012	公园	Ⅲ	4.7
	83	梨园主题公园	2012	公园	Ⅲ	7.5
	84	北京市通州区潞河中学	2015	学校	Ⅲ	14.1
	85	北京市通州区运河中学	2015	学校	Ⅲ	4.6
	86	中国人民大学附属中学通州校区	2015	学校	Ⅲ	4
	87	北京市第二中学通州校区	2015	学校	Ⅲ	1
	88	北京市通州区芙蓉小学	2015	学校	Ⅲ	0.76
	89	北京小学通州校区	2015	学校	Ⅲ	0.54
	90	北京市通州区龙旺庄小学	2015	学校	Ⅲ	1.7
	91	北京市育才学校通州校区	2015	学校	Ⅲ	7.7
顺义	92	顺义公园	2016	公园	Ⅲ	24.33
	93	顺义光明文化广场	2016	广场	Ⅲ	5.22
大兴	94	街心公园	2012	公园	Ⅱ	1.7
	95	兴城广场	2012	公园	Ⅱ	12
	96	兴旺公园	2012	公园	Ⅱ	29.4
	97	金星公园	2013	公园	Ⅱ	8.8
	98	滨河公园	2013	公园	Ⅱ	7.1
	99	高米店公园	2013	公园	Ⅱ	7.9
	100	大兴体育局	2014	操场	Ⅲ	3.8
	101	大兴八中	2014	操场	Ⅲ	2.97
	102	大兴五中	2014	操场	Ⅲ	1.39
	103	狼垡公园	2015	公园	Ⅱ	7.23
	104	兴海公园	2015	公园	Ⅱ	5.26

续表

区	序号	场所名称	建成时间	类别	类型	总面积（万 m²）
大兴	105	首都师范大学大兴附属中学	2015	学校	Ⅲ	6.8
	106	枣林公园	2016	公园	Ⅱ	2.4
	107	地铁公园	2016	公园	Ⅱ	11.8
	108	庞各庄天堂河文化休闲公园	2016	公园	Ⅱ	4.56
	109	采育镇趣玩儿公园	2016	公园	Ⅱ	5.84
	110	旧宫镇旺兴湖郊野公园二期南区	2016	公园	Ⅱ	30.77
	111	大兴区第二职业学校	2018	固定	Ⅱ	4.0169
	112	国家教育行政学院附属实验学校	2018	固定	Ⅱ	3.2836
	113	大兴区第七中学分校	2018	固定	Ⅱ	8.0812
	114	红星中学	2018	固定	Ⅱ	2.9067
	115	孙村中学	2018	固定	Ⅱ	5.8649
	116	黄村镇第三中心小学	2018	固定	Ⅱ	3.62
	117	北京亦庄实验小学	2018	固定	Ⅱ	6.11
	118	采育中学	2018	固定	Ⅱ	1.58
	119	采育镇第一中心小学	2018	紧急	Ⅲ	0.53
	120	采育镇第一中心幼儿园	2018	紧急	Ⅲ	0.66
	121	采育镇第二中心幼儿园	2018	固定	Ⅱ	7.85
	122	庞各庄中学	2018	固定	Ⅱ	6.15
	123	榆垡中学	2018	固定	Ⅱ	5.97
	124	北京市第十四中学大兴安定分校	2018	紧急	Ⅲ	0.68
	125	安定镇中心幼儿园	2018	紧急	Ⅲ	0.86
	126	后安定分园	2018	固定	Ⅱ	7.99
	127	长子营中学	2018	固定	Ⅱ	2.43
	128	长子营镇第一中心小学	2018	固定	Ⅱ	1.18
	129	垡上中学	2018	固定	Ⅱ	3.51
	130	青云店镇第一中心小学	2018	固定	Ⅱ	4.02
	131	安定镇大龙河滨河公园	2018	固定	Ⅱ	3.28
昌平	132	亢山广场	2006	广场	Ⅱ	4.085
	133	永安公园	2007	公园	Ⅱ	6.9
	134	赛场公园	2008	公园	Ⅱ	4.678
	135	小汤山文化广场	2008	广场	Ⅱ	8
	136	昌平公园	2008	公园	Ⅱ	13.52
	137	回龙园	2009	公园	Ⅱ	9.7048

续表

区	序号	场所名称	建成时间	类别	类型	总面积（万 m²）
昌平	138	回龙观体育公园	2009	公园	Ⅱ	5.0495
	139	回龙观龙禧三街公园	2009	公园	Ⅱ	5.0495
	140	南口公园	2009	公园	Ⅱ	12
	141	天通艺苑	2009	公园	Ⅱ	9
	142	101 人工湖广场	2009	公园	Ⅱ	6
	143	北七家宏福广场	2010	广场	Ⅱ	1.2
	144	阳坊文化广场	2010	广场	Ⅱ	0.55
	145	流村文化广场	2010	广场	Ⅱ	3.2
	146	兴寿草莓大会沿线村庄文化广场	2011	广场	Ⅱ	0.7
	147	马池口镇北小营文化广场	2011	广场	Ⅱ	0.6
	148	东小口森林公园	2011	公园	Ⅱ	78
	149	东小口太平郊野公园	2012	公园	Ⅱ	72.3261
	150	滨河森林公园	2013	公园	Ⅱ	3.1474
	151	南口轨道交通机械有限公司体育场	2013	体育场	Ⅱ	1.6157
平谷	152	平谷区第五中学	2016	学校	Ⅲ	1.9868
怀柔	153	怀柔第一中学	2016	学校	Ⅱ	5.6565
	154	怀柔体育中心	2016	体育场	Ⅱ	5.2
密云	155	奥林匹克健身园	2015	公园	Ⅲ	14
	156	法制公园	2015	公园	Ⅲ	5
	157	太扬公园	2015	公园	Ⅲ	5
延庆	158	延庆区体育公园	2011	公园	Ⅰ	31
	159	延庆区香水苑公园	2011	公园	Ⅱ	9
	160	延庆区体育场	2016	体育场	Ⅰ	11
	161	北京八达岭国际会展中心	2017	广场	Ⅱ	22
丰台	162	东高地街道三角地第二社区怡馨花园	2010	公园	Ⅲ	2
	163	林枫公园	2010	公园	Ⅲ	2
	164	东铁匠营街道怡心公园	2011	公园	Ⅲ	1
	165	莲花池公园	2013	公园	Ⅰ	44.6
	166	南苑公园	2013	公园	Ⅰ	9.3

四、经验与启示

特大城市的应急避难场所面积指标较难满足大规模人口的需求，因此要充分挖掘公园、学校、体育场馆等具备应急避难功能潜力的空间；信息技术时代应急避难空间的信息公示、应急培训可以通过网络化手段进行，从而大大提高工作效率。

参考文献

［1］史亮．北京市避震疏散体系的规划构建［C］∥中国城市规划学会，南京市政府．转型与重构：2011 中国城市规划年会论文集．南京：东南大学出版社，2011：5083-5094.

第三节　北京应急医疗空间体系

北京市的应急医疗体系按照综合应急医疗卫生空间、传染病应急医疗卫生空间、核应急医疗卫生空间三个板块可划分为 8 条线（图 13-3-1），本节针对院前医疗救治体系、院内医疗救治体系、传染病预防控制、核事故应急医疗体系进行重点介绍。

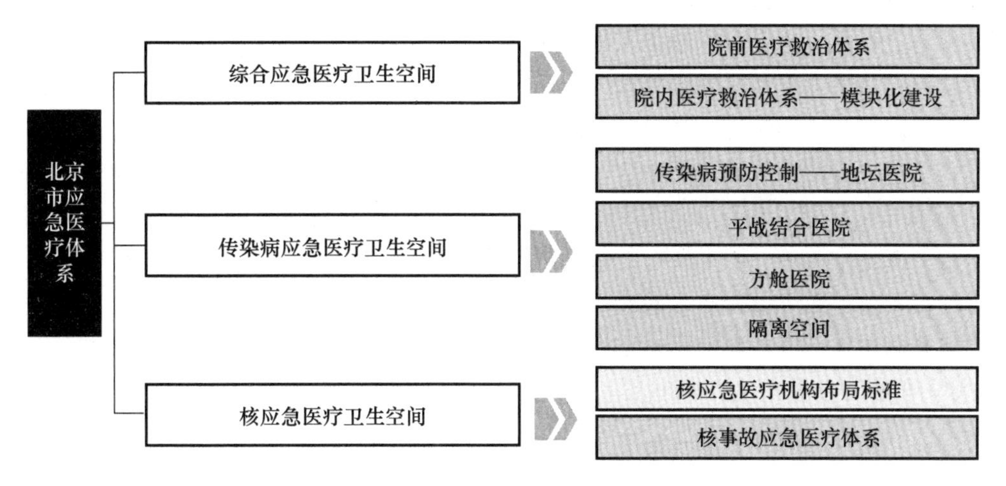

图 13-3-1　北京市应急医疗空间体系

一、院前医疗救治体系

1. 院前医疗急救简介及模式

院前急救是指在院外对急危重症病人的急救，广义的院前急救是指患者在发病时由医护人员或目击者在现场进行的紧急抢救，而狭义的院前急救是指具有通信器材、运输工具和医疗基本要素所构成的专业急救机构，在病人到达医院前所实施的现场抢救和途中监护的医疗活动。

院前医疗急救机构于 20 世纪 50 年代初成立，常称为急救中心或紧急救援中心，没有统一的体制，现主要有四种运行模式。

一是独立型模式，是指急救中心的管理和运行完全单独且具有法人资质的机构，财务独立核算，从受理急救电话到病人送达医院均由急救中心负责；

二是依托型模式，从管理体制上讲，急救中心属于一个独立机构，但设在医院内，部分急救人员、救护车、急救设备和经费支出靠医院解决，由政府和医院共同投入解决急救中心的运行成本；

三是依附型模式，不作为一个独立机构，不但设在医院内，而且急救人员、救护车、急救设备和经费支出全部靠医院解决，属于医院的一个部门；

四是指挥型模式，急救中心是一个独立法人机构，但承担的职能仅仅是受理急救电话，调度指挥其他医院的救护车和人员到现场进行急救。

全国各地根据当地情况选择模式，上海市、武汉市、天津市、昆明市急救中心是独立型模式，重庆市急救中心是依托型模式，县级急救站往往是依附型模式，而广州市、深圳市、成都市急救中心是指挥型模式。多年来，大家对以上几种模式的优劣一直争议不休，近年来倾向独立型模式较为理想，北京市的院前急救中心是独立型模式。

2. 北京市院前医疗救治体系

北京市的院前医疗救护系统分急救中心、急救中心站和急救工作站三类。

《北京市院前医疗急救设施空间布局专项规划（2020 年—2022 年）》中提出规划院前医疗急救设施 465 处。其中：急救中心 1 个，地址 2 处；急救中心站 17 处；每个行政区各 1 处，亦庄新城 1 处；急救工作站共 446 处。

其中，急救中心负责医疗救护工作的统筹安排。

急救中心站负责管理区域内急救工作站具体运行、院前医疗急救日常服务、突发事件紧急医疗救援、大型活动保障、社会急救技能培训和急救知识的宣传普及等工作。依据相关建设标准，急救中心站建筑面积（不含公摊）原则上不少于 800 平方米，救护车停车位不少于 30 个。急救中心站选址应确保长期持续使用，确保能够提供连续稳定的服务。

急救工作站分为 A、B 两级：A 级急救工作站的建筑面积（不含公摊）不小于 $200m^2$，有独立的出入口，至少设置 6 个救护车固定停车位，24h 值班救护车 2～3 辆；B 级急救工作站的建筑面积（不含公摊）不小于 $80m^2$，有独立的出入口，至少设置 3 个救护车固定停车位，24h 值班车 1 辆（表 13-3-1）。

表 13-3-1　北京市院前急救设施建设标准

<table>
<tr><th>急救设施类型</th><th colspan="2">工作目标</th><th>服务人口</th><th>建筑面积</th><th>设施</th><th>救护停车位（个）</th><th>选址</th></tr>
<tr><td>急救中心</td><td colspan="2">急救指挥、急救响应</td><td>全市人口</td><td>—</td><td>—</td><td>—</td><td>西城区、通州区</td></tr>
<tr><td>急救中心站</td><td colspan="2">负责管理区域内急救工作站具体运行、院前医疗急救日常服务、突发事件紧急医疗救援、大型活动保障、社会急救技能培训和急救知识的宣传普及等工作</td><td>各区人口</td><td>≥800m²</td><td></td><td>≥30</td><td>确保长期持续使用，确保能够提供连续稳定的服务</td></tr>
<tr><td rowspan="2">急救工作站</td><td>A 级</td><td rowspan="2">负责管理区域内的紧急医疗救援</td><td>15 万人</td><td>≥200m²</td><td>24h 值班救护车 2～3 辆</td><td>≥6</td><td></td></tr>
<tr><td>B 级</td><td>7.5 万人</td><td>≥80m²</td><td>24h 值班救护车 1 辆</td><td>≥3</td><td></td></tr>
</table>

3. 院前急救体系构建行动

（1）统一院前医疗急救呼叫号码

将北京市院前医疗急救呼叫号码统一为“120”，实行统一指挥调度，逐步实现一个急救号码面向社会提供服务。一是将市红十字会紧急救援中心（以下简称 999 中心）符合条件的车辆和人员纳入 120 院前医疗急救服务系统（以下简称 120 系统）。在 999 中心救护车上加装 120 系统车载信息终端，车身喷涂“北京急救”统一标识。999 中心提供的院前医疗急救服务所涉及资金问题，在开展绩效考核的基础上，通过政府购买服务的方式予以解决。“999”号码回归红十字会“救灾、救助、救护”职能；999 中心逐步侧重开展非急救转运服务和航空医疗救援任务。2021 年后，北京市日常院前医疗急救服务主要由 120 系统承担，999 中心可作为突发事件处置和重大活动保障的补充力量。二是完善 120 指挥调度系统。进一步提升呼叫、服务过程中的地理定位精度以及救护车行车路线精准化水平；加强与 110、122、119 指挥调度平台的互联互通和信息共享；研发应用北京市院前医疗急救呼叫手机客户端，方便群众通过多种方式呼叫院前医疗急救服务。（市卫生健康委、市红十字会牵头，市经济和信息化局、市公安局、市财政局、市应急局、市通信管理局参与）

（2）完善院前医疗急救体系规划

一是明确规划、建设、运行责任主体。按照“市级统一规划、属地政府主建”的原则，实施本市院前医疗急救体系规划和站点建设。市卫生健康委负责统一规划全市院前医疗急救体系建设。各区政府负责按规划落实本辖区建设任务，主要包括急救站点基础设施建设及日常运行维护。东城区、西城区、通州区和北京经济技术开发区院前医疗急救服务由北京急救中心负责提供；其他区由辖区从事院前医疗急救服务的医疗机构负责提供，并接受全市统一指挥调度。二是编制院前医疗急救专项规划。构建覆盖城乡、集约高效、公平可及的院前医疗急救服务体系，缩短急救反应时间，提高急救呼叫满足率，保障急危重患者能够得到及时有效的救治。依托三级医疗机构、二级医疗机构、社区卫生服务中心、养老机构、消防站或其他机构建设急救站点，到 2022 年，全市急救站点达到 465 个，其中 2021 年底前至少完成总任务量的 70%。各区按照规划和相关建设标准，确保每个街道（乡镇）至少建立 1 个标准化急救工作站，并配备必要的车辆和设备。市卫生健康委负责组织对急救站点进行验收，验收合格的即纳入院前医疗急救服务体系投入运行。

（3）加强急救人员队伍建设

从优化管理、拓展职业发展空间和落实激励保障等方面入手，解决院前医疗急救从业人员特别是医师短缺问题。一是多途径补充院前医疗急救人员。对专业技术要求高的人员，如医师和调度员等，优先使用编制保障；对其他人员主要通过劳务派遣、购买服务等方式予以补充。支持和引导二、三级医疗机构专业卫生技术人员到院前医疗急救岗位参与工作，相关临床专业医师在晋升副高职称前须到院前医疗急救机构服务半年。建立市属医科类高校供需对接机制，鼓励相关医学院校设置本、专科院前医疗急救专业，以需定教，拓宽急救人才培养渠道。二是拓展专业人员职业发展路径。优化院前医疗急救机构职称结构，适度提高高级职称占比。建立符合院前医疗急救工作特点的人员席位序列，明确专职从事院前医疗急救工作的医生、护士和调度员实行席位制管理，与绩效工资挂钩。院前医疗急救机构专业卫生技术人员在晋升副高职称前，须到二、三级医疗机构完成不少于半年的必要能力训练。为 45 岁以后不能或不愿继续从事院前医疗急救一线工作的人员畅通工作选择路径，优先在医疗卫生系统推荐就业。三是深化薪酬制度改革。完善院前医疗急救机构内部绩效考核制度，综合考虑工作强度、服务质量、运行效率、满意度等，设立绩效评价指标，薪酬分配向一线人员倾斜，鼓励“多劳多得、优绩优酬”。建立院前医疗急救机构绩效工资增长机制，实施绩效管理改革。

（4）加强社会急救能力建设

一是持续提升社会公众急救知识和技能水平。将急救知识培训纳入全市干部教育网课程和学习强国 App 北京学习平台学习内容。通过“进校园、进社区、进机关、进企业、进农村、进军营”等方式，普及公众急救知识，提高急救技能，每年培训不少于 20 万人次。二是推进公共场所自动体外除颤仪（AED）等急救设施设备配置。推动本市火车站、地铁站、交通枢纽、长途客运站、公园、景区、大型商场、体育场馆、社区等公共场所按标准配置 AED 等急救设施设备，引导党政机关、企事业单位等主动配置急救设施设备[1]。

4. 公共卫生应急系统建设

新冠肺炎疫情的暴发敲响了公共卫生应急的警钟，为全面提升首都应对突发公共卫生事件的能力，进一步完善重大疫情防控体制机制，加快推进公共卫生治理体系和治理能力现代化，北京市制定《加强首都公共卫生应急管理体系建设三年行动计划（2020—2022 年）》，提出的工作目标是：到 2022 年，市、区、街道（乡镇）、社区（村）四级公共卫生治理体系更加健全，社区卫生服务中心实现全覆盖，公共卫生和基本医疗服务能力显著加强；推进市疾病预防控制中心新址建设，覆盖城乡、灵敏高效的预防控制体系更加完善；统一指挥、运转协调的应急处置体系更加顺畅；全市医疗救治和保障体系更加成熟；科技和人才支撑体系更加稳固，法治和物资保障体系更加健全[2]。

二、院内医疗救治体系

院内医疗救治体系是通过公共卫生应急队伍模块化建设来进行的，《北京市卫生健康委员会关于开展应急队伍模块化建设的通知》中明确提出，组建市级综合类医学救援队伍，实现标准化、机动化、集成化，提高突发公共卫生事件快速反应和应急处置能力[3]。

根据相关医疗卫生机构专业特色及应急救援能力现状，前期已组织市疾控中心、北京急救中心、朝阳医院、北京大学第三医院、地坛医院、天坛医院、积水潭医院、安定医院等 8 家机构参与项目申报并作为具体承建单位（表 13-3-2），并明确要求各机构要进一步细化项目总体绩效目标与具体工作指标，制定详细的实施方案。

表 13-3-2 应急队伍模块化建设目标

单位	负责模板	工作目标
市疾控中心	传染病现场处置模块建设	一次性运送队员投送能力达到 80 人，具备现场指挥和通信能力，为不少于 120 名队员配备统一的服装，进行队伍统一标识
北京急救中心	院前急救模块建设	满足 120 名应急队员连续 10 天生存和现场急救需求，为不少于 120 名队员配备统一的服装，进行队伍统一标识
朝阳医院	中毒处置模块建设	具备毒物化学分析能力，一次性批量样品检测，金属和类金属类毒物 50～100 件，有机类毒（药）物 40 件；具备化学中毒应急救治能力，重度中毒患者 20～30 名，中轻度中毒患者 60～70 名

续表

单位	负责模板	工作目标
北京大学第三医院	核与辐射事件救治模块建设	针对核与辐射损伤患者开展洗消和救治，确保医务人员及救治现场辐射安全，能够满足批量救治 3 例重度患者和 30 例轻中度患者的能力
地坛医院	传染病救治模块建设	作为区域性传染病救治中心，具备传染病应急信息传送及远程会诊能力，具备高水平的传染病诊断、救治能力，满足病原核酸检测 2000 例/日，普通病人 200 床，危重床位 20 床的诊疗救治能力
天坛医院	创伤救治模块建设	具备创伤急诊急救能力和快速转运能力，能够承担急危重症脑外伤等救治任务，建立床位应急调配机制，可救治创伤患者 45 人，应急救治期间可增加手术间 3 间，同时进行床位（含重症监护）调配
积水潭医院	烧伤救治模块建设	具备批量烧伤患者救治能力，可同时接收 100 名以内的烧伤患者，其中特重患者最大接收能力 10 人，重度患者最大接收能力 20 人，中度烧伤患者最大接收能力 50 人，中轻度烧伤患者最大接收能力 100 人，可同时开展手术 10 台
安定医院	紧急心理救援模块建设	具备独立开展心理救援的医疗和物资保障能力，配置心理专业仪器和软件，具备同时对 200 人/天进行心理危机干预的能力

三、传染病预防控制

在北京市抗击新冠肺炎疫情的工作中，地坛医院作为传染病为特色的三甲医院，其应急管理机制对应对传染病风险有较大的借鉴意义。

在应急启动前的预防和预警阶段，地坛医院通过不断完善应对疫情应急处置预案、常态化预警、开展应急培训、做好物资储备等工作建立起防疫的基础防线。

在应急启动阶段，地坛医院成立疫情应急领导小组实现高效决策，对不同风险级别的感染病例分阶段响应，并全面启动全院人员响应以保障物资、综合救治服务正常。

在应急后的恢复阶段，减少医院对外宣传传染病相关内容，转而向常见病多发病健康知识传播，恢复公众信心，减少对疫情和意愿的恐慌，尽快恢复医院的常态化运转。此外，针对本次应急管理进行评估，修订和调整应急预案，进一步进行机制的完善。

在监督和评估方面，医疗质量监督管理、院级防控监督管理、信息检测机制正常运转，并建立起对突发公共卫生事件的前、中、后三个阶段的应急能力评估机制，实现动态评估（图 13-3-2）。

四、方舱医院、平战转换、传染病医院布局

《北京市人民政府关于加强首都公共卫生应急管理体系建设的若干意见》中对平战转换、传染病医院布局、方舱医院等提出战略性意见：

要梳理在突发公共卫生事件时，可临时征用为集中医学隔离观察点、方舱医院等的场所，制定储备清单（体育场馆类建筑改方舱、展览工业类建筑改方舱，还有教育类建筑改方舱）。

北京将建设“韧性城市”，注重平战转换，新建大型公共建筑要兼顾应急救治和隔离需求，预留转换接口。

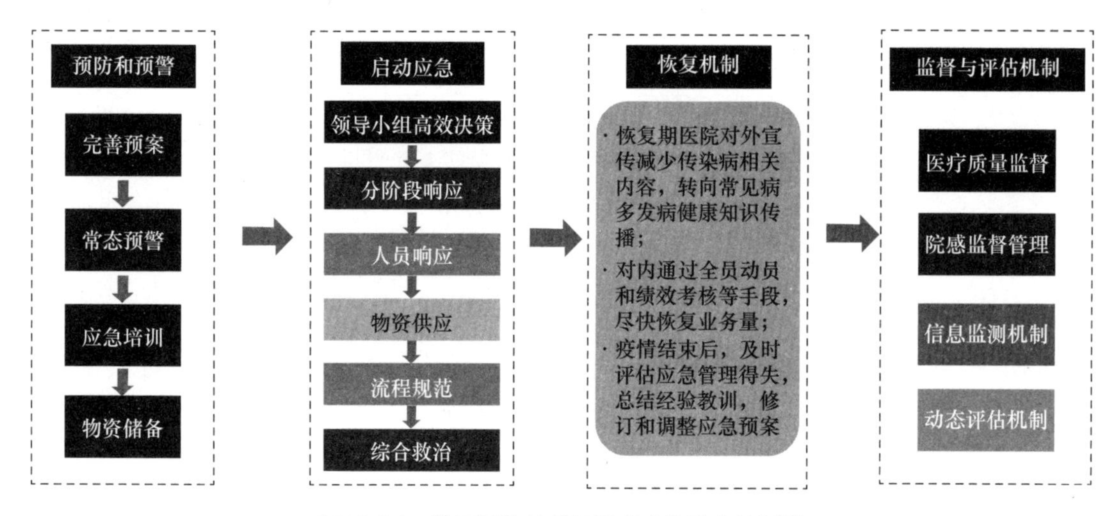

图 13-3-2　地坛医院的新冠肺炎疫情防疫机制[5]

完善“3＋2”传染病医院布局。具体来说，巩固市级定点医院救治格局，加强地坛医院、佑安医院、解放军总医院第五医学中心等 3 家医院建设；强化 2 家后备医院功能定位，将小汤山医院作为战备救治基地、中日友好医院作为外籍患者救治备用定点医院。

五、核应急机制

在应急处置与救援方面，形成信息报送、启动响应、扩大响应、具体处置、响应终止的全流程处置救援机制（图 13-3-3）。

在后期处置方面，做好善后恢复，开展场内场外恢复行动，并广泛进行社会救助，最后对核应急行动进行总结和评估，对核应急机制进行补充和完善。

在应急准备与保障措施方面，加强队伍建设、设施建设，完善技术保障、通信保障、物资保障、资金保障。

在培训、演练与宣传教育方面，市核应急指挥部组织培训有关工作，制定培训大纲、编写教材、选择教员、确定培训频度等；各成员单位结合本单位分预案，组织开展核事件应急演练。通过演练，发现和解决应急工作中存在的问题，检验预案的可行性并改进完善；核设施营运单位在保证核设施安全的前提下，对公众和学生有序开放，开展多种形式的核应急宣传活动。

六、经验与启示

北京市依托现有医院的专业特色、应急救援能力现状组建应急医疗的专门化救护体系；要梳理在突发公共卫生事件时，可临时征用为集中医学隔离观察点、方舱医院等的场所，制定储备清单。在院内救治方面，要建立专门化的救援途径，发挥专科医院的力量。对典型医院应对不同种灾害事故、公共卫生安全事件的经验进行总结，补充完善技术规范，用于指引医疗救护空间建设。

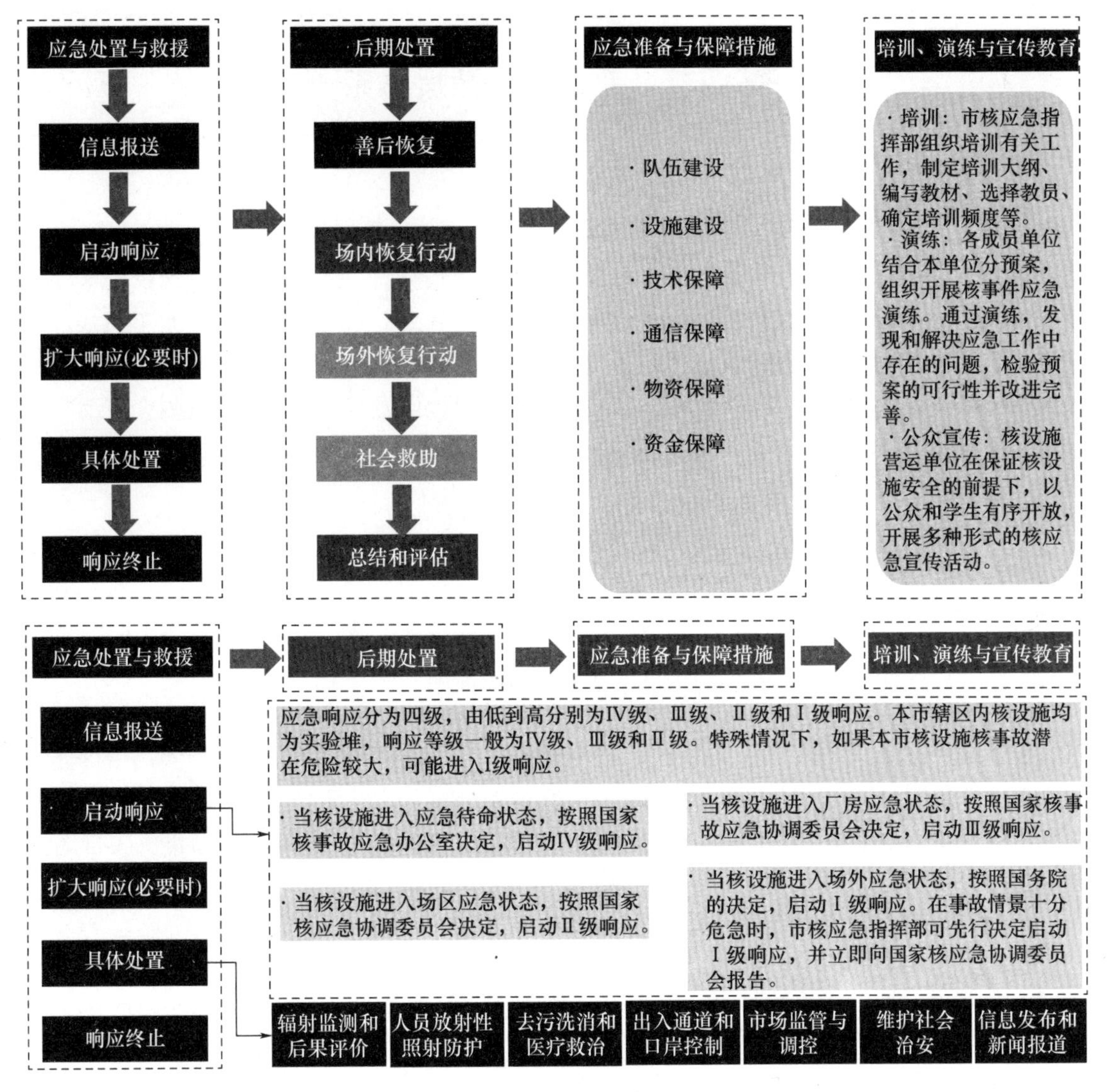

图 13-3-3　核应急机制

参考文献

[1] 北京市人民政府办公厅．关于加强本市院前医疗急救体系建设的实施方案．[EB/OL]．[2020-06-30]．http：//www. beijing. gov. cn/zhengce/zhengcefagui/202006/t20200630_1935612. html.

[2] 北京市人民政府．加强首都公共卫生应急管理体系建设三年行动计划（2020—2022年）．[EB/OL]．[2020-06-04]．http：//www. beijing. gov. cn/zhengce/zhengcefagui/202006/t20200609_1920151. html.

[3] 北京市卫生健康委员会．北京市卫生健康委员会关于开展应急队伍模块化建设的通知．[EB/OL]．[2021-06-21]．http：//wjw. beijing. gov. cn/zwgk_20040/zxgk/202106/t20210622_2418217. html.

第四节　北京消防救援体系

一、消防救援空间体系

将社会、经济、人口、空间等要素与消防专项规划相结合。聚焦城市火灾风险水平及主要矛盾问题，以有效管控风险、提升重点防护地区、现状薄弱地区的综合安全水平为基本出发点，紧密围绕北京城市总体规划提出的“四个中心”战略定位，结合“一核一主一副、两轴多点一区”的城市空间结构以及”三城一区“等重点地区发展需要，统筹规划全市消防安全格局，构建消防设施保障体系，实施全域火灾风险管控，综合提升首都的城市消防安全水平。

二、消防救援空间分区

对于历史文物集中、地下空间复杂、超高层建筑密集的区域，针对性地提出消防安全管理要求及消防装备的配置需求，强化重点地区的消防安全保障。

1. 历史文化保护区：防大于消

古建筑消防安全“防”大于“灭”，杜绝明火。对于故宫和其他历史文物集中的街区，建议在条件允许的情况下建设综合管道井；消防设施的设置考虑历史建筑保护特点，结合历史街区的开放空间设置消防水井；完善智能化的消防报警系统，如采取点式智能火灾自动报警系统。

2. 加强超高层建筑密集区的消防安全防控

固移结合。一方面，完善超高层建筑自身消防自救能力方面，有效应对外部消防力量难以援助的问题；另一方面，在高层建筑密集区应规划建设特勤消防站，并配备大跨度举高喷射消防车等专业装备。

通过设置避难层，确保来不及进行疏散的高楼层人员暂时躲避；通过设置消防电梯，确保火灾发生初期可迅速到达相应楼层进行救援；设置直升机停机坪，以确保空中疏散及救援路径的可行性。

3. 地下空间风险管控与消防安全建设

通过建设综合管廊，降低管线本身引起的火灾隐患；考虑利用人防工程设置防灾避难空间；建立地铁的智能化火灾探测与报警系统，有条件的配备智能化火灾报警系统；针对有地下库房的重点单位设置专用消防报警和灭火系统，故宫博物院地下文物库（简称地库）采用气体灭火系统，安装离子式类比感烟探测器、光电式类比感烟探测器等报警探测器。

三、消防救援设施体系

北京市完善全市消防设施的分级分类体系，逐步建立起以公安消防设施为主体，供水、通信、消防通道等专项设施为补充的安全体系（图 13-4-1）。

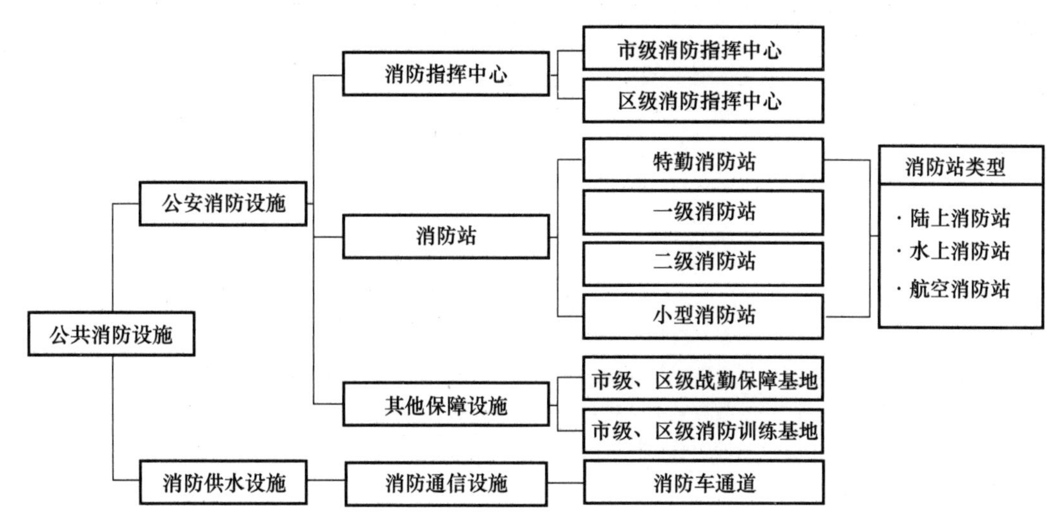

图 13-4-1　北京市消防救援设施体系

1. 完善公共消防设施体系

公共消防设施体系创新点：

在消防站类型方面，除了陆上消防站建设，还增加了水上消防站，并结合全市地下空间发展迅速和消防安全保障的需求，规划建设轨道交通消防站保障城市消防安全，并预留了航空消防站建设的条件。

在其他保障设施方面，为了加强首都消防站对于区域战勤保障的引领作用，以及满足消防救援人员的高素质发展要求，规划建设市、区级战勤保障基地，以及训练基地，构建较为完备的、可持续发展的综合性公共消防设施体系。

2. 同步提高各专项消防设施能力建设

根据城市发展方向及建设时序，与城市基础设施建设相结合，对全市消防供水、消防通信，消防车通道及消防装备进行统筹规划，加强公共消防设施建设[1]。

四、消防救援空间建设标准

根据首都城乡建设减量发展和土地集约利用的新要求，在现行标准规范的基础上，创新性提出“合建消防站”建设模式，积极推动“小型消防站”建设，制定和完善相应的选址与建设标准，提高消防设施的可实施性（表 13-4-1）。

表 13-4-1　消防站建设标准[1]

消防站类型	建设规模	选址	建设标准
一级普通消防站	3900～5600m^2	一级、二级、重点消防保护区域	—
二级普通消防站	2300～3800m^2	城市建成区内设置一级普通消防站确有困难的区域	—

续表

消防站类型	建设规模	选址	建设标准
特勤消防站	5600～7200m^2	消防安全重点区域，以及对城市火灾和应急救援有特殊装备要求的重点功能区	各区至少有一处特勤消防站
战勤保障消防站	6200～7900m^2		
小型消防站	80～200m^2	位于一级重点消防保护区域、二级重点消防保护区域、土地资源紧缺设置普通消防站确有困难地区	土地资源充裕的地区，可独立设置
			在出地利用强度高的区域，则鼓励采取垂直设置，减少消防设施占地面积
			在土地利用强度高、用地紧张的区域可采取见缝插针的方式，用综合性建筑合建
			在用地极度紧缺地段可采取与其他功能混合的形式在大型建筑附设，并设置独立出入口

鼓励采取多种模式建设消防站，提高设施覆盖率。在土地资源充裕的地区，可采取独立设置的方式；在土地利用强度高的区域，则鼓励采取垂直设置，减少消防设施占地面积；在土地利用强度高、用地紧张的区域，可采取见缝插针的方式，用综合性建筑合建；在用地极度紧缺地段，可采取与其他功能混合的形式在大型建筑附设，并设置独立出入口。

在首都功能核心区、中心城区和城市副中心的用地极度紧缺地段，一级、二级普通消防站周边的地区，可以采取合建的模式，与其他用地功能混合建设，在大型建筑下部附设。为引导下一步的消防站建设，北京市在消防站规划中提出了合建消防站需要满足的要求[1]。

五、应急救援力量

1. 应急救援队伍体系

全市层面，形成综合消防救援支队伍、专职消防救援队伍、社会应急救援队伍互相补充的应急救援力量。截至 2021 年，共有市级专业应急救援队伍 25 支、6500 余人，区级专业救援队伍 92 支、7000 余人，成为应对处置突发事件的骨干力量。基层消防力量由专职消防队和其他消防力量构成。专职消防队主要包括政府专职消防队和森林专职消防队，其他消防力量包括支援消防队。

在救援力量创新方面，探索构建空地一体的救援力量体系，成立了装备 2 架直升机、配备 50 余人规模的北京市航空应急救援队，执行以森林灭火为核心的综合应急救援任务。

2. 社会应急救援队伍管理

强化社会应急力量建设指导服务。建立完善市区两级应急管理社会动员组织体系与工作机制，采取抓好注册准入、搭建服务平台、加强宣传引导等措施，持续加大应急志愿者队伍管理服务力度，推动社会应急力量建设健康发展。目前，在市区两级民政部门实名注册的社会应急力量达 23 支、志愿者 4.5 万余人[2]。

坚持标准先行，组织制定了水、电、气、危化品、地震救援、防汛等 10 个重点行业领域专业应急救援队伍建设的团体标准，组织编制 10 个重点行业领域专业应急救援队伍建设的地方标准，将 25 支队伍认定为市级专业应急救援队伍（图 13-4-2）。

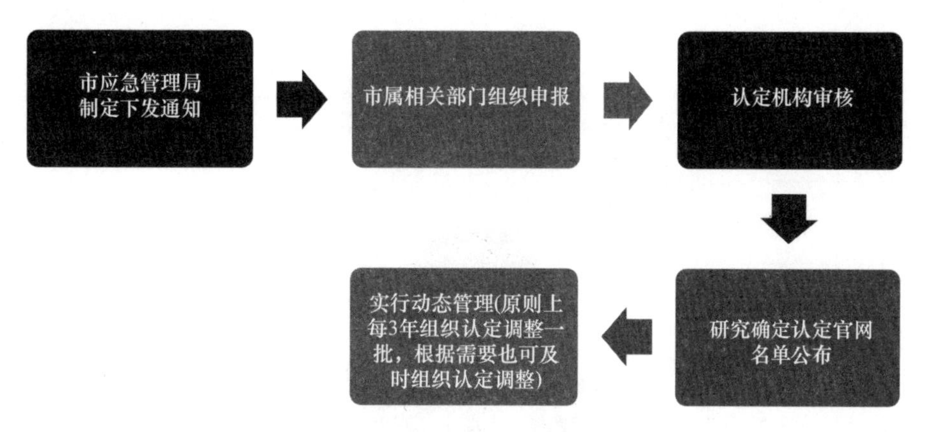

图 13-4-2　应急救援队伍认定流程

六、经验与启示

北京市将社会、经济、人口、空间等要素与消防专项规划相结合。北京市针对历史文化街区、地下空间、轨道交通、超高层建筑等重点区域提出差异化的消防救援标准，在用地紧张的区域提出采取合建消防站的建设模式。

参考文献

［1］张尔薇，何闽．转型期基于城市消防安全综合评估的北京城市消防规划［C］//中国城市规划学会，杭州市人民政府．共享与品质：2018 中国城市规划年会论文集（01 城市安全与防灾规划）．北京：中国建筑工业出版社，2018：213-227.

［2］北京市出台市级专业应急救援队伍管理办法．［EB/OL］．［2021-03-24］．https：//www. 163. com/dy/article/G5SECIM705317V0G. html.

第五节　北京疏散通道技术要求

一、城市级疏散通道体系

从北京市周边地区的地形特点可以看出，西部张家口地区、北部承德地区为山区地带，不宜地震中大批人员的安置和物资的调配；东部为唐山地区，处于地震灾害危险区；而东南部廊坊及天津地区、南部石家庄、保定、沧州地区均处于平原地带，不仅能安置大量的人员，而且利于物资的运输。由此判断北京市对外应急救援方向应以东南、南部两个方向为主(图 13-5-1)。

二、疏散通道建设标准

建议避难道路等级按照北京城市道路交通等级进行划分。主要等级包括：城市快速路、

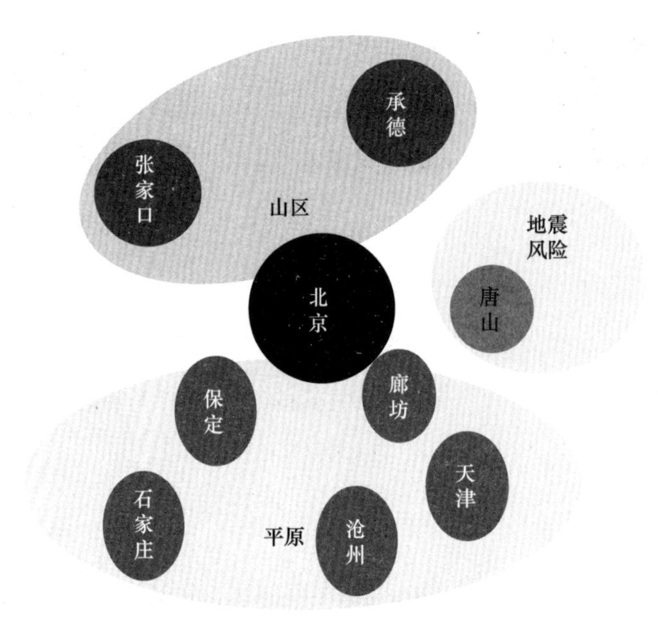

图 13-5-1　北京市应急疏散救援通道方向

主干道、次干道、支路（支路以下为居住区道路）等。次干道以上等级道路一般用于连接固定（长期）避难场所，而支路及居住区等道路则用于接连临时（紧急）避难场所。紧急避难场所应设置 2 条以上疏散道路，道路宽度不小于 3.5m。长期（固定）避难场所应设置 4 条以上疏散道路（要安排在不同方向上），疏散道路的宽度不小于 15m。

（1）主干、次干道路用作避难道路时，原则上为符合安全要求，不应过多交叉，以免影响其通畅性，保证车辆的行车速度。

（2）每个避难场所，尤其是长期（固定）避难场所应安排两条以上避难道路，以供不同方向前来避难的居民选择和使用。

（3）避难道路两侧，除建筑物具有高抗震和耐火能力外，还要与建筑物保持一定的距离，以防止建筑物倒塌对道路造成堵塞，影响使用。

（4）连接长期（固定）避难场所的疏散道路，根据国内外城市避难道路设计的经验，最窄宽度应不低于 15m，以保证消防车、救护车等通过需要。连接临时避难场所的疏散道路宽度可适当窄些，但应不低于 3m。

（5）对于学校、医院、商场、影剧院、机场、车站等人员较集中的公共场所，应当设置紧急避难（疏散）通道，有条件的，其通道要与各类避难道路连接，以方便受灾人员尽快疏散到临时避难场所或者长期避难场所。

（6）对于已确定为避难用的道路，应设置避难疏散引导标志（牌），且应醒目。另外，要加强对引导标志的保护，任何单位和个人不得破（毁）坏。

需要指出的是，如果避难道路两侧进行建设和改造时，其建筑物原则上除要严格按照抗震设防规定设计外，还应符合消防等方面的要求。另外，任何单位和个人不得临时占用避难疏散道路。疏散道路上存在违章建筑物的，要将其拆除，以消除道路使用上的隐患（表 13-5-1）。

表 13-5-1 北京市疏散通道建设标准

类型	功能	空间资源	内容与标准
避难疏散道路	用于将人员、设备、物资运送到安全地区疏散的道路	按照北京城市道路交通等级进行划分。主要包括城市快速路、主干道、次干道、支路（支路以下为居住区道路）等	①主干、次干道路用作避难道路时，不应相互过多交叉，以免影响其通畅性； ②避难道路两侧，除建筑物具有高抗震和耐火能力外，还要与建筑物保持一定的距离； ③连接长期（固定）避难场所的疏散道路，最窄宽度不低于15m，以保证消防车、救护车等通过需要。连接临时避难场所的疏散道路宽度可适当窄些，但应不低于3m； ④对于避难用的道路，应设置醒目避难引导标志（牌）； ⑤加强对引导标志的保护，任何单位和个人不得破（毁）坏
具体设施的疏散通道	用于连接具体设施和避难疏散道路	场地与避难疏散道路连接的道路	①紧急避难场所应设置2条以上疏散道路，道路宽度不低于3.5m； ②长期（固定）避难场所应设置4条以上疏散道路（要安排在不同方向上），疏散道路的宽度不低于15m； ③对于学校、医院、商场、影剧院、机场、车站等人员较集中的公共场所，应当设置紧急避难（疏散）通道，有条件的，其通道要与各类避难道路相连接

三、经验与启示

北京作为特大城市，在避难疏散通道规划方面主要关注地震灾害，进行主要疏散通道、备用疏散通道、疏散连接通道规划。北京市应急疏散通道建设主要针对地震灾害，对疏散通道的工程性要求较为详细。

第六节 北京市应急物资建设体系

一、应急物资储备

全市共375个物资储备点，分两级设置。

市级物资储备点62个，占储备点总数的16.5%，主要集中在城市功能拓展区和仓储物流集中片区，在远郊区设立的物资储备点不多；区县级物资储备点313个，占储备点总数的83.5%，且面积普遍较小，大多是依托办公场地设立的“小型”和“微型”储备库。

目前，北京市的应急物资主要包括基本生活保障物资、应急装备与配套物资、工程材料与机械加工设备等三大类，共约1203万件（表13-6-1）。政府是应急物资储备的主力军，市级各委办局单位储备物资达706万件次，占总数的58.7%；区县政府相关单位储备物资达220万件次，占总数的18.39%；社会力量（专业救援队伍和试点企业）储备物资达277万件次，占总数的23.0%。

表 13-6-1 应急物资储备点分类

类别	中类	小类	件数（万件）
基本生活保障类	14	78	495
应急装备与配套类	21	151	501
工程材料与机械加工设备类	3	27	207
合计	38	256	1203

二、家庭应急物资储备

家庭应急物资储备是北京市应急物资储备体系的重要组成部分。灾害发生后，如果居民家庭储备一定的应急物资，掌握一定的应急技能，就可快速开展自救互救，减少各种灾害造成的损失。北京市的应急物资储备清单基础版包括应急物品、应急工具和应急药物三类应急物资（表 13-6-2）。扩充版包括饮用水和食品、个人用品、逃生求救救助工具、医疗急救用品、重要文件资料五类应急物资（表 13-6-3）。

表 13-6-2 北京市居民家庭应急物资储备建议清单基础版[1]

分类	序号	物品名称	功能/用途	适用灾害类型
应急物品	1	多功能应急灯	具备照明、收音、报警、手摇充电等功能，用于应急照明等	全灾种
	2	救生哨	可吹出高频求救信号，用于呼救	全灾种
	3	压缩毛巾、湿纸巾	用于个人卫生清洁	全灾种
应急工具	4	呼吸面罩	保护面部，可提供有氧呼吸，用于地震、火灾逃生使用	地震、火灾
	5	多功能组合工具	具备切割、开孔、固定等功能	全灾种
	6	应急逃生绳	便于攀爬，逃生使用	全灾种
	7	灭火器/灭火毯	灭火器用于初期火灾的扑救；灭火毯可用于扑灭油锅火等，起隔离热源作用	火灾
应急药物	8	常用医药品	抗感染、抗感冒、抗腹泻类非处方药（少量）	全灾种
	9	医用材料（碘伏棉棒、创可贴、纱布绷带）	用于伤口消毒、杀菌、包扎等	全灾种
	10	医用外科口罩、防护手套	阻挡飞沫病菌传染，防止灾后避难场所传染病传播，应对突发公共卫生事件	全灾种

资料来源：北京市应急管理局网站。

表 13-6-3　北京市居民家庭应急物资储备建议清单扩充版[1]

物品大类	物品小类	序号	物品名称	功能及用途	适用灾害类型
水和食品	饮用水	1	矿泉水	用于满足避险期间生存需求	全灾种
	食品	2	饼干或压缩饼干、干脆面、巧克力等	用于满足避险期间生存需求	全灾种
个人用品	洗漱用品	3	毛巾、牙膏、牙刷	用于个人卫生清洁	全灾种
	其他个人用品	4	防水鞋	用于雨雪期间防水防滑	洪涝、台风、雪灾
		5	帽子、防割手套	用于头部和手部保暖、防护	台风、洪水、地震及次生灾害
		6	驱蚊剂	驱除蚊虫叮咬	地震、洪水及次生灾害
		7	消毒液、漂白液等	对物品进行消毒、清洁	全灾种
逃生求救救助工具	逃生工具	8	应急逃生绳	便于攀爬，逃生使用	全灾种
		9	救生衣	用于在水面漂浮自救	洪水
		10	应急防护头套	防火、防砸，有效保护头部	地震、火灾
	求救联络工具	11	救生哨	可吹出高频求救信号，用于呼救	全灾种
		12	手摇收音机	可手摇发电，FM、AM 自动搜台	全灾种
		13	反光衣	颜色醒目，便于搜救	全灾种
	生存救助工具	14	多功能应急灯	具备照明、收音、报警、手摇充电等功能，用于应急照明等	全灾种
		15	雨衣	用于防雨	洪涝、台风
		16	防风火柴	用于生火	洪涝、地震及次生灾害
		17	长明蜡烛	用于照明	洪涝、地震及次生灾害
		18	应急毛毯	用于休息、保暖	洪涝、台风、地震
		19	多功能组合工具	具备切割、开孔、固定等功能	全灾种
		20	呼吸面罩	保护面部，可提供有氧呼吸，用于地震、火灾逃生使用	地震、火灾
		21	灭火器/灭火毯	灭火器用于初期火灾的扑救；灭火毯可用于扑灭油锅火等	火灾
医疗急救用品	消炎用品	22	碘伏棉棒/酒精棉棒	用于伤口消毒、杀菌	全灾种
		23	创可贴	具有止血，护创作用	全灾种
		24	抗菌软膏	用于伤口抗菌	全灾种
	包扎用品	25	医用纱布块/纱布卷	用于外伤包扎	全灾种
		26	医用弹性绷带	外科包扎护理，起到包扎、固定作用	全灾种

续表

物品大类	物品小类	序号	物品名称	功能及用途	适用灾害类型
医疗急救用品	包扎用品	27	三角绷带	保护伤口，压迫止血，固定骨折等	全灾种
		28	止血带/压脉带	用于应急止血	全灾种
医疗急救用品	辅助工具	29	剪刀/镊子	用于剪开纱布、绷带等	全灾种
		30	医用橡胶手套	保护手部，用于伤口处理等	全灾种
		31	宽胶带	用于纱布等的固定	全灾种
		32	医用外科口罩	阻挡飞沫病菌传染，防止灾后避难场所传染病传播，应对突发公共卫生事件	全灾种
		33	棉花球	用于伤口处理	全灾种
		34	体温计	用于测量温度	全灾种
重要文件资料	家庭成员资料	35	身份证、户口本、出生证、结婚证、机动车驾驶证等	用于身份认证	全灾种
	重要财务资料	36	现金、银行卡、股票、债券、保险单、不动产权证书等	用于财产保护	全灾种
	其他重要资料	37	家庭紧急联络单、家庭应急卡片（建议正面附家庭成员照片、血型、常见疾病及用药情况，反面附家庭住址、家属联系方式、应急部门联系电话和紧急联络人联系方式）	用于紧急联络	全灾种

三、经验与启示

北京市的应急物资保障体系中以政府为主体，各级政府都有一定的应急物资储备。目前应急物资保障缺乏规范和标准，因此物资储备点布置还停留在“有没有”的层面，较少综合考虑事故风险、道路交通等因素；同时我们发现北京市城市规划受历史遗留问题影响，各应急物资存储单位开展专业化库房选址难度大。在深圳的应急物资储备点选址过程中应当考虑事故风险、道路交通、辐射范围等因素。同时，需引导公民加强应急物资保障意识，加强家庭应急物资的储备率。

参考文献

［1］北京市应急管理局．北京市修订发布居民家庭应急物资储备建议清单．［EB/OL］．［2020-12-23］．http：//yjglj. beijing. gov. cn/art/2020/12/23/art _ 6058 _ 664632. html.

第十四章　上海经验

上海是中华人民共和国省级行政区、直辖市、国家中心城市、超大城市、上海大都市圈核心城市，国务院批复确定的中国国际经济、金融、贸易、航运、科技创新中心。《上海市城市总体规划（2015—2040）纲要》阐述了应提高城市安全保障能力，强化防灾减灾空间保障体系、统筹城乡防灾减灾设施建设、健全灾害预警及应急救援机制。同时，提出应利用信息技术手段加强风险监测，提高规划设计科学性和高效性。上海应急救援疏散空间体系主要包括应急避难场所、应急救援通道、医疗救护空间、应急指挥体系、物资保障体系和信息化建设。

第一节　上海概况

上海濒江临海，地势地平，河网密布，每年汛期防汛防台任务较重，台风、暴雨、天文大潮、上游洪水等致灾因子“三碰头或四碰头”现象时有发生。同时，海洋灾害、雨雪冰冻、地震灾害、地质灾害、农业生物灾害、森林火灾等风险隐患不容忽视。另一方面，人口、建筑、经济等要素高度集聚，小灾引发大灾、多灾种叠加，可能引发连锁反应形成灾害链，灾害风险的系统性、复杂性加剧，城市安全韧性有待提升。总体而言，影响上海市的重要自然灾害及其特点主要表现如下：

（1）海平面上升。海平面监测和分析结果表明，中国沿海海平面变化总体呈波动上升趋势。1980—2021年，中国沿海海平面上升速率为3.4mm/年，高于同时段全球平均水平。过去10年，中国沿海平均海平面持续处于近40年来高位。2021年，中国沿海海平面较常年高84mm，为1980年以来最高。2021年，上海沿海海平面较常年高85mm，与2020年持平，各月海平面变化波动较大。2021年，上海沿海7月、8月和10月海平面较常年同期分别高161mm、132mm和125mm，其中7月海平面为1980年以来同期第二高；与2020年同期相比，8月海平面上升92mm，1月和11月海平面均下降约60mm。

（2）地面沉降。由于过量开发地下水和大量工程建设，上海自1921年发生地面沉降以来，至今沉降面积已达1000km^2，沉降中心最大沉降量达2.6m，1921—1956年上海地区地面沉降平均为0.96m，1956—1962年平均为0.57m，1966—1999年平均为0.21m，2006年上海中心城区地面沉降量为8.3m，全市平均地面沉降量为7.5mm；2007年，除局部地区沉降量仍较大外，平均地面沉降量为6.8mm，造成直接及间接经济损失约为9.79亿元。

（3）台风风暴潮。上海每年都遭受台风袭击。1949—2007年间，以上海为中心的550km范围内经过并影响到本市的台风约200个，且带来大风、暴雨、风暴潮等灾害。上海的风暴潮多为台风风暴潮，多发生在出现每年天文大潮的8—10月。2005年，对上海影响较严重的风暴潮有两次，造成直接经济损失达17.28亿元。其中，“麦莎”台风最大风力达10～11级，市区降雨量达306.5mm，为中华人民共和国成立以来对上海影响最大的台风之一；“卡努”台风造成市区出现100mm以上的大暴雨。2006年影响上海的台风有3个，即5月中旬的“珍珠”、7月中旬的“碧利斯”和8月中旬的“桑美”，由其形成的风暴潮对上海的影响相对较小。2007年上海发生了3次台风风暴潮过程和一次温带风暴潮过程。其中，“韦帕”登陆期间，沿海出现了一次增水幅度为60～110cm的风暴潮过程；“罗莎”登陆期间，长江口及杭州湾出现了一次较大的风暴潮过程，由于接近天文大潮汛期，部分区域高潮位达4.60m（表14-1-1）。

表14-1-1　上海地区各监测站点相对海平面上升的预测值及各分量值（cm）

年份	项目	吴淞	高桥	黄浦公园	金山嘴	芦潮湾	米市湾	闸港	平均值（取整）
2010	绝对海平面上升	5	5	4	2	3	4	4	4
	地面下沉	12	17	7	8	8	8	8	10
	基岩沉降	2	2	2	2	2	2	2	2
	相对海平面上升	19	24	13	12	13	14	14	16
2030	绝对海平面上升	11	10	10	6	10	9	10	9
	地面下沉	20	27	10	12	12	12	12	15
	基岩沉降	4	4	4	4	4	4	4	4
	相对海平面上升	35	41	24	22	26	25	26	28
2050	绝对海平面上升	21	20	19	11	20	17	18	18
	地面下沉	25	30	12	15	15	15	13	18
	基岩沉降	6	6	6	6	6	6	6	6
	相对海平面上升	52	56	37	32	41	38	37	42

（4）暴雨内涝。上海市年均降雨量1123mm，70%集中在4—9月[1]。上海市地势总体呈现由东向西低微倾斜，市区地面高程多在3.0m至4.0m，中心区的黄浦、静安等地和长兴、横沙两岛的不少地区处在3.0m以下；市内地势低平，河流密布，黄浦江是太湖流域最大的排水河道。从雨量来看，处在太平洋季风区，雨量丰沛，汛期降雨量占全年的54%以上；一旦降雨集中，容易发生内涝；每年影响上海的热带气旋平均有两个，多发生在7、8、9三个月；受热岛效应等因素影响，汛期上海常会出现突发性强对流天气而引发暴雨灾害。由于地势低洼，再加上长期地面沉降，造成江河泛滥，田地被淹。据1980—1999年不同日暴雨强度时相应经济损失和发生频率数据，2001—2020年上海市区涝灾风险损失为195.29亿元。2007年，上海汛期雨量为762.5mm，与常年值642.2mm相比偏多近2成，比2006年多304.5mm。在长达122天的汛期中，汛期平均超警戒水位22次，10月份“罗莎”期间，超警戒水位12次[2]。

（5）赤潮。长江口外海域每年都会发生多起大规模的赤潮灾害，大多在5—6月份，赤潮影响范围和频率不断加大。2006年5月14日，长江口外海域发生赤潮，最大面积约1000km²，主要赤潮生物为具齿原甲藻。2007年长江口外海域赤潮爆发时间相对较为分散，累计面积最大的1次过程发生在9月。另外，2007年5月3日—6日，长江口海域发生赤潮，面积约为300km²，赤潮生物优势种类为中肋骨条藻，对上海贝类水产品造成一定污染。

（6）高温。上海市高温日（日最高气温≥35℃）天数一般为每年9天。近年来，高温天数有逐年增多的趋势。根据上海市徐家汇国家一般气象站观测资料，截至2022年10月31日，2022年上海市高温（日最高气温≥35.0℃）日数共计50天，其中5月出现0天，6月出现5天，7月出现22天，8月出现22天，9月出现0天，10月出现1天。

（7）雷击。上海属于雷击多发地区，全市年均雷暴日为53.9天。由于近几年市区雷击次数逐年上升，计算机、通信设备中大量采用能耗低、功能强大的微电子器件，雷击造成的损失呈逐年增加的趋势。2007年共发生雷击事件28宗，3人死亡，1人受伤，家用电子设备受损55件，造成供电故障90余起，经济损失约10.3万元。

（8）地震。上海市存在着可能发生中强以上地震的地质构造，历史上曾经记载发生5级左右的地震，南、黄海及邻近省市地震对上海可能产生的波及影响也不容忽视，因此上海一直是国家地震重点监视防御区。虽然近些年来全市未发生大的地震灾害，但绝不可麻痹大意。

目前上海市降险减灾形势相当严峻，面临诸多挑战，突出表现在以下四个方面：

（1）汛期的台风、风暴潮和暴雨内涝是上海市主要的自然灾害和重点防范的灾害种类，而地面沉降和次生环境灾害等则是主要的潜在灾害。由于自然灾害的高频率发生背景，往往增加了人为灾害事故的发生概率和频度。

（2）城市基础设施老化，市政建设跟不上社会经济发展需求，防汛墙、排水泵等抗灾设施达不到要求。另外，世博会前后，由于地铁、隧道、地下通道及其他重要地下工程等设施建设，人为活动引发突发性地质灾害的可能性将增加，还可能产生防汛隐患。

（3）有关灾害应对的社会宣传、教育不足，市民防灾减灾意识薄弱。对自然灾害的监测预警、防灾科研等工作有待加强，防灾、减灾法治建设需要不断健全与完善。

（4）城市人口与经济规模仍持续上升，脆弱的城市系统短期内难以得到根本改观，重大自然灾害发生的隐患依然存在，新的致灾隐患还可能不断出现。高度密集的人口与高度集群的经济使得灾害事故造成的绝对经济损失和社会影响将进一步扩大。

参考文献

［1］桂余才．加强上海市应急管理工作筑牢防灾减灾救灾的人民防线［J］．中国减灾，2020（17）：37-40.

［2］姚东京．基于密集型数据的上海市人口时空格局及其暴雨内涝情景的风险研究［D］．上海：上海师范大学，2020.

第二节　上海应急避难场所体系

由于不同城市可能遭受的灾害威胁不同，不同城市对应急避难场所的防灾要求亦有所不同。针对上海市的情况，首先分析上海市可能受到的灾害威胁，据此确定应对灾害的应急避难场所类型。然后，依据国家标准和上海市规范，研究确定上海市应急避难场所的规划建设控制指标。

一、上海应急避难场所类型

上海市常见自然灾害包括：台风、暴雨、风暴潮、龙卷风、赤潮、浓雾、高温、雷击、地质灾害、地震等10种，以及火灾、化学事故、生命线工程事故（供水、供气、供电、通信等）、道路交通事故等4种事故灾难。从灾害发生的频率、影响范围、造成的损失、应对方式、灾后恢复难度等多角度，对上海可能遇到的灾害进行评价。地震及其次生灾害（含火灾、爆炸、有毒气体泄漏等）、台风及其次生灾害（含暴雨、风暴潮等）是上海面临的最主要灾种。因此，应急避难场所的规划建设围绕此类灾害展开。

针对地震及其次生灾害，应急避难主要为灾前、灾时、灾后将受灾人员疏散、安置到开敞室外空间——场地型应急避难场所。针对台风及其次生灾害，应急避难主要为灾前、灾时将受灾人员疏散、安置到能抗御灾害的室内空间——场所型避难场所。因此，根据应急避难场所应对的主要灾害，上海市应急避难场所分为场地型和场所型避难场所两大类。

场地型避难场所通常是广场、公园、绿地、体育场地、学校中的操场等，场所型避难场所通常是体育馆、影剧院、礼堂、学校的教室、旅馆等具有防御灾害能力的公共建筑。

二、上海应急避难场所建设规划历程

上海市应急避难场所建设主要经历了三个发展阶段[1]。

1. 初步探索期（2008—2014）：2008年编制的《上海市中心城应急避难场所布局规划》首次提出应急避难场所布局及配套设施要求等，为本市该类型专项规划填补了空白。《关于推进本市应急避难场所建设意见的通知》要求“至2020年应当完善城市应急避难场所建设和配套设施，基本形成以中心城区为主，远近结合、覆盖面广、设施配套的城市应急避难场所体系”。然而由于该时期仍无具体标准可依，故实际建设仅局限于少数几个示范性场所。

2. 标准建立期（2015—2017）：该时期《应急避难场所设计规范》（DG/TJ 08-2188-2015）出台。《上海市应急避难场所建设规划（2013—2020）》正式获批。在新的标准要求下，各区均开展了相应的规划编制工作。

3. 全面推进时期（2018至今）：伴随中共中央办公厅、国务院办公厅印发《关于推进城市安全发展的意见》，应急避难场所建设的重要性被提升至新的高度[2]。新一轮上海市总体规划将人均避难面积列为核心指标之一，以此作为城市生产安全和运行安全的底线。

三、上海应急避难场所规划对策

（1）增配供给小于需求区的避难场所，确保各区的供求平衡。规划应增配静安、普陀、虹口、宝山、徐汇及嘉定区的应急避难场所，针对城市中心人口密度高、建筑密度高和建设用地紧缺的特点，将现有的广场、公共绿地，尤其是街区内的绿地，通过改建完善的方式，提高其防灾性能，增为应急避难场所。同时通过相邻区之间的合作，加强应急疏散通道建设，适度均衡各区间的避难场所资源供求的矛盾。

（2）缩短避难场所的疏散距离，提高避难服务水平。坚持平灾结合、就近避难、综合利用的原则，对避难场所资源供给总量充足，但疏散距离较长的地区，加强对街头游园、广场和街区内绿地的防灾性能的提升，增加其紧急、临时避难场地的功能，便于市民就近避难。从而缩短避难场地的疏散距离，提高紧急避难疏散效率。

（3）增设各区（县）的中心避难场所，提高应急避难系统效能。各区（县）应规划建设具备救灾指挥、应急物资储备、综合应急医疗救援等综合功能的中心避难场所。原则上，每个区县应至少规划布局中心避难场所1处。同时规划建设市级中心避难场所1处，提高应急避难系统整体联动效能。

（4）完善配备避难场所的配套设施，提高应急避难功能。Ⅰ级应急避难场所配置完备的基本生活设施，Ⅱ级应急避难场所配置基本生活保障设施，Ⅲ级应急避难场所配置必备的生活保障设施。中心级避难场所配置应急管理、避难住宿、应急交通、应急供水、应急医疗卫生、应急消防、应急物资、应急保障供电、应急通信、应急排污、应急垃圾、应急通风设施等，成为防灾综合功能强大的全市和各区的应急避难中心，从而系统增强避难场所的应急避难功能。

（5）编制各区的应急避难场所建设规划，细化落实各级应急避难场所规划建设。在全市应急避难场所建设规划的基础上，各区应根据本行政管辖范围的实际情况，编制本区的应急避难场所建设规划，具体落实含紧急避难场所在内的各级应急避难场所空间布局，从而达到全市各级应急避难场所全覆盖规划的目标，确保规划实施建设。

四、上海应急避难场所规划建设模式

针对上海市现有应急避难场所分布和建设实况，结合上海市主体功能区规划，实施应急避难场所规划对策。应急避难场所建设宜采用以现有避难场所改建为主，新建为辅的建设模式。对都市优化区内各区现有应急避难场所重点进行改建完善，充实配置各类应急避难场所的配套设施。遵循平灾结合的原则，将公园、公共绿地内管理用房改建成避难场所的应急指挥和管理中心，将地下车库、仓库改建成灾时可用的物资储备库，敷设避难用的给水管道和可增接水龙头的备用接口；利用现有公共厕所，在其附近预设灾时可扩充敷设的暗坑式厕所和临时化粪池，以及接入城市污水管网的污水连接管道。改善公园和公共绿地出入口的道路和硬质铺地，以便灾时车辆通行和避难人员进出。利用公园、公共绿地内现有变配电设施，增设按本避难场所规模所需的箱式变压器，确保应急供电。增设导航板、告示牌。增强避难疏散标识功能。

上海市公园应急避险功能规划以平灾结合为原则进行建设

基于避难人员停留时间与需求的不同，可将上海公园的应急避险功能分为一级、二级和三级三个不同避险服务等级，同时，具备不同避险等级的公园之间通过避难通道建立紧密联系，从而形成一个有机的城市公园防灾避险体系（表14-2-1）。

表14-2-1 上海市公园应急避险功能规划建设

等级	公园类型	服务半径	规模	停留时间	建设要点	主要功能
一级	全市性公园、区域性公园、专类园（面积较大）	步行0.5～1h，服务半径2～3km以内	$50hm^2$及以上	数月或更长时间	（1）人均面积要求$3.0m^2$左右； （2）有较完善的生命线工程要求的配套设施，如公用电话、消防器材、应急厕所等； （3）预留安排救灾指挥房、卫生急救站及食品等物资储备库的用地、直升机停机坪等	（1）防灾避险的终点； （2）抗震救灾指挥和医疗抢救中心； （3）抢险救灾部队的营地； （4）外援人员休息地； （5）灾后重建完成前的长期避难所

续表

等级	公园类型	服务半径	规模	停留时间	建设要点	主要功能
二级	区域性公园、专类园（面积相对较小）	步行 5～10min，服务半径 500m	10～50hm^2	1～3 天或数周	（1）人均面积要求：2.0m^2/人； （2）配备自来水管、地下电线、应急排污等基本生活设施； （3）消防、医疗、通信等救援设施； （4）应急物资储备，包括食品、储备水、帐篷、药品等； （5）植物配置要以防火、抗震的植物为主，种植要相对稀疏，比如树阵广场、疏林草地等	（1）防灾避险的中转站； （2）灾害时人们较长时间避难和进行集中救援的重要场所
三级	社区公园	步行 3min，服务半径 300～500m	1hm^2 及以上	24h 以内	（1）人均面积要求：1.5～2.0m^2/人； （2）需设置在居民区、商业区等人员聚集区域附近，以街区公园为主； （3）消防设施、饮用水、食物、急救药品、厕所、应急照明、防火植物	（1）临时安全避难点； （2）灾害发生 3min 内人员寻求紧急躲避的场所
	避难通道绿地、马路		根据人员数量确定	根据《城市抗震防灾规划标准》，避难通道宽度应不低于 4m	（1）灾时通向公园的逃生通道； （2）公园间的连接通道； （3）疏散通道	

五、上海市应急避难场所建设标准

目前的国家标准和上海市规范对应急避难场所的规划建设控制指标都有相应规定。国家标准《防灾避难场所设计规范》（GB 51143—2015）将防灾避难场所分为中心避难场所、固定避难场所（内分长期、中期、短期）、紧急避难场所等三大类，对其最长开放时间和避难场所控制指标作了规定[3]。上海市城市绿地应急避难场所建设规范对避难场所规划建设控制指标进行了规定。从占地面积（含有效避难面积）、人均避难面积、避难时间等方面看，上海市规范与国家标准相对照，上海市的Ⅰ级避难场所相当于国家标准的中长期固定避难场所，Ⅱ级避难场所相当于国家标准的中短期固定避难场所，Ⅲ级避难场所介于国家标准的短期固定和紧急避难场所之间。根据上海市人口密度、建筑高度、建设用地紧张等实际情况，上海市的应急避难场所规划建设控制指标宜采用上海市规范的Ⅰ、Ⅱ、Ⅲ级避难场所分级和控制指标，但应增设国家标准中的中心避难场所的控制指标（表 14-2-2、表 14-2-3）。

表 14-2-2 上海市城市应急场所分类标准

类型	面积（m^2）	服务半径（m）	避难时间（天）	设施配置
Ⅰ类	20000 以上（浦西内环以内 15000）	5000	30 以上	综合设施配置
Ⅱ类	4000 以上	1000	10～30	一般设施配置
Ⅲ类	2000 以上	500	10 以内	

表 14-2-3 国家标准与上海市标准各类避难场所控制指标

	分类	功能	使用时间（天）	有效面积（hm^2）	人均有效避难面积（m^2）	服务范围（km^2）/服务半径（km）	责任区应急服务总人口（万人）
国家标准	中心避难场所	具备救灾指挥、应急物资储备、综合应急医疗救援等功能	长期 100	⩾20	参照固定长期避难场所	⩽50km^2	⩽50.0
	固定避难场所	具备避难住宿功能，用于避难人员固定避难和进行集中性救援的避难场所	长期＜100	⩾5.0	4.5	⩽15.0km^2	⩽20.0
			中期＜100	⩾1.0	3	⩽7.0km^2	⩽15.0
			短期＜100	⩾0.2	2	⩽2.0km^2	⩽3.5
	紧急避难场所	用于避难人员就近紧急或临时避难的场所，也是避难人员集合并转移到固定避难场所的过渡性场所	临时＜3	不限	1	不限	不限
			紧急＜1.0		0.5		
上海市标准	Ⅰ级应急避难场所	具有完备的基本生活设施保障，能满足人员长时间避难需要	长期＞30	⩾2.0	3	5km	—
	Ⅱ级应急避难场所	作为中转灾民的临时场所，具备基本生活保障设施	临时 10～30	0.4～2.0	＞2.0	1km	—
	Ⅲ级应急避难场所	具备必备的生活保障设施	紧急＜10	0.2～0.4	＞1.5	0.5km	—

1. 一般规定

各级应急避难场所的应急功能分区和应急交通设置应按表 14-2-4 的规定执行。

表 14-2-4　应急功能分区

应急功能分区和应急交通		Ⅰ类应急避难场所	Ⅱ类应急避难场所	Ⅲ类应急避难场所
应急综合管理区	应急指挥区	●	●	●
	应急医疗卫生区	●	○	○
	应急物资存放和供应区	●	●	○
人员安置区	应急宿住区	●	●	●
	公共活动区	●	●	○
应急交通	应急出入口	●	●	●
	应急道路	●	●	●
	应急停机坪场地	●	○	—
	应急车辆停放场地	●	●	○

注："●"表示应设；"○"表示可设；"—"表示不需要设置。

应急设施设置应符合因地制宜、科学合理、便于管理的原则。各功能区和应急交通的设施配置应按照表 14-2-5 的规定执行。

表 14-2-5　应急设施配置

	应急综合管理区			人员安置区		应急交通			
	应急指挥区	应急医疗卫生区	应急物资存放和供应区	应急住宿区	公共活动区	应急出入口	应急道路	应急停机坪场地	应急车辆停放场地
应急给排水	●	○	○	●	○	●	●	●	●
应急照明	●	●	●	●	●	●	●	●	○
应急广播	●	●	●	●	●	●	●	●	●
应急通信	●	●	●	●	●	●	○	●	○
应急监控	●	●	●	●	●	●	●	●	●
应急消防	●	●	●	●	●	●	●	●	●
垃圾收集	●	●	●	●	●	●	●	●	●
应急厕所	●	●	—	●	○	—	—	—	—
应急通风	●	○	○	●	○	—	—	—	—
应急标志	●	●	●	●	●	●	●	●	●

注："●"表示应设；"○"表示可设；"—"表示不需要设置。

位于城市绿地内的应急避难场地，其内部的绿化还应具有防火、防风、滞尘等功能，且不对人体有损害。

应急避难场所设计时，固定（永久）设施和临时移动设施的设置应相结合。下述各类应急功能和应急避难设施宜设计为永久建设工程：

（1）应急避难场所的应急交通、应急储水和取水工程设施；

（2）应急避难场所的承担市、区级应急指挥、应急医疗、应急物资储备、应急保障车辆停放以及应急停机坪的应急供电工程设施；

（3）Ⅰ类应急避难场所内的应急医疗卫生区和应急垃圾收集设施；

（4）Ⅰ、Ⅱ类应急避难场所的应急物资储备区；

（5）应急避难建筑内的应急通风工程设施（含机械通风和自然通风）；

（6）消防工程设施（含避难建筑和避难场地）；

（7）应急厕所的化粪池；

（8）应急广播和监控设施。

应急设施设置不应影响市民的日常活动和使用要求。新建的应急避难设施不应影响原有场所内的布局或景观。

应急避难场地内的应急强弱供电、应急给排水和应急排污管线宜埋地敷设并采取有效的抗压、防盗等保护措施。

应急避难场所的应急广播、应急通信设施应在危险发生时能及时有效地通知危险区域内的人员。

应急避难场所设计应满足无障碍设计的相关要求，并应符合国家标准《无障碍设计规范》（GB 50763—2012）、上海市工程建设规范《无障碍设施设计标准》（DGJ08-103—2003）的相关规定。残障人士数量应按照场所内避难总人数0.5%计算。

应急避难场所设计应满足儿童安全设计的相关要求，应符合国家标准《民用建筑设计统一标准》（GB 50352—2019）的规定。

应急避难场所设计应以不影响文物和历史文化遗产的修缮和保护为前提。场所内的古树名木、有文物价值和纪念意义的建（构）筑物应采取保护措施，并符合国家标准《历史文化名城保护规划标准》（GB/T 50357—2018）、国家标准《公园设计规范》（GB 51192—2016）的相关规定。

2. 设防要求

（1）应急避难场所设防应符合下列规定：

① 在遭受不高于本市设计规范设防水准灾害的影响下，应急避难建筑和应急避难设施不应发生严重破坏，且能及时恢复；临时设置的应急避难设施应能顺利安装和启用；

② 在遭受高于本市设计规范设防标准灾害的影响下，应急避难建筑和应急避难设施，应确保避难人员的生命安全，且避难功能应能及时恢复；

③ 在临灾时期和灾时启用的应急避难场所，应保证承担应急避难功能的建筑和设施不发生危及避难人员生命安全的破坏；

④ 应急避难场所内现状建筑工程设施和设备，不得影响应急避难场所应急功能的发挥，不得危及避难人员生命安全。

新建的应急避难场所预定抗震设防烈度标准不应低于8度，改建、扩建的应急避难场所预定抗震设防烈度标准不应低于7度。

用于躲避台风的应急避难场所范围内的绝对标高应高于周边江、河、湖水体的最高水位、水工建（构）筑物的进水口、排水口和溢水口及闸门的绝对标高，应综合考虑上下游排水能力和保证措施，宜满足 50～100 年一遇水准，保证应急避难功能区不被水淹。

位于防洪保护区的防洪避难场所的防洪标准不应低于现行国家标准《防洪标准》（GB 50201—2014）所确定的淹没水位，人员安置区和应急指挥区的安全标高不应低于 0.5m。

（2）避难场所排水系统应符合下列规定：

① 应急避难建筑排水重现期不应低于 5 年；

② Ⅰ类应急避难场所周边区域的排水设计重现期不应低于 5 年；

③ Ⅱ类、Ⅲ类应急避难场所周边区域的排水设计重现期不应低于 3 年；

④ 用于躲避台风灾害的应急避难场所，其周边区域的排水设计重现期不应低于 5 年，应急避难建筑的设计雨水流量应按不低于历史或预估的最大暴雨强度复核。

应急避难设施宜进行隐蔽型设计，对于露出地面的应急避难设施应与周边的环境相协调，宜进行美化处理。

应急避难场所内不宜设置架空设施，确需设置时应有安全防护措施。

应急用的大型器材设施应满足防火、防尘、抗污染、防水、防震、节能、环保和消声等技术要求。

应急用的大型器材配置应以钢材或混凝土等稳定性高的材料为主，配以相应的可移动或变动结构，便于拆卸或移除。

（3）新建永久性应急避难建（构）筑物的抗震设防应满足下列要求：

① 当遭受到烈度为 8 度的地震影响时，结构主要构件应保持弹性，其他构件应不弯曲变形；

② 当遭受高于预估抗震设防烈度 8 度的罕遇地震影响时，损坏部位对应急功能应无影响或影响较小，且应能在应急反应处置期通过应急处置仍能继续使用。

新建永久性应急避难建（构）筑物的抗风设计应符合相关规范的抗风要求，基本风压应按照国家标准《建筑结构荷载规范》（GB 50009—2012）中的百年一遇的风压执行。

（4）新建的应急避难场地内的植被选择应符合下列规定：

① 应选择遮蔽率高、耐火、防风、滞尘、树冠宽大、根系深广，并具有良好观赏效果的地域性适生植物；

② 严禁使用有毒有害等威胁到人群安全的植物种类，应慎用易引起部分人群过敏的植物种类。

六、上海应急避难场所规划建设案例

1. 上海市应急避难场所建设规划（2013—2020）

（1）规划背景

依据国家和本市相关法规及《关于推进本市应急避难场所建设意见的通知》（沪府办发［2010］6 号），坚持“政府领导、统筹规划、平灾结合、属地管理”的基本方针，以防为主，防、抗、救、减相结合，为在 2020 年前全面提升本市应对自然灾害与突发公共事件的综合能力，最大限度地减少灾害事故造成的人员伤亡和财产损失，从根本上扭转和改善本市防灾应急避难场所建设的滞后局面，构建本市应急避难场所保障体系，编制《上海市应急避难场所建设规划（2013—2020）》。

（2）主要编制内容

① 本市重点建设的避难场所主要为Ⅰ类（长期固定避难场所）和Ⅱ类（短期和中期固

定避难场所）。

② 至2020年，全市规划Ⅰ类应急避难场所16处，总建设规模426.5hm²。其中近期重点完成黄浦区广场公园之音乐广场（延中绿地黄浦段，包括音乐广场）、长宁区中山公园和金山区体育场三处Ⅰ类应急避难场所，总建设规模36.2hm²。

③ 至2020年，全市规划Ⅱ类应急避难场所299处，总建设规模707.27hm²。其中场地型避难场所94处，建设规模426.12hm²，场所型避难场所205处，建设规模281.15hm²。近期重点建设场地型避难场所26处，场所型建设32处，共计58处，建设规模115.14hm²[4]。

2. 上海市中心城应急避难场所布局规划

（1）规划概况

随着城市灾害事件的威胁日益严重，城市应急避难场所的规划和建设已经成为确保城市安全的一项紧迫任务，是城市防灾减灾工作的重要组成部分。《上海市中心城应急避难场所布局规划》将落实新一轮总体规划以及分区规划中有关地震防灾减灾方面的要求，并借鉴与学习国内外相关经验，对应急避难场所的用地指标体系、规划布局、应急疏散通道系统、基础设施配套和规划实施建议等五部分内容进行专项规划，完善应急疏散通道系统，使避难场所各方面能够全面满足市民应急避难需求[5]。

（2）技术路线

在国内外相关经验借鉴和学习的基础上，提出规划目标，包括用地指标体系、规划布局、疏散通道系统和基础设施配套四个系统，并给出规划实施建议（表14-2-6）。

表14-2-6　应急避难场所布局规划目标

用地指标体系	规划布局	疏散通道系统	基本设施配套
用地选择及基本要求 场所用地资源分析 人均用地指标 其他场所的利用	等级层次 建设类型 结构布局规划	疏散策略 疏散通道系统	物资储备设施 供水设施 环卫设施 供电设施 通信设施 指引标示 应急停机坪设置

（3）应急避难场所布局结构

规划应急避难场所按Ⅰ类应急避难场所、Ⅱ类应急避难场所、Ⅲ类应急避难场所和特定应急避难场所4个层次进行划分，形成均衡布局、等级分明的规划布局结构。

3. 区级层面应急疏散救援空间

（1）上海市徐汇区避难场所规划与建设情况

上海市徐汇区的避难场所规划以《上海市中心城应急避难场所布局规划》为指导，对区内各类灾害情况进行分析，提出除了上海普遍存在的灾害之外更应重视沿江的风暴潮，对于徐汇区避难场所规划，最应关注的是防洪、地震和台风，以及爆炸、疫情的隐患。同时，通过对徐汇区进行用地适宜性评价，并对徐汇区现状资源进行梳理总结后，得出徐汇区可用于建设避难场所的可利用的用地有结构绿地、地下空间、体育场馆、教育设施、工业和仓库等五类，并将其分为场地型应急避难场所和场所型应急避难场所两类（表14-2-7）。

表 14-2-7　徐汇区内可利用资源表

场地类型	资源类型
场地型应急避难场所	结构性绿地及公园、轨道交通车辆段、各类社会停车场、教育设施内的开敞用地
场所型应急避难场所	漕河泾工业区厂房和仓库、轨道交通站点、上海南站、体育场馆、教育设施内的体育场馆

在徐汇区的避难场所规划中，避难场所服务布局并不是均值化的，需根据不同功能区域内人的活动特征对不同区域采用不同的配置标准和疏散策略，在规划区范围内或更大区域内进行避难场所配置的综合平衡。从区域内部看，徐汇区可分为北、中、南三大板块，各自呈现不同特点。

北部地区包括徐家汇市级副中心，衡复历史文化风貌区等较有特色的区域，该地区是公共活动集聚区，外来人口和流动人口众多。因此该区域规划紧急避难场所的需求量较大，规划中需挖掘邻近主要活动场所的空间，在无法满足需求的前提下，也可将部分人员疏散至中部地区；中部地区包括田林街道、虹梅街道、康健新村、漕河泾街道以及漕河泾开发区，科研院校众多且公共建筑配套设施齐全，应急避难场所布点条件较好；南部地区包括长桥、凌云和华泾，地区内有大型公园和科研院校，应急避难场所的布点条件较好；滨江地区开发空间大且公共绿地多，但由于靠近黄浦江，向外疏散难度较高，应急避难场所布点将主要考虑满足就近地区的服务人口和服务半径。

徐汇区是上海发展成熟、定位较高、功能复合的中心城区之一，其避难场所的规划建设考虑到不同城市片区的功能差异进行策略分区，根据不同的避难需求和避难能力将避难场所划分为场所型避难场所和场地型避难场所。

（2）上海市长宁区避难场所规划与建设情况

① 规划基本概况

长宁区位于上海市主城区西部，全区总面积约 37.18km^2。截至 2015 年年末，全区常住人口为 69.11 万人，下辖 9 个街道和 1 个镇。本轮规划主要采取“策略—布局—引导”三步走的思路。首先，协调上位规划要求、需求预测以及现状资源摸排，对全区层面的建设规划策略有所确立。其次，通过对可利用资源的择优筛选，确定规划建设清单。最后，为有效指导下位规划及实际建设，提出管理措施建议、落实建设时序安排并形成场所建设导引图则。经过此轮规划编制，长宁区至 2025 年共规划布局应急避难场所 72 处，包含Ⅰ类应急避难场所 1 处、Ⅱ类应急避难场所 14 处、Ⅲ类应急避难场所 57 处。总有效避难面积 104.81 万 m^2，完成需求度大于 100%[4]。各级场所服务范围可基本满足全覆盖要求。其中为补充完善市层面规划未尽的内容以及落实最新单元层面规划要求，此轮规划主要在以下几方面进行了应对，对该层面应急避难场所建设规划方法作出了初步探索尝试。

② 规划应对

a. 应对一：建立与区空间结构相契合的策略分区

结合现状建设情况以及单元规划对全区规划结构的最新要求，长宁区应急避难场所建设规划主要包含“东—中—西”三个策略分区。三个分区的空间特质差异主要表现为“资源与需求的不匹配”的问题及“场所资源疏散距离差异大、避难服务水平参差不齐”的问题。三大分区在场所建设选址和疏散策略上各有要求（图 15-2-7）。

其中“东区”指凯旋路以东，区内以建成区为主并涉及多个历史风貌保护区，可供利用的场所地块尺度规模小而分布零散，可利用资源呈现“供小于求”的局面。故规划以“分散、高效的改扩建”为主，积极利用现有广场、公共绿地进行改建，提高其防灾性能。对于本身资源即小于规划需求的街道应制定紧急异地转移预案，由相邻资源较为丰富的虹桥街道统筹解决。“中区”部以工人新村、现代小区以及大学设施居多，资源与需求基本均衡、略有富余。规划策略应以择优筛选为主，结合现状进行适当的改扩建以提升设施使用效率和服务品质，服务覆盖度总体较好。“西区”是长宁区总体建设进程中较新兴的板块，除部分现代居住小区外，还包含大量建设中的商业商务园区，现状居住人口密度较小但规划大型绿地较多，总体上设施可供应量大于人口需求。规划西区应急避难场所建设策略以集中、高标准的新建设施为主，且应当考虑未来人口增长需求以及商务区办公人群的临时紧急避难需求，故应适当扩大规划规模。且由于可利用设施规模较大但分布稀疏的特点，尤其应当做好远距离疏散工作。

b. 应对二：“案头＋实地＋部门”三步确定避难面积

为进一步落实各应急避难场所可利用的有效避难面积资源的实际情况，本轮规划在全区可利用资源调查之初，即采用了“案头梳理→现场调研→部门确认”的方式，以期对长宁区这类以建成区为主导的应急避难设施改扩建提供更有力的基础依据。其中案头梳理主要指基于地形图的要素收集，初步采集场所中可利用设施的面积规模总量，排除不符合规范要求的建筑面积（如公园密林区域、水面以及三层以上的教学楼等）。其后通过现场调研对实际建设状况进行再次复核。最后再由设施地块所对应部门对该项数据进行确认。此外，前期梳理工作中除应当确定有效避难面积规模以外，还对可利用资源设施周边建筑、交通、市政等环境一并考察，以此作为设施择优筛选时的参考因子。

c. 应对三：建构综合评价体系对场所择优筛选

此轮规划编制过程中考虑到总体上长宁区可利用应急避难资源仍大于规划需求，故应通过择优筛选的方式确立最终的规划清单。在该目标指引下，本次规划尝试建立了针对可利用场所资源的综合评价体系，其具体从“三大影响因素”进行建构。即包括不适宜作为应急避难场所的因素（一票否决）；场所选址首先应当考虑的因素（首选因素）；对应急避难场所建设不利的因素（扣分项，即使选择其作为场所规划对象仍需对不利因素有所避让或经改扩建后加强防护）。通过前期梳理的基础资料，结合此番建立的评价表可对各潜在的可利用场所资源进行打分，使之成为落实最终规划清单的核心参考标准。

d. 应对四：综合多部门意见后确立建设时序安排

按照所建设的应急避难场所建设等级以及现状人口的分布情况，长宁区在本轮规划期内一是应重点完成Ⅰ、Ⅱ类应急避难场所建设，兼顾部分Ⅲ类应急避难场所建设；二是近期结合人口分布偏重东部，远期逐步全区统筹平衡。为确保建设时序安排合理可行，规划对区民防办进行了重点访谈，在汲取过往实际项目建设经验、建设能力和资金安排的基础上，建议按照每年完成1～2个Ⅱ类应急避难场所，2～3个Ⅲ类应急避难场所推进建设行动。最终明确规划期内应完成10个Ⅱ类及26个Ⅲ类应急避难场所建设，并提出了初步建议的场所名单。剩余的34处应急避难场所则在远期予以逐步建设落实。同时该场所规划时序安排清单也征询了各设施负责单位，如教育、绿化、体育部门意见，使得其与其他部门本身的新建、改扩建计划有所契合，为时序安排的合理性增添保障。

e. 应对五：绘制场所建设导引图则指导

此轮建设规划尝试对各应急避难场所绘制建设导引图则，区分强制性引导内容与指引性引导内容。其中强制性引导内容主要指场所的规划指标（如有效避难面积规模、避难人数等）。引导性内容主要指对场所功能布局作出建议性的空间引导方案，例如三大功能区布局方位、对外出入口方向、内部主干疏散流线引导、重点设施（如应急指挥点、应急通信点）布局位置等。功能布局引导方案的绘制亦是对每个场所有效避难面积设定合理性的进一步校核。

该图则对下位规划编制调整及实际建设行为的管控，预期主要分为以下三种情况。一是针对场所所在街区的控规调整，从应急避难角度给予反馈要求；二是针对现状改扩建地块的工程建设，建设单位在开工前应将其作为重要参考文件；三是针对规划未建地块的工程建设，应作为土地出让的规划条件的附件，在地块建筑方案设计时应同步考虑避难专项建设方案。

③ 启示

区级层面应急避难场所规划需兼顾应急避难功能建设需求与单元规划层面的编制要求，在对上承接城市总体规划要求的基础上，重点关注对下指导详细规划的调整修编及具体工程实施的管控。

4. 单体应急疏散救援空间

例：奉城高级中学

（1）项目概况

本应急避难场所的改造方案，拟选取了上海市奉贤区奉城高级中学作为改造场所。项目位于上海市奉贤区，东至城大路，西至曙宏路，北侧与居民住宅区相邻，南至城中路[5]。

奉城高级中学为上海市Ⅱ类应急避难场所，场所内能接纳 600 人避难，疏散距离 630m（周边距离学校 630m 范围内的人员均可以到该应急避难场所避难），学校内应急避难建筑的有效使用面积为 0.4hm^2。

（2）总体设计

① 场所基本现状。

a. 建筑。校园内原有综合教学楼 1 幢（教学楼西侧一层为停车场，综合教学楼内设医务室、会议室、教室等）、教学楼（保留）2 幢，教学楼（改建）2 幢、食堂和室内运动场 1 幢、宿舍楼 1 幢、东侧门卫和南侧门卫各 1 处、垃圾收集点 1 处、原有北侧门卫（保留）现作为仓库、原有运动场北侧辅助用房（保留），现用于堆放运动器材。

b. 场地。室外篮球场 3 处、室外网球场 1 处、250m 室外运动场 1 处。校园室外场地地形平坦，排水通畅。场外的绿地为微地形设计。

c. 交通。校园周边交通便利，有 2 个出入口与外部道路相连，路口无障碍物遮挡，东侧路口宽 12m，南侧路口宽 8m；校园室外道路主路宽 7～12m（东侧路口至新建教学楼之间的宽度为 12m），次路宽 4m；东侧入口处设有室外机动车停车位。

d. 植被。场所四周由混凝土围墙隔离，场所内沿围墙的一侧主要种植香樟、复羽叶栾树、合欢等防火功能较弱的乔木。场所内应急避难主路两侧种植银杏、香樟、无患子，虽然银杏的防火性能较好，但其他两种植物仍不能满足防火的要求。沿围墙一侧的绿化带宽度 1.5～15m 不等。

e. 周边环境。学校周边为居民住宅区，周边交通便利，距离场所 500 米的范围内有药店、超市。

② 场地布置。

a. 场地竖向

校园室外场地平坦，排水通畅，满足景观和安全防汛的要求。

b. 应急道路

校园室外的道路宽度满足主路不小于 5.5m，次路不小于 2.5m 的规范要求，而且道路连接校园的各个区域，路面材质为沥青材料（沥青属于柔性路面材料），可以作为灾时的应急道路使用。

c. 应急出入口

校园内原有的出入口与园外的城市干道相连，入口无障碍物遮挡，可以作为灾时的应急出入口使用。

d. 应急车辆停放场地

校园室外原有的机动车停车位和综合教学楼西侧一楼的机动车停车位均可用作灾时的应急车辆停放场地。

e. 应急停机坪场地

由于本项目室外场所面积有限，所以本方案不考虑设置应急停机坪场地。而且《应急避难场所设计规范》(DB31MF/Z 003—2021) 中也规定：Ⅱ类应急避难场所可以不用设置应急停机坪场地。

f. 避开灾害和次生灾害源

校园周边与场所内无灾害源。改建教学楼中部的内庭院植被茂密，且处于建筑的倒塌范围之内，可能引发次生灾害，所以该区域不作为应急避难功能区的选址范围。综合教学楼、改建教学楼和宿舍楼均达到 7 级的抗震标准，可以作为灾时应急避难建筑使用。《应急避难场所设计规范》(DB31MF/Z 003—2021) 规定：新建的应急避难建筑预定抗震设防烈度不应低于 8 度，改建、扩建的应急避难建筑预定抗震设防烈度不应低于 7 度）。但保留的教学楼未达到抗震标准，灾时不作为应急避难建筑使用。

g. 防灾植物

在植物改造时，设计者按照上海市相关规范的要求对植物进行了梳理，对不符合要求的植物进行移植或替换。

为了满足阻碍火势蔓延的要求，本设计在沿围墙一侧及应急道路两侧的乔木内设置洒水装置，提高植物的防火性能。对于可能影响避难人员居住的设施，如应急厕所和应急垃圾收集点，在其周边种植灌木，对设施进行隔离。

③ 应急避难功能区。

根据《上海市应急避难场所规划建设规划（2013—2020)》《上海市中心城应急避难场所布局规划》《应急避难场所设计规范》(DB31MF/Z 003—2021) 的要求，奉城高级中学的Ⅱ类应急避难场所在总体布局上应配置应急综合管理区（应急指挥区、应急医疗卫生区、应急物资存放和供应区)、应急宿住区。

a. 应急指挥区

原有的综合教学楼内设施齐备，灾时可以作为应急指挥区使用。

b. 应急医疗卫生区

原有的综合教学楼内设有医务室，灾时可作为应急医疗卫生区使用。

c. 应急物资存放区

学校可以与场所周边的药店和超市签订合同，保证灾时应急物资的供应。校园内原有的食堂仓库、原有辅助用房、保留的北侧门卫用房均可以作为应急物资的存放区，用于储备食品、饮用水、应急设施等。食品、帐篷、药物每季度检查一次，确认保存完好，无发霉损坏、变质、并在保质期内，若有损坏、霉变、过期的物资应及时上报、销毁后立即补足标准数量，保证灾时能正常使用。

d. 应急物资发放区

灾时校园内应急宿住区的附近设置 6 处总面积为 1300m^2 的应急物资发放区。

e. 应急宿住区

可以在综合教学楼、改建教学楼、食堂和室内运动场、宿舍楼内设置室内的应急宿住区，并将应急宿住区安排在建筑的 1～3 层，将老人、儿童、伤员等有特殊需求的人员的宿住区设置在建筑的 1 层。室外 250m 运动场、篮球场、网球场可以作为室外的应急宿住区，灾时搭设帐篷进行宿住。

④ 应急避难设施设计

a. 应急水设施

本项目采用传统的储水方式。应急储水槽，作为灾时的用水储备，假设市政供水管道在灾时被破坏（可能是地震灾难），那么应急避难场所内的建筑和场地同时启用，场所内的最大避难人数为 1300 人，行动困难与伤病员的比例按照 2%计算，即为 26 人，其他避难人员 1274 人。应急避难期间的应急储水容量不应低于避难人员的饮用水量和基本生活用水量之和。按照上海市《应急避难场所设计规范》(DB31MF/Z 003—2021) 中灾时人员生活用水量最低标准规定，行动困难与伤病员的基本生活用水量 13L/（人・日），其他避难人员 7L/（人・日），按照Ⅱ类应急避难场所最小避难天数 10 天取值，场所内应急储水槽的最小储水容量约为 92.56m^3 才能满足灾时饮用水和基本生活用水的基本使用要求。

若市政的供水管道在灾时没有被破坏，并可以持续供水，那么该应急避难场地内的应急供水至少可以采用市政给水管网和应急储水两种供水方式，满足灾时用水的需求。

奉城高级中学的应急储水槽设置在场地北侧（原门卫处），并在附近 7m 宽的道路上预留应急供水车辆的停放场地，在灾时能满足供水车补水的需要。

场所内设置 6 处应急供水点，分别设在应急宿住区和应急医疗卫生区附近，建筑内的供水管线可与平时的供水管线共用，室外的供水管线提前敷设埋地式供水栓，灾时只需外接供水设备就能保证用水。饮水设施采用一体化的净水设备，平时将净水设备放置在物资储备区内。供水设备应每月检查一次，保证设备运行正常，水质符合饮用水的相关标准，以备灾时避难人员能安全使用。

b. 应急电设施

该应急避难场所内的电力系统电源为常用电源，并设置应急电源。由于该场所面积有限，没有足够的场地设置固定的柴油发电机房（而且柴油发电机房噪声较大，对选址要求较高)，所以当该场所内市政电力系统被破坏时（有可能是地震灾害），由市/区供电所提供应急供电车，满足灾时用电需求。如果市政电力系统能正常使用，那么应急避难场所内的供电可以采用市政电力系统为主、应急供电为辅的方式。电力系统电源和应急电源的转换应采用可靠的机械及电气联锁，确保供电的安全可靠，满足用电的需求。

场所内每个应急避难功能区内事先设置电源配电柜（箱），引入电力系统电源和应急电源，或是上级配电系统将两种电源切换后供给的电源。建筑内的电力系统可与平时的电力系统共用，室外的供电线路提前埋地敷设，灾时只需外接供电设备就能保证用电。

在场所内布置疏散照明、安全照明和备用照明，并利用应急避难建筑内的原有照明系统作为应急照明使用。应急避难场地内的应急照明采用高杆或敷建式室外照明，并采用集中控制的方式。

c. 应急厕所

原有应急避难建筑内的厕所可以作为灾时应急厕所使用，在该项目室外场地的西北侧绿地中设置 7 个暗坑式厕所，并按照能储存 84kg 排泄物的容量设置化粪池。灾时也可以在场地内的应急车辆停放处临时停放车载移动厕所供灾时使用。

d. 应急信息设施

本场所的应急报警、应急通信、应急广播、监控等设施均可利用校园内原有的系统。可利用建筑内原有的报警系统作为灾时的应急报警系统使用，室外场地内新增报警器。

e. 其他设施

·应急消防。利用应急避难建筑内原有的消防设施，并在应急避难场地内配置消防灭火器等消防设施，保证消防设施覆盖场所的各个应急避难功能区。

·应急垃圾收集。本项目的东北侧有一处原有的固定垃圾收集点，在灾时可以作为应急垃圾收集点使用。在应急避难建筑的最底层设置垃圾收集点，并设排水和通风设施。在室外场地内按 70m 的服务半径新增垃圾收集点供灾时使用。在灾时按 300～1000m^2 的服务半径放置移动垃圾箱，满足灾时的应急垃圾收集需要。

·应急通风。原有应急避难建筑厕所内的通风设施灾时继续使用，在应急避难建筑的一层设置机械新风系统，满足夏季通风、冬季保温的要求。

七、上海市应急避难场所规划建设的不足

虽然上海市现有应急避难场所资源总供给能力能满足规划期内总需求量，但是，在避难场所区域空间分布、避难场所疏散距离、中心级或Ⅰ级避难场所配置、避难场所的设施配置等方面存在下列主要矛盾：

（1）需深化协同单元层面空间整体发展全市各区域应急避难场所分布与各区域的需求不匹配，资源短缺和过剩问题突出。

全市四大主体功能区内应急避难场所资源量和可容纳避难人口与各区域避难场所需求量差异很大，造成有些区域的避难场所资源供给量少于需求量，有些区域的供给量远大于需求量。如都市功能优化区，现有场地型避难场所可容纳固定避难人口为该区域现状常住人口需固定避难人口的 70%，而都市发展新区为 103%，新型城市化地区为 115%，综合生态发展区为 214%。各主体功能区内部各区的差异也较大，都市功能优化区内的静安区场地型应急避难场所可容纳固定避难人口仅为该区现状常住人口需固定避难人口的 39%，普陀区为 42%，虹口区为 51%，宝山区为 54%，徐汇区为 58%，而长宁区为 175%。新型城市化地区内差异更大，嘉定区现有场地型应急避难场所可容纳固定避难人口为该区现状常住人口固

定避难人口的49%，而松江区则为248%。

（2）各区的应急避难场所单位面积和疏散距离差异较大，避难服务水平差距较大。

据2019年上海市可用避难场所资源普查，各区的场地型避难场所平均单个避难场所面积大小差异很大。位于城市中心的静安、黄浦、虹口、普陀及嘉定区的平均每个场地型避难场所有效使用面积小于1hm²，疏散距离短。而离城市中心区远的松江区、奉贤区、浦东新区和崇明区的平均每个场地型避难场所有效使用面积大于2hm²，疏散距离长。

另外，全市各区普遍缺乏具有中心级别功能的Ⅰ级应急避难场所，应急避难系统效能差。全市场地型应急避难场所普遍缺乏必备设施，应急避难功能低下。

八、上海市应急避难场所规划建设的经验

1. 建立与区空间结构相契合的策略分区

结合现状建设情况以及单元规划对全区（市）规划结构的最新要求，例如长宁区应急避难场所建设规划主要包含了“东—中—西”三个策略分区。

2. 完善配备避难场所的配套设施，增强应急避难功能

Ⅰ级应急避难场所配置完备的基本生活设施，Ⅱ级应急避难场所配置基本生活保障设施，Ⅲ级应急避难场所配置必备的生活保障设施。中心避难场所配置应急管理、避难住宿、应急交通、应急供水、应急医疗卫生、应急消防、应急物资、应急保障供电、应急通信、应急排污、应急垃圾、应急通风设施等，成为防灾综合功能强大的全市和各区的应急避难中心，从而系统增强避难场所的应急避难功能。

3. 建立与缩短避难场所的疏散距离，提高避难服务水平

坚持平灾结合、就近避难、综合利用的原则，对避难场所资源供给总量充足，但疏散距离较长的地区，加强对街头游园、广场和街区内绿地的防灾性能的提升，增加其紧急、临时避难场地的功能，便于市民就近避难，从而缩短避难场所的疏散距离，提高紧急避难疏散效率。

4. 建立与区空间结构相契合的策略分区增配供给小于需求区的避难场所，确保各区的供求平衡

针对城市中心人口密度高、建筑密度高和建设用地紧缺的特点，将现有的广场、公共绿地，尤其是街区内的绿地，通过改建完善的方式，提高其防灾性能，增为应急避难场所。同时通过相邻区之间的合作，加强应急疏散通道建设，适度均衡各区间避难场所资源供求的矛盾。

5. 基于灾害类型决定疏散原则

（1）气象型灾害和地质型灾害：以就近疏散为主

由于嘉定区避难场所规划所应对的主要灾害为地震、台风及其次生灾害。这两类灾害及其次生灾害具有发生迅速、破坏性强的特点，不会对避难场所的安全造成过大影响，在这种灾害特点下，应该采用就近疏散的原则。

（2）特殊灾害：就近疏散和就远疏散相结合

金山区避难场所规划除了应对地震、台风灾害外，还必须应对石化污染及其次生灾害（如空气污染、水污染、强火灾和爆炸）。由于石化污染及其次生灾害具有发生迅速、扩散快的特点，会对避难场所的安全造成严重影响。因此在这些灾害易发的地点就不能过多地采用就地和就近疏散原则，而应该考虑到石化产业安全距离的行业要求（一般应大于5km），防止次生危害影响避难场所安全，而使避难人群被迫二次转移。金山区南侧分布着金山石化和上海化工两

个国家级石化工业园区，在金山区避难场所规划布局时，在两个石化园区周边 5km 影响范围内，禁止设置避难场所，以防石化灾害引起的强爆炸和强火灾影响避难场所的安全。

6. 避难需求和服务半径决定避难协调组规模

（1）供需平衡关系决定避难协调组规模

在嘉定区和金山区的避难场所规划中，划定了以各街道和镇为基础单元的避难分区。但在分区内，总体避难需求和避难资源难以有效匹配。在规划中采取了两种措施来增加避难供给。一是在避难区范围内通过对既有绿地和设施的空间开发来增加避难设施，例如通过对中小学用地和绿地的挖潜来增加避难设施。二是通过扩大供给范围来统筹解决避难需求。

（2）服务半径和疏散时间决定避难协调组规模的下限

在设置避难协调组时，不仅要考虑服务人群的总体避难需求，供需平衡关系决定了避难协调组规模的上限；同时要考虑到协调组内服务半径和疏散时间的要求，服务半径和疏散时间决定了避难协调组规模的下限。

7. 避难行为和人口密度决定避难体系分布

（1）城镇地区：构建中心—固定—紧急的三级避难体系

城镇地区由于建设规模大，避难人群无法快速疏散，因此就需要充分利用城镇地区内部绿地、公园、广场等开敞空间，设置紧急避难场所。当灾害持续发生时，避难人群需要就近从紧急避难场所转移到固定避难场所。当人群的避难需求更高和避难时间更长时，就需要转移到中心避难场所。

（2）乡村地区：构建固定—紧急的二级避难体系

当灾害发生时，乡村地区的人群基本就近疏散到周边农田等开敞空间。当灾害持续发生时，需要转移到固定避难的场所，主要结合中小学、乡村公共服务设施考虑。中心避难场所由于具有完善的物资供给和相应的基础设施，其服务人群有一定的规模要求。而乡村地区避难人群相对分散，不利于中心避难场所功能的发挥，因此乡村地区不适宜设置中心避难场所。若灾害持续发生，乡村地区的避难人群需要转移到城镇地区的中心避难场所。

8. 时序协调和主体协调影响行动计划

（1）时序协调：与人口增长规模相适应、依托控规进行事前干预

在规划中，依据常住人口和疏散比例确定避难人口的总量，而常住人口是不断增长的，这就需要在规划中提供与未来人口规模增长相适应的避难场所数量。因此，避难场所的建设时序需要与常住人口的增长需求和进度同步。

在避难规划中，将避难人口、避难需求和建设时序分解至各避难场所后，各避难场所形成了地块开发建设的需求。同时依托控制性详细规划的编制将避难场所的开发需求落实到相关地块中，对相关地块提出控制导则和要求，便于对这些避难场所地块在土地出让、划拨和建设中进行事前干预，而不是建成后进行避难场所补救，这样通过将避难场所专项规划和控制性详细规划编制对接，促进避难场所的规划编制。

（2）实施主体协调：处理好条线之间的关系

为便于资源的平灾结合使用，规划中所涉及的应急避难场所主要依托现状的应急避难资源进行改造或扩建，依托现状的学校、绿地公园、体育场馆等进行建设。图 14-2-1 中 4 个平行部门之间以及和各街镇实施主体之间需要进行统一的组织协调，以利推进避难场所的建设。

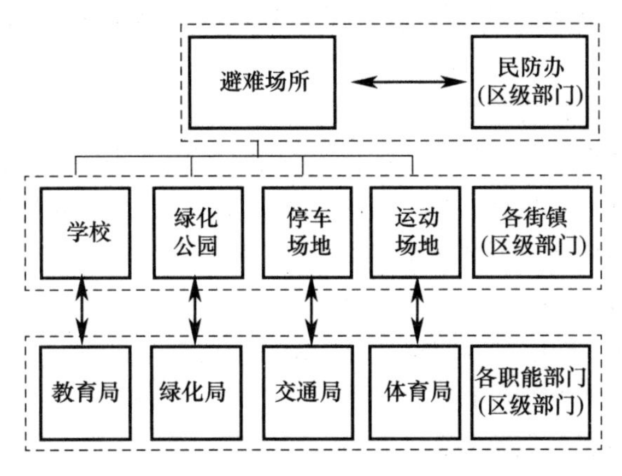

图 14-2-1　避难设施实施主体关系分析图

同时，避难场所建成后，需要统筹管理和维护相互之间的权责关系，需要相关部门厘清工作机制，以保证避难场所正常运营。

根据避难场所的建设时序、空间位置、建设主体，规划形成了“空间上有位置、建设上有时序、实施上有主体”的避难场所建设的行动项目库，从而实现避难场所从“规划到建设”的一系列计划，精准规划，确保实施。

九、经验与启示

1. “案头＋实地＋部门”三步确定避难面积

案头梳理主要指基于地形图的要素收集，初步采集场所中可利用设施的面积总量，排除不符合规范要求的建筑面积。其后通过现场调研对实际建设状况进行再次复核。

2. 建构综合评价体系对场所择优筛选

建立了针对可利用场所资源的综合评价体系，从“三大影响因素”进行建构。

（1）不适宜作为应急避难场所的因素（一票否决）；

（2）场所选址首先应当考虑的因素（首选因素）；

（3）对应急避难场所建设不利的因素权衡利弊。

3. 兼顾应急避难功能建设需求与单元规划层面的编制要求

区级层面应急避难场所规划需兼顾应急避难功能建设需求与单元规划层面的编制要求，在对上承接城市总体规划要求的基础上，重点关注对下指导详细规划的调整修编及具体工程实施的管控。

4. 绘制场所建设导引图则指导

强制性引导内容主要指场所的规划指标（如有效避难面积规模、避难人数等）。引导性内容主要指对场所功能布局作出建议性的空间引导方案，例如三大功能区布局方位、对外出入口方向、内部主干疏散流线引导、重点设施布局位置等。

5. 需确保场所有效避难面积符合实际

上位规划对各场所有效避难面积的估算主要依赖设施单位自报或按用地规模进行固定比例折算。上述估算方式相对粗放，一方面因单位自报面积较少，存在空间未物尽其用的情况；另一方面按比例折算未考虑用地实际情况，如公园乔灌木分布占比高不利于篷宿区搭建。故为顺利推进场所建设，建议结合场所实际情况对其有效避难面积规模进一步摸排复核。

6. 在避难场所规划编制方面

由于不同区域的地理空间特点、社会经济条件的不同，需要对灾害类型和人群避险需求进行针对分析。不同的灾害类型，不同的人群避难需求，需要针对性的避难场所空间布局。

7. 在影响避难场所服务水平方面

避难行为和人口密度影响避难体系分布，由于城镇地区和乡村地区具有不同的人口密度，避难行为和场所有差异性，因此需要建立差异化的避难体系。同时避难场所的外部选址影响服务的范围，内部设计影响服务的效率。

8. 在影响避难场所实施效果方面

随着人群对避难安全性和舒适性的需求，避难设施应逐步从场地型转变为场所型。同时在避难场所的实施建设中，时序协调和建设主体协调影响行动计划，需要形成“空间上有位置、建设上有时序、实施上有主体”的避难场所建设的行动项目库，推进避难场所的建设。

参考文献

[1] 邵蓓．上海市单元层面应急避难场所建设规划的编制实践与思考：以长宁区为例[J]．中外建筑，2020（01）：50-52.

[2] 赵来军，马挺，汪建，等．城市应急避难场所布局与建设探讨：以上海市为例 [J]．工业安全与环保，2013，39（11）：61-65.

[3] 戴慎志，赫磊，束昱．上海市应急避难场所规划与建设问题剖析 [J]．上海城市规划，2013（04）：40-43.

[4] 《上海市应急避难场所建设规划（2013—2020）》http：//mfb. sh. gov. cn/zwgk/jcgk/zdxzjc/zdjcygk/20201110/fa6a0a1680924e49bc7658a4a4fae74d. html.

[5] 金敏．上海应急避难场所规划中若干问题的思考：以徐汇区为例 [J]．上海城市规划，2013（04）：63-68.

第三节　上海应急救援通道体系

上海市应急交通建设标准

1. 应急出入口建设标准

应急避难场地内的应急出入口宜包括：主要出入口、次要出入口和专用出入口。

应急出入口的位置应依据各应急避难功能区的避难规模和功能要求确定，其设置要求应符合下列规定：

（1）应急出入口应布置在地面建筑倒塌范围之外；

（2）主要出入口应与本市应急疏散道路相衔接；

（3）主要出入口位置，应与灾害条件下城镇应急交通和人员的走向、流量相适应，并根据避难人口规模和救灾活动的需要设置集散广场；

（4）应急出入口数量的设置应符合表 14-3-1 的规定；

表 14-3-1　应急出入口数量

级别	应急出入口（个）
Ⅰ类应急避难场所	≥4
Ⅱ类应急避难场所	≥3
Ⅲ类应急避难场所	≥2

（5）人员进出口与车辆进出口宜分开设置。宜单独设置应急医疗垃圾运输出入口；

（6）应急出入口的设置应满足车辆和避难人员无障碍通行的要求，应设置不小于 1 个能进出轮椅的出入口；

（7）出入口的路面材料宜采用耐高温、耐燃烧、耐溶解，且燃烧后不会产生有毒气体的材料；

（8）改建、扩建的应急避难场地宜利用平时场地出入口作为应急出入口。

① 应急避难建筑内的应急出入口应为安全疏散出入口，其数量和总宽度应根据避难人员负荷确定，且设置应符合下列规定：

a. 安全疏散出入口的有效宽度不宜小于 1.40m，且不应小于 1.10m；安全出口不应设置门槛；

b. 安全疏散出入口不应少于 2 个；当按照建筑规范要求只有 1 个出入口时，应增设应急出入口；

c. 出入门的开关方向应向疏散方向开启，并易于从内部打开。

② 应急避难建筑的疏散门、安全出口、疏散走道和疏散楼梯的各自总净宽度，应符合下列规定：

a. 每层的房间疏散门、安全出口、疏散走道和疏散楼梯的各自总净宽度，应根据疏散人数按每 100 人的最小疏散净宽度不小于表 14-3-2 的规定计算确定。当每层疏散人数不等时，疏散楼梯的总净宽度可分层计算；

表 14-3-2　每层的房间疏散门、安全出口、疏散走道和疏散楼梯的每 100 人最小疏散净宽度（m）

建筑层数		建筑的耐火等级		
		一、二级	三级	四级
地上楼层	1 层～2 层	0.65	0.75	1.00
	3 层	0.75	1.00	

b. 首层外门的总净宽度应按该建筑疏散人数最多一层的人数计算确定，不供其他楼层人员疏散的外门，可按本层的疏散人数计算确定。

2. 应急道路建设标准

应急避难场所内部道路应连通各应急避难功能区、应急避难建筑和主要设施，宜采用柔性路面。

应急避难场所内部道路边缘至避难设施的最小距离，宜符合表 14-3-3 的规定。

表 14-3-3　道路边缘至避难设施的最小距离（m）

设施与道路关系	距离主、次路	距离支路
有出入口	5	3
无出入口	3	2

应急避难道路宜避开桥梁设置。必须过桥的疏散道路应保证桥梁的抗震能力符合行业标准《城市桥梁抗震设计规范》(CJJ166—2011）的相关规定。

改建、扩建的应急避难场所宜利用平时场地道路交通系统作为灾时救灾物资运输主线、人员安置区内应急避难道路。

应急避难场地内的应急道路设计应确定道路路线和等级，可按主路、次路、人行道路分级设置，道路宽度按照表 14-3-4 的规定执行。

表 14-3-4　应急避难场地内分级道路宽度

道路类别	道路宽度（m）		设置要求
	车行	人行	
主路	≥5.5	≥2.0	应设双车道，并满足消防车通行要求；应设人行道、盲道；应满足轮椅通行要求
次路	≥2.5		应设单车道；宜设人行道、盲道；应满足轮椅通行要求
人行道			宜设盲道；应满足轮椅通行要求

注：其他专用通道的设置应满足专用车辆通行的要求。

3. 应急停机坪场地建设标准

应急停机坪场地宜包括：接地离地区、最终进近和起飞区、安全区。

应急避难场地内的应急停机坪场地设计应设在空旷、平坦、无妨碍直升机降落的区域，并符合下列规定：

（1）接地离地区的面积按式（15-1）计算：

$$S_J = \pi\ (0.75C)^2 \tag{15-1}$$

式中　S_J——接地离地区的面积，m^2；

π——圆周率；

C——直升机起落架外距，m。

（2）最终进近和起飞区的面积不应小于按式（15-2）计算的面积：

$$S_Z = [\pi\ (0.75D)^2] - S_J \tag{15-2}$$

式中　S_Z——最终进近和起飞区的面积，m^2；

π——圆周率；

D——直升机全长和全宽中的较大值，m。

（3）安全区的宽度应从最终进近和起飞区的四周至少延伸 3m，或至少按式（15-3）计算的距离延伸（两者中取较大值）：

$$w_{A} = 0.25D \tag{15-3}$$

式中　w_A——安全区的宽度，m。

D 同上式。

（4）直升机起降坪荷载应根据直升机总重按局部荷载考虑，同时其等效均布荷载不低于 5.0kN/m²。局部荷载应按直升机实际最大起飞质量确定，当没有机型技术资料时，一般可依据轻型、中型、重型三种类型的不同要求，按表 14-3-5 规定选用局部荷载标准值及作用面积。

表 14-3-5　直升机起降坪荷载

直升机机型	轻型	中型	重型
最大起飞质量（kN）	20	40	60
局部荷载标准值（kN）	20	40	60
作用面积（m²）	0.20×0.20	0.25×0.25	0.30×0.30

（5）设计中尚应考虑由人员、雪、货物、加油与消防设备等产生的附加荷载。

（6）接地和离地区应有不小于 0.5%的坡度，以防止表面积水，但任何方向的坡度不得超过 2%。

（7）最终进近和起飞区任何方向上的总坡度不得超过 3%。

（8）安全区应与最终进近和起飞区相接的表面齐平，安全区的表面总坡度不得超过 4%。

改建、扩建的应急停机坪场地宜利用平时场地的广场等空旷的场地。

应急停机坪场地周边 10m 范围内不应有障碍物和建（构）筑物，并应满足直升机安全起降的要求。

应急避难建筑内的应急停机坪场地设计应根据需要起降的直升机型号、数量等要求按照国家标准《民用直升机场飞行场地技术标准》（MH 5013—2014）、《军用永备直升机机场场道工程建设标准》（GJB 3502—1998）、《建筑结构荷载规范》（GB 50009—2012）的相关规定执行。

4. 应急保障车辆停放场地建设标准

应急保障车辆停放场地应设在便于车辆出入的区域，应有道路连接应急避难场所的出入口。

新建的应急避难场地宜结合各应急功能区的位置，设置应急保障车辆停放场地，其车辆的停放不应影响救灾车辆的通行。

改建、扩建的应急保障车辆停放场地可利用场所内原有的停车位设置，也可利用场所周边 500m 范围内的停车场、停车位设置（含路边停放）。

应急保障车辆停放场地面积标准应符合表 14-3-6 的规定。

表 14-3-6　每辆应急保障车停放场地面积标准

类别	面积标准（m²）
小型车	30～40
轻型车	40～50
中型车	50～80
大型车	80～120

第四节　上海医疗救护空间建设

一、上海医疗卫生设施配置的简要评估

目前，上海已经基本建立以三级医院、二级医院和社区卫生服务中心为主体的医疗服务三级网络，以及以市疾病预防控制中心、区疾病预防控制中心和社区卫生服务中心为主体的疾病预防控制三级网络。

在设施总量上，截至 2017 年年底，全市共有医疗卫生机构 5 298 所（表 14-4-1）。在服务能力上，截至 2017 年年底，全市共有医疗机构床位 14.72 万张、执业（助理）医师 7.49 万人、注册护士 9.35 万人。其中，中心城有医疗机构床位 9.95 万张、执业（助理）医师 5.23 万人、注册护士 6.76 万人，郊区有医疗机构床位 4.77 万张。

表 14-4-1　2017 年上海市各类卫生设施规模一览表

设施分类	设施名称	设施数量（所）
公共卫生机构	疾病预防控制中心	19
	专科疾病防治院（所、站）	16
	健康教育所	1
	妇幼保健院（所，站）	20
	急救中心（站）	11
	卫生监督所（中心）	17
	计划生育技术服务机构	16
	采（供）血机构	8
	小计	108
医院	综合性医院	176
	中医医院	19
	中西医结合医院	10
	专科医院	121
	护理院	38
	小计	364
基层医疗卫生机构	社区卫生服务中心（站）	1038
	村卫生室	1162
	门诊部、诊所、卫生所、医务室、护理站	2529
	小计	4729
其他卫生机构	小计	97

二、上海市院前医疗急救体系

进入 21 世纪后，上海市院前医疗急救体系的建设历程迎来了新的发展机遇。通过统一

建设标准、统一指挥调度、统一管理考核，提升一体化管理水平。坚持以人为本，加强人才队伍建设。严格按照急救网络发展与布局要求，填补空白区域，使急救分站布局更加合理，急救资源的可及性和服务能力得到显著提升。普及公众培训，提高自救互救能力。打造品牌，建立规模最大的城市院前医疗急救体系。

1. 上海市院前急救概况

（1）上海市院前急救的历史变迁

上海市院前急救服务于1951年元旦正式实施，在上海市卫生局下增设巡回医疗队伍，纳为事业编制单位。主要向社会公众提供医疗急救和转运工作。1952年巡回医疗队更名为上海市人民政府卫生局救护总站。至20世纪60年代初，在市区和部分郊区县救护分站总数达到15个，救护车辆总数达到80辆。初步形成了全市的救护网络。但是此阶段院前急救的功能仅是单纯运输型。

1978年，十一届三中全会召开以后，上海市院前急救事业得到井喷式发展。同年，救护总站更名为上海市医疗救护大队，标志着上海市院前急救事业踏入新的征程。自更名以后，增加了上海公众的日常急救工作、意外灾害病人的现场救治以及送往医院途中的监护工作等。1983年，上海市医疗救护大队更名为上海市医疗救护中心站。随着上海市人口规模的逐渐增多，医疗救护中心站的医务队伍明显不足，于是向卫生局递交申请，委托三好医卫职业学校为其定向培养专业需求型医务人才，1987年，获得市卫生局批准，随车急救医务人员问题解决。1990年12月，“120”急救电话正式向社会公众开放使用。1993年，市医疗救护中心站再次更名，改为上海市医疗急救中心并沿用至现在。此阶段上海市的院前急救已初步形成了院前型的急救模式。

进入了21世纪，特别是以上海世博会为契机，加强了各方面资源的投入，已基本形成“统一指挥、区域调度、分散布点、现场救治、快速转运”的服务模式，功能定位于“维持伤病员生命体征、减轻病人痛苦、稳定伤病情、防止再损伤、快速转送病人”。上海市院前急救服务体系经历了七十多年的发展，目前已逐步形成了适应上海特大型国际化大都市的城市定位、兼顾市民日常急救和城市公共安全保障需求的院前型服务模式，拥有独立的院前急救医疗机构、人员、急救装备及指挥调度运行系统。

（2）上海市院前急救的建设目标

党的十八届三中全会提出“全面履行政府职能，加强公共服务职责，健全公共安全体系”的总体要求，坚持国际视野、强化改革思维、突出问题导向，借鉴先进国家和地区及我国其他特大型城市院前体系建设的相关经验，以破除制约上海市院前急救体系发展的瓶颈问题为导向，以“需求牵引、队伍为本、提升平台、立体发展、系统改革”为原则，确定符合上海市“四个中心”和国际化大都市的城市总体定位相匹配的院前急救体系的建设目标。

“十三五”规划中指出，上海市争取到2020年成功构建平面急救站点布局完善、立体急救门类健全的院前急救网络；实现上海市院前急救的硬件设备（车辆、装备、信息化等）达到国内领先水平；建设一支具有高素质高技能的与社会同步发展的院前急救医务队伍；初步形成市与区县一体化、院前与院内急救一体化、平时急救与应急救援一体化、陆上与水面空中急救一体化的院前急救管理和服务模式，基本满足群众日常急救需求、高效处置重大突发公共事件，有力保障各项大型活动、切实提升城市公共安全和群众生命安全保障能力。

核心指标：增设急救站点，将服务半径定位为 3.5km 以内；增设救护车辆，实现三万人一辆；缩短急救反应时间，控制在十二分钟以内。

到 2040 年，力争建成符合上海“四个中心”和“全球城市”定位和水平的院前急救体系，成为为全球国际大都市院前急救体系优质、高效的标杆。

（3）上海市院前急救的基本构成

具体来看，上海市院前急救机构包括 1 个市医疗急救中心和 9 个区急救中心，它们都属于独立建制，分别受市、区二级卫计委管辖；上海市医疗急救中心（市 120）主要负责 7 个中心城区的院前急救业务；各区急救中心负责所在行政区域的院前急救业务，市急救中心对各区急救中心进行业务指导。

上海市卫计委代表的是管理部门，急救中心和分站代表开展院前急救的机构，医院则是实施院内急救的机构，三者有机协调构成了上海急救医疗系统。

上海市院前医疗急救系统内部的关系为：上海市卫委直接管理上海市医疗急救中心，上海市医疗急救中心直接管理下设的分站。郊区（县）分别管理对应的郊区（县）急救中心（站），郊区（县）急救中心（站）直接管理下设的急救分站。上海市卫委对郊区（县）卫计委、上海市医疗急救中心对郊区（县）卫计委和急救中心（站）进行行业指导，在特殊情况下郊区（县）的院前医疗资源要听从市级相关部门的统一调配（图 14-4-1）。

上海市的院前急救模式目前实行的是“一级调度、二级受理”，即“120”指挥调度中心设在上海市医疗急救中心，来自中心城区 7 个区（黄浦区、静安区、徐汇区、普陀区、长宁区、闸北区、虹口区、杨浦区）的院前急救业务由上海市医疗急救中心和下设分中心、分站受理，其余区县由各郊县急救中心、急救站和分站受理。上海市医疗急救中心下设 5 个分中心，即东区分中心、西区分中心、南区分中心、北区分中心和中区分中心。各分中心又下设若干个急救分站。

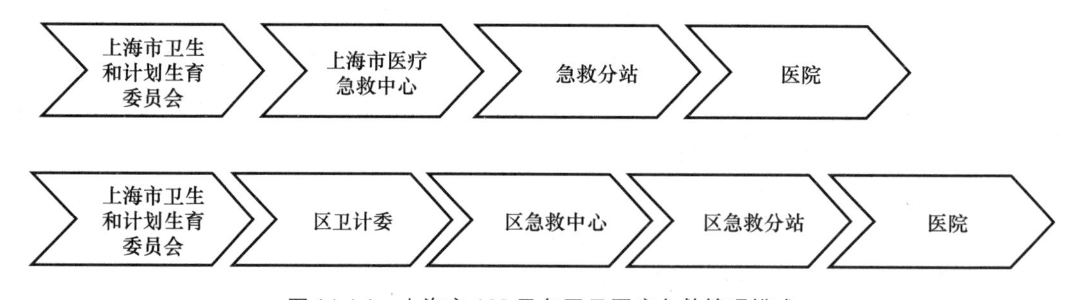

图 14-4-1　上海市 120 及各区县医疗急救管理模式

在急救人员、车辆和站点方面，目前，上海市两级 10 家医疗急救中心核定编制人数 1493 名，实有人数 990 名；政府购买服务额度为 1322 名。在 2312 名院前急救从业人员中，其中医疗人员为 543 人，占从业人员总人数的 23.5%，市急救中心从业人员共 946 名，其中一线急救医生 171 名。

截至 2019 年 12 月，上海全市救护车总量约 668 辆（中心城区 287 辆、郊区 381 辆），达到每 4 万人口拥有 1 辆救护车的配置标准，全年出车 63.96 万次，救治 57.76 万人次，行驶 1342.2 万 km；至 2015 年 6 月，全市拥有急救分站 127 个（其中中心城区 42 个，郊区 85 个），平均 $50km^2$ 拥有一个急救分站，平均覆盖半径 4km，城市急救网络框架初现雏形。

在通信调度方面，120 急救电话是上海市唯一的院前急救专用电话，由非医学专业的调度员负责接听呼入电话。全市共有 60 个接听席位，2019 年上海市院前急救有效呼叫受理 71.4 万次。市 120 调度总指挥中心与区县调度指挥中心建立了网络信息共享平台，对急救业务信息进行全面追踪和管理，资源实时掌控，每次急救呼叫计算机检测并反馈任务状态，任务与车辆实时 GPS 定位，就近派车。在紧急状态下，如遇重大的突发灾害、公共卫生事件等情况，经上海市卫计委授权，可统一调度指挥全市急救系统的资源和力量。

2. 上海市院前急救要素分析

上海市院前急救由三要素组成：急救通信，急救运输以及急救医疗（表 14-4-2）。

表 14-4-2　三大要素分析模块

三大要素	分析模块
急救通信	救援渠道（呼叫，调度）
急救运输	站点设置
	急救车辆配备
	快速救援路径
	救护联动机制
急救医疗	医护人员配备
	分级救治（包括现场急救措施和医院分流引导）
	医院接收（院前急救与院内急诊的衔接）

（1）急救通信

急救通信包括急救呼叫及通信调度系统。

目前对上海市的市民而言，救援的渠道即是呼叫“120”急救电话。全市共有 60 个接听席位。随着城市服务人口增加、市民急救意识增强及人口老龄化和疾病谱变化，上海市院前急救需求呈持续增长态势。统计数据显示，2001—2019 年，上海市院前急救业务量增速巨大。2019 年上海市院前急救有效呼叫受理 71.4 万，出车 63.96 万，救治 57.76 万人次，行驶 1342.2 万 km。

上海市院前急救实行一级受理、二级调度，即 120 急救呼叫全部由上海市医疗急救中心（市 120）受理并实施统一登记。中心城区由市 120 直接调度，全部郊区由市 120 将调度信息发送至各急救车辆所属的急救中心，由区急救中心再进行车辆的调度。上海市区和郊区 120 都有各自的调度指挥系统。通信调度系统概况以及通信调度系统具备的基本功能、各区配备情况见表 14-4-3、表 14-4-4。

表 14-4-3　上海市院前急救通信调度系统概况

单位	调度软件系统	调度总席位	调度员人数	日班席位	夜班席位
上海市 120（中心城区）	安可	24	50	16	6
松江区		3	8	2	2
青浦区		3	9	2	2

续表

单位	调度软件系统	调度总席位	调度员人数	日班席位	夜班席位
闵行区	美诺泰科	5	10	3	2
宝山区		6	12	4	2
嘉定区		3	8	2	2
浦东新区	中信	9	22	5	3
崇明区		3	8	2	2
奉贤区		3	7	3	2
金山区		2	6	2	2
合计		61	140	41	25

表 14-4-4　各区通信调度系统具备的基本功能

单位	提供主叫号码	提供机主号码	提供装机地址	呼救电话自动排队	车辆 GPS 定位
上海市 120（中心城区）	有	有	有	有	有
浦东新区	有	有	有	有	有
宝山区	有	有	有	有	有
闵行区	有	有	有	有	有
嘉定区	有	有	有	有	有
松江区	有	有	有	有	有
青浦区	有	无	有	有	有
崇明区	无	无	无	有	有
奉贤区	有	有	有	有	有
金山区	有	有	有	有	有

目前“120”急救电话是上海市唯一的院前急救专用电话，市 120 调度指挥中心与区县调度指挥系统建立统一业务信息平台，掌握实时资源，每次急救呼叫电话由系统监测并反馈任务状态，车辆拥有实时 GPS 定位，就近派车。在紧急情况下，如遇到重大突发灾害、事故、公共卫生事件等情况，经市卫生计生委授权，可统一调度指挥全市急救系统的资源和力量。

（2）急救运输

急救运输包括急救站点设置、急救车辆配备、快速道路救援保障以及救护联动机制。

① 急救站点设置

急救站点的合理分布对缩短急救反应时间，以及提高救治成功率均有帮助。截至 2019 年 12 月，上海市共有急救分站 127 个，其中市急救中心有 42 个分站，区有 85 个分站。目前，急救分站覆盖面积市中心城区平均为 6.89km^2，郊区则为 27.1～148.2km^2 不等，而国家标准为 18～50km^2，急救分站设置数量存在明显城乡差异。中心城区的急救半径为 3.5～5km，郊区的急救半径为 15～20km，郊区的急救半径尚未达到 3～5km 的国家标准。具体数据见表 14-4-5。

表 14-4-5　急救分站和急救车辆配置

单位	急救分站覆盖面积（km^2）	万人/车辆
上海市 120（中心城区）	6.89	2.4
浦东新区	46.55	6.44
宝山区	27.1	4.37
闵行区	33.6	5.17
嘉定区	66.31	4.1
松江区	75.31	5.99
青浦区	134.03	4.99
崇明区	148.19	2.05
奉贤区	137.48	3.5
金山区	117.21	3.12

② 急救车辆的配备

救护车辆的配备对于救护工作起到至关重要的作用。全市救护车总量约 668 辆（中心城区 287 辆、郊区 381 辆），达到每 4 万人口拥有 1 辆救护车的配置标准，全年出车 63.96 万次，救治 57.76 万人次，行驶 1342.2 万千米。全市各区急救车辆数量配置存在较大差异，浦东新区、松江区、闵行区、青浦区、宝山区配置数量较低，尚未达到每 4 万常住人口拥有一辆救护车的标准。

目前上海市中心城区的车辆配置数量在世界范围内也处于比较高的水平，但是郊区的配置数量缺口较大，特别是浦东新区和松江区。而且近年来，随着上海市的人口布局正向郊区发展，因此还必须加紧增加郊区急救车辆的数量，以达到规划的要求。

③ 快速救援路径

医护人员通过对患者状况的初步判断来决定需要进行分级诊治的医院。从 2015 年 9 月国务院办公厅印发的《关于推进分级诊疗制度建设的指导意见》可以总结出，院前急救对于合理有效地推进分级诊疗具有现实意义。一方面，根据患者病情的轻重缓急，选择就近开设急诊的二、三级医院，进行有效引导分流。另一方面利用医院的特色科室，进行有针对性的院前急救转送。

最后根据选定的医院，选择最快捷路径完成救援任务。在此阶段建议利用人工智能和大数据，通过协调交通管理部门，必要时可发起控制交通信号灯的请求，避开拥堵路段以便在最短时间内抢救病患。

④ 救护联动机制

在医疗资源紧缺的大城市，如何协调社会各方资源的合理配置是政府职能的一个重要表现。上海院前急救机构包括 1 个市区急救中心和 9 个区急救中心，均为独立建制，依托的只有急救中心一个部门，并未充分利用其他职能部门和社会资源。

（3）急救医疗

① 医护人员配备

在医护人员的配备方面，据调查目前上海市医疗急救中心核定编制总数为 1493 名，实有人数990名；政府购买服务额度为1326名，实有人数1358名。其中院前急救随车的急救医师与辅助人员为1874名，调度员145名，管理人员221名。

② 分级救治

根据上海市医疗急救中心统计，2019年急救中心全年送院17.69万人次，其中送往市级医院9.15万人次，占全市送院人数的66.8%。上海市急救医疗并未采取严格意义的分级救治，只是自2010年起，上海市急救医疗中心开展了分类救护探索，目前简单地分为急救、转院和出院三类。仅将出院作为非急救业务，其他都当作危重处理。对于这样的分类，远远满足不了上海作为国际化大都市的需求。

为了科学、合理地进行医疗资源配置，建立分级救治体系，国务院办公厅于2015年9月印发了《关于推进分级诊疗制度建设的指导意见》，一方面有利于医疗事业的健康持续发展，另一方面有利于提升居民健康水平，保障和改善民生。该意见指出，建立分级诊疗制度，是合理配置医疗资源、促进基本医疗卫生服务均等化的重要举措，是深化医药卫生体制改革、建立中国特色基本医疗卫生制度的重要内容，对于促进医药卫生事业长远健康发展、提高人民健康水平、保障和改善民生具有重要意义。为深化医药卫生体制改革，全面建立中国特色基本医疗卫生制度，搭建成“基层首诊、双向转诊、急慢分治、上下联动”的分级诊疗制度框架。到2020年，分级诊疗服务能力将全面提升，保障机制逐步健全，布局合理、规模适当、层级优化、职责明晰、功能完善、优质高效的整合型医疗卫生服务体系基本构建。因此，分级诊疗作为整个医疗过程的首要环节，在院前急救领域实现分级救护对整个分级诊疗制度意义重大。

③ 医院接收（院前急救与院内急诊的衔接）

目前上海市38家市级医院中除7家专科医院外，均设置独立急诊科。截至2019年，这38家市级医院提供急诊服务611.84万人次，服务处于饱和或过饱和状态。据统计，病人在抢救室一般滞留时间在4.5～7天不等，并有近35%的病人长期滞留，据医院估算在当日留院观察的病人中，留观72小时以上的滞留病人一般约占30%～50%，入院病人一般只有10%～30%。在急诊留观收治病人中，转住院占13.36%，转ICU占1.9%，转出至二级或一级医院仅占3.22%。部分三甲医院的急诊常年处于饱和状态，造成的后果就是在衔接过程中“压床”现象十分严重（压床指医院急诊室没有床位提供给患者，需临时占用急救车辆的担架床，以致交接时间超过30分钟）。

3. 院前医疗急救体系建设举措

在“健康中国”宏伟蓝图的引领下，根据建设与上海市“四个中心”、现代化国际大都市城市定位相匹配的院前急救体系的规划部署，上海市医疗急救中心不忘初心，砥砺前行，牢牢把握发展机遇，迎坚克难，锐意创新，实现了质的飞跃，机构规模与急救能力均处在国内领先的水平。以市急救中心为例，市民急救呼叫满足率已达到99.91%，急救平均反应时间从2015年的18.32min降到了12.19min。

（1）多措并举，提升一体化管理水平

通过统一建设标准、统一指挥调度、统一管理考核，提升一体化管理水平。以平均服务半径3.5km为基本标准，合理布局急救站点。按照“3万人1辆救护车”的标准统一配备高性能底盘型救护车辆，并统一了救护车辆的型号、标识、编号、设备、格局。通过建立救护车信息管理系统、综合管理系统和便民服务系统，提升内部管理和急救服务智能化水平。院前急救质量控制中心从管理水平、硬件设施、服务质量、满意度等维度，对全市所有院前急救机构进行全方位考核，并形成督查报告。

（2）坚持以人为本，加强人才队伍建设

制定从业人员分类分级管理方案，分批实施分级分类管理；全面开展分配制度改革，全市所有急救中心均已完成绩效调整，一线急救医师待遇水平明显提高，人员流失严重的问题得到有效遏制，人员数量明显回升；稳步推进院前急救医师定向培养工作。

（3）依托市政府项目，推进急救分站建设

严格按照急救网络发展与布局要求，填补空白区域，强化重点地区，从论证选址、方案设计、施工建设到验收开办，均落实到分站所在区政府与区卫生健康委员会，令急救分站布局更加合理，建设落地更加高效成熟，尤其是人口导入区急救资源的可及性和服务能力得到显著提升。目前已通过市政府实事项目建设急救分站 42 个。

（4）推进信息化建设，实现院前、院内衔接智能化

建成车内救治实时监控和电子病历系统；建立了覆盖各分站的视频监控网络；建立了药品、器械和耗材动态管理数据库；探索建立救护车生命体征传输系统，实现院前、院内衔接智能化。

（5）实行分类救护，提高资源利用效率

上海市医疗急救中心设置独立业务管理部门和调度受理席位，开通“962120”非急救预约服务电话和微信预约客户端，为急救业务的分级救治腾出空间，提升急救服务效能。

（6）普及公众培训，提高自救互救能力

通过与美国心脏协会合作建立专业化的培训中心，编写培训教材，配置专业化急救设备，在国内率先取得成功自救的宝贵经验，发挥了良好的示范带动作用。

4. 打造品牌，建立国内规模最大城市院前医疗急救体系

上海市院前急救机构包括市急救中心和 9 个区急救中心，均为独立建制，分别隶属于市、区卫生行政部门。截至 2019 年上半年，全市院前急救从业人员 3208 名，其中医务人员 830 人，占从业人员总人数的近 26%；全市救护车总量 927 辆，约每 2.88 万人口拥有 1 辆救护车；全市拥有急救分站 163 个，平均覆盖半径约为 4.97km，中心城区仅为 2.61km；全市急救平均反应时间约 13.04min，中心城区达到 12.19min。市 120 调度指挥中心与各区调度指挥系统建立业务信息平台，资源实时掌控，每次急救呼叫由计算机监测并反馈任务状态，任务与车辆由全球定位系统（GPS）实时定位，就近派车。2018 年，全市出车 76.3 万车次，救治 68.9 万人次，急救行驶 1542 万 km。无论是机构规模、资源数量，还是服务能力、业务总量，上海市院前医疗急救体系均处于全国领先地位，是国内最大规模的城市院前医疗急救体系。

“十三五”规划明确了上海市院前急救事业发展的核心指标。包括：急救站点平均服务半径≤3.5km，急救车辆数量达到每 3 万人 1 辆，急救平均反应时间≤12min。目前上海市平面急救站点布局完善，立体急救门类齐全，院前急救网络硬件配置国内领先；有一支与特大型城市运行保障相适应、可持续发展的院前急救队伍；形成市与区一体化，院前与院内急救一体化，日常急救与应急救援一体化，陆上与水面空中急救一体化的院前急救管理和服务模式，可全面提升院前急救体系对群众生命安全和城市公共安全的服务能级和保障能力（表 14-4-6、表 14-4-7）。

表 14-4-6　上海市院前急救分站（2016—2020 年）设置规划一览表

<table>
<tr><th>序号</th><th>区</th><th>可覆盖区域</th><th>数量</th><th>2017 年前完成</th><th>2020 年前完成</th></tr>
<tr><td>1</td><td>杨浦</td><td>新江湾城</td><td>1</td><td rowspan="17">25</td><td rowspan="17">19</td></tr>
<tr><td>2</td><td>虹口</td><td>广中</td><td>1</td></tr>
<tr><td>3</td><td>闸北</td><td>永和</td><td>1</td></tr>
<tr><td>4</td><td>普陀</td><td>万里</td><td>1</td></tr>
<tr><td>5</td><td>静安</td><td>曹家渡</td><td>1</td></tr>
<tr><td>6</td><td>黄浦</td><td>外滩、打浦桥</td><td>2</td></tr>
<tr><td>7</td><td>长宁</td><td>临空</td><td>1</td></tr>
<tr><td>8</td><td>徐汇</td><td>徐汇滨江北；徐汇滨江南、上海南站</td><td>3</td></tr>
<tr><td>9</td><td>浦东</td><td>合庆、航头、书院、迪士尼、
新国际博览中心、前滩、金桥北翼、金杨</td><td>8</td></tr>
<tr><td>10</td><td>宝山</td><td>吴淞口、上大、大华</td><td>3</td></tr>
<tr><td>11</td><td>闵行</td><td>马桥、浦江、莘庄、虹桥西</td><td>4</td></tr>
<tr><td>12</td><td>松江</td><td>石湖荡、泖港、永丰、洞泾</td><td>4</td></tr>
<tr><td>13</td><td>嘉定</td><td>真新、外冈、马陆、江桥</td><td>4</td></tr>
<tr><td>14</td><td>青浦</td><td>盈浦、重固、国家会展中心</td><td>3</td></tr>
<tr><td>15</td><td>奉贤</td><td>南桥新城、泰日、海港</td><td>3</td></tr>
<tr><td>16</td><td>金山</td><td>亭林、石化</td><td>2</td></tr>
<tr><td>17</td><td>崇明</td><td>南门、新河</td><td>2</td></tr>
<tr><td colspan="4">合计</td><td colspan="2">44</td></tr>
</table>

表 14-4-7　上海市院前急救车辆随车装备配置一览表

<table>
<tr><th>分类</th><th>序号</th><th>项目</th><th>备注</th></tr>
<tr><td rowspan="9">抢救设备</td><td>1</td><td>全导联监护除颤仪起搏仪</td><td>提升</td></tr>
<tr><td>2</td><td>便携式呼吸机</td><td></td></tr>
<tr><td>3</td><td>呼吸气囊</td><td></td></tr>
<tr><td>4</td><td>可视喉镜</td><td>提升</td></tr>
<tr><td>5</td><td>便携式吸引器</td><td></td></tr>
<tr><td>6</td><td>自动心肺复苏机</td><td>增加</td></tr>
<tr><td>7</td><td>人工心脏按压泵</td><td></td></tr>
<tr><td>8</td><td>氧气瓶（10L）</td><td></td></tr>
<tr><td>9</td><td>氧气瓶（2～3L）</td><td></td></tr>
<tr><td rowspan="4">诊疗设备</td><td>10</td><td>急救箱</td><td></td></tr>
<tr><td>11</td><td>血糖仪</td><td></td></tr>
<tr><td>12</td><td>血氧饱和度测定仪</td><td></td></tr>
<tr><td>13</td><td>血生化、血气分析仪</td><td>选配</td></tr>
</table>

续表

分类	序号	项目	备注
创伤设备	14	脊椎固定板	增加
	15	头部固定器	
	16	负压固定垫	
搬运设备	17	升降担架（随车配置）	提升
	18	铲式担架（随车配置）	
	19	楼梯担架（随车配置）	增加
监控及信息传输设备	20	移动支付终端	增加
	21	电子病历移动书写终端	增加
	22	车载视频监控存储仪	增加
	23	车辆安全监控终端	增加
	24	车载信息集成及传输终端	增加

三、上海市基础医疗资源配置

1. 上海市基础医疗总体分布

通过对上海基础医疗资源分布的空间呈现，可以发现，基础医疗资源虽然在每个行政区域都有一定量的配置，但在区域内有较为明显的集中情况。浦东新区和闵行区在靠近市中心城区边界处的社区医院集中情况较明显，青浦区、奉贤区和金山区内部社区医院分布不均匀。

从街道范围来看，几乎每个街道都设有相应的社区卫生服务中心，但每个街道的地域面积不同，人口密度也不同，按照行政区域划分设置的社区医院无法与当地人口情况相匹配。中心区域的社区医院分布密集，周边地区的社区医院分布较分散，居民到达本辖区社区医院的空间距离也较市中心有所增加。

2. 上海基础医疗资源的人口公平性分析

从以上对于基础医疗资源总体分布情况的描述，可以看出医疗资源在空间上的分布特点，但医疗资源的配置不仅需要考虑空间上的均衡，更重要的是供给与需求的均衡。城市中人群的居住格局和区域人口结构直接影响着公共服务资源的配置，也影响着不同人群对这类资源的可获得程度。医疗服务这类公共资源的非排他性和非竞争性决定了其配置是以需求为导向的，而不是以商业利益和盈利为目的的。

上海人口密度最高的地区为中心城区，与之相应，中心城区社区卫生服务中心的分布密度最高，宝山区、闵行区、奉贤区等行政区的人口密度仅次于中心城区，但这些区域内的社区医院密度却远远不如中心城区，非中心区域的居民对基础医疗资源的人均占有率低于中心城区的居民，基础医疗资源配置与城市人口密度的匹配还有待调整。

在老年人就医方面，上海早已进入人口老龄化社会，根据2012年上海统计年鉴计算，截至2012年，上海60岁以上人口为367.32万人，65岁以上人口为245.27万人，分别占全市总人口的15.4%和10.3%。越来越多的人步入老龄阶段，意味着对医疗资源需求的大量增加。有研究显示，未来的医疗资源将有50%是用于老年人口的，尤其是基础性的医疗资源，人口老龄化的趋势对目前的基础医疗资源配置同样提出了更高的要求。三甲医院过度集中在中心城区，使得外围区域的老年人口难以享有平等的、高质量的医疗服务，而随着老年人口对医疗服务需求的增加，社区医院的基础医疗功能就显得尤为重要。

上海各街道/乡镇的老年人口比例在中心城区和边缘地区较高，中心城区的社区医院较为集中，又拥有多数的三甲医院等医疗资源，外围区域则社区医院稀少，缺乏三甲医院的医疗资源。上海各街道老年人口的绝对数在中心城区和周边郊区较多，这意味着同样在每个街道设立的社区医院，中心城区和郊区将承担更多针对老年人的医疗服务。居住在外围区域的老年人口在高质量医疗资源上已经存在一定程度的相对匮乏，而本应作为填补二、三级医疗资源空缺的社区医院却未能给予周边地区老年人更多的基础医疗服务，一些周边区域虽然设有村卫生室或诊所，但其医疗水平却难以与公办的社区医院相比。外围区域的老年人口与中心城区相比，无论医疗服务质量，还是医疗资源可获得性方面始终处于较低的水平。

上海的人口结构变化除了日益明显的人口老龄化以外，大量外来人口的涌入也改变了原有的城市人口格局，城乡二元分割本身在地域上造成了区域之间居民福利水平和公共资源的差异，即使是流动到城市的外来人口仍然不能摆脱户籍的限制，难以与上海本地居民享有均等的医疗服务。

外来人口本身是可能遭受健康损害的高危人群。在流动到城市的过程中，地理环境、经济条件、生活方式发生了改变，再加之户籍制度造成的教育、医疗、住房、就业等多方面的不平等待遇，增加了这一群体的健康受损风险。此外，外来人口的综合保险水平较低，在二、三级医院医疗费用较高的情况下，基层医院是满足外来人口卫生服务需求的重要力量，基础医疗资源在解决外来人口健康需求方面的作用也显得尤为重要。

上海非本地户籍人口较多地集中在中环区域，相对比例和绝对数都较高，但相比中心城区密集的各类医疗资源，该区域的社区医院密度显然有所下降，郊区社区医院密度则更低。外来人口在制度上已经无法享有与本地户籍居民同等的医疗服务，在基础医疗资源的空间配置上，仍然处于被相对剥夺的地位。

3. 上海基础医疗资源的可达性

世界卫生组织提出，居民获得医疗服务便捷程度的一个重要标准是 15min 内能够步行到达一个医疗机构。因此，在对基础医疗资源的可达性分析中，以每个社区医院为中心点，周围 2km 为半径，建立圆形缓冲区，即从任何方向到达医院的直线距离为 2km，每家社区医院的可达性覆盖范围便是以自身为中心点，半径为 2km 的圆形区域。通过观察这一可达性区域的覆盖程度，可以直观地显示出上海各区县社区医院的可达性水平。

融合后的社区医院可达覆盖区域，可以明显看出中心城区全部在可达性覆盖范围之内，也就是说住在中心城区的居民向任何方向移动 2km 有一所社区医院，周边区域则有一定比例的地区没有可达性覆盖。如此状况下，中心城区的居民可以花费较少的时间和交通成本到达半径 2km 内的任意一家社区医院，而郊区居民如果要得到相同的社区医疗服务就需要长时间乘车和换车，增加了时间成本和经济成本。当就医距离过远时，病人通常会轻视病症或忍受不适，空间距离在求医率中表现出明显的副作用，也降低了医疗服务的可获得性。

中心城区和周边区域为老年人口比例最高的街道/乡镇，结合社区医院的空间可达性覆盖范围，可以发现青浦、金山、松江、奉贤几个区的老年人口对基础医疗资源的可获得性显著低于中心城区和浦东区域。从进一步减少城乡地区就医地理可达性差异的角度来看，上海边缘地区医疗机构的布局还有待进一步加强。

四、上海市医疗救护体系的不足

1. 资源规模与需求增长有所失配

从供给来看，上海卫生设施规模相较于其他大城市和国家现行标准有一定差距。2017年，上海每千人医疗机构开放床位5.57张、每千人执业（助理）医师2.82人、每千人注册护士3.47人，现状人均医疗卫生设施用地、床均用地面积、床均建筑面积等指标均远低于国家相关标准。2003—2017年，全市门急诊和住院总量分别增长192％、214％，而卫生技术人员和卫生机构床位总量仅增长83％、59％，卫生资源的增长速度落后于需求的增长。

2. 资源配置效率亟待提高

上海尚未实行严格的分级诊疗制度，良好的诊疗秩序也尚未形成，不同级别的医疗卫生机构分工协作机制不畅。由于三级医院在医疗水平上有较大优势，居民即使是常见病的就医也优先考虑三级医院，导致优质医疗资源过度利用、患者重复就医。同时，基层社区卫生机构利用率不高，制约了城市医疗资源配置效率的提高。

3. 资源服务能级急需提升

上海市医疗卫生服务在满足国内其他省市病人就诊需求方面已形成一定规模，占全市门急诊总人次的4.5％、出院总人数的22.7％、总费用的15.6％，且主要集聚在三级医院，甚至部分医院外地病人已超半数。但是，对标长三角高质量一体化发展要求，上海作为世界级城市群区域的龙头，尚未形成辐射长三角区域，服务全国、面向亚太地区，覆盖不同人群的集医疗、康复、保健等功能的分级医疗卫生中心体系；与全球城市目标和国际最高水平相比，上海高精尖医疗服务在世界范围内的影响力不足，不在世界主要医疗旅游目的地范围内，同时也缺少世界一流的医院、医学院和医疗科技企业。

4. 资源供给存在一定的结构性矛盾

上海医疗卫生设施资源供给存在一系列结构性矛盾，主要表现在：一是横向失衡，公共卫生、康复护理等设施资源，较其他医疗设施资源的配置相对滞后，特别是急救、儿科、妇幼等资源供需矛盾比较突出，而全市社会办医疗机构体量小、实力弱；二是纵向失衡，区级和基层卫生资源配置相对薄弱，尤其是优质人力资源尚未到位，导致三级医院门诊和住院量占比偏高，而社区卫生服务中心和二级医院提供的常见病治疗服务水平达不到预期；三是空间失衡，优质卫生资源主要集中在中心城区，而中心城周边地区、郊区卫生资源配置相对不足，15min社区生活圈与公共卫生服务要素的衔接不全、平战结合不够。其中，中心城区每千人床位数约6.40张，中心城周边地区仅3张，郊区新城和其他地区均在4张左右。

5. 上海积极应用“互联网＋医疗”与“AI技术＋5G网络”助力防疫攻坚战

（1）“互联网＋医疗”助力防疫攻坚战

① 快速部署新冠肺炎在线咨询服务；

② 全面开展互联网咨询问诊；

③ 积极倡导慢病长处方自助续方以及在线预检筛查工作。

（2）“AI技术＋5G网络”助力防疫攻坚战

① AI影像诊断。上海市公共卫生临床中心、仁济医院、瑞金医院等多家医院第一时间部署了针对新冠肺炎疫情的人工智能影像诊断系统，采用创新的人工智能全肺定量分析技

术，对局部性病灶、弥漫性病变、全肺受累的各类肺炎疾病严重程度进行分级，并对病灶形态、范围、密度等关键影像特征进行定量和组学分析，精确测算疾病累计的肺炎负荷，为临床专家提供肺炎病情分析及疗效评估等智能化诊断辅助服务。

② 测温机器人。上海市第六人民医院、仁济医院积极应用基于5G网络的测温机器人，测温机器人通过红外测温仪等传感器探测人体体温，一旦发现异常，便及时发出警告信息并上报，由专业人员进行二次测量。

③ 导诊机器人。上海市第一妇幼保健院、瑞金医院、国际和平妇婴保健院、五官科医院等多家医院在门急诊大厅积极应用基于AI的导诊机器人，开展防疫宣教和信息查询工作。

④ 护理机器人。上海瑞金医院、儿童医学中心等多家医院在新冠肺炎疫情蔓延之初就已在医院隔离病房和相关诊区进行部署使用。运用“不接触式的面对面沟通”方式，医护人员通过远程操控护理机器人，以0.3～0.6m/s的速度，在预定时间可独立查房或跟随医护人员查房，开展人脸识别、自然语音交互、远程护理协作等功能。

⑤ 清洁消毒机器人。基于5G云端的清洁消毒机器人已承担起上海市儿童医院近千平方米门诊大厅的清洁任务，实现了对医院现场环境24h不间断维护。清洁消毒机器人的应用大大提高了新冠肺炎疫情期间医院的保洁效率，也有效节省了院内物业保洁人员人力，并降低了人员交叉感染风险。

五、经验与启示

1. 理念更新，将医疗卫生资源视为卓越全球城市的战略资源

一方面，要以人的健康为核心，结合上海超大城市的特点，进一步完善分级诊疗服务体系，提高基层医疗卫生服务能力；实现关口前移、重心下沉，夯实平战结合、预防为主的防疫基础，强化基层卫生服务，注重健康管理服务，建立城市医疗卫生机构分工协作格局，实施全年龄段、不同人群的健康服务，真正实现健康城市的规划愿景。

另一方面，要以增强安全城市韧性能力为导向，将医疗卫生资源视为上海迈向卓越全球城市的战略资源，建成具有全球影响力的医学中心。特别是针对上海高精尖医疗服务在世界范围内缺乏影响力等问题，培育一批市级医学中心，承担全市危重疑难病症的诊治任务。

2. 关口前移，构建“防、治、养”三位一体的设施体系

通过对全市人口结构、分布、就医特点、健康需求等方面的调研和分析，构建“防、治、养”三位一体的卫生设施体系。重点加强预防、急救、康复、护理、中医、儿科、精神卫生等短板设施的规划完善，努力协调好高密度人居环境下公共卫生发展与空间资源之间的关系。

在具体规划控制手段上，采用总床位指标向床位结构指标转变的管控方式，将原有总床位区分为治疗床位、中医床位、康复床位、产科床位、儿科床位、护理床位等，分类提出千人控制指标。考虑到超大城市人口流动性较大的特征，必须改变以户籍人口配置设施的方法，核心设施规模和层级结构应以城市实际服务人口为基础来核算，预留公共卫生服务保障能力。

3. 系统整合，推动设施由“相互分立”向“高效协作”转变

对上海市现状卫生设施体系进行系统整合，实现城乡—区域—各层级和预防—医疗—康

复护理由“相互分立”向“高效协作”转变，提高卫生资源在服务人群需求中的配置效率。

4. 重心下沉，强化各级卫生设施的空间统筹与功能提升

空间体系上，衔接“主城区—新城—新市镇—乡村”的城乡体系，实现卫生设施能级配置的重心下沉。其中，主城区强化全球城市功能，卫生设施应强调“做精”，重点依托各大学医学院、科研机构和三级甲等综合医院、三级专科医院的功能提升，打造市级、国家级乃至世界级的医学中心。

5. 高效治理，实现专项规划的空间落实与常态监管

（1）编制区级卫生设施专项规划。区是承接全市卫生设施专项规划的重要层级，应进一步编制区级卫生设施专项规划，并健全完善近期建设计划，与市级“十四五”规划、各区近期规划相衔接。

（2）制定完善上海卫生设施的相关地方标准。针对高密度人居环境对设施布局和规模的要求，结合专项规划研究中确立的各类设施的床位、面积、可及性等指标，明确各类各级设施的配置标准和分区导引，为专项规划的落地实施提供法定依据和保障。应适时衔接控规修编工作，将标准落实至控规的常态化运作。

（3）建立“闭环”的规划编制和动态监测体系。应在卫生设施总体布局结构和原则的基础上，以规划主管部门的规划土地信息系统和卫生主管部门的卫生信息系统为基础，对全市卫生设施的现状和规划情况进行梳理，建立信息平台并动态更新，实现年度监测和5年综合评估相结合的规划实施全过程监管。同时结合健康城市建设情况及人口发展情况进行数据更新与动态修正，为卫生设施的规划建设和高效治理提供决策支撑。

第五节　上海应急指挥体系建设

一、上海市危险废物污染预警及突发事件指挥平台

上海作为我国的工业最为发达的国际化大都市，新兴工业如设备制造、生物医药等行业持续快速发展趋势决定了上海在未来相当长时期内将产生大量的工业危险废物，这也导致危险废物的产生、贮存、运输、处置等过程存在更大的环境安全风险，建立和完善针对危险废物的污染预警及突发事件应急响应指挥平台，不仅保证危险废物的常态化安全管理，逐步实现对危险废物的全过程监管，保障环境安全。

2009年上海市环保局开展的《上海市危险废物污染应急处置能力和实施建设规范研究与示范》科研项目为上海市的危险废物污染预警研究打下了一定的基础[1]，但由于对危险废物污染预警及突发事件应急响应的认识和经验的不足，符合预警与响应所需的特征信息库及专家决策系统尚未建立，国际上可行的3S技术还未在危险废物应急领域应用，因此，危险废物污染预警及突发事件应急响应能力建设的重点是研发出运行稳定、管理方便、经济合理、保护环境的危险废物污染预警及突发事件应急响应平台，该平台既是集合风险源管理、保障体系、知识储备及预案管理等功能为一体的日常应急管理信息化平台，又具有应急响应功能，可作为战时指挥决策执行的信息交换中心，通过智能方案生成、应急方案决策、应急处置执行、信息共享等功能构建高效、准确、直观的应急响应与决策支持体系。

1. 平台设计的目标与原则

作为上海市首个能够应对危险废物污染突发事件响应并具备预警能力的应急管理平台，应按照危险废物污染应急治理平战结合管理思路，同时可解决应急管理的两大难点，建立应用于日常应急管理的预警管理平台以及应用于战时应急指挥决策的应急响应平台。其中应急预警管理平台，充分实现风险源管理、保障体系、知识储备及预案管理等功能；应急响应平台可作为战时指挥决策执行的信息交换中心，通过智能方案生成、应急方案决策、应急处置执行、信息共享等功能实现应急响应。

设计原则主要为：①先进性：该平台作为上海市首个应用3S技术的危险废物污染预警和应急响应系统，必须在技术上体现先进性，应用3S技术的同时，应该有效集成所具备的监控预警、应急指挥、现场处置等功能。②实用性：该平台作为上海市首个应用3S技术的危险废物污染预警和应急响应系统，平台所具有危险废物污染事故应急预警分析模型、典型危险废物污染事故应急案例、危险废物特征信息等基础数据应当真实可信，具有实用性，能够为危险废物的污染预警和应急响应提供数据支持。③扩展性：由于该平台的定位为危险废物污染预警应急响应示范，为上海市危险废物的污染预警与应急响应管理探索出一条可行性道路。因此，该平台应具有良好的扩展性，在外部环境支持的前提下，可根据环保职能部门的需要对示范内容进行扩展。

2. 平台的结构设计

按照危险废物污染预警及突发事件应急响应平台的软件结构，可以把系统分为四个层次：支撑功能层、数据处理层、监管功能层以及对外服务层。通过对需求的进一步细化，整个应急预警平台包含数据存储管理、数据采集子系统、地理信息子系统、监控预警子系统、应急处理子系统、知识库子系统、系统配置和管理子系统等组成部分。同时系统服务引擎需要和其他业务管理系统进行对接。

根据平台逻辑结构，系统包括危险废物污染预警及突发事件应急响应中所需的监控预警子系统、应急指挥子系统、决策支持子系统、现场处置子系统、通信网络信息平台等诸多系统。这些系统分别负责处理环境突发事件应急业务流程的不同业务环节，或者为业务系统提供服务和支持。危险废物污染预警及突发事件应急响应指挥系统的具体组成如图14-5-1所示。其中，通信网络信息平台是整个指挥系统中各子系统信息交流的主要介质，其功能在各子系统运作中体现。

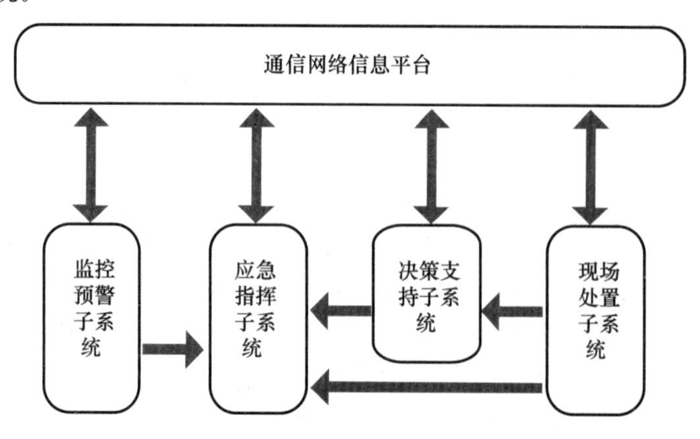

图14-5-1　危险废物污染预警及突发事件应急响应平台组成图

3. 应用模拟案例

为直观、有力地展示危险废物污染预警及突发事件应急响应平台的实际应用价值，选取上海市首个危险废物集约化处置基地开展危险废物污染预警及突发事件应急响应平台的示范建设，以验证该平台建设和实际应用的可行性。

模拟内容：以该危险废物集约化处置基地内某危险废物贮存仓库危险废物泄漏引发的突发事件为例，假设某危险废物处置单位仓库所贮存的废有机溶剂发生泄漏，应急指挥中心工作人员通过监控预警子系统发现警情后，立即与该处置单位现场人员联系，核实警情后立即调派应急指挥车赶往现场。应急指挥车到达现场后通过平台立即向应急指挥中心反馈现场图片、视频等信息，应急指挥中心决策组人员根据现场反馈信息，调用危险废物特性、相关案例等知识库、应急机构、应急专家等资源库信息，对该事故相关信息及处置方案进行初步分析，并邀请应急专家通过应急系统进行事故会诊；应急专家反馈事故应急处理意见后，应急指挥中心决策组借助 GPS、GIS 等技术手段进行综合检索并明确处置方案与应急机构，应急机构根据应急处置方案进行应急处置，事故处置完毕后应急指挥中心对该事故进行总结，形成总结报告并纳入危险废物突发事件案例库内。表 14-5-1 简述了整个模拟指挥过程。

表 14-5-1　危险废物贮存仓库危险废物泄漏的污染预警及应急响应处置（模拟）

步骤	应急指挥中心	应急指挥车	应急专家	应急机构
1	危险源监控预警系统发现警情；联系现场人员核实警情；调派应急指挥车赶往现场	根据系统提示信息，搜索路线赶往现场；到达现场，反馈信息		
2	调用危险废物特性知识库、应急相关资源库，搜索类似事故案例，得出初步处置方案，征询应急专家意见	现场跟踪事故情况，指导现场人员进行人员撤离与警戒等任务	根据系统提示，查看事故信息，给出专业意见	
3	根据专家意见，运用 GPS、GIS 等技术手段综合检索事故信息，明确应急处置方案与应急机构	现场跟踪事故情况		根据系统提示，查看事故处置方案，准备应急物资，赶往事故现场，进行应急处置
4	运用 GIS 系统实时查看现场情况	事故处理完毕，现场反馈处置情况，解除警情		
5	根据现场反馈信息，总结事故，并纳入危险废物事故案例库			

上海市危险废物污染预警及突发事件应急响应平台，通过 GIS 等关键技术的集成应用，将危险废物污染预警、应急响应与污染事故处理方法与对策以及污染事故案例数据库关联，

形成了互联互通的危险废物应急联动体系，整体考虑并设计了平台的可拓展性，并通过示范建设验证了该平台的实际应用价值，表明其能够为危险废物的污染预警和污染事故应急响应及时正确处理处置提供科学依据，为政府环境应急管理系统构建提供技术支持。

二、突发公共卫生事件应急指挥体系建设

1. 上海市公共卫生临床中心传染病诊治网络指挥中心

上海市公共卫生临床中心传染病诊治网络指挥中心系统工程地点位于上海市金山区漕廊公路2901号防控楼8楼，是上海市加强公共卫生体系建设三年行动计划项目，总面积135平方米，主要针对指挥大厅和控制机房进行施工，形成会商、应急指挥、新闻发布及信息交流为核心功能的综合布局。建设内容主要包括：显示系统、会商系统、视频会议、GIS系统、移动应用等，建成后的会商中心具有信息汇聚、综合协调和应急指挥功能，是本市应对突发性传染病、深化公共服务能力的重要工程。

2. 上海市浦东新区卫生信息网

系统建设以突发公共卫生应急指挥平台为抓手，涵盖疾病预防控制、区域性HIS、突发事件指挥控制、卫生监督管理、GPS指挥调度、地理信息展示和疾病跟踪等。2005年4月底投入运行后通过专家评审验收。实现了各专业应用系统与应急指挥平台的信息交换和共享。

3. 上海市松江区公共卫生应急指挥系统

系统建设以突发公共卫生应急指挥平台为核心，实现了突发公共卫生事件指挥控制与日常业务系统、信息的紧密结合，突出战时信息的综合展示和领导的指挥作用。涵盖突发事件应急处置、预案管理、健康档案数据挖掘、资源管理、医院信息采集、GIS展示、短信服务、事件报告等具体应用（图14-5-2）。2006年投入运行并通过用户验收。

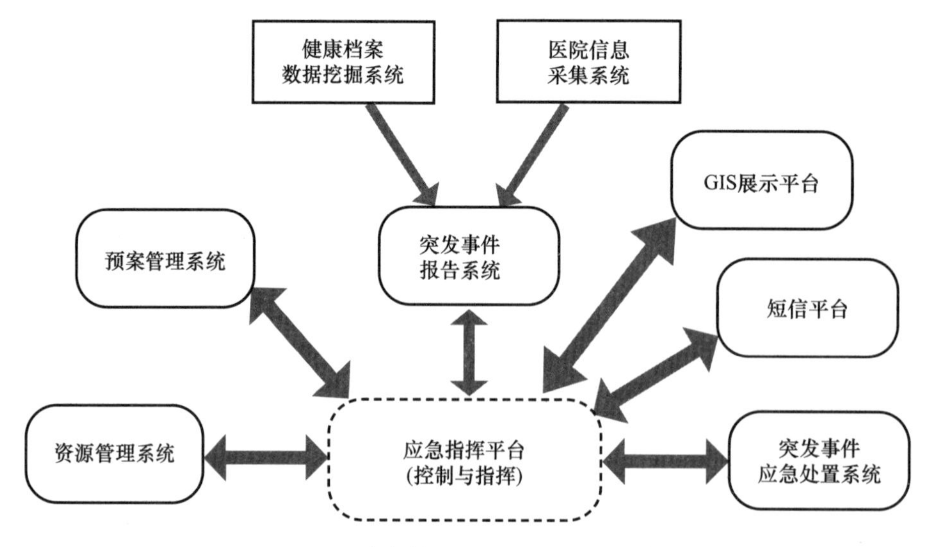

图14-5-2　上海市松江区公共卫生应急指挥系统

4. 上海市突发公共卫生事件应急信息系统

上海市突发公共卫生事件应急信息系统也是我国省会以上、大型城市突发公共卫生事件应急信息系统建设的首个项目，是一个面向全市19个区县的卫生局、疾病预防控制中心、

卫生监督所、120应急救援、各级医院和社区卫生服务中心等在内的全市性广域网系统，建成适合公共卫生体系建设需要的多维度、多领域的综合、联动、协作的信息系统，加强疾病预防控制、医疗救治、卫生监督管理三大体系的数据交互和信息共享，提高上海对突发公共卫生事件的应急处置能力。

系统建设于2005年8月启动，先后经历了系统总体设计、开发研制工作目前已完成应急指挥平台核心功能的开发，在5·12汶川地震上海医疗救援队开赴灾区过程中，发挥了通信交流、地理信息展示等重要作用。

参考文献

[1] 徐洋．危险废物突发污染应急处理实证示范建设探讨［J］．化学工程师，2010，24（10）：42-44.

第六节　上海物资保障空间体系建设

一、上海市应急物资储备管理现状

1. 体制上，条块分割，多元管理

根据《上海市突发公共事件总体应急预案》，由市应急办会同市发展改革委负责全市应急物资储备的综合管理工作。上海市市级重要商品储备管理领导小组由上海市发展改革委、市商务委、市财政局联合组成，下设市储备商品管理办公室。

由于应急管理部门众多，上海开展应急物资统筹和协调工作的体制尚未完善。上海目前应急物资储备除了市储备商品管理办公室按国家规定储备了一定量的重要物资和生活必需品外，分散在各专业部门和社会组织的储备物资信息由于缺乏具体的上报机制和规定，基本不主动上报给市应急部门。正是因为条块分割，多元主体管理，无人牵头，缺乏统一协调、管理的体制和机制，使得市应急指挥部门难以清楚地掌握应急物资的品种、数量、质量、储备点等情况，也难以准确地进行分析判断，进而无法制定出正确的应急物流决策，满足应急状态下的客观需求。

2. 机制上，统分结合，分级储备

根据上海市人民政府办公厅《关于进一步加强应急物资储备体系建设的意见（征求意见稿）》，上海市明确市级和区县、相关职能部门应急物资的储备对象、品种，形成分级、分类、分片的多元化应急物资储备体系。目前，初步形成了市级（总体）储备和专项（部门）储备的格局。上海市制定了《市级重要商品储备实施细则》，从品种确定、委托承储、轮换更新、费用补贴、储备动用、储备补充等方面形成规范的管理制度，明确了市级重要商品储备的类别和明细。市级重要商品储备体系在稳定市场供应、应急救灾等方面发挥了积极作用，已经成为全市应急物资保障体系的主体。根据职责、任务和专项（部门）应急预案的需求，按照“谁主管、谁负责”的原则，由职能部门和责任单位负责组织储备（表14-6-1）。

表 14-6-1　上海市各部门应急储备内容和配置

相关部门	储备内容和配置
市民政局	灾害救助应急物资储备。建有闵行储备库、上海慈善物资管理中心
上海卫计委	负责落实卫生防疫有关物资的储备
市安全生产监管局	负责安全生产应急物资储备
市交通委	负责落实交通运输有关应急物资的储备
市红十字会	上海市红十字备灾救灾中心，具有接收救灾物资捐赠，物资采购、仓储、转运以及开展红十字会相关培训等功能
市防汛办	上海市防汛办现已在徐汇、浦东、崇明等 7 区建设成立 12 个储备仓库
市农委	在上海市 9 个区县建立了重大病虫应急防治药械仓库，并储备了大中小型喷雾机器 200 多台架、专用汽车 11 辆、应急物资运输车 1 辆、无害化处理车辆 16 辆、高压消毒机 6 台、轻便消毒器 60 台等以及各类防护物品，例如连体衣裤、手套、安全风镜、口罩和防雨靴等
市地震局	建立了卫星通信（机动、便携式）设施，拥有 800 兆数字集群通信设备，用以保障灾害发生后的应急通信
市气象局	建立了上海市气象移动观测体系，包括 6 辆应急移动观测车等
市规划和国土资源管理局	目前已经拥有应急通信对讲机 35 台，以及应急专用仪器设备共计 150 多台，包括近年来新增的专用设备 74 台，共计 230 多万元

3. 在空间布局上，初见成效，尚未成网

根据上海市民政局《关于新建上海市民政救灾物资储备的情况说明》，市民政局以实物储备为核心，采用库点结合的方式，建设以一个市级物资储备中心库为依托、一个市级物资储备中心分库为配套、若干个分布于全市各区县的应急避难场所为储备点的救灾物资储备网络（表 14-6-2），确保救助物资能在第一时间调配使用，提高灾害救助应急响应效率。共可达到保障本市 20 万人以上的救灾应急物资储备水平。

表 14-6-2　上海市民政局应急救灾物资储备网络结构

储备设施	储备等级	储备规模	工作进度
市级物资储备中心库	一级	储备安置 10 万人的救灾物资	规划立项阶段
市级物资储备中心分库	二级	储备安置 4 万人的救灾物资	完成中春路闵行库建设
应急避难场所储备点	三级	若干个分布于全市 17 个区县的应急避难场所储备点，将储备安置 6 万人左右的救灾物资。包括所有的Ⅰ、Ⅱ、Ⅲ类应急避难场所，Ⅰ、Ⅱ、Ⅲ类分别按照储备安置 2000 人、500 人、100 人的救灾物资估算	结合应急避难设施建设推进

2011 年 12 月 21 日，上海市民政局救灾物资闵行储备库正式揭牌。除此之外，上海市已经建成的物资储备点还有上海红十字会救灾中心、上海慈善物资管理中心。上海防汛物资仓库建设取得了一定的进展。上海市防汛办现已在徐汇、浦东、崇明等地建设成立 12 个储

备仓库。此外，上海市筹划本市区域性应急救援基地建设。以大中型骨干企业为依托，分区域储备必需的应急救援装备、物资，建立应急救援物资储备信息共享制度和统一调用机制，实现分级储备、资源共享。

二、上海市三级政府实物储备体系

为贯彻落实《上海市实施〈中华人民共和国突发事件应对法〉办法》上海出台了《关于进一步加强应急物资储备体系建设意见的通知》，对上海应急物资储备的统筹指导、职责分工、管理制度、调用原则等作出规定。结合上海实际情况，着眼于应急物资储备的结构，建立了市级重要商品储备、专业储备和区级单元储备的三级储备格局，多数采取政府委托企业承储的方式。市级重要商品储备涉及粮食、农资、生活必需品以及抗灾救灾商品等四大类物资。专业储备是根据突发事件处置的特点和要求，各相关行业、领域的专业应急物资储备，主要涉及防汛防台救护类物资以及帐篷、折叠床、棉被、棉大衣等救灾物资。区级单元储备是根据各区域特点，参照市级重要商品储备和专业储备办法，重点落实与本区域应急处置需要相符的应急物资储备。

1. 上海市物资储备结构体系

上海在各省级政府中建立物资储备较早，储备品种和管理体系相对比较完善，在地方物资储备中有一定的代表性。上海地方物资储备制度始建于1993年，储备的物资品种包括主副食品、农业生产资料、生活必需品、抗灾救灾物资四大类，主要目的是在当时短缺经济的条件下，保障物资的日常最低供应和丰富节假日的市场，储备品种以吃、穿、用等日用品居多。

随着社会主义市场经济的不断发展完善，上海的消费结构不断升级，市场商品物资日益丰富，需要对部分储备商品的品种、数量、结构进行调整。另一方面，随着国家和上海应急管理要求和水平的不断提升，针对各类应急预案中不同突发公共事件对物资保障的多种要求，上海地方物资储备体系在储备的品种数量、管理方式、运行机制方面也需要及时调整完善。

上海地方物资储备体系的建立和发展过程也是我国社会主义市场经济建立和发展的过程。为适应市场的变化和应对突发公共事件的需要，上海地方物资储备体系在储备的品种数量、管理方式、运行机制方面，先后于1997年、2001年、2004年进行了重大结构调整，部分原来作为生活必需品的品种退出了储备体系。2008年，为进一步突出物资储备应对突发公共事件和抗灾救灾的功能，储备物资的品种、数量、结构、管理方式再一次进行较大幅度的调整。上海地方物资储备结构体系经过了十多年的运行，期间不断地调整、补充和完善，已形成了基本的品种框架结构。目前，物资储备结构体系仍由储备建立之初的主副食品、农业生产资料、生活必需品、抗灾救灾物资四大类组成。

其中抗灾救灾物资包括药品、防汛物资等品种，主要作用是处置自然灾害、事故灾害、公共卫生事件、公共安全事件等各类突发公共事件。上海药品储备的品种目前主要是常规的中西药品，为应对近年来频频出现的突发公共卫生事件，应增加抗病毒药品、防护用品、医疗器械等储备；为应对可能发生的突发公共卫生事件，应增加食物中毒、化学中毒、放射伤害的治疗药物。在抗灾救灾物资中，考虑到应急避险和应急撤离的需要，结合应急避难场所的建立，需增加储备帐篷、棉衣、棉被等救灾物资。

2. 上海市物资储备管理体系

从上海物资储备的管理体系上看，在市级物资储备的层面上，统一领导、各部门按分工履行职责的管理体系框架已基本形成。发展改革部门、商务部门、财政部门联合组成上海地方物资储备管理机构。发展改革部门负责按照经济社会的发展要求、市场的波动情况、突发公共事件的应对需要及财政的承受能力，制定地方物资储备计划，确定储备的品种、数量和储备形式；商务部门负责落实储备设施或储备企业、储备物资采购、储存过程监管、储备物资动用和补充等物资储备的运行；财政部门负责储备资金的筹措、审核和拨付。上海地方物资储备管理机构各部门之间既有分工又共同承担储备管理责任。地方物资储备管理机构横向与市级应急管理机构和市专业部门保持联络和沟通，协同配合，共同完成应急处置中的物资保障任务；纵向指挥物资储备仓库和储备企业，完成储备的日常监管和运行。

各专业部门的物资储备非常薄弱。上海的应急处置专业部门在物资保障的需求上，基本依赖于市级层面的物资储备，专业部门物资储备基本处于空白状态，并且专业储备的发展速度相当缓慢，市级物资储备处于孤立的、没有基础支撑和横向支援的状态。区县级储备系统处于零散状态。郊区由于仍保留一部分粮食生产能力，并且处在江河湖海水网发达地区，因此各郊区县具备一部分粮食和防汛物资储备，但数量少、规模小，相互之间处于隔离状态，互通性和相容性较差，不能形成物资储备的规模效应和集聚效应。市级层面的储备与不成体系的专业储备和区县储备之间，专业储备与区县储备之间，缺乏统一的协调沟通和应急联动机制，不能达到信息互动、资源共享、管理协同的目的。

上海地方物资储备无论是市级层面、专业部门层面还是区县级层面，其储备形态都是实物储备，储备的灵活性和保障性得不到充分体现，在危机处置过程中，往往出现这样的情况，储备的物资用不上，需要的物资又无法提供。目前，在实物储备的基础上，采取由政府和企业共同提供储备物品和服务的方式，实现实物储备、生产能力储备、技术储备、资金储备、商业储备等多种储备方式，满足应急物资保障的需要，并逐步以信息储备的方式，构建物资储备体系多形态、多方位、多层级的信息管理系统。

上海地方物资储备体系经过多年的实践和探索，正在逐步形成分工明确、责任到位、管理有序、反应灵敏的地方物资储备管理体系，并在框架结构和管理制度上进一步调整完善。

三、上海市物资储备空间实例

1. 上海市救灾物资储备库

2017 年 5 月，上海首个省级现代化救灾物资储备库揭牌启用，该储备库运用 RFID 射频、二维码辨识，以及自动控制系统总线等先进技术，标志着上海初步实现了救灾物资的储备实体化、管理信息化和调拨战备化。

上海市救灾物资储备库由上海市民政局和上海市嘉定区政府合作共建，邻近机场、铁路、高速公路。该储备库总面积逾 1.6 万 m^2，建设有救灾物资储备库、防灾减灾展示厅以及相关办公区、宿舍区。该储备库内存储有帐篷、棉被、折叠床、棉大衣、床垫、应急灯、移动厕所及耗材等应急救灾物资，不仅可保证上海市启动三级应急响应时，紧急转移安置受灾群众的物资需要，也可满足上海支援兄弟省市救灾应急时的物资需要。

在储备库内，库房上方安装有红绿灯，能够智能引导叉车司机将货物放置到正确库位，司机只需要检查显示屏上是否提示“正确”即可。为了发挥智能化信息管理的优势，达到

“柔性”存储的标准，进出储备库的物资都进行了数据绑定，物联网与工业 4.0 模式的结合，极大地简化了物资存储与出库的程序，保证了物资使用的准确、安全。

2. 上海市物资储备空间实例——上海市防汛物资储备基地布局

（1）防汛物资储备现状架构

上海市针对自然灾害发生的不确定性、防灾检验效果的滞后性以及防灾成本与经济发展水平相关性等诸多问题，防汛分区域防御、分级负责。在储备方式上，主要以市场化与专业化相结合、市级层面与区（县）级层面相结合、集中储备与分散储备相结合的方式，将上海市防汛物资分为市级重要商品储备中的防汛物资储备、市级防汛专业物资储备、区防汛物资储备以及防汛指挥部成员单位防汛物资储备四部分。其中，市级防汛专业物资储备是市级集中的专业化储备，主要是针对一线海塘、一线江堤以及城市排水集中储备专业的重要防汛物资，由于一线海塘、一线江堤泵闸以及城市排水设施是上海市防汛中抵抗风、暴、潮、洪灾害的城市生命线，是关系整个城市人民生命财产安全和经济发展的重要保障。因此，市级防汛专业物资储备是上海市防汛物资储备中的核心部分，也是布局规划的重点。

（2）市级防汛专业物资储备现状

根据《上海市防汛物资储备定额》（2006 版），上海市防汛物资分抢险物资、救生器材和小型抢险机具三类，经 2006 年初步估算，上海市需要储备一线海塘、堤防泵闸等防汛抢险物资总价在 5800 万元左右（不包括城市排水设施）。每年上海市重要商品储备中的防汛物资储备变化不大，基本维持在 800 万元左右，2008 年开始，在市级重要商品储备防汛物资储备有限的情况下，上海市水务局负责开展市防汛专业物资储备工作，落实防汛专业物资储备价值 1200 万元，其中针对一线海塘（泵闸）和一线堤防（泵闸）的储备各 600 万元，由浦东新区、崇明区、金山区防汛办和市堤防管理处分别落实储备仓库。同时通过对防汛专业物资储备分布点的调研踏勘以及对已有的资料分析，目前市级防汛专业物资储备“基地”建设参差不齐，主要以仓库和料场形式储备物资，除“车墩基地”的建设相对比较标准、规模适中外，其他仓库都相对较小，料场虽大，但比较简陋，且没有相应的配套措施，与现代化国际大都市的应急防汛物资储备管理不相适应。因此，针对目前市级防汛专业物资储备状况，对其物资储备基地布局进行系统规划，使其适应新形势下防汛抢险应急要求。

（3）市级防汛专业物资基地布局研究

① 防汛专业物资储备需求量预测。市级防汛专业物资储备基地的功能是储备各类防汛专业物资，而物资储备种类和需求量是确定防汛物资储备基地建设规模和布局的基础。市级防汛专业物资主要包括千里海塘、千里江堤、相关泵闸及城市排水的防汛应急中必需的重大物资、特殊物资。以上海近期规划发展目标为依托，根据现有《上海市防汛物资储备定额》（2006 版）定额，对不同块不同标准每 1km 的海塘、堤防不同类别的防汛物资量进行了分别核定，并结合现有防汛应急储备物资情况和应急抢险的实践经验，对近期的市级防汛专业物资储备种类及需求量进行预测，具体数据见表 14-6-3。

表 14-6-3　市级防汛专业物资近期防汛物资预测总需求量

物资种类	数量	单位	物资种类	数量	单位	物资种类	数量	单位
草袋	411858	只	钢管	183383	kg	水泵	509	台
麻袋	92669	只	型钢	121072	kg	便携式工作灯	1945	只

续表

物资种类	数量	单位	物资种类	数量	单位	物资种类	数量	单位
编织袋	1126450	只	毛竹	768	支	投光灯	386	只
编织布	109474	m^2	翼形块体	11393	只	升降式照明灯	18	套
阻水带	32454	个	装配式围井	36	套	电缆	50393	m
土工布	49964	m^2	管涌停	1141	条	移动式发电机组	129	台
砂石料	73326	m^3	抛石柔性集装网	3620	只	雨具	4753	套
块石	57568	m^3	板坝式应急挡水子堤	257	m	手套	8631	双
大型砌块	1152	m^3	防汛抢险舟	50	艘	安全帽	7339	只
水泥	79	t	救生衣	6432	件	便携式打桩机	26	台
铅丝	17842	kg	救生圈	1766	只	对讲机	485	部
尼龙绳	5137	kg	铁锹	8362	把	钢丝绳	12375	m
麻绳	548	kg	剪刀	162	把			
桩木	1530	m^3	老虎钳	326	把			

② 防汛专业物资储备基地布局方案。防汛物资储备基地的布局需要考虑的因素较多，包括土地、区位、交通、管辖范围、物资储备数量等。

a. 土地层面。土地是防汛物资储备基地建设的根本，上海作为现代化国际大都市，土地资源相对紧张，如果没有土地保障，规划就会落空，物资储备基地的建设就会受阻。因此，为了科学地、合理地做好专业级物资储备基地布局方案，对现有市级防汛专业物资储备仓库点及备用点进行了调研、踏勘，同时考虑了各块土地的性质，为基地的选择提供保障。

b. 区位层面。千里海塘、千里江堤的防御战线很长，防汛物资储备基地的布局不仅要考虑大体均布，同时也要顾及重大企业、重要设施的区位及防汛应急抢险要求。

c. 交通层面。便利的交通可以提高防汛物资调度的效率，保证防汛应急抢险的及时性，同时，砂石料、翼型块体等特殊物资需考虑选择有水运交通、码头堆场等条件的储备基地。

d. 分区管辖层面。由于千里海塘、千里江堤岸线较长，虽然基地之间可以相互支援调配，但明确各基地的服务范围和管辖责任也是非常必要的，这样有利于各区的防汛物资储备基地与市专业防汛物资储备基地有机衔接。

e. 物资储备数量层面。防汛物资基地的建设，关系到建设的规模和建设标准，结合近期防汛目标中市级防汛专业物资预测存储量和各基地可利用土地面积，考虑基地间的物资品种调节和数量调节，为基地布局提供依据。同时考虑到防汛物资基地不仅是防汛物资储备的仓库，也是集防汛调度与管理于一体的综合体。我国防汛是实行首长责任制的重要工作，防汛物资的调度要服从主管部门领导的统一调度和统一指挥，因此在防汛专业物资储备基地布局中要考虑一个调度中心的建立，综上所述，提出市级防汛专业物资储备基地“1-4-8-1”的布局方案：“1”是指一个中心，防汛物资指挥调度中心；“4”是指一线江堤沿黄浦江布置 4 处防汛物资储备基地；“8”是指包括大陆一线海塘布置的 4 处防汛物资储备基地和崇明三岛海塘布置的 4 个基地，其中崇明岛布置两个基地，长兴、横沙各布置一个基地；“1”是指中心城区布置一处城市排水基地。

第七节　上海综合消防救援体系

一、上海市水—陆—空—地下立体消防救援体系建设

为实现世博园区消防救援目标，上海市公安消防总队全面构筑“无缝隙覆盖式”世博消防安全群防群治网络。世博园区消防力量形成“三站、四点、一码头”的布局，相关应急处置机制亦得到完善。上海市消防局加强了综合性应急救援队伍建设，完善各类预案，全面提高应急救援、反恐排爆攻坚能力，最大限度地减少事故危害和影响，为平安世博提供可靠保障。

上海消防部队从园区各管理部、参展方、施工总承包单位、分包单位、施工队直至施工小组，都建立起消防安全管理网络，严防死角盲区。启用的世博消防前沿指挥所，是园区各类应急处置突发事件，尤其是灭火救援行动的“发令枪”，也是各路处置突发事件力量协调联动的“遥控器”。该前沿指挥所建有消防信息化指挥平台，可与上海市应急联动中心、世博园区安保指挥中心网络共享安保信息资源。

为世博会“量身打造”的多功能消防站——临沂水陆两用消防站也已启用。该消防站的启用填补了世博会黄浦江水域消防力量布点的空白，标志着世博会消防安保硬件设施全部到位。在两用消防站陆域装备方面，消防部门配置了高性能灭火、节水型、环保低碳的大功率压缩空气泡沫车，50m 云梯车，抢险救援车等特种消防车辆，还增配了战勤保障类、救护类等消防专勤车辆，可形成综合作战攻坚能力。

此外，在岸线约 70m 的水域消防码头停泊了 600t“沪消 1 号”消防船和“沪消 3 号”船。“沪消 1 号”配备了可通过由电脑操控的 5 门全自动大功率水炮，最远射程可达 120m，不仅能对着火船只实施灭火、抢险、拖曳任务，还能对岸上目标进行灭火。世博期间消防部门还投入了两艘新建消防船舰，排水量分别为 300t 和 65t。

水陆两用消防站里还有一件“秘密武器”——“双头消防车”。这是一种头尾都有驾驶室的特种车辆，不用倒车便可在狭窄空间内快速往返，可针对上海的弄堂、隧道火灾进行扑救。该车型全世界只有 4 辆，为世博配备的是亚洲第一辆高配置消防用双头车。

针对国际难题——地铁轨道交通消防救援，2010 年 4 月 30 日前，上海配备了专职消防队，全面筑就上海世博会地下站点“防火墙”。上海消防局和轨道交通公司共同投入“重兵”，不仅为世博轨道站点配备了专用高压细水雾枪，还在每个世博站点开辟了消防救援专用通道，可直达地下抢险。

为提高处理突发情况能力，形成反应快速的消防空勤专业力量，应对世博会应急救援中可能出现的各类灾害事故，上海消防总队特勤支队专门成立了直升机消防应急救援分队。该分队已顺利通过实战业务考核，随时投入，为全方位筑牢“水、陆、空”三位一体世博消防安保指挥体系打下基础。

二、上海市水—陆—空—地下立体消防救援模式

1.“水陆空”立体救援模式

上海瑞金医院举行大型应急医疗救援综合演练。

上海市新一轮的公共卫生行动计划就将探讨：如何建立符合上海特色的空中转运机制。项目中提到，将建设空中卫生应急救援基地；探索“空中—海洋—地面”统一指挥调度和应

急救援的工作机制、流程、规范和要求；建设一支空中卫生应急救援队伍。

2019年9月16日，上海首次“水陆空”立体救援综合演练在瑞金医院举行。演练模拟了黄浦江域某客运游轮因不明原因失火，导致大量游客及工作人员不同程度受伤的灾害事故场景。在黄浦江上，由水上消防支队迅速派出救援船只赶赴现场，扑灭明火并对伤员进行初步救治；陆地救援现场，上海市医疗急救中心医护人员迅速抵达展开救援，并将经现场初步处理的50位伤员通过救护车分批紧急送往瑞金医院；而上海市警航队的直升机在接到航空救援中心指令后，第一时间飞抵瑞金医院将医院航空救援队员接至事故现场参与救治，并将两名重伤患者迅速由直升机转运至瑞金医院。

抵达医院后，现场分诊人员根据预先报告的现场初步伤情评估信息，进行院内二次快速评估确定伤员的受伤程度，迅速将其分配至院内三个不同区域进行救治，6名危重伤员分配至第一优先区进行复苏与评估；9名重伤员被分配至第二优先区进行评估与救治；而35名轻伤的伤员则被分配至第三优先区进行评估与处置，心理辅导也同时进行。各区经过三十分钟左右的紧急救治，所有来院伤员均得到妥善安置和有效救治，演练成功。实现了院前急救与院内救治无缝衔接。

该演练针对上海这一特大型国际化城市在应对突发公共安全事件时的医疗救援保障需求特点，以“客运游轮失火”为模拟事件，探索在突发出现大批量伤员的场景下，如何充分有效利用“水、陆、空”多种运输救援途径，实现快速、高效、有序的伤员处置与救治，为今后应对突发紧急医疗救援事件提供宝贵经验。

2. 长三角“水陆空”立体救援模式

为第二届进博会提供医疗保障，上海院前急救全面升级；长三角区域构建“水陆空”立体救援模式，进博会期间打造全方位急救5G体系。

在首届进博会成功保障基础上，第二届进博会医疗保障引入5G概念与技术，搭建5G移动医疗保障平台，并以中山医院、同仁医院、华山医院西院三家定点医院5G信息平台为终端，实现场馆内5G救护车全覆盖。

上海院前急救网络同步升级：上海、南京、杭州等来自三省一市的25家急救中心携手成立长三角院前急救联盟，同时开通长三角急救转运信息平台。平台充分提高院前急救资源周转效率，共同做强“陆上之路”、架设“空中之路”、探索“水上之路”，构建多维度合作的“水陆空”立体救援模式，提升区域内城市安全运行保障能力，构建长三角区域内重特大突发公共事件应急联动机制。

新成立的联盟平台，将在长三角非急救转运中发挥功效。数据显示，长三角区域非急救转运在上海市急救平台任务量中占比16％左右。相较以往患者通过长三角急救车抵沪后，空车回到当地，一定程度上造成资源浪费。未来在联盟平台上，长三角区域内无人“接单”的非急救转运任务，可在平台上申报，实现急救信息实时共享联通、互通有无、协调联动。

第八节　上海信息化建设

一、城市多重灾害——风险与安全管理系统

2019年3月30日，“城市防灾减灾创新发展论坛暨上海防灾救灾研究所成立30周年大

会”在同济大学举行。会上，上海防灾救灾研究所集聚数十年研究成果，联合鲁班软件共同研究开发的“城市多重灾害——风险与安全管理系统（Multi-Hazard Shanghai）”正式发布。该系统以特大型城市上海市为背景，针对城市面临的多种灾害和安全风险，如地震、火灾、风灾、雨涝、生命线工程事故等，应用现代灾害模拟技术与物联网、大数据等新技术，重点研发了城市安全风险动态预警、城市多灾害模拟与情景仿真、城市安全风险评价与智能决策等一系列关键技术，可为上海市城市综合防灾和安全风险治理提供科技支撑。

二、上海市嘉定区医疗急救中心数字化医疗信息系统

上海市嘉定区医疗急救中心现址位于嘉定区徐行镇新建一路2151号，占地面积3879m^2，建筑面积2458m^2，现有在职职工136人，急救车辆38辆，单位下设安亭、江桥、南翔、嘉定城区、徐行、华亭、嘉定新城七个急救分站。主要承担的工作职能：一是为本区居民提供日常的院前急救服务；二是应对突发性公共卫生事件和重大灾害性事故的现场抢救；三是为各级政府和群众团体各种重大活动、国际国内赛事提供医疗服务保障；四是为基层单位群众进行急救知识的理论宣传和急救技能的培训。

随着城市化进程的不断推进，嘉定区对急救医疗业务的需求急剧增加。其主要因素有以下几个方面：(1) 人口总量增加、老龄化加剧、疾病谱改变，导致急救服务需求不断增长。至2015年，本区急救服务需求量突破3万车次；(2) 随着城市化进程的不断推进、外来人口的不断导入、城区范围不断扩大和区域人口分布的重新调整与划分、瑞金医院和东方肝胆医院落户嘉定，对院前急救资源配置和建设提出新的要求；(3) 城市发展和公共及卫生安全对应急救援保障能力提出更高要求。随着嘉定社会经济的快速发展，嘉定新城建设的日趋成熟，各类重要会议、重大活动的医疗保障任务更加繁重。城市交通、火灾、台风汛潮、核化、公共卫生突发事件等各种潜在威胁以及传染性疾病暴发的不可预见性不断增强，院前急救所面临的问题与承担的责任将更加严峻与重大。

项目于2014年4月15日建成并投入使用，有效规范了院前急救流程，打通了院前院内急救的信息链，实现了院前、院内急救的无缝衔接。院前急救和院内急救的紧密结合，极大缩短了应急救治响应时间，提高了医疗急救的效率和质量以及危重病人的抢救成功率。同时，对于提高嘉定区公共卫生服务和突发公共卫生事件的应急处置能力具有积极意义。

嘉定区医疗急救中心区域120急救信息系统的建设，主要目标就是对嘉定区的急救信息系统进行完善和扩展，在满足中心的建设和发展、嘉定区卫生行政管理、嘉定区政府需求的基础上，借鉴国内外的先进经验，结合嘉定区急救中心一期信息化建设的实际情况，在扩展建设和完善一期建设的同时，运用最新的IT技术对急救中心的信息资源（人、财、物、急救信息）进行全面规划、设计和整合，进行各种数字化系统的建设和培训。

中心信息化建设总体上达到全面数字化、整体系统化、信息区域化、系统智能化的目标，满足急救中心“智慧120”的发展需求，以提高急救中心的管理水平和社会服务能力，打造国内医疗急救中心数字化建设的样板。

(1) 建设基于移动互联的院前急救平台

嘉定医疗急救中心全面实施普遍的IT基础设施和应用系统，实现无纸化、无胶片化、无线网络化，使调度和管理的流程、通信、过程和效率、质量得以改善提高。中心的全面数字化建设本着以人为本，以病人为中心的原则，在系统的每个细节都体现人文关怀主义，考

虑如何更加方便抢救患者，更加方便业务人员，更加人性化。通过智能调度、数字监控、电子病历、多媒体音视频、宽带无线通信、数字签名、语音识别等的应用逐步数字化。通过使用笔记本、平板电脑、监护仪等无线设备，以及基于互联网的数字医疗诊断与健康服务协作平台，将高质量的音频、视频、数据通信和丰富的诊断协作功能，推向社会的各个层次和角落，使优质快捷的抢救和医疗服务不再受时间和地点的限制。

（2）完善已有120通信系统，建立120智能调度平台

中心的全面数字化建设由众多不同的系统组建而成，但这些系统必须有机地统一集成在一起，不能出现信息孤岛现象，全面实现120调度、120通信与120管理的系统化、前台业务与后台运营管理的系统化、软件系统与终端设备的系统化等，嘉定区医疗急救中心的数字化建设实现了各种系统的有机融合，实现了整个数字化平台一体化、系统化。

嘉定区医疗急救中心的全面数字化建设应突出智能的特点，减少人工环节，增强自动化的程度，增加辅助支持的功能。同时利用各种先进技术和设备实现医疗急救业务的自动化和智能化，达到智慧医疗急救，从而提供一整套完全集成的应用和服务，提高调度员的调度效率，改善医疗急救中心运营、急救的质量，提升病人抢救效率。

（3）缩短应急救治响应时间

救护车到达救护现场就可以打通院前急救现场和院内急诊的信息通道，第一时间将急救病人的心电、脉搏、血氧、呼吸、血压等监测图像和数据传输到急诊室，并告知现场处置措施及用药情况，而医院急诊室可以提前作好相应的院内急救准备，缩短院前急救医生与急诊室医生对患者病情交接的时间，便于直接进行分流。

（4）规范院前抢救流程，打通院前院内信息链

救护车随车医生可以通过手持式急救医务通，按照急救流程对现场病人采取相应的医疗措施，提高院前急救水平，并同时可以通过无线通信网络将现场进行的处理措施、用药情况等传输至接诊医院。

在转运过程中，病人的生命体征信息、医生处置措施、现场视频情况均可通过统一的格式要求传输至医院，院内急诊医生可通过医务通终端查看病况，并可对院前急救进行必要的反馈或指导。

（5）实现与区域卫生平台的互联互通

嘉定区医疗急救中心的全面数字化建设不仅要考虑内部的数字化建设，还要充分考虑与嘉定区卫生信息平台、嘉定区/上海市其他应急平台的整合，如嘉定区医疗急救中心、嘉定区疾控中心、嘉定区妇幼保健院等，创新区域卫生信息环境下基层急救的新业务流程和新管理模式，提供可连续的服务，将数字医疗急救体系延伸到院内急救和其他医疗服务平台。

嘉定区医疗急救中心数字化医疗信息系统的建设改善了医疗急救的服务模式，将院前急救和院内急救结合起来，实现无缝连接，提高了医疗急救的效率和质量，提高了医疗急救的服务水平和医疗水平，减少了医疗误差和医疗事故，提高了急救中心的管理水平。信息系统建设创建了全新的、极具现代化的、先进的、人性化的数字化医疗急救。

嘉定区医疗急救中心信息系统建设具有现代化医疗急救中心数字化建设的示范效应。全国大部分医疗急救中心还没有实现全面的数字化建设，嘉定区医疗急救中心全面数字化建设在嘉定区卫生信息化建设的基础上和公共卫生改革背景下推进，独具特色，其重要意义显然

对全国医疗急救中心的数字化建设起着示范效应。

数字化医疗信息系统的建成并投入使用，从根本上改变了“患者呼救—转运—急诊科初步检查—会诊—确诊—救治”的传统环节，打通了院前院内急救的信息链，为生命赢得了宝贵的早期救治时间。同时，极大缩短了应急救治响应时间，对提高嘉定区域公共卫生服务和突发公共卫生事件应急处置能力具有积极意义。

三、上海市救灾物资储备库信息化建设

2017 年 5 月，上海首个省级现代化救灾物资储备库 6 日揭牌启用，该储备库运用 RFID 射频、二维码辨识，以及自动控制系统总线等先进技术，标志着上海初步实现了救灾物资的储备实体化、管理信息化和调拨战备化。上海市救灾物资储备库由上海市民政局和上海市嘉定区政府合作共建，邻近机场、铁路、高速公路。该储备库总面积逾 1.6 万 m^2，建设有救灾物资储备库、防灾减灾展示厅以及相关办公区、宿舍区。

上海市救灾物资储备库的运行管理主要由上海市民政减灾中心负责，管理目标明确，即确保救灾物资实体化、物资管理标准化、物资调运战备化。目前储备库内已储有单帐篷、折叠床、床垫、棉被、棉大衣、应急厕所及耗材、柴油发电机应急灯、手提式多功能应急灯等物资。

为保障救灾物资储备库管理高效、便捷、有序运行，上海市民政局联合上海市防灾减灾技术中心等单位公司开发了智能化信息管理系统，尝试通过软件系统对救灾物资的出入库、盘点、日常管理等进行全面控制。该系统由智能化仓储管理云计算系统、卫星通信系统以及光缆通信系统组成。其中，卫星通信系统以及光缆通信系统互为备份，以确保在应急状态下向民政部国家减灾中心、上海市政府及上海市民政局传输实时图像、语音和数据。这套系统可以确保多方应急视频会议的实时畅通，保证上级的指挥政令畅通，同时监控救灾物流的实时状态。

作为核心的智能化仓储管理系统，基于物联网和工业 4.0 框架以及云计算网络系统，运用 RFID 射频技术和二维码辨识技术对出入库物资进行批量扫描读取物资信息，储备库内所有货架、托盘、库位均被赋予电子标签，由自动化现场总线控制的库位指示灯，引导智能叉车操作人员，完成出入库和其他仓储管理业务流程操作。基于可靠的云计算网络系统和功能强大的仓储管理软件，智能仓储管理系统可以通过云计算网络管理各区的救灾物资储备库和协议储备供应商代储的救灾物资储备。

救灾物资储备库的业务流程主要包括：物资装卸车、物资装托（即将物资装入托盘或移动货架）、粘贴 RFID 标签、预入库、入库、出库、物资盘点、物资运输管理等。

和传统的条形码、磁卡等识别技术相比，RFID 技术的应用范围广，对工作场地的要求相对较小。在识别目标时不需要与物体产生接触，并能够同时识别多个目标，快速从射频标签中读出目标的位置与相关的数据参数，且能够准确识别运动中的目标。RFID 电子标签的使用寿命长，样式多样，可重复使用，并且难伪造。传统的条形码标签则多为一次性消耗品，不能反复使用。RFID 技术可以保障产品的可追溯性，目前已普遍用于物流管理、仓储管理等领域。

民政救灾物资储备库与商业物流公司仓库在智能仓库设计理念上是近似的，都是为了简化人为的操作，提供物流信息的自动传递，而不是通过传统纸质形式进行数据更新。上海市

救灾物资储备库管理系统只做到对内部库存物资的存放信息采集，而没有对外部周转过程进行管控与跟踪，是由上海救灾物资使用流通量相对较小的实际情况决定的。在自动化集成上，商业物流公司集成化程度更高。例如，运用自动叉车、自动传送带等，尽量减少人为操作。救灾物资储备的实际情况是品种少、单种数量大，所以储备库管理系统通过改造叉车与使用PDA设备，既可有效、经济地利用系统，通过人机交互系统实现货物周转，对降低实际运营成本的投入。

四、“互联网＋医疗”与“AI技术＋5G网络”助力防疫攻坚战

2020年，针对上海市新冠肺炎疫情防控工作面临的严峻形式，充分发挥“上海市级医院互联网总平台”的技术优势，快速推动全市37家市级医院开通在线咨询诊疗服务，同时运用“互联网＋医疗”和“AI技术＋5G网络”等多种信息化手段，积极开展疫情监测、防控救治、消毒清洁、资源调配等疫情防控工作，为百姓提供更便捷、更安全、更周到的服务，助力打赢这场疫情防控攻坚战。

1.“互联网＋医疗”助力防疫攻坚战

（1）部署新冠肺炎疫情在线咨询服务

新冠肺炎疫情突发，公众对于发热、咳嗽等呼吸道症状比较紧张，就医和咨询的需求急剧上升，极易形成就诊者在医院聚集并形成疫情播散风险。上海市卫健委、上海申康医院发展中心自2020年1月27日起即刻组织首批试点8家市级医院加班加点进行技术升级改造，两天内就完成了建设任务，快速开通了新冠肺炎、发热门诊及其他慢性疾病等互联网在线咨询服务的快速诊疗绿色通道。在线咨询服务也于短短5天后开通，又快速拓展至全市所有37家市级医疗机构、部分区级医疗机构与社区卫生服务中心。市级医院专家医生在线提供关于“新冠肺炎”以及发热、乏力、干咳、呼吸困难等呼吸道症状的咨询解答服务，群众能便捷地获取就诊指导和科普信息，减轻门诊病人预检分诊压力，也减少了不必要的交叉感染。服务一经推出便受到欢迎，自2020年1月29日至2月10日，在线咨询累计访问量超过95万人次，累计咨询量达5.1万人次。

（2）全面开展互联网咨询问诊

正值抗击新冠肺炎疫情的关键阶段，为进一步形成点面结合、多渠道非接触的咨询服务，为老百姓提供专家指导和科学解答。上海申康医院发展中心于2020年1月29日在已有上海市级医院互联网总平台的微信公众号上全新推出了“新冠早筛”“发热咨询”“在线咨询”“健康问答”等四项互联网咨询问诊便民服务。此举措主要依据国家卫健委发布的《新型冠状病毒肺炎诊疗方案》等权威诊疗知识，借助人工智能、大数据技术为群众提供新冠速测和健康问答服务，通过人机问答AI模式，更好地为百姓提供针对新冠肺炎以及其他慢性病的在线义务咨询、居家医学观察指导与健康评估等服务，引导居民不要恐慌，避免扎堆去医院，做好自我防护和保持良好的生活习惯。

（3）积极倡导慢病长处方自助续方以及在线预检筛查工作

在上海市卫健委、市医保局、上海申康医院发展中心的组织与推动下，积极鼓励市级医院依照慢病长处方规范，对慢性病患者长处方进行有效管理，并通过自助信息化系统为患者提供慢病续方申请，患者可在自助机上完成自助续方，简化续方流程，缩短患者院内逗留时间，降低交叉感染的风险。同时，全市十多家医疗机构利用现有的微信公众号，建立线上新

冠肺炎流行病调查筛查表与承诺书，患者入院前在线填报，有效减轻医院预检护士工作量，提升新冠肺炎预检工作效率，保障医院业务的高效运转。

2. “AI技术+5G网络”助力防疫攻坚战

（1）AI影像诊断。面对新冠肺炎疫情，相关市级医院的CT影像检查量逐日增长，作为新冠肺炎的重要诊疗决策依据之一，CT影像能及时实现病新冠肺炎的诊断。上海市公共卫生临床中心、仁济医院、瑞金医院等多家市级医院第一时间部署了针对新冠肺炎的人工智能影像诊断系统，AI影像系统采用创新的人工智能全肺定量分析技术，对局部性病灶、弥漫性病变、全肺受累的各类肺炎疾病严重程度进行分级，并对病灶形态、范围、密度等关键影像特征定量和组学分析，精确测算疾病累计的肺炎负荷，为临床专家提供肺炎病情分析及疗效评估等智能化诊断辅助服务，全面助力临床一线疫情防控工作。

（2）测温机器人。为响应疫情防控要求，上海市所有医疗机构要求进院人员必须行体温测量。为加快测温速度，上海市第六人民医院、仁济医院积极应用基于5G网络的测温机器人，测温机器人通过红外测温仪等传感器探测人体体温，一旦发现异常，便及时发出警告信息并上报，由专业人员进行二次测量。此方式不仅提高了测温速度，同时保障了测温的准确性，大幅度减少了疫情传播，提升了医院管控水平。

（3）导诊机器人。上海市第一妇幼保健院、瑞金医院、国际和平妇婴保健院、五官科医院等多家医院在门急诊大厅积极应用基于AI的导诊机器人，开展防疫宣教和信息查询工作。导诊机器人集识别、讲解、引导、推广等多种服务于一体，实现无人导诊、自动响应发热问诊、引导病人及初步诊疗。同时，导诊机器人可在医院内自由移动并开展科普防疫知识宣传，有效分担医护人员防疫科普工作，让医护人员将更多精力投入到临床救治工作中去。

（4）护理机器人。疫情期间，护理机器人可以在隔离病房发挥独特的作用，上海瑞金医院、儿童医学中心等多家医院在疫情蔓延之初就已在医院隔离病房和相关诊区进行部署使用。运用“不接触式的面对面沟通”方式，医护人员通过远程操控护理机器人，以0.3～0.6 m/s的速度，在预定时间可独立查房或跟随医护人员查房，开展人脸识别、自然语音交互、远程护理协作等功能，该护理机器人也能自动避障，与人互动，而后自行“走”回充电桩补充能量。护理机器人的应用既提高了临床一线工作效率，也进一步降低了隔离区域医患交叉感染的风险。

（5）物资运送机器人。为减少医护人员流动，有效避免交叉感染，上海市第一人民医院、公共卫生临床中心、儿童医院、瑞金医院、仁济医院等多家医院开展应用物资运送机器人来实现医院物资的点对点配送。物资运送机器人拥有自主识别读取地图、识别工作环境、建立信息库、自主规划路径等功能，不仅能协助医护人员运送医疗器械、设备和试验样品等，还能为病患送药、送饭及运送生活用品等，极大提高了医院内部物流运送效率，更有效地控制了院内交叉感染。

（6）清洁消毒机器人。基于5G云端的清洁消毒机器人已承担起上海市儿童医院近千平方米门诊大厅的清洁任务，实现了对医院现场环境24h不间断维护，仁济医院、肺科医院、中山医院等医院也开始相继使用。清洁消毒机器人专门搭载消毒水箱，能够独立完成医院内部的消毒、清扫、除菌等工作，可实现自主定位，规避密集人群，主动完成清扫任务，能自主检验清洁后的效果，并生成检查报告进行自主反馈，全面实现无人化运营。清洁消毒机器人的应用大大提高了疫情期间医院的保洁效率，也减少了院内物业保洁人员，并减少了人员交叉感染的风险。

上海在新冠肺炎疫情防控工作中充分运用“互联网+医疗”和“AI技术+5G网络”等多种信息化手段，积极开展疫情监测、防控救治、消毒清洁、资源调配等疫情防控工作，尽可能地减少人员交叉感染风险，提升了病区隔离管控水平，从而进一步提高了防控工作的效率与安全性，同时也为百姓提供了更便捷、更安全、更周到的服务。

第十五章　香港经验

香港位于中国东南端珠江口东侧，面朝南海，为珠江内河与南海交通的咽喉，南中国的门户，亚洲及世界的航道要冲，国际金融商业发展中心。香港的城市安全建设成效卓著，香港特区政府应急管理体系主要由应急行动方针、应急管理组织机构、应急运作机制构成。对于这个高密度的城市而言，完善的应急救援疏散空间系统及规划显得极为重要[1]。

第一节　香港概况

香港特别行政区，简称“港”，全称中华人民共和国香港特别行政区，位于中国南部、珠江口以东，西与澳门隔海相望，北与深圳相邻，南临珠海万山群岛，区域范围包括香港岛、九龙、新界和周围262个岛屿。截至2022年年末，总人口733.32万人，是世界上人口密度最高的地区之一，是高密度城市中心区的典范（表15-1-1）。香港为四季分明的海洋性亚热带季风气候，年平均气温为23.3℃。冬季温度可能跌至10℃以下，夏季则回升至31℃以上。雨量集中在5月至9月，约占全年降雨量的80%。

表15-1-1　香港特别行政区人口密度表

行政区	人口（万）	面积（km²）	密度（人/km²）
荃湾区	28.87	62.62	4610
湾仔区	15.52	9.92	15645
东区	58.77	18.71	31411
南区	27.52	39.4	6985
油尖旺区	28.05	6.99	40129
深水埗区	36.55	9.36	39049
九龙城区	36.25	10.02	36178
中西区	25.01	12.5	20008
观塘区	58.74	11.27	52121
离岛区	13.71	176.42	777
屯门区	50.22	84.64	5933
元朗区	53.42	138.56	3855
北区	28.07	138.53	2026
大埔区	29.35	148.18	1981
西贡区	40.64	136.32	2981
沙田区	60.75	69.27	8770
葵青区	52.33	23.34	22421
黄大仙区	42.35	9.3	45538

参考文献

[1] 林展鹏．高密度城市防灾公园绿地规划研究：以香港作为研究分析对象［J］．中国园林，2008（09）：37-42.

第二节　香港面临的灾害概况

香港在历史上发生过包括台风、暴雨、事故火灾、疫情等在内的多种大型灾害，因为气候与城市形态的原因，主要的灾害威胁为城市火灾与极端天气。

1996年，嘉利大厦火灾是香港有史以来最严重的建筑物火灾，数百名员工受困在顶楼。火势一发不可收拾，消防队员用了20多个小时才控制住火势，这场火灾造成40人死亡以及81人受伤。而2003年发生的非典型病原体肺炎疫情（SARS），香港有1755宗病例，死亡人数达300人，成为当时的“重灾区”。另外，因为香港濒临海洋的地理位置，台风是对其威胁最大的灾害之一，1971年的台风露丝（Typhoon Rose）袭港，对维多利亚港内的船只造成严重破坏，当时来往香港和澳门的客轮“佛山号”在大屿山被吹翻沉没，共造成110人死亡，286人受伤，5644人无家可归。每到多雨季节，香港政府都会因天气恶劣悬挂3号或以上的风球讯号，市民不用上班，学生不用上课，政府呼吁市民留在安全地方[1]。

尽管香港有很完善的应对莫测风云及事故灾害的社会系统，但在城市防灾措施及防灾空间设计上仍缺乏更深层的防灾意识及应急策略。

参考文献

[1] 林展鹏．高密度城市防灾公园绿地规划研究：以香港作为研究分析对象［J］．中国园林，2008（09）：37-42.

第三节　香港应急管理体系概况

香港特区政府应急管理体系主要由应急行动方针、应急管理组织机构、应急运作机制构成。

一、应急行动方针

香港特区政府将突发事件分为两种情况：一是紧急情况，指任何需要迅速应变以保障市民生命财产或公众安全的自然或人为事件；二是危急情况或灾难。一旦发生突发事件，香港特区政府遵循精简、高效、灵活、便捷的行动方针指导应对工作，即限制涉及的部门和机构数目；限制紧急应变系统的联系层次；授予紧急事故现场的有关人员必要的权力和责任。

二、应急管理组织机构

香港设有领导机构为以行政长官为首的行政长官保安事务委员会。如果发生非常严重的事故，且持续时间长、波及范围广、会严重影响或有可能严重影响香港安全，保安事务委员会将召开会议，指示有关部门执行政府保安政策。工作机构包括保安控制委员会、分区保安控制委员会、有关民众安全的政府救援工作委员会、警察总部指挥及控制中心、联合新闻中心等；参与应对突发事件的政府部门和机构包括渔农自然护理署、建筑署、医疗辅助队、民安队、食物环境卫生署、消防处、卫生署、民政事务处、香港天文台、警务处、医院管理局、政府新闻处、保安局、运输署等 32 个部门。

三、应急运作机制

2003 年“非典”暴发后，香港特区政府进一步完善应急机制，设立了三级制应急系统。该系统在紧急应变的救援、善后和复原三个主要阶段以不同形式运作。

第一级应变措施：紧急应变。由各救援部门全权处理，在各自所属指挥单位的指示、监管及支援下采取行动。此阶段，由警务处、消防处牵头处置，同时分别启动警察总区指挥中心及消防通信中心。第二级应变措施：启动紧急事故支援组，通知保安局当值主任。当发生对市民生命财产以及公众安全构成威胁的事故，且事故有可能恶化，可能需要较复杂的紧急应变行动来处理时，启动该级措施。由警务处与消防处通知保安局当值主任，同时启动政府总部紧急事故支援组（以下简称急援组），密切监视事态发展。急援组成立于 1996 年，隶属保安局，负责协调保安局当值主任工作。第三级应变措施：启动紧急救援中心。当发生重大事故，以致对市民生命财产及公众安全构成重大威胁，需要政府全面展开救援工作，启动该级措施。紧急监援中心接到保安局局长或指定的保安局高级人员指示后，采取相应行动（图 15-3-1）。

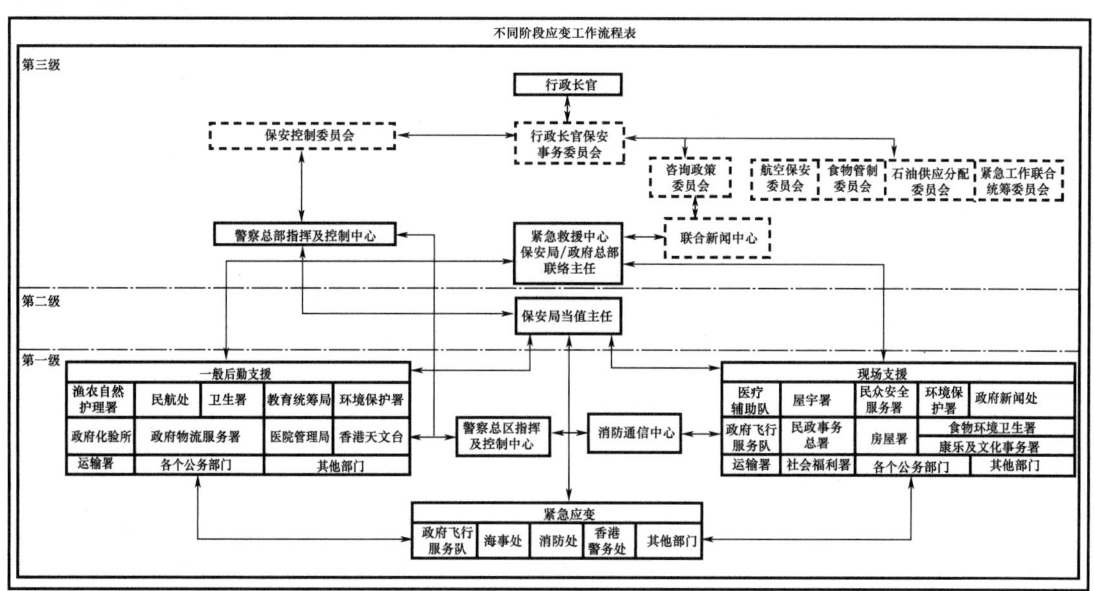

图 15-3-1　不同阶段应急工作流程表[1]

参考文献

[1] 香港特别行政区政府保安局．香港特别行政区政府紧急应变系统［EB/OL］．［2021-06-19］．https：//max.book118.com/html/2017/0715/122367302.shtm

第四节　香港应急疏散救援空间功能结构体系

一、警力空间分布

在紧急事故或灾害发生后，警方是第一个到达现场的救援力量，作为职业社会安全维护者，香港市民遇到任何危险必须迅速出警。警署规定报警中心接听电话时间不得超过 9s，从接警时间起算，港岛及九龙县警察到场不超过 9min、新界不超过 15min。为了方便警方工作，香港共划分为六个警区总区，每一个警区都有专职人员驻守，由总区主任带领，负责区内的犯罪与事故处理工作。

二、消防空间分布

消防与紧急医疗救护是事故发生后到达现场的第二梯队，事故中最要紧的就是灭火和救护受伤人士，消防处现有 82 间消防局、40 间救护站、6 间灭火轮消防局、2 间海上救援局和 1 个潜水基地，分别设于各策略性地点，以便在指定的召唤时间内为各区提供紧急服务。

此外香港设置了三处消防训练基地，包括消防及救护学院、辅助医疗训练中心、驾驶训练中心、西九龙救援训练中心。其具体培训对象和功能见表 15-4-1。

表 15-4-1　消防训练基地培训对象和功能

	培训对象	功能
消防及救护学院	消防和救护人员、消防相关人员	1. 为消防和救护两个职系的人员提供 26 周训练课程以及协同训练 2. 为政府其他部门、私营机构、市民和海外同业提供消防和救护相关训练课程
辅助医疗训练中心	各级救护人员	为各级救护人员提供专门的辅助医疗训练
驾驶训练中心	消防车辆驾驶者	1. 提供紧急驾驶训练，目标使消防和救援满足召达时间要求 2. 提供操作高空救援消防车辆的专门训练
西九龙救援训练中心	消防人员	提供持续训练课程，以加强消防人员处理不同类型火警和事故的技能

三、医疗空间分布

在香港，政府只允许 4 所机构提供救护服务：香港消防处、医疗辅助队、医院管理局和圣约翰救护机构，其中香港消防处和圣约翰救护机构提供紧急救护服务。香港一般被分成三大区域：九龙、新界、香港岛，每个区域都有几家公立急症全科医院，而救护车也会把需要紧急救治的患者转运到区域内离事发地最近的公立急症全科医院。在公共灾难事件来临时，消防处会和医院联系，然后委派消防处和圣约翰的救护车将患者以“重者就近，轻者稍远”的原则转运到相应的医院。

1. 院内医疗空间

香港分布着43间公立医院和医疗机构、49间专科门诊及73间普通门诊。主要由医院急诊室接收救护车运送的伤员，提供急救服务。各医院及其门诊按其所属区域，分为七个医院联网。每个联网会为其所涵盖的整个区域范围提供适当的急症及延续护理服务，以确保病人在整个治疗过程中可获连贯的护理，即从急症阶段至疗养及康复阶段，以至出院后的社康护理阶段。

2. 传染病应急医疗空间

香港传染病应急医疗空间主要分为三个层级，第一层是区域层面，由全港公立医院形成的医院联网；第二层是建立了传染病医院——香港感染控制中心，配备先进治疗系统，以及严格的感染控制及隔离措施，用于最先接收和治疗传染病人；第三层是社区层面，建立了社区检测中心、流动采样站等设施，以社区为单元提供自费检测服务。

3. 核事故应急医疗空间

香港在指定的公立医院设立紧急辐射治疗中心，为持续受到辐射污染的病人提供医护服务。

四、飞行搜救空间分布

如遇重大紧急救援行动，香港飞行服务队就会快速响应。遍布全港的150个停机坪（表15-4-2），主要分布在偏远的郊区，可以随时为救援飞机提供起降场地，飞行服务队会在事故发生后在空中24h搜救遇险人员。

表15-4-2 全港停机坪信息概况表[1]

名称	地区	位置
中区	中环	—
湾仔	湾仔	海底隧道香港岛出口侧
歌连臣角惩教所	柴湾	—
东区尤德夫人那打素医院	柴湾	东区尤德夫人那打素医院顶楼
小西湾	柴湾	小西湾运动场侧
警察训练学校	黄竹坑	警察训练学校球场内
南朗山	香港仔	南朗山山顶
赤柱村	赤柱	圣士提反书院运动场内
赤柱炮台	赤柱	赤柱军警足球场
香港海员学校	赤柱	
驻港解放军军营医院	油麻地	驻港解放军军营医院顶楼
……	……	……

五、海上搜救空间分布

香港成立了海上救援协调中心，其作用是统筹可用的搜救资源去进行搜救任务。如搜救事件发生在香港水域内，香港海上救援协调中心便会要求政府飞行服务队、水警和消防处调派资源共同开展搜救行动。

参考文献

[1] 香港特别行政区政府地方署．香港特别行政区政府公共停机坪分布［EB/OL］．［20-21-07-03］https：//www. hk-place. com/view. php？ id=160/.

第五节 香港应急避难空间等级结构体系

香港没有出台应急避难场所的规划，但民政事务总署却对紧急情况下的应急支援服务场所作了规定。主要分为临时庇护中心、临时避寒中心与夜间临时避暑中心，这三类应急支援场所没有等级之分，区别仅仅是所提供的服务不同，所有的应急支援服务场所名称与地址均公布在香港民政事务总署网站上，供公民查阅（图 15-5-1）。

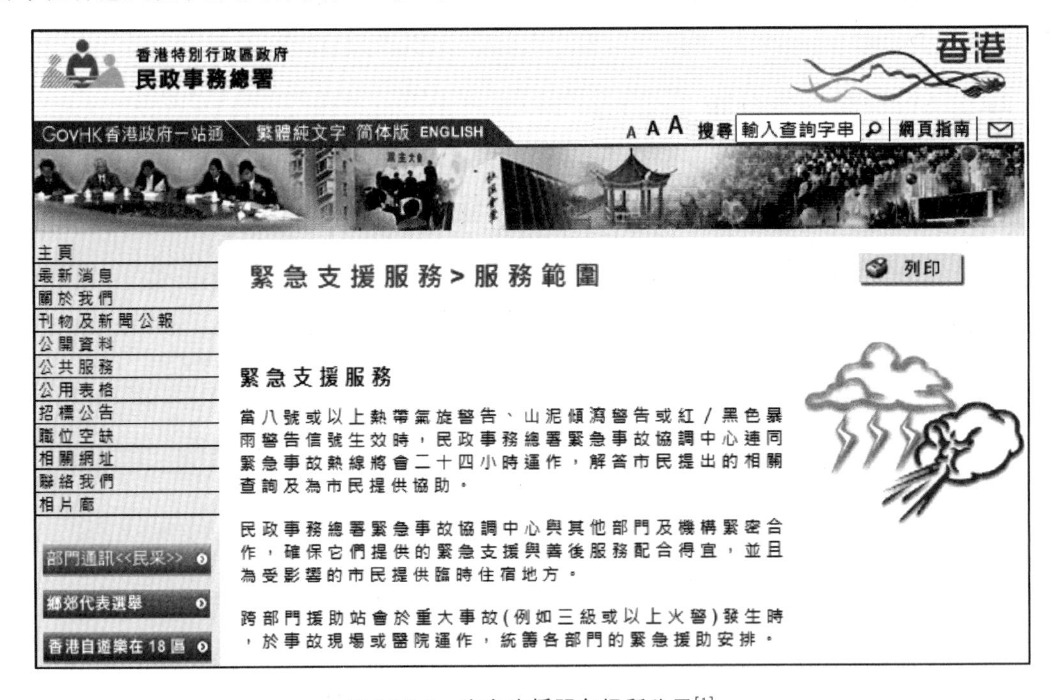

图 15-5-1 应急支援服务场所公示[1]

所有的应急支援服务场所名称与地址均公布在香港民政事务总署网站上，供公民查阅[1]。山洪倾泻警告或红色/黑色暴雨警告或在紧急情况下，民政专家将根据需要开设临时庇护中心，为受灾者和其他被迫撤离的人提供临时庇护。目前已确定的临时庇护中心共 48 个，其位置选择包括：社区中心、社区小学、村公所以及康体中心等社区的公共设施。

临时避寒中心/夜间临时避暑中心：在寒冷的天气或炎热的夜晚，民政事务总署还会开放临时避寒/避暑中心，为那些需要的人搭建了一个避寒处或夏季避暑处，并酌情提供毛毯、床上用品等。目前已确定的临时避寒中心共 18 个，夜间临时避暑中心共 19 个，其位置选择皆为社区中心或社区礼堂。

参考文献

[1] 香港特别行政区政府民政事务总署．香港特别行政区政府紧急支援服务场所［EB/OL］．［2021-06-19］https：//www.had.gov.hk/tc/public_services/emergency_services/emergency.htm.

第六节　香港应急物资救援系统

香港缺少健全的应急物资保障体系，根据收集的资料总结出物资储备、物资筹集、物资运输三个部分。

在物资储备方面，分为政府储备和立法保障两种方式。应急物品由政府物流服务署大批采购及储存于政府物品营运中心，包括应急和必需物品（例如个人保护装备以及其他应急医疗用品），在有需要时由用户部门向物流服务署提取物品。同时通过立法规定储备商品名录（包括米、冷藏家禽、冷藏牛肉等），署长有权批准货仓贮存储备商品。在物资筹集方面，主要有内地供应、当地政府采购和社会捐赠三种方式。内地供应具体包括生鲜农产品、应急医疗物资（包括口罩、防护服、呼吸机、体温计、检测试剂和护目镜等）、日常水电资源等。当地政府采购采用“已编配定期合约”形式（物流服务署负责安排物资的定期合约，并就其编配来监察各政府部门的提货率），为各政府部门供应所需物品，由供应商按要求及在有需要时直接送运物品至用户部门。在物资运输方面，涉及当地政府运输和内地通关运输两种主要方式。政府物流服务署提供后勤支援服务，包括把必需品和应急物品迅速运送给各部门的前线工作人员、为需求的部门提供额外的车辆服务。

第七节　香港应急疏散救援空间建设具体标准

一、应急避难空间建设

香港应急避难空间多选择社区中心或是社区会堂（表 15-7-1），以及极少数的社区康体中心等公用设施。社区会堂提供了举办社区活动的场地，遇有天灾、紧急事故及恶劣天气，社区会堂也可为有需要的人士提供临时栖身之所。

表 15-7-1　社区会堂建设标准

	建设标准	选址因素
社区会堂	标准设计的社区会堂需要的总楼面面积约为 1260m² （32m×39.5m），并应包括可容纳 450 人的多用途礼堂、舞台、舞台储物室、男女化妆间及会客室。如果没有办法提供，则应提供附属管理处、储物室、会议室及洗手间	1. 社区会堂应尽可能纳入综合政府、机构或社区发展规划的一部分，并设置于合用楼宇内；在特殊情况下，可在征得物业的同意后兴建独立的社区会堂； 2. 社区会堂应设于适中位置，方便所服务的人群前往。拟与社区会堂同设一址的其他政府、机构或社区设施，最好是公众经常使用的设施，例如政府办事处、福利设施、诊疗所等

二、综合消防系统建设

消防处下辖的各个消防行动总区，即港岛总区、九龙总区、新界北总区及新界南总区，各由一名消防总长职级的助理处长负责。每个总区再按地区划分为三至六个分区，区内设有四至八间消防局（表 15-7-2）。

表 15-7-2　消防局建设标准

类别	建设标准	服务范围	选址因素
标准区消防局	每区需设置一个区消防局，用以容纳一级火警动员队伍，以及由总区及区编配的消防车辆及资源。面积应不小于 2960m²（临街面最少面阔 47m）	地区	1. 消防局可设于楼宇的底层及较低楼层，之上供其他政府发展项目使用，不过这类消防局须完全与其他用途分隔。 2. 选址应既便于通往主要干路，又易于通往地区干路。此外，还要考虑交通流动模式及交会处的情况
区消防局兼救护站	面积应不小于 3830m²，而其临街面应最少面阔 80m，并在区消防局建筑物后面划定 1635m² 作操场之用	地区	
标准分区消防局	分区消防局容纳一级火警动员队伍，以及地区所需消防车辆及资源。面积应不小于 1800m²（临街面最少面阔 37m）	社区	
标准分区消防局	面积不小于 2670m²，其临街面应最少面阔 70m，并在分区消防局建筑物后面划定 1225m² 作操场之用	地区	
非标准消防局	所需用地没有既定标准	社区	

三、应急医疗系统建设

1. 应急医疗系统建设标准

香港应急医疗系统建设标准见表 15-7-3。

表 15-7-3　应急医疗系统建设标准

类别		用途	建设标准	服务范围	选址因素
院前医疗	救护车及救护站	在紧急事故发生时所提供的服务： 1. 紧急召集服役：协助处理意外或灾难等事故，为伤者提供辅助医疗护理服务。 2. 台风值勤：当八号或更高的风球悬挂后，协助设立急救站，为有需要的市民提供。 3. 急救服务；支援消防处救护车服务。 4. 救护车服务：接到消防处的紧急召唤，为消防处提供支援	救护站单独设置：采用标准分区消防局的设计，不包括操练塔，面积应不少于 1160m²（临街面阔 36 米）。 区消防局兼救护站：面积不应少于 3830m²，其临街面应最少面阔 80m，并在区消防局建筑物后面划定 1635m² 作操场之用。 分区消防局兼救护站：面积不应少于 2670m²，其临街面应最少面阔 70m，并在区消防局建筑物后面划定 1225m² 作操场之用	地区	1. 确保分驻市区/新市镇及乡郊的救护车可分别于 10 分钟及 20 分钟内到达紧急事故现场，而且邻近并便于前往医疗设施以及已知出现大量紧急求助的地方； 2. 应既便于通往主要干路，又易于通往地区干路。此外，还要考虑到交通流动系统及交会处的情况

续表

类别		用途	建设标准	服务范围	选址因素
院内医疗	医院	公立医院划分为7个全科医院联网，为其所涵盖的整个区域范围提供紧急医疗及延续护理服务	长远规划目标：每1000人设5.5张病床； 预留土地：以每张病床预留 $80m^2$ 为标准	整个区域	1. 在预留土地用作公立医院时，需考虑选址点是否交通便利及是否位于所服务地区的始终位置； 2. 医院宜设于地势较高的位置，以享有优美景观及宁静环境，并远离主要道路及工业用途发出的噪声及烟雾
	专科诊疗所/分科诊疗所	与医院一同设置。补充医院的专科服务，以及作为其他专科医疗中心，提供康复照顾等服务	长远规划目标：每兴建一所医院，同时设置一所专科诊疗所/分科诊疗所； 预留土地：应提供大约 $4712m^2$（62m×76m）	整个区域	专科诊疗所应邻近公立医院，以便互相支援
	普通科诊疗所/健康中心	提供基层健康护理服务	长远规划目标：每10万人设一间诊疗所/康复中心； 预留土地：应提供大约 $2220m^2$（37m×60m）的地方	地区	普通科诊疗所应设在所服务地区的适中位置，有公共交通工具直达，而且尽可能与居民经常使用的社区设施为邻

2. 应急医疗系统的公共卫生事件应对

香港对不同类型的公共卫生事件制定有针对性的应对策略。香港对新冠肺炎疫情的应对包含三个应对级别，即戒备、严重及紧急。紧急级别内容主要包括对疫情的监测、调查及控制措施、实验室支援、感染控制措施、医疗服务、防疫注射和药物、港口卫生措施和信息传递。就现有措施来看，与应急医疗相关的内容如下：

（1）成立检疫中心：用于安排确诊患者的密切接触者。

（2）设立分流检测站：医管局在多间公立医院的急症室设立分流检测站，当中包括在医院范围内、合适的室外通风地点，设置指定等候区域，让病症相对稳定的疑似病例在接受冠状病毒测试后，安坐于检测站内等候测试结果。新设置的分流检测站将缩短病人得知测试结果的时间。

（3）加强医院联网间的协调和协作：通过扩大涵盖范围以及改善协调机制，将于港岛东、港岛西、九龙中、九龙西和新界东联网设立以联网为基础的传染病服务网络，加强传染病服务。

（4）完善基层医疗服务：设立社区检测中心、流动采样站，提供自费检测服务。

3. 应急医疗系统的核事故应对

《大亚湾应变计划》说明万一广东核电站及岭澳核电站发生核泄漏事故时，香港必须采取哪些紧急应对措施。在应急医疗方面主要有如下两点：

（1）成立两个紧急应变计划区

① 应急区 1（20km）。大亚湾核电站方圆 20km 范围内采取烟羽防护措施，包括撤离、屏蔽或服用甲状腺封闭剂。

② 应急区 2（80km）。全港实施饮食防护措施，监控核电站周边地区进口、本地生产或供应的粮食、牲畜和饮用水等。

（2）设立相关中心

① 监测中心。由医疗辅助队及其他机构在适合地点（例如入境口岸和撤离登岸点）设立监测中心，提供辐射扫描，并在有需要时进行简单的消除辐射污染程序及给予辅导；

② 紧急辐射治疗中心。在指定的公立医院设立紧急辐射治疗中心，为持续受到辐射污染的病人提供医护服务。

4. 物资保障系统建设

香港缺少健全的应急物资保障体系。此次新冠肺炎疫情暴露出香港应急物资保障的短板：公立医院和私营诊所的医疗装备储备有限，且补给跟不上，后备渠道不足。

目前香港物资保障包括：

生活物资供给：香港是将大米作为储备物资进行管制，储备量充足。此外，内地供应为香港提供保障，具体包括农产品和水电资源等，为提高运输效率，开设通关绿色通道。

应急物资供给：政府物流服务署在政府物料营运中心储备物资，提供一定的应急和必需物品（例如个人保护装备以及其他应急医疗用品），物流署提供物流支援服务包括采购和物料供应、运输和车辆管理。

第八节　香港经验与不足

一、建设经验

1. 应急避难救援空间

香港应急避难空间多选择社区中心，以社区为单位安置避难群众。

2. 应急医疗救援空间

（1）院前医疗分为紧急救护服务和非紧急救护服务，职责明确；

（2）院前医疗由消防处和圣约翰救护机构提供紧急救护服务；

（3）消防救援人员具备急救能力，提供院前医疗服务；

（4）按地区将医院分为七个医院联网，有助于区域间联动和区域内管理；

（5）在医院的建设标准中规定相应的预留土地面积。

3. 应急消防救援空间

（1）消防救援人员具备急救能力，培训先遣急救员提供紧急急救服务；

（2）救护站与消防站并设，由消防处提供救护车，救护车以“重者就近，轻者稍远”的原则转运到相应的医院；

（3）相关消防培训基地培训消防救援人员的消防能力和紧急医疗能力。

4. 应急物资救援空间

（1）部分应急物资由政府物流服务署负责采购，并储存于政府物料营运中心，物料营运中心提供物品运输服务；

（2）政府通过已编配定期合约的方式，使各政府部门按需要直接向供应商订购物品；

（3）立法规定储备商品名录，保证基本生活的食物需求。

二、建设不足

1. 应急避难救援空间

应急避难场所没有等级之分，区别仅仅是所提供的服务不同，且针对的灾种较为单一。

2. 应急医疗救援空间

缺少传染病医院和医疗空间的建设，现有医疗资源已承受巨大压力，面临崩溃的风险。

3. 应急消防救援空间

空中救援主要由香港飞行服务队承担，海上救援主要由香港海上救援协调中心领导、多部门参与，陆上救援主要由消防处承担，三类空间救援任务由不同部门领导，并未进行统一管理。

4. 应急物资救援空间

香港缺少健全的应急物资保障体系，政府应急物资储备有限，较多依靠内地供应。

第十六章　武汉经验

武汉是湖北省省会、副省级市、特大城市、国家中心城市，是中部地区中心城市，全国重要的工业基地、科教基地和综合交通枢纽。2019年12月以来，新冠肺炎疫情在短时间内迅速扩散，引起了国家、国际上的高度重视，疫情的暴发给城市公共服务设施带来了巨大压力，面临医疗资源严重不足的情况，武汉市参照背景收治非典型病原体肺炎（SARS）的经验建设“火神山”“雷神山”医院，作为医疗服务设施的补充，武汉国际会展中心、洪山体育馆和武汉客厅三座公共建筑改建为“方舱医院”，并开始收治非重症新冠病人，取得了很好的隔离和救治效果。截至武汉方舱医院休舱，武汉市共改造14座方舱医院，为全市的防疫救治作出了巨大贡献。

第一节　武汉概况

城市的防疫空间由固定防疫空间与临时防疫空间两大类组成，其中临时防疫空间包含直接防疫空间、间接防疫空间和辅助防疫空间三个子类型。以武汉市防疫空间为例，城市固定防疫空间包括已建成及详细规划中已确定但仍在建或待建的紧急救援中心、定点医疗中心、传染病医院。

武汉城市临时防疫空间包含火神山医院、雷神山医院两所临时传染病医院，由会展场所、体育设施、空置厂房等改建的“方舱医院”，以及由宾馆、培训中心、高校宿舍楼等改造的集中隔离点；其中，前两者为直接防疫空间，用于不同程度患者的集中治疗，后者为间接防疫空间，用于对与确诊病例有过密切接触人群的集中隔离观察。

除此之外，还有大量由社区隔离空间组成的辅助防疫空间，主要包括社区居家隔离空间、出入口管控空间等，这是城市防疫空间体系中数量最多、分布最广的基层防控空间。

第二节　武汉方舱医院建设标准

一、武汉方舱医院的特点

武汉方舱医院具有三种不同的特点：快速建设、大规模、低成本，使得其特别适合应对突发性公共卫生事件。

（1）第一个特点是快速建设。方舱医院可以很快建成，因为它们建在现有的实体基础设施内。武汉首批三家方舱医院在29小时内完成了改造，提供了4000张床位。改造过程中，原本用作其他用途的建筑（如体育场馆或展览中心）被改造成了医院。这个过程涉及一些室内空间的重新设计，以及购买和安装床、医疗设备和用品，以支持护理、监测和生活。

（2）第二个特点是大规模。方舱医院一旦被转换为医院服务功能，会让医疗能力大幅提升。中国在3周内建立的16所方舱医院一共可以提供13000家医院床位。截至2020年3月10日，这16所方舱医院为大约12000名患者提供了护理，有效地支持了政府在应对新冠肺炎疫情时提出的“应收尽收”政策。

（3）第三个特点是建设和运行方舱医院的成本较低。投资成本低是因为将公共场所改造成卫生保健设施可以避免昂贵的新实体基础设施建设。同样，一旦疫情平稳，这些建筑可以恢复到原来的用途，避免对空间的长期低效利用，这在人口密集的城市是一个特别重要的考虑因素。运行成本低则是因为方舱医院需要的医生和护士比传统医院少。医务工作者和患者之间的比例相对较低，原因有二：第一，所有的患者都有相同的初级入院诊断，降低了护理的复杂性；第二，所有的患者都只有轻微到中度的症状。通过对轻中度病例的隔离和治疗，武汉方舱医院减轻了更高级别医院的负担，这些医院可以为新冠肺炎重症患者和其他需要重症或复杂护理的患者提供呼吸支持和重症监护病房。

二、武汉方舱医院的基本功能

武汉方舱医院具备五项基本功能：隔离、分诊、提供基本医疗服务、频繁检测和迅速转诊。

（1）第一个基本功能是隔离。在方舱医院建设之前，武汉成千上万的轻中度新冠肺炎患者被送回家隔离。轻度至中度症状的患者通常比重症患者更活跃，因此与他人的接触也更多，增加了传播的可能性，并将家庭和社区成员置于危险之中。方舱医院对患者的隔离效果优于家庭隔离。

（2）第二个基本功能是分诊。方舱医院为中国的卫生系统增加了一个额外的护理水平，从而为新冠肺炎患者提供了一个战略性的分诊功能。符合入院条件的轻度至中度新冠肺炎患者在方舱医院隔离治疗，而重症至危重新冠肺炎患者在传统医院接受治疗。

（3）第三个基本功能是提供基本医疗服务，包括抗病毒、退热和抗生素治疗；氧气支持和静脉输液；以及心理健康咨询。为了支持医疗服务，在第一家方舱医院启用几天后，武汉的医护人员就可以使用由云平台支持的电子信息系统与更高级别的医院进行连接，进行医疗记录保存、数据传输，以及对医疗质量和结果的监控。

（4）第四个基本功能是频繁监测和迅速转诊。通过简单的转诊，方舱医院纳入到武汉市卫生系统中。方舱医院的医护人员每天通过多次测量呼吸频率、体温、氧饱和度和血压来监测病情的进展。一旦患者出现相应情况，即会被迅速转诊。医护人员还提供了一系列具体的检测，如核酸检测和CT扫描，以确保在特定患者中迅速确认病情是否恶化。

（5）第五个基本功能是提供基本的生活和社会交往。基本生活的功能，包括住宿、食品、卫生等，当然这对患者来说是必要的。此外，社会参与旨在促进患者的康复，并减轻患者诊断和隔离可能导致的焦虑。

三、武汉方舱医院的建设标准

在疫情发展迅速的时期，湖北省住房和城乡建设厅组织编制了《方舱医院设计和改建的有关技术要求》（以下称《技术要求》），用于指导全省各地方舱医院的建设和改造，确保新冠肺炎感染者“早发现、早诊断、早隔离、早治疗”。《技术要求》从被改造建筑、改建内容、建筑平面布局及分区隔离、结构安全、消防设施、给排水、通风、电气及智能管理、现场施工等多个方面提出要求。在此选取改造建筑、建筑平面布局及分区隔离要求进行介绍。

1. 选择被改造建筑的要求

选址方面，要求避让高密度居民区、幼儿园、学校等城市人群密集活动区，确实无法避开的下风向少数附近居民可以考虑暂时搬离，可在医院外围设置显著危险标识或隔离带。既有建筑与周边建筑物之间应有不小于 20m 的绿化隔离间距。当不具备绿化条件时，其隔离间距应不小于 30m。

建筑入口应有停车及回车场地，保证对外交通便捷、内部联系畅通、基本医疗保障设施齐备、无障碍设施齐全，并为临时停车和物资周转留出场地，用地周边有较为完备的消防设施。场地宜有宽敞的室外空间，可搭建帐篷，安装相关医疗设备，用于病患的诊断治疗、检测监护，完善医疗配套设施。建筑内部空间便于迅速改建隔断，可选择会展中心、体育馆、酒店、空置宿舍等公共建筑。

建筑物本身应为单层或多层建筑，耐火等级不应低于二级，防火分区、安全疏散、建筑结构、消防设施和消防车道等均能满足国家标准规范的相关要求。既有建筑物周边的平面布置、层高、结构形式、给排水、供配电等设备能够满足方舱医院的使用要求或具备改造条件。建筑物的结构状况应良好，宜对房屋结构状况进行评估，宜为框架结构或大跨度结构，便于内部拆改。

2. 方舱医院改建内容要求

改造内容包括：室外市政设施、污水处理设施、建筑内部分隔、建筑内部设施设备、对外交通通道、人员物资进出运输通道、相邻环境防护与改善、卫生防疫、生物安全、安全防护等方面。设计和改建应落实国家卫生健康委疾控局《关于印发临时特殊场所卫生防护要求的函》中有关卫生防护要求。

3. 建筑平面布局及分区隔离的要求

（1）建筑平面“三区两通道”的格局，即污染区、半污染区、清洁区；医务人员通道、患者通道，做到医患分离、洁污分离的交通组织、负压通风系统以及平面的隔离防护、医院保障系统的设置等，均应在改造设计中按照国家相关规范落实。

（2）“三区两通道”具体要求如下：污染区包括轻症患者接收诊疗的区域，如病室、处置室、污物间以及患者入院出院处理室。清洁区包括更衣室、配餐室、值班室及库房，半污染区指位于清洁区与污染区之间、有可能被患者血液体液等污染病毒的区域，包括医务人员的办公室、治疗室、护士站、患者用后的物品、医疗器械等处理室、内走廊等。医务人员通道、患者通道完全分开。“污染区、半污染区和清洁区”可以用不同色彩标识区分。

（3）合理设计诊疗卫生流程，清洁区进出污染区出入口处分别设置进入卫生通过室和返回卫生通过室。进入流程为：“一次更衣→二次更衣→缓冲间”以供医护人员穿戴防护装备后，从清洁区进入隔离区。返回流程为：“缓冲间→脱隔离服间→脱防护服间→脱制服间→淋浴间→一次更衣”后，从隔离区返回清洁区，返回卫生通过室应男女分设。

（4）各区域应该设置明显的标识或隔离带，病床区应做好床位分区、男女分区，每区床位不宜大于 42 床，每个分区应有 2 个疏散出口，分区内任一点至分区疏散出口的距离不大于 30m，分区之间应形成消防疏散通道，高大空间内分区间消防疏散通道宽度不宜小于 4m。

分区内通道及疏散通道地面应粘贴地面疏散指示标志。分区隔断材料应选用防火材料，表面耐擦洗，高度不宜小于 1.8m。床位的排列应保持合适的距离，利于医生看护和治疗，平行的两床净距不宜小于 1.2m，并设置床头柜。双排床位（床端）之间的通道净距不宜小于 1.4m，单排床时床与对面墙体间通道净宽不宜小于 1.1m。

（5）改建后各楼层或高大空间内容纳的人数应根据现有疏散楼梯及安全出口的疏散宽度确定，疏散楼梯间或高大空间安全出口净宽度按 100 人不小于 1m 计算。

（6）病患和医护人员厕所须分开设置，病人如厕使用临时厕所，并走另行搭建的专用密闭通道；优先选用泡沫封堵型移动厕所，厕所数量按照男厕每 20 人/蹲位、女厕 10 人/蹲位配置，可依据病人实际需求适当增加，厕所位置应在建筑下风向并尽量远离餐饮区和供水点。临时厕所中的病人粪便等排泄物需要进行投药消毒或集中无害化处理，安排专业投药消毒，每日两次。建筑内外的固定厕所仅供身体健康的医务工作人员使用。所有厕所粪便均需按照传染病医院要求严格管理，严禁直接外排。

（7）无障碍设计：主要出入口及内部医疗通道应有到达各医疗部门的无障碍通道。既有建筑内部通道有高差处宜采用坡道连通，坡度宜符合无障碍通道要求，并确保移动病床及陪护人员同时通过的必要宽度。

（8）配套设置辅助用房：病人入口要设置个人物品的寄存、消毒和安检用房，病人男女更衣室等。转院患者和康复患者的出口要有消毒和打包区域。此外还可在病人留观治疗区域设置紧急抢救治疗室、处置室、备餐间、被服库、开水间、污洗间、生活垃圾暂存间（污洗间、暂存间宜靠外墙，并邻近污物出口）等用房。可在医护工作区设置配液（药）室、药品库房、洁净物品库、备餐间、休息值班室、办公室等用房。

第三节　武汉常规医疗空间在疫情时的转换模式

从武汉市区域卫生规划来看，常规的医疗空间主要包括专业公共卫生机构（疾病预防控制机构、妇幼保健及计划生育服务机构、院前医疗急救机构）、医院和基层医疗卫生机构，在疫情发生时，由疫情防控指挥部在常规的医疗空间中确定定点医疗机构，成为城市固定防疫空间。主要方式包括在现有符合条件的医院中指定，新建、改建符合条件的医院，并指定有条件的医院作为后备医院。

从武汉抗击疫情的经历来看，在常规医疗空间的转换使用上暴露出以下几点问题：

一、疫情时医院、公共卫生、基层等分工协作机制不健全

长期的重医轻防、医防分割、防止分离、卫生应急链碎片化等问题，造成医院、基层医疗卫生设施、专业公共卫生设施之间职责不清、协作机制不健全，导致公共卫生事件响应能力和疫情防控效率不高。同时医院和基层医疗卫生设施之间功能错位、服务供给失衡，武汉市大中型医院资源被用于基础性疾病的诊疗，床位使用率高达 94.2%，而基层医疗服务设施资源利用效率低，床位使用率不足 50%，基层医疗卫生机构作为传染病防控的第一道防线，在疫情中基层首诊、预诊分检作用没有得到有效发挥，加剧了交叉感染和医疗挤兑（表 16-3-1）。

表 16-3-1 医院与基层医疗卫生设施功能定位和服务效率

	医院	基层医疗卫生设施
功能定位	医疗服务体系的主体 承担危急重症、疑难病症诊治骨干作用，承担突发事件紧急医疗救援	居民健康的守门人 承担常见病、多发病的诊疗服务慢性病的康复、护理服务 预防、保健、健康教育等公共卫生服务向医院转诊超过自身服务能力的病人
服务效率	总诊疗人次：5571 万人次 住院人数：270 万人 病床使用率：94.2％	总诊疗人次：2653 万人次 住院人数：21 万人 病床使用率：49.8％

二、存在医疗挤兑现象，常规医疗空间防疫能力不足

武汉市综合医院空间分布不均，用地空间普遍较为局促，全市现状 60％综合医院位于二环以内地区，存在医疗服务盲区；现状建成的综合医院容积率超过 3，远超过国标推荐的 1.0～1.5，综合医院周边没有拓展空间，无法快速搭建应急救治医院、方舱医院。传染病等专科医院建设不足，发热门诊设置和管理不规范，部分基层医疗设施建筑面积未达标，设备和人才配备不足等都成为影响常规医疗空间防疫能力的不利因素，在疫情大规模暴发时期，常规医疗空间出现医疗挤兑现象，无法满足救治需求。

三、急救设施条件有限，救急网络体系有待完善

武汉市急救中心硬件设施未达标，汉阳、东湖开发区等急救分中心尚未启动建设，急救站点数量不足，救护车及救护人员数量不足，尤其是负压救护车更为紧缺，院前院内急救网络、水陆空立体急救网络体系尚未形成，15min 医疗急救圈尚未建立，院前急救与院内救治“断链”，急救服务能力有待加强。

武汉市的疫情防控暴露出的医疗卫生资源配置的短板，使武汉在常规医疗空间建设方面作出了如下规划：

1. 提高应对突发公共卫生事件的院前急救能力

为完善院前急救服务网络，在空间上，武汉市作出如下规划：一是推进急救中心建设。完善市急救中心功能，各中心城区设立区级急救中心，各新城区建立独立运行的指挥型急救中心，按照“平战结合”的原则，对辖区内急救资源实施统一调度。二是科学布局急救网络。建立覆盖市、区、街道（乡镇）的三级院前急救网络，到 2022 年，中心城区急救站点不少于 70 个，新城区急救站点不少于 40 个，积极开展水上、航空医疗救援服务。到 2025 年，城区打造“10 分钟急救圈”，平均服务半径≤5km；农村地区打造“12 分钟急救圈”，平均服务半径 10～20km；打造武汉市航空医学救护“1 小时急救圈”。

2. 建立紧密型疾病预防控制三级网络

为重塑疾病预防控制体系，武汉将建立以市疾控中心为核心，区疾控中心为枢纽，社区卫生服务中心公共卫生科为网底的紧密型疾病预防控制三级网络。

3. 健全重大疫情救治体系

为强化疫情救治的硬件建设，武汉将储备可转换传染病床位约 10000 张，按照 10% 的比例配重症监护病床，储备负压病床 1200 张，负压手术室 100 间，配备外膜肺氧合（ECMO）、负压救护车等医疗设施设备。

为强化重症救治能力建设，将着力推进同济医院建设国家重大公共卫生事件医学中心、协和医院（金银湖院区）建设国家区域重大疫情防控救治基地、同济医院（光谷院区）建设重大突发公共卫生事件疑难危急重症救治中心。

为强化紧急医学救援网络建设，武汉将建设和完善市级院前急救中心，推进各区急救分中心建设，打造中心城区 10 分钟、新城区 12 分钟医疗急救圈。

4. 加强全市基层医疗卫生服务体系建设

以区域基层医疗卫生服务中心建设为基础，建立“平时管用、战时能用”的基层医疗卫生服务应急体系，每个区结合地域及功能重点打造 2～5 个建筑面积在 10000m^2 以上达到社区医院或者二级医院标准的标杆化基层医疗卫生机构，其他社区卫生服务中心（乡镇卫生院）建筑面积不得低于 3000m^2，达到“优质服务基层行”基本标准。规范设置发热门诊或发热诊室，并设立醒目的标识。

第三部分　规划创新路径

第十七章　深圳市应急疏散救援体系规划的创新路径

深圳是广东省辖地级市、广东省副省级市、国家计划单列市、超大城市、国务院批复确定的中国经济特区、全国性经济中心城市、国际化城市、科技创新中心、区域金融中心、商贸物流中心。目前，深圳市综合防灾减灾体系已初步建成，明确提出工作总体部署，并提出全市各区应急避难能力建设一定的近期发展目标，对应急避难场所的体系、建设标准与原则、保障制度都提出了一定的要求。

第一节　应急避难场所系统规划创新

一、应急避难场所体系规划经验

1. 东京经验

日本东京应急避难空间建设组织形式是建立灾时不同层级避难空间系统，按照灾前灾后具体情况运行和管理。避难道路、指定避难场所、地区内停留地区、避难所为市级统一指定，临时集合场所为市区县村长官根据地方情况指定和管理。当地震来临时，构建了以个人行为视角出发的多情景应急避难空间系统运作模式（图 17-1-1）。

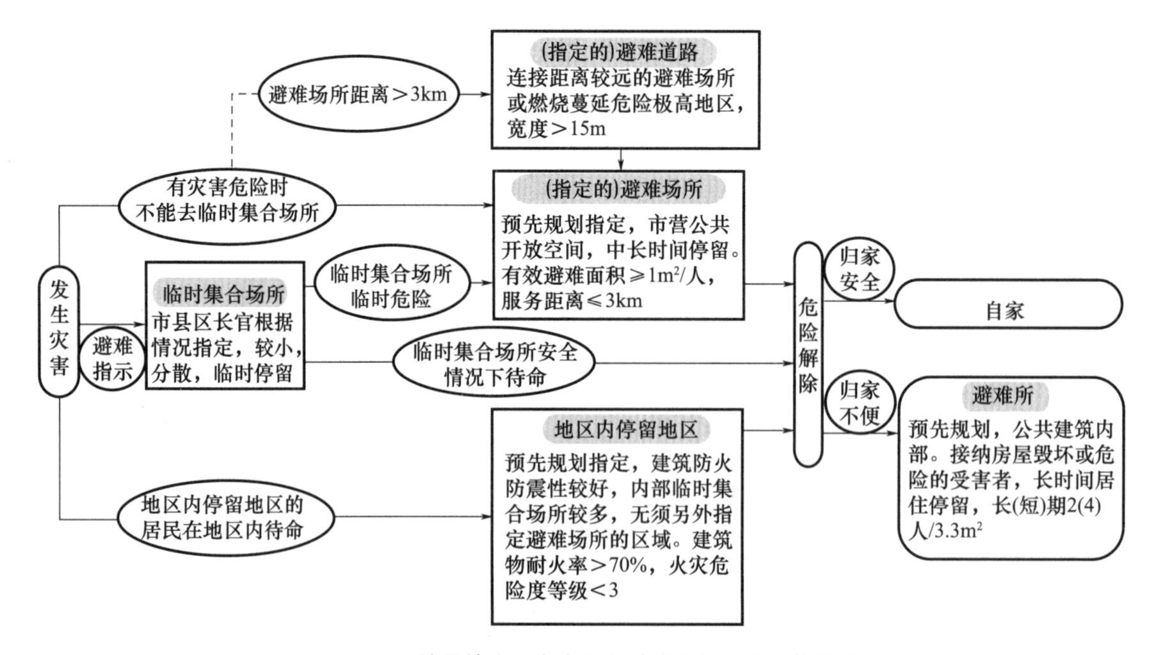

图 17-1-1　地震情境下东京应急避难空间系统运作模式

此外，东京也分不同灾种指定对应避难场所规划，分别建立地图体系进行在线管理与服务。对区域潜在的洪水、地震、大规模火灾等突发灾变情况，分别制定一套紧急避难场所规划，并在线上平台建立指引地图方便民众查阅。

2. 旧金山经验

美国旧金山在应急避难场所管理上提前落实好大灾巨灾时相关单位的责任划分，确定各相关机构部门及其主要的责任范围，同时构建起垂直管理与水平联动交互共存的避难场所管理框架，明确权属与管理界限。相关数据见图 17-1-2、表 17-1-1。

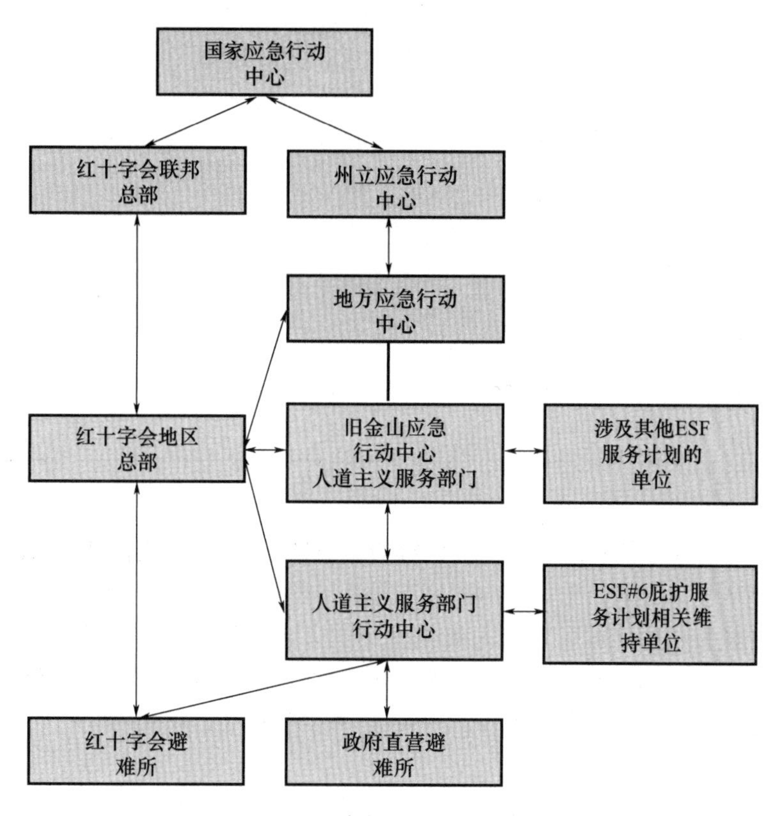

图 17-1-2　旧金山避难场所管理体部门体系框架

表 17-1-1　大灾巨灾情景下旧金山应急避难相关机构部门责任划分

机构部门	责任范围	备注
红十字会	大部分场所开放及运营；基础急救服务；心理健康支持；饮食服务；应急物资提供	多数避难所的管理和运营机构
人道服务部门	整合协调各维持避难场所运行的机构（行动中心 DOC 负责）；部分场所开放及初期运营；协助进行避难场所管理；为弱势群体（老弱病残）提供帮助	ESF＃6 庇护服务计划的协调管理单位
应急管理署	联系与调度（EOC 负责）	与参与其他 ESF 服务计划的单位协调沟通
康养公园管理署	场所提供；协助进行避难场所管理	在 DOC 驻扎有联络代表，方便沟通联系
旧金山联合校区	场所提供；协助进行避难场所管理	
建筑检验署	震后场所结构评估	—

续表

机构部门	责任范围	备注
公共健康署	医疗及行为健康服务；为弱势群体（老弱病残）提供帮助	—
市政交通署	提供用于疏散和运送到疏散场地的交通工具；场地周边交通管制	—
旧金山警署	场地安保及交通管制	—
旧金山治安署	场地安保及交通管制	—
公共事业委员会	饮水提供	—
市长残疾人办公室	为弱势群体（老弱病残）提供帮助	—
其他非政府组织	医疗及行为健康服务；为弱势群体（老弱病残）提供帮助	—

3. 新加坡经验

新加坡在避难空间系统管理方面，社区级应急疏散空间为公共防空壕形式，以地铁站防空壕为主，涵盖学校、社区俱乐部、地下停车场等，由社区相关部门管理。同时创新式地加入了以家庭自管理为主的组屋防空壕避难空间形式，建在每一套组屋内，大小在 $3\sim5m^2$。家庭防空壕配建在厨房或卫生间旁，按标准加强了“三板”（顶板、底板、墙板）的厚度和强度，配备了标准的防护钢门和通风孔，内设电力、网络、收音机等插座。

4. 北京经验

北京作为我国首都，在避难场所管理上始终坚持引领新规范、制定翔实明确的标准体系，以确保城市现状避难场所体系管理的有效性和全面性。充分依据规划标准、设计规范、规划纲要，从场所分类、用地规模、服务班级、人均面积、疏散通道、设施配置等方面进行规范，构建起市、区两级震灾应急指挥技术系统和覆盖全市的灾情速报网。

5. 上海经验

上海作为我国最发达城市之一，总体建设模式上秉持以现有避难场所改建为主、新建为辅，遵循平灾结合管理，充分利用电力等现有设施，实现资源最大化利用与管理。区级实践中创新使用“案头＋实地＋部门”三步确定避难面积，“一票否决＋首选因素＋不利因素”三方面综合筛选场所选址，实现资源合理化利用。

6. 经验总结

综合国内外城市应急避难场所管理制度，概括出 4 条创新基本要求：①制定更加详细的分级分类标准。进一步明确避难空间分级，丰富避难场所类型。日本根据当地具体防灾能力建立灾后不同时间对应的避难空间及各避难空间的衔接、连通方法，同时根据灾种应对能力对避难场所进行分类；纽约为无法自主生活的老、病、残等群体特别增设特需型避难所；旧金山按照场所开放时序可划分应急疏散中心、短期应急避难所以及长期避难所；新加坡将避难空间分级延伸至建筑级。②强化以社区为单元的避难空间建设。推动以社区为单元的避难空间建设，缩短避难场所距离，提升避难效率。日本针对地震、火灾等常见灾害实行区域建筑防御性改造，设立“地区内停留地区”，强化社区本身的整体防灾能力；旧金山全市避应急疏散中心的服务区划以社区为基本单位，利用中小学、社区中心等常见社区空间布置紧急避难场所；上海强调就近避难原则，加强对街头游园、广场和街区内绿地的防灾性能的提升，增加其紧急、临时避难场地的功能。香港应急避难空间多选择社区中心，以社区为单位安置避难群众。③强化避难场所平灾结合水平。推进平灾结合的避难场所建设，加快避难场所平灾转换效率。纽约、旧金山多数学校、体育场馆等场所在建设之初就融入了避难功能；伦敦结合风险评估，与酒店、大型场馆等供应商合作，建立设施的平灾运作机制；新加坡注重公共场所平灾结合的实现，对选定的地铁站、社区俱乐部、学校等场所按照避难场所要求设计，并配置相关应急设施；上海将现有的广场、公共绿地，尤其是街区内的绿地，通过改建完善的方式，提高其防灾性能，增为应急避难场所。④综合利用建筑型与场地型避难场所。进一步推动多灾种应对的建筑型避难场所发展建设，加强室内空间与室外空间的综合利用。日本根据应对灾种及使用目的分别确立建筑型和场地型避难场所；旧金山将室外避难场地选址在与室内避难场所相连有平坦开放空间的地方，各类设施可与室内的配套设施相结合利用。

同时，参考国内外优秀案例经验，总结出 10 项管理创新细化要求，可根据实际情况进行选择性运用（表 17-1-2）

表 17-1-2　国内外应急避难场所管理创新细化要求总结

序号	关键词	说明
1	开放	依据台风等灾害预测提前 72h 开放避难场所
2	就近	疏散距离较长的地区，加强街头游园、广场和街区内绿地的防灾性能，便于市民就近避难
3	沿线	多数避难场所的选址应位于公共交通沿线
4	特需	可以为老、病、残等群体特别增设特需型避难场所
5	无障	避难场所进行无障碍化处理，减轻特需型避难场所的压力
6	时序	按紧急、短期、长期避难作为场所开放时序
7	联系	建立和避难场所候选点（酒店等）管理者或权属者之间的联系，灾时第一时间指派避难场所
8	家用	将避难空间分级分类延伸至建筑级（如家用组屋式）
9	平台	推出相关 App，帮助用户提前制定避灾计划，灾时为用户提供避难场所信息
10	供给	针对城市中心人口密度高的特点，将现有的广场、公共绿地，如街坊内绿地，通过改建完善，增为应急避难场所

二、应急避难场所的规划布局创新

结合前述理论体系的架构要点以及深圳市相关政策文件要求，提出深圳市在未来规划应急避难场所时可进一步完善的规划技术要点。

1. 规划依据与要点

结合国家标准与深圳市地方法律法规，深圳市应急避难场所规划的依据包括：《城市综合防灾规划标准》（GB/T 51327—2018）、《城市社区应急避难场所建设标准》（建标 180—2017）、《城镇应急避难场所通用技术要求》（GB/T 35624—2017）、《地震应急避难场所运行管理指南》（GB/T 33744—2017）、《防灾避难场所设计规范》（GB 51143—2015）、《自然灾避灾点管理规范》（MZ/T052—2014）、《应急期受灾人员集中安置点基本要求》（MZ/T 040—2013）、《地震应急避难场所场址及配套设施》（GB 21734—2008）、《深圳市应急避难场所管理办法》（2019）、《公园应急避难场所建设规范》（SZDB/Z305—2018）、《深圳市室内应急避难场所规划实施方案》（2012）、《深圳市室外应急避难场所规划实施方案》（2012）、《深圳市应急避难场所专项规划（2010—2020）》。

在规划要点上，深圳市应急避难场所规划要点如下：①类型。主要分室外避难场所（紧急、固定和中心避难场所三级）和室内避难场所（一级）。②服务半径。地震型紧急避难场所服务半径≤500m，为步行 5～10min 的距离；地震型固定避难场所服务半径≤2km，为步行 0.5～1h 的距离，其中，中心避难场所应按 50 万～150 万人设置一个的标准配置。气象型避难场所目前没有国家标准，由于此类场所适用的灾害一般有较为完善的预报预警系统（如气象灾害），或者为局部灾害，以灾前避难和政府引导避难为主，服务半径较地震型场所可适当放宽，规划确定≤2km。③场所有效避难面积。地震型紧急避难场所不宜＜0.1hm^2，地震型固定避难场所不宜＜1hm^2，其中，中心避难场所不宜＜10hm^2。气象型避难场所为学校、社区中心、福利设施等室内场所，有效避难面积根据场所实际条件确定。④人均有效避难面积。地震型紧急避难场所不宜＜1m^2/人，地震型固定避难场所不宜＜2m^2/人。气象型避难场所目前国家没有统一标准，规划参考深圳现有核应急临时安置点等室内场所的设置标准，确定为 3～5m^2/人。⑤配套设施。应包含应急供水、供电和厕所等基本设施，应急住宿、应急消防、应急排污、应急垃圾储运、应急医疗救护与卫生防疫、应急物资储备等一般生活配套设施。中心避难场所还应配置应急停车场、应急停机坪和救援部队驻扎营地等综合设施。

2. 应急避难场所规划指标建议

深圳市应急避难场所系统可分为中心、固定和紧急三级，固定避难场所可进一步分为长期和短期两类，按实际需求（如行政区域较大的）中心避难场所可以分出次中心场所。结合国内外经验（表 17-1-3），各级避难场所分别对应不同的行政管理层级，并有重点与区分地响应不同的深圳市常见灾种，体系构想如图 17-1-3 所示，具体技术指标见表17-1-4。

表 17-1-3　国内外城市紧急型避难场所建设要求

	东京	纽约	旧金山	伦敦	新加坡	北京	上海	香港
避难场所类型	临时集合场所	避难所	应急疏散中心	短期避难场所	公共避难所	三类应急避难场所	Ⅲ级应急避难场所	应急避难场所
对应灾种	地震、火灾、海啸、洪涝等灾害	飓风、风暴潮、洪涝灾害等	地震、海啸等灾害	洪水、极端天气等	地震、台风、海啸等灾害	灾害短期避难	地震、洪涝、风暴潮等	热带气旋、泥石流、暴雨、严寒天气、酷热天气以及其他紧急情况

续表

	东京	纽约	旧金山	伦敦	新加坡	北京	上海	香港
面积	—	—	—	不固定，视疏散规模而定	—	≥2000m^2	有效面积0.2～0.4hm^2	—
主要功能	为附近人群提供临时等候避难场所	为没有及时疏散的人群提供紧急避灾场所	为周边社区居民提供临时集合安置地点	72h内为疏散人员提供住所，直到他们能够返回家园或做出中期安排	为附近市民提供紧急情况下避难的公共场所	灾时短期避难	为周边社区居民提供临时集合安置地点	为分散的受害者和其他被迫撤离的人提供临时庇护
平时功能	学校操场、寺庙、公园绿地、社区广场等	教堂、社区中心等	中小学校、休闲中心	学校、康体中心、社区礼堂	地铁站、学校、社区俱乐部等	—	中小学、公园等	社区中心等
灾时功能	临时避灾地点	临时避灾地点	临时安置地点	临时安置地点	临时避难地点	灾时短期避难	临时避灾地点	临时避灾地点
设施类型	公共设施、私人设施	公共设施、私人设施	基本设施、一般设施	公共设施、私人设施	基本设施、一般设施	—	公共设施	公共设施
设施配置	必需的食物和物资等	缺乏卫生设施以及基本的厨房和休息设施	提供基本的避难保护设施，以及基本的医疗急救设施	提供基本的食物，但不太可能提供长期住宿设施	提供洗消设施、水电设施、移动厕所、食物配给等基本设施	基本避难设施及医疗急救设施	具备必备的生活保障设施	提供临时住宿场所，酌情提供毛毯、床上用品等
避灾时长	数小时	数小时	24～48h	72h	24～48h	≤10天	<10天	—
服务半径	分散在城市内部	—	—	不固定	—	500m	0.5km	—
人均避难面积	较小，不做具体要求	约1.11m^2/人	—	—	—	2m^2/人	>1.5m^2/人	—
管理层级	区市町村长官指定	社区、企业	市政府、红十字会	—	国家	—	—	社区

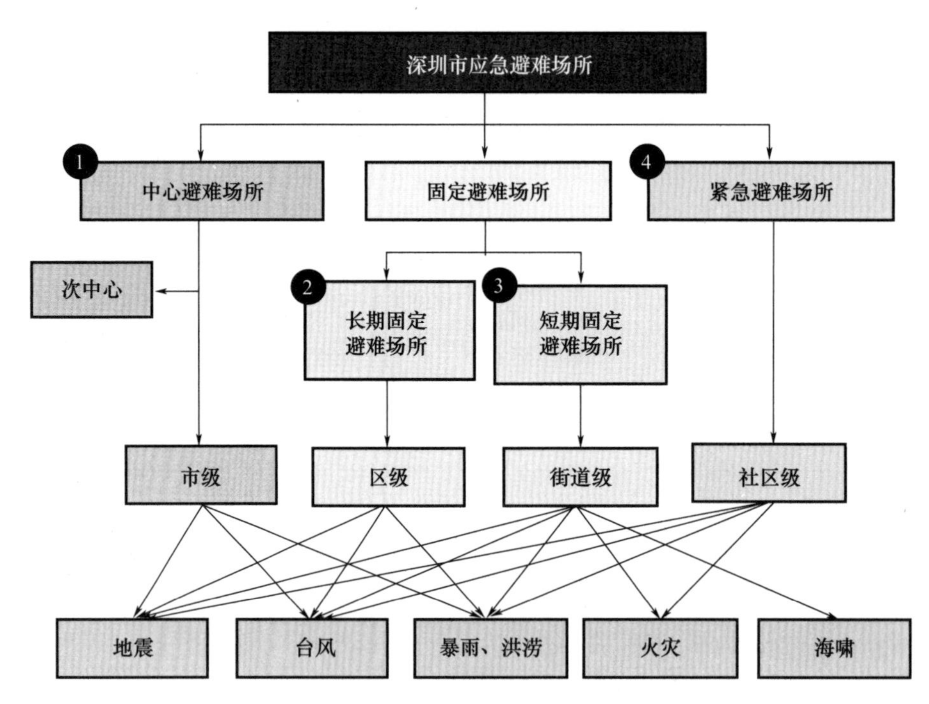

图 17-1-3　深圳市应急避难场所规划体系

表 17-1-4　深圳市应急避难场所规划技术指标

	中心避难场所	长期固定避难场所	短期固定避难场所	紧急避难场所
面积（hm^2）	＞10，一般≥50	5～30	≥0.5	≥0.2
灾种	地震、台风、暴雨洪涝等	地震、台风、暴雨洪涝等	地震、台风、暴雨洪涝、火灾、海啸等	地震、台风、暴雨洪涝、火灾等
性质	长期避难和救灾活动据点	中长期避难场所	中短期避难场所	临时避难场所
主要功能	为各区居民避难、提供救援和组织救灾	为本区居民提供中长期避难	为附近社区居民提供暂时避难	为附近小区居民提供紧急避难
平时功能	防灾改造过的大型城市公园、广场，市/区级大型体育场馆	防灾改造过的城市公园、学校、广场、各区体育场馆、大型人防工程、停车场、大片的绿化带等	防灾改造过的中小学校（操场或体育馆）、小公园、广场、停车场、空地和绿化带	街头公园、绿地、空地、社区中心、小学
灾时功能	设城市救灾指挥机构、通信设施、医疗抢救设施等，可以大规模地接收避难市民的场所	可以容纳较多避难市民，进行集中性救援，用于灾时市民中长期的避难生活	可以进行集中性救援，用于灾时市民临时的避难生活	为附近的居民就近紧急避难

续表

	中心避难场所	长期固定避难场所	短期固定避难场所	紧急避难场所
设施类型	基本设施、一般设施、综合设施	基本设施、一般设施、综合设施	基本设施、一般设施	基本设施、一般设施
设施配置	安排生活供应设施及生活物资储备；救援部队营地、通信指挥设备安放、救灾车辆停放以及各类救灾设施设置	安排生活供应设施及生活物资储备；基本配套设施	安排生活必需品供应设施及生活物资储备	提供食品和饮用水供应，简易医疗设施
避难时长（天）	30～100	<100	<15	1～3
服务半径（km）	10	2～3	1	0.5
人均避难面积（m^2）	≥3	2～3	2～3	2
管理层级	市级	区级	街道级	社区级
说明	前往中心避难场所的人数按服务范围内人口的16%计，并考虑救灾队伍和设施的安置	前往分区避难场所的人数按服务范围内人口的32%计，并安置供给设施	前往街区避难场所的人数按服务范围内人口的70%计，并安置部分供给设施	前往小区避难场所临时避难的人数按服务范围内人口的100%计，并安置供给设施

3. 应急避难场所设施配套建议

结合理论部分研究，对深圳市四级避难场所分别配置不同种类和层级的设施，中心避难场所安排生活供应设施及生活物资储备设施，设置救援部队营地、通信指挥设备安放、救灾车辆停放以及各类救灾设施，可配建应急停机坪、中心级指挥系统；固定避难场所不配建停机坪，长期固定型可设置次中心级指挥系统；紧急避难场所仅提供食品和饮用水，简易基本生活保障设施，不配置医疗救护和卫生防疫设施、物资储备设施和其他综合设施（表17-1-5）。总体上可形成市域、行政区尺度三到四级避难场所，街道、初中学区尺度两级避难场所，社区、小学学区尺度一级紧急避难场所的互动体系（图17-1-4）。

表17-1-5 深圳市应急避难场所各层次设施配置表

	中心避难场所	长期固定避难场所	短期固定避难场所	紧急避难场所
设施配置原则	安排生活供应设施及生活物资储备；救援部队营地、通信指挥设备安放、救灾车辆停放以及各类救灾设施设置	安排生活供应设施及生活物资储备；基本配套设施；次中心级应急指挥管理	安排生活必需品供应设施及生活物资储备；简易基本配套设施	提供食品和饮用水供应，简易基本生活保障设施

续表

	中心避难场所	长期固定避难场所	短期固定避难场所	紧急避难场所
基本配套设施	应急篷宿区设施 医疗救护和卫生防疫站 应急供水设施 应急供电设施 应急通信设施 应急排污设施 应急垃圾储运设施 应急通道 应急厕所 应急标志 集散场地	应急篷宿区设施 医疗救护和卫生防疫设施 应急供水设施 应急供电设施 应急通信设施 应急排污设施 应急垃圾储运设施 应急通道 应急厕所 应急标志 集散场地	应急篷宿区设施 医疗救护和卫生防疫设施 应急供水设施 应急供电设施 应急通信设施 应急排污设施 应急垃圾储运设施 应急通道 应急厕所 应急标志 集散场地	应急篷宿区设施 应急供水设施 应急供电设施 应急通信设施 应急排污设施 应急垃圾储运设施 应急通道 应急厕所 应急标志 集散场地
一般设施	应急消防设施 应急物资储备设施 应急指挥管理设施（中心级）	应急消防设施 应急物资储备设施 应急指挥管理设施（次中心级）	应急消防设施 应急物资储备设施	应急消防设施
综合设施	应急停机坪 应急停车场 应急洗浴设施 应急功能介绍设施	应急停车场 应急洗浴设施 应急功能介绍设施	应急停车场（小型） 应急洗浴设施（简易） 应急功能介绍设施	—

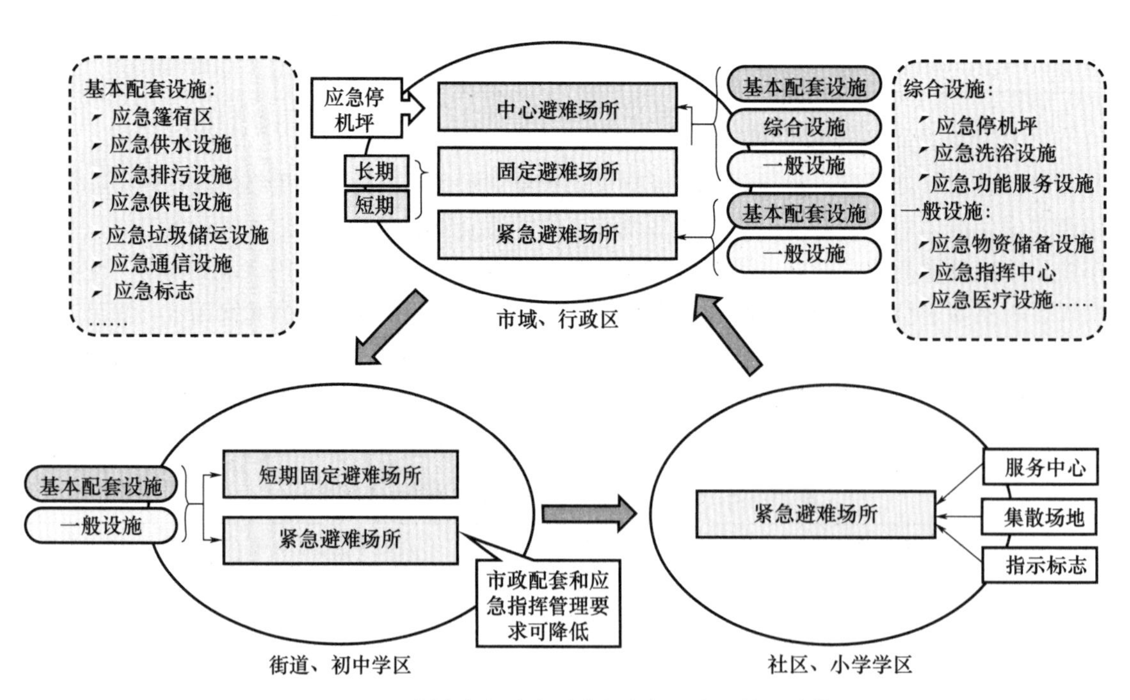

图 17-1-4　深圳市各级应急避难场所与配套设施互动体系

三、应急避难场所体系的制度创新

结合深圳市实际情况，基于制度创新的视角，从体制管理、法律保障、技术手段和文化建设 4 条路径，提出深圳市应急避难场所规划和管理框架（表 17-1-6）[1]。

表 17-1-6　城市应急避难场所制度创新框架

<table>
<tr><th></th><th>类型</th><th>路径</th><th>内容</th></tr>
<tr><td rowspan="4">城市应急避难场所管理的制度创新</td><td rowspan="2">约束性创新</td><td>体制创新</td><td>预防功能机制、准备功能机制、救援功能机制、善后功能机制，管理义务划分</td></tr>
<tr><td>法律创新</td><td>明确责任归属，明确资金预算</td></tr>
<tr><td rowspan="2">引导性创新</td><td>技术创新</td><td>建立数据库并实现信息共享；
疏散路径设计和功能分区；
强化避难场所标识设计</td></tr>
<tr><td>文化创新</td><td>强化应急管理培训；
构建创新应急管理宣教模式；
建设社会应急志愿者队伍；
建立示范性的应急避难场所</td></tr>
</table>

（1）体制创新

应急避难场所体制创新需要结合自身在不同阶段的功能适时地有重点地进行转变和调整，形成弹性和灵活的体制框架。

根据对灾害危机事件的应对，应急避难场所大致具备预防、准备、救援、善后四大功能。预防功能需要应急避难场所做好风险防范机制和区域脆弱性评价，做好重要基础设施的保护；准备功能主要指应急避难场所要做好资源准备，有日常化的培训演练机制，有较为完善的预警机制；救援是应急避难场所最重要功能和核心，需要有条不紊地运营组织管理机制和人力资源（救助、医疗、卫生人员、志愿者）管理机制，这些都需要在地方政府主管部门主导下加强与完善应急反应所需的各项机制；善后功能则主要包括应急避难场所心理救援机制和风险管理反思机制，如成立心理疏导小组、举办心理健康教育培训，关注弱势群体的灾后生活。灾后管理反思机制则客观评价应急管理制度，实施官员问责和风险问责，促进后期应急管理的良性循环。

（2）法律创新

我国应急避难场所主要依托学校、公园绿地、体育场所等资源，但因为这些资源在平时和灾时的功能不一样，导致应急避难场所平时和灾时管理内容模糊，管理责任主体不明确，维护经费来源未知，使应急避难场所后期维护和管理遇到了较大的阻碍。

因此，在法律创新方面，首先建议实行“以政府牵头，以社区或街道为单位”明确应急避难场所的维护和管理义务；其次根据“谁投资谁管理维护”的原则，明确管理责任主体；最后要明确应急避难场所维护资金来源，将这部分经费纳入地方财政预算。通过“义务划分、责任归属、资金预算”三个层面进行创新，同时后期也需要法规、规章、规范性文件，为应急避难场所应急管理提供法治保障。

（3）技术创新

在调研过程中发现，人们通常并不知道自己身边是否有应急避难场所，或应急避难场所标识不清晰，或不知道应急避难场所的最佳疏散路径等。这些都凸显出应急避难场所规划和管理上还存在很多问题。

在技术创新方面，首先，应该建立应急避难场所信息数据库并实现信息共享，将各类应急避难场所的类型、规模、分布、功能和状态，进行信息公开并动态更新，实现应急避难场所的网络化管理，让居民清楚知道周边应急避难场所的信息；其次，采取地理信息空间技术分析，做好应急避难场所功能分区和疏散路径设计；最后，加强应急避难场所标识系统的设计，促进应急避难场所标识的推广应用。

（4）文化创新

国外非常重视应急管理文化建设，注重安全减灾文化素养和应急管理知识教育，而现阶段我国在应急管理文化方面存在应急教育和应急意识缺乏、主动性较差等问题。

因此，建议把应急管理培训纳入政府机关教育培训体系，组织举办不同层级的应急管理专题培训班，采取多种形式应急宣教，推动应急知识进企业、进学校、进社区、进乡村、进家庭；在应急避难场所定期举办应急知识的宣传普及活动，建立创新应急管理宣教模式，加强应急避难场所的信息公开宣传报道，提高公众应急避难意识；发挥社会应急志愿者的作用，通过对志愿者培训、演练，使之熟悉防灾、避难、救灾程序；尝试建立示范应急避难场所，发挥示范带动作用，将文化建设贯穿到整个应急管理工作中。

四、应急避难场所利用的模式创新

结合深圳市实际情况，提出提高设防等级，明确运作模式，空间复合化利用的应急避难场所利用模式创新路径。

（1）提高设防等级

借鉴日本“地区内停留地区”的设置经验，尝试探索深圳市应急避难资源高效化利用模式创新。在应对火灾、地震等灾害时（在深圳以火灾为主要考虑），在部分地区通过不燃化整治措施，进行建筑物的根本性防御改造，提升该区域的整体防灾能力。

① 主要工作。耐火建筑物的建造以及非耐火建筑物拆除，创造开敞空间等。

② 满足条件。地区内建筑耐火率较高，火灾危险等级较低，已有足够多临时集合场所（如学校操场、社区广场、公园、绿地等）。

③ 作用。无须指定避难场所（节省空间资源）；灾时只需指定临时避难集合地点（空间的高效利用、“处处平灾结合”）；容纳避难人口多且灵活，缩短了部分地区的避难距离，降低了避难难度和危险性。

④ 局限。不适用于应对海啸、洪水等需要大规模迁移避难的灾种。

由于深圳的火灾风险以城中村、高层建筑为最高，因此需区分对待。A. 城中村地区（老城地区）：存量建筑成片改造升级困难，因此选用避难场所避难为主的方式，地区内设置防火隔离带，拆除部分非耐火建构筑物。B. 高层建筑区（新城地区）：进行不燃化整治，改进建筑耐火能力。指定临时集合场地，整体可提升作为区域内停留地区，避免受灾群众的长距离避难。

（2）明确运作模式

以深圳市常见的台风、风暴潮灾害情景为例，构建避难空间、避难通道、消防救援、应急医疗、物资储备五大系统联动的灾时应急响应运作体系（图 17-1-5）。

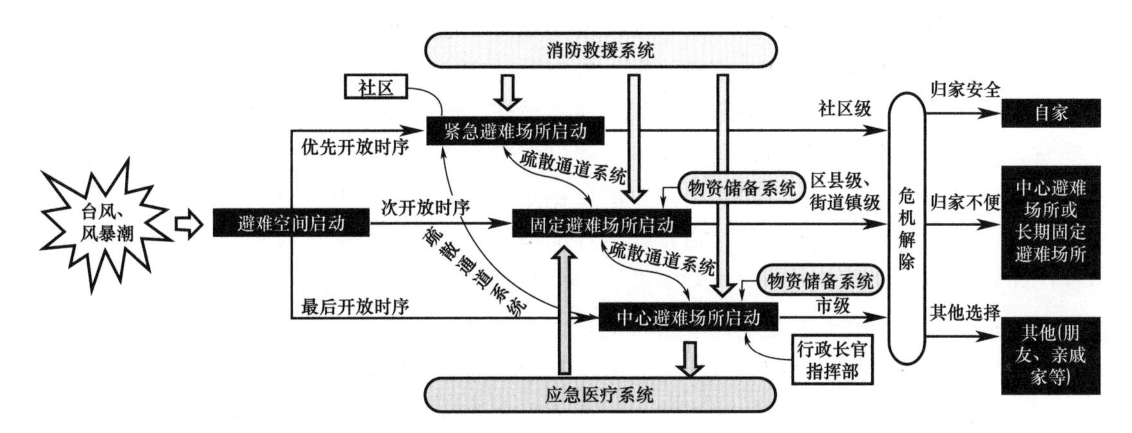

图 17-1-5　深圳市灾时避难空间启动次序及与其他系统间的联动

当大型台风、风暴潮灾害出现时，首先，避难空间系统即时启动，借鉴旧金山避难场所启动时序经验，优先开放社区级层面的紧急避难场所，社区及小区受灾居民可快速疏散到邻近的紧急避难场所，该层级由社区管委会负责管理；其次开放街道级短期固定避难场所和区县级长期固定避难场所，沟通紧急避难场所与中心避难场所垂直体系，分别由街道办事处和区县政府负责统筹管理；最后开放中心避难场所，必要时可入驻指挥部，建立灾时应急指挥中心系统，该层级由市级政府统一指挥管理。

在各系统联动关系上，疏散通道系统串联起四级避难场所系统，延伸至社区，并与外界连接；消防救援系统与各级避难空间系统配套，设置消火栓，且间距不超过 120 米；应急医疗系统与中心避难场所、固定避难场所系统相配套，提供医疗救护和卫生防疫设施设备；物资储备系统配套在中心避难场所和固定避难场所层级，配备板房材料、库存帐篷及工具；药品、饮用水、食品、交通、照明设备、消防器材、一般需要的工具器材及通信设施，物资仓库应靠近输送救援出入口，便于物资输送。

当灾害解除后，归家安全的居民可选择回到自家，归家不便的可暂居中心避难场所或长期固定避难场所，其他可选择暂住朋友、亲戚家等。

（3）空间复合化利用

立体化防灾是避难空间复合利用的一个关键方面。在避难场所系统的规划设计理念上要统筹考虑五项要求：①空中、地面、地下空间相结合的立体化防灾。②城市空间与建筑空间相结合的一体化防灾。③集中和分散相结合的多样化防灾：以地面避难场所为主，集中疏散大部分的避难人员；以空中和地下避难场所为辅，分散小部分的避难人员，采取大集中、小分散的疏散避难理念。④兼顾避难弱势群体的人性化防灾：分散设置在室内或者是楼层中的避难室、避难层，以及地下的避难场所，可以给该群体提供近在咫尺的安全避难空间。⑤应对不同灾害情景的综合化防灾。

在具体规划建设的策略上：①空中避难场所，是指高层建筑室内经过特殊结构设计、满足抗震要求的安全的避难空间。空中避难场所包括建筑室内设置的避难室和集中设置的避难层。在立体避难场所系统中属于紧急避难场所，主要在灾害发生初期，承担短时疏散避难功能，是避难人员从家向地面避难场所和地下避难场所转移的过渡性避难空间。空中避难场所能够满足避难弱势群体在室内紧急避难的需求，满足居住楼层较高的居民临时避难的需求，满足来不及疏散的居民安全避难的需求，满足在夜晚、极端天气和气候条件下的特殊灾害情景中的居民临时在室内避难的需求。②地面避难场所，包括开敞的避难场地，以及经过特殊结构设计，满足抗震要求的安全避难建筑。规划设计中应增加避难建筑的数量和规模，使其达到一定的比例，并可以与公共服务设施、体育设施、教育设施等相结合。避难建筑宜为单层建筑，采用多层避难建筑时，避难住宿功能区应设在地上1～3层。层数为一层的避难建筑的抗震要求和抗震措施应按层数为两层的避难建筑要求设计。避难建筑的抗震设计应符合下列规定：避难建筑应采用设置多道抗震防线的结构体系；建筑形体应规则，抗侧力构件在平面内布置应规则对称，结构刚度和承载力沿竖向应均匀；计算避难建筑结构地震作用时，设计基本地震加速度值、地震加速度时程的最大值和水平地震影响系数最大值，应按国家标准《建筑抗震设计规范》（GB 50011—2010）规定的相关数值乘以避难建筑调整系数后的数值。③地下避难场所，可以解决城市中心区地面安全避难空间严重不足的问题，可以提供避难距离短、可达性高的安全避难空间，可以满足避难弱势群体避难距离尽可能短的避难需求，满足在夜晚、极端天气和气候条件下，特殊灾害情景中的居民紧急避难、救助救援和中期避难生活等需求。

五、应急避难场所选址的流程创新

传统对避难场所进行选址的方法是按照“现状调查→防灾分区划分→用地评估→固定避难场所选址→紧急避难场所选址”的技术流程进行。在用地评估环节中，主要考虑单灾种对场所建设的影响；在避难场所选址过程中，优先进行固定避难场所选址，之后通过增设紧急避难场所确保避难场所紧急疏散的可达性。

创新提出的面向多灾种的避难场所规划选址流程，是按照“现状调查→防灾分区划分→多灾种背景下的选址用地评估→紧急避难场所选址→固定避难场所选址”进行。较之传统的流程，不同点有两个方面：

（1）用地评估中，渗透了综合防灾理念，提出运用多灾种后果分析方法，将现有应对单灾种的避难场所用地适宜性的研究扩展到多灾种综合分析中，确保各类场所能够在不同灾害发生后更加具有安全性；

（2）优先对紧急避难场所选址，之后进行固定避难场所选址，这种流程得出的选址方案具有以下优势：①与居民避难行为一致，可以使规划方案符合居民的避难行为。从低等级到高等级的避难场所的规划流程避免了传统做法中忽视紧急避难场所布局建设的缺陷，确保居民及时疏散以及在灾后长期安全避难。②提高选址效率。在选址流程上，先进行建设条件要求较少、成本较低的紧急避难场所的选址，再对建设要求多的固定避难场所进行选址，减少了多次选址过程中对可利用设施的重复审核；而按照公共设施模型对固定避难场所的选址方法，先选择备选的设施点，从低等级的紧急避难场所入手进行选址，可以形成满足紧急避难可达性要求的固定避难场所备选点位。③减少资金投入。从紧急避难场所入手进行选址，在保证避难场所可达性的同时，减少避难场所服务范围的多重覆盖，可以得到土地使用效率更高的布局方案[2,3]。

六、应急避难场所规划的数据创新

结合深圳实际情况，提出空间尺度的避难场所规划数据需求创新路径。

1. 多空间尺度的避难场所规划数据需求

在避难场所规划布局中，采用的方法一般是基于服务半径来划分场所的服务区域，这种方法一方面忽略了场所容量与需求的匹配性，另一方面也忽略了避难疏散时间的问题，因为即使在同一服务半径覆盖的区域内，各方向的居民达到避难场所的路径和时间都不相同。一般情况下，避难场所通常都是以步行避难为第一交通方式，要求在合理的疏散距离内能够步行到达。而在中长期避难的情况下，即使步行距离不尽合理，也可以通过公共交通将避难人群进行区域转移，所以总体规划中基于常住人口的避难需求方法和基于服务半径的场所布局方法在中心避难场所和中长期固定避难场所的布局上具有一定的可实施性，但不可用于下一个空间尺度的避难场所规划。

由于不同空间尺度层面规划的主要内容与目标各不相同，其过程中面临着多样的数据与方法选择，总体呈现出方法定量化、分析精细化的趋势。表 17-1-7 是我国《城市抗震防灾规划标准》（GB 50413—2007）中规定的应收集的基础资料，此外还规定了在设置避震疏散场所时应进行疏散人口数量及其分布情况估计，宜考虑市民的昼夜活动规律和人口构成的影响；紧急避震疏散场所和固定避震疏散场所的需求面积可按照抗震设防烈度地震影响下的需安置避震疏散人口数量和分布进行估计。可以看出，抗震防灾规划基础数据涵盖了城市环境、建筑情况、危险源和避难场所可用资源等地理空间数据，避难场所设置需重点考虑避难人口的规模与空间分布预测，包括夜间人口分布。

表 17-1-7　抗震防灾规划基础数据资料

1	规划区内人口与环境的发展趋势、经济发展规划
2	规划区内建成区的旧城改造规划
3	规划区内的近期、中期建设规划
4	规划区内的专题建设规划
5	城市的地震地质环境和场地环境方面的基础资料
6	城区建筑、基础设施、生命线系统关键节点和设备的抗震防灾资料
7	城市火灾、水灾、有毒和放射性物质等地震次生灾害源的现状和分布
8	城市公园、广场、绿地、空旷场地、人防工程、地下空间、防灾据点等可能避震疏散场所的分布及其可利用情况

当前的避难场所规划实践多是针对市域或市区尺度的中心避难场所与固定避难场所空间布局，数据类型主要涉及城市规划相关基础数据、交通网络数据、经济人口数据、公共设施数据、灾害多发区域与危险源数据、避难场所资源数据等，定性与定量方法并存。在未来的决策分析中，可以在不同空间尺度下的避难场所规划研究中应用大数据，以实现多元化的数据创新。

2. 市域尺度的避难场所规划数据创新

在市域尺度进行避难场所规划可采用的数据主要有经济人口统计数据、公共设施数据、城市自然灾害基本数据、二次灾害易发区域数据、危险源数据、可用避难场所资源数据等，可以通过灾害风险分析、潜在受灾区域分析、场所空间适宜性评价、服务半径覆盖的方法对避难场所的需求和空间布局进行探讨。

3. 区级尺度的避难场所规划数据创新

在区级尺度层面，可以进一步面向昼夜防灾需求，以短期固定避难场所为主要研究对象，选取如行业从业人口统计数据、交通路网数据、兴趣点（POI）数据、城市居住小区数据（含名称、地址、坐标、楼栋数、户数、物业等属性）与建筑分布数据（含层数、所属区、坐标与户数属性）等估算地块白天与夜间的避难需求规模与分布，可以通过Python语言编程构建疏散模拟模型和空间优化模型考察避难场所的供需状态，提出场所空间优化的规模与目标。

4. 片区尺度的避难场所规划数据创新

在片区尺度层面，可以进一步考虑人口的流动性，如基于人员动态变化视角，以紧急避难场所为研究对象，利用手机信令数据寻求更为准确的城市人口时空分布。可以通过 Python 语言编程构建人员分析模型对信令数据中的驻留人员与流动人员进行属性识别，并以此预测应急避难需求，作为片区内避难场所供需分析与场所空间优化的量化依据如图 17-1-6 所示。

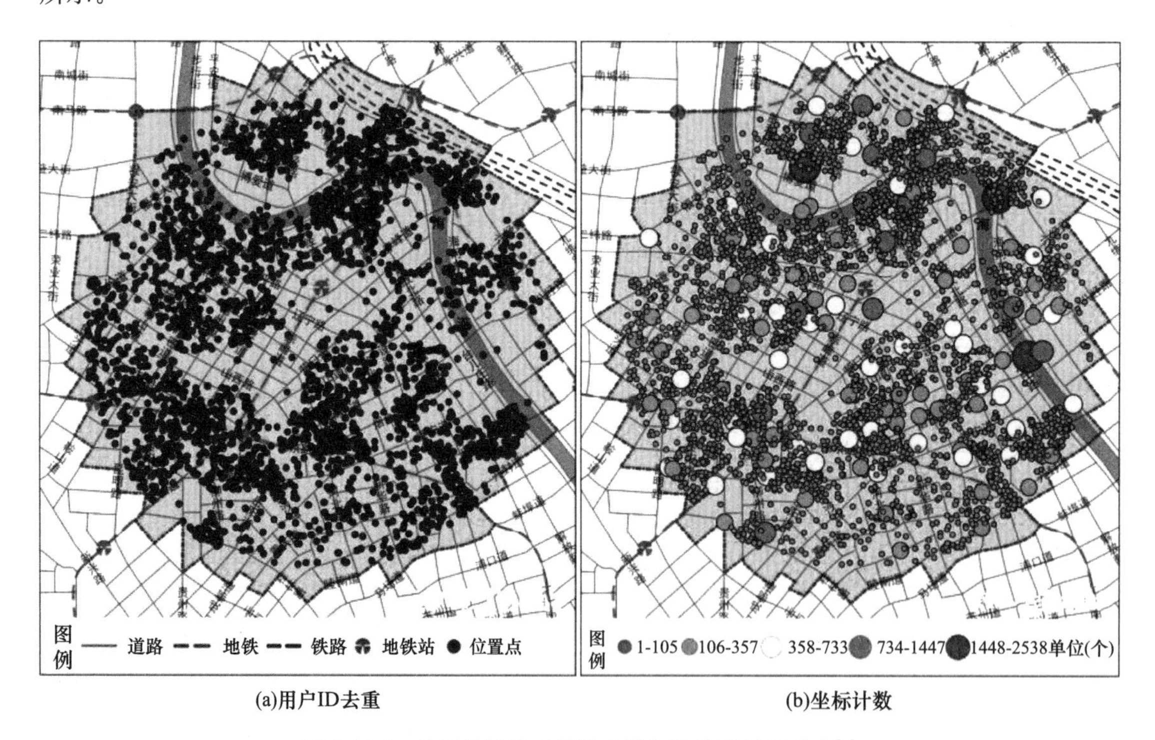

(a)用户ID去重　　(b)坐标计数

图 17-1-6　片区尺度的手机信令数据预处理结果示意[4]

七、应急避难场所评估的技术创新

结合深圳市实际情况，提出深圳市基于无人机测绘技术的避难场所实景建模与效能评估创新方法。

无人机又称无人驾驶航空器，可在较低范围内作业，采集数据，弥补常规光学遥感卫星和普通大飞机测绘易受云层遮挡的不足。同时由于能低空飞行，更加接近目标，可获取更高分辨率、色彩分布更广的影像。

应急避难场所外业数据可以利用无人机倾斜摄影测量技术获取，并结合 RTK（Real-time kinematic）载波相位差分技术进行应急避难场所地面控制点数据采集。之后，可利用 Smart3D Capture 软件进行应急避难场所的实景三维建模。流程主要包括：首先对所采集的影像数据进行预处理，然后开展区域网联合平差与多视影像密集匹配等技术工作，进而生成高精度点云并构建 TIN 网，最终实现三维建模。

应急避难场所效能评估指标体系涉及大量评估参数的获取，已建避难场所的资料可能并不完备，如避难场所设计资料缺失，对于效能评估需要的参数可能难以获取，因此可采用无人机测绘技术获取场所效能评估所需的各种参数。

评估流程可分为三大部分：①应用无人机倾斜测绘技术获取单体应急避难场所评估所需参数信息。这部分根据无人测绘技术特点分为多个子步骤，包括避难场所数据采集准备，首先对避难场所进行外业踏勘，通过外业踏勘了解场所的基本情况，接着设计无人机的飞行路线，此后应用无人机到避难场所开展实地数据采集。其次对采集的应急避难场所多张影像数据进行建模处理，在建模时需要建立实景三维模型、数字地面高程模型以及数字表面模型等多种模型。最后从建立的模型中提取效能评估的核心参数，从而为应急避难场所效能评估提供各种参数信息。②选取评估案例。如城市中的广场、公园等应急避难场所。③应用一定的效能评估模型，开展单体应急避难场所的效能评估。

结合案例数据，应用 GIS 方法提取出效能评估所需的各种参数，如选址适宜性指标、资源可用性指标、有效性指标以及应急功能完整性指标等，通过模型完成效能评估。具体评估流程可参考图 17-1-7 所示案例。

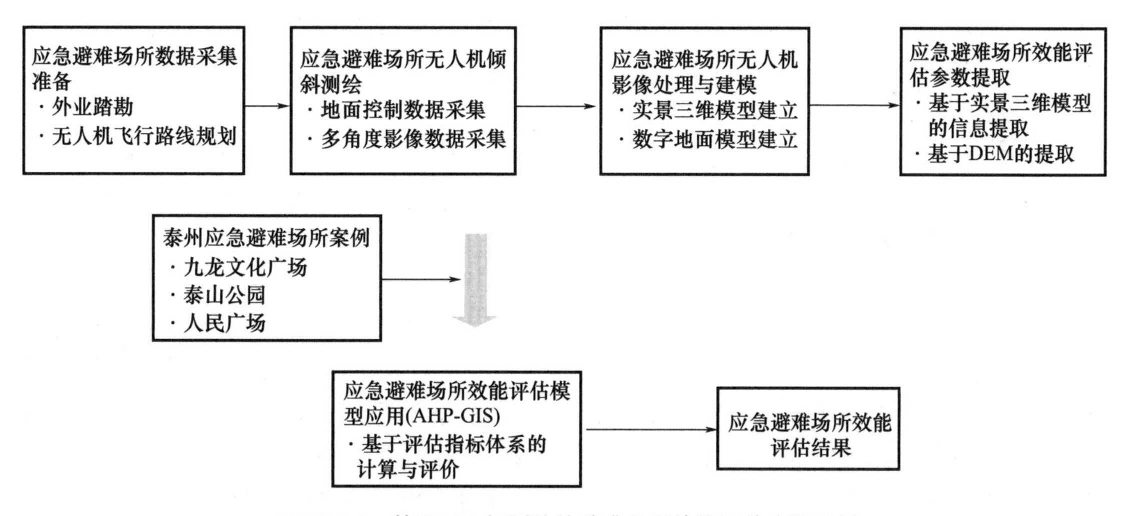

图 17-1-7　基于无人机测绘的避难场所效能评估流程案例

参考文献

［1］唐波．制度创新视角下城市应急避难场所管理探讨［J］．城市管理与科技，2018，20（01）：49-51.

［2］范晨璟．多灾种综合应对的避难场所选址优化方法研究［D］．南京：南京大学，2016.

［3］范晨璟，翟国方，姚凤君，等．公共设施区位理论视角下的避震空间体系规划——以常熟市为例［J］．规划师，2014，30（08）：43-49.

［4］陈伟．基于多源数据的应急避难场所多尺度规划方法研究［D］．南京：南京大学，2019.

第二节　应急疏散通道系统规划创新

一、应急疏散通道系统规划经验

1. 东京经验

日本建立陆、海、空、地下、水上等多途径运输网络，灾害发生时为保障紧急输送网络的实效性，根据具体灾情确定紧急机动车专用路、紧急交通路以及优先进行道路障碍物清理和应急修缮的紧急道路障碍物除去路线，实行道路交通规制，确保应急救援活动顺利进行。

在灾前预防方面，东京建立陆、海、空、地下、水上等多途径运输网络，设立了用于灾时和灾后救援力量、物资和医疗救援运输的紧急输送道路网络，并根据紧急程度按时间层级分类为第一至第三次紧急运输道路，分别联络各重要防、救灾机关。在灾时应对方面，为保障紧急输送网络时效性，根据具体灾情确定紧急机动车专用路、紧急交通路以及优先进行道路障碍物清理和应急修缮的紧急道路障碍物路线，实行道路交通规制，确保应急救援活动顺利进行。同时建立火灾隔离带作为城市防灾道路网络，在灾时防火阻燃，灾后提供避难、物资、医疗运输等功能。根据隔离带规模和防灾能力进行分级，划分出防灾生活圈，成为城市防灾基本单元，可确保单元内交通功能，方便管理。根据当地地形情况建立多途径运输网络，实行灾时紧急交通规制，确保应急救援和运输车辆能够顺利通行。根据紧急程度进行紧急运输道路分级，按恢复能力依次优先保障对策中枢、空港车站、消防医疗机关、物资仓库和避难所的交通连接。

2. 新加坡经验

新加坡面对有限的土地资源、高密度人口的情况，发展一体化的城市交通廊道。通过完善带路路网系统，实现“20min 新镇、45min 城市”的交通规划目标，建设本岛一体化的城市交通廊道，南北贯穿全岛，并包含快速公交道及自行车干线。完善了各类交通方式之间的衔接，对公交站、地铁站等不同公交方式的换乘设计、廊道设计遵循以人为本的原则，考虑居民日常出行的便捷性和紧急情况下的快速转移。充分考虑了道路战备情况下的实用情况，部分高速公路在紧急情况下可以充当飞机跑道。

3. 纽约经验

美国的防救灾交通通常由疏散避难通道（Evacuation Route）和灾害救援通道（Disaster Route）两大部分组成。疏散避难通道指用于将受影响人群从受灾地区转移至安全地区的路线。疏散避难通道主要由疏散道路和大众捷运系统构成。灾害救援通道指用于将应急人员、设备和物资运送到受影响地区以进行救援恢复的路线。灾害救援通道可被分为陆路通道、水路通道和空中通道。纽约利用公共交通系统进行提前疏散，在遇到飓风等灾害时，纽约市政府根据预测会提前48h组织受影响地区居民疏散，大众捷运系统作为疏散的主要运力，每小时能够运送最多74万人，最短可在4h内将纽约市300万人疏散完毕。纽约市设立有专门的疏散道路及救援道路，对疏散及救援道路实行清理救援及交通管制，当飓风来临时，两类道路都将接受严格的交通管制。在基本完成疏散后，纽约市将关闭市内主要的隧道、桥梁、地铁以及码头，确保灾后这些设施能够快速恢复。在灾后，政府部门将按照疏散道路→连接受影响严重区域与医疗、消防机构的道路→对外救援道路→物资保障道路的顺序依次清理恢复，针对主要道路实施交通管制，利用反流车道等方式扩大交通承载力。制定灾时救援道路备选路线，纽约市应急物资输送十分依赖公路运输系统，超过95%的食品运输是依靠道路交通完成的，为了确保公路运输系统在灾时的对外通行能力，纽约州公路管理局制定了一系列绕道路线以供物资运输和救援行动在主要救灾道路遭到破坏时能够稳定运行。

二、应急救援一体化模式创新

结合深圳现状，提出建设空中、地下、水上救援通道联动应急救援体系，从对外疏散层面做到借助链接全球、辐射全国、内外畅达的综合交通运输网络，一小时内尽快到达广州、珠海等地的医疗救护中心；从内部疏散层面考虑城市特征，推进东西向重大交通基础设施建设，打通交通战略通道；完善南北通道功能，提升交通设施承载能力，满足高密度人群疏散需求，从而赋能地上应急救援通道。同时充分利用地下轨道交通和地下快速路的建设来弥补；水上救援通道的建设可依托具有通航条件和港口条件，作为贯穿东西的应急交通补充。最重要的是完成各类灾害发生时不同救援通道的联动响应，这依赖于本土化的应急疏散通道数据库的建立。同时需要考虑受灾严重时面临信息切断特殊情况下的救援开展工作。

三、应急疏散通道的布局创新

（1）层级体系创新

根据应急疏散救援空间体系的构建要求，可从区域—城市—片区—社区等四个层级完善深圳市整体空间的交通布局，见表17-2-1。

表17-2-1 应急疏散通道体系实施路径创新

	区域级	城市级	片区级	社区级
灾时作用	区域级通道在灾难发生后，起到对外疏散和内部救援的骨架作用。尤其对破坏力强、影响范围广的重大灾害，能够有效进行物资救援和向周边地区进行人员疏散	用来联络灾区与非灾区，确保人力、物资救援通畅，连通各防灾分区，并能够到达全市各主要防救灾指挥中心、大型避难据点、医疗救护中心及城市边缘的大型外援集散中心等主要防救据点	作为城市内部运送救灾物资、器材及人员的道路。应该确保消防车、大型救援车辆的通行及救援行动、避难逃生行动的进行，是避难人员通往避难场所的路径	以人员避难疏散为主，供避难人员前往避难场所，还可以作为没有与上两级道路连接的防救据点的辅助性道路，以构成完整的路网

续表

	区域级	城市级	片区级	社区级
不同灾害情景救援疏散	结合深圳目前的交通情况，灾时对外疏散主要利用港澳深公路铁路加快人员对外疏散，在陆路交通面临重大负荷时可采用空中救援方式。 陆路救援需注意对外救援通道的安全性与通达性；空中救援需注意停机坪的选址与布局	在城市发生洪涝、地震、台风等自然灾害时按照应急预案，根据灾害实际情况。及时利用水上救援通道、陆路救灾疏散通道、地下疏散通道以及空中救援的联动进行及时救援	按照技术标准对已有通道进行全面的评估；同时考虑洪涝灾害以及复合灾害的影响，及时补充已有通道的不足。需要人为灾害如火灾等周边人员可达范围内的应急通道规划	考虑到很多灾害发生后会产生大火这样的次生灾害，消防车辆要投入灭火的行动，因此社区级避难通道应兼具消防通道的作用
国际经验	①纽约利用公共交通系统进行提前疏散；在灾后，政府部门将按照疏散道路→连接受影响严重区域与医疗、消防机构的道路→对外救援道路→物资保障道路的次序依次清理恢复，针对主要道路实施交通管制，利用反流车道等方式扩大交通承载力；②东京根据紧急程度进行紧急运输道路分级，按恢复能力依次优先保障对策中枢、空港车站、消防医疗机关、物资仓库和避难所的交通连接。③新加坡充分考虑道路战备情况下的实用情况，部分高速公路在紧急情况下可以充当飞机跑道	①新加坡发展一体化的城市交通廊道，通过完善路网系统，实现"20min新镇、45min城市"的交通规划目标，建设本岛一体化的城市交通廊道，南北贯穿全岛，并包含快速公交道及自行车干线。②东京建立火灾隔离带作为城市防灾道路网络，主要是东京市内各河流水系和城市主要干线路网骨架，在灾时防火阻燃，灾后提供疏散避难、物资、医疗运输等功能	东京根据火灾隔离带规模和防灾能力进行分级，划分出防灾生活圈，成为城市防灾基本单元，可确保单元内交通功能，方便管理	新加坡完善各类交通方式之间的衔接，对公交站、地铁站等不同公交方式的换乘设计、廊道设计遵循以人为本的原则，考虑居民日常出行的便捷性和紧急情况下的快速转移
建设措施	①灾时24～48h内组织民众利用公共交通对外疏散。②针对相对薄弱的交通基础设施（大型铁路枢纽设施等）完善高速公路网络。③扩建、完善机场、港口和深港交通衔接设施，提升区域紧急疏散能力。④制定了绕道路线以供物资运输和救援行动、在主要救灾道路遭到破坏时能够稳定运行的备选路线	救援疏散有效宽度不小于20m，城市的出入口在10个左右。利用市区与外部相连的国道、高速路、城际铁路和市区内20m以上的道路，除应提高道路服务以及与其连通的桥梁防灾级别外，还应预先规划道路一旦严重受损所需的替代性道路，以保证救灾工作的顺利进行	可以利用市区内15m以上的道路，这是根据城市人流车流等因素确定的，其中消防车行4m，人行2m，双面停车7m，机动宽度2m。在规划时应考虑救援道路和疏散道路的区分，疏散道路应考虑远离或避开危险源	宽度宜8m以上，其中消防车行4m，人行2m，机动宽度2m。每一街区应包含两条以上的避难道路，以防止其中一条避难道路受灾阻断而妨碍避难；辅助性路径，一般为8m以下道路，用来联络其他避难空间、据点或连通前三个级别通道

续表

	区域级	城市级	片区级	社区级
系统联动	受灾区与非灾区、受灾区与物资医疗的跨区域应急交通联系	城市的受灾区与防救灾指挥中心、避难场所、医疗物资空间的应急交通联系	以线定面，围绕交通建设避难空间，方便片区内灾区与非灾区的应急交通联系	对外迅速转移人员的应急交通

（2）网络布局创新

① 点对点的应急疏散

如果疏散区域中的疏散对象可近似认为是从道路网络中的一个节点或者某几个节点中进入道路网络，并且要求疏散到一个或者某几个目的地点，则该疏散称为点对点应急疏散[1]。

点对点应急疏散的主要特点是疏散对象的起始位置和目标位置非常明确，因此，在有多个可选目的地时，疏散过程中还需要考虑目的地分配问题，然后进行疏散路径优化，也可以集成考虑目的地分配-疏散路径问题，进行整体优化。

② 点对面的应急疏散

如果疏散区域中的疏散对象可近似认为是从道路网络中的一个节点或者某几个节点中进入道路网络，并且所有疏散者并不要求疏散到指定目的地，而是仅要求疏散到离灾害中心的距离达到安全距离的任一地点，这就使目的地形成了一个以灾害中心为圆心，以安全距离为半径的一个圆面，所以将这类疏散称之为点对面应急疏散。例如，核泄漏事件发生后，有潜在危险的人员首先会被要求远离泄漏地点，达到安全距离方可停止。图 17-2-1 为火灾、爆炸疏散范围的确定思路举例。

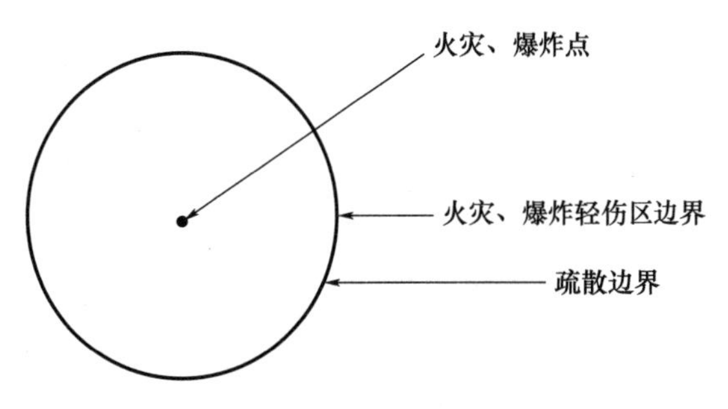

图 17-2-1　疏散范围示意图

③ 面对面的应急疏散

对于较大规模、跨区域的疏散，疏散人员从各个地方出发开始疏散，可近似认为形成了一个以各出发地相连接形成的一个面，同时，所有疏散者也不要求疏散到指定目的地，而是仅要求疏散到离灾害中心达到安全距离的任一地点，这就使得目的地形成了一个以灾害中心为圆心，以安全距离为半径的一个圆面，因此，将这类疏散称之为面对面应急疏散。如洪水发生时，以洪水水位高度决定的需要疏散的区域疏散到以水位高度决定的安全区域就属于面对面的应急疏散。

四、应急疏散通道的技术创新

结合深圳市实际情况，提出构建应急救援通道系统脆弱性模型，利用 ITS 灵活提高灾时道路通行能力和以动态交通视角规划应急疏散路径的创新方法。

1. 构建应急救援通道系统脆弱性模型

当突发事件的发生，往往会导致应急救灾疏散通道路网结构发生改变、路段节点通行状况恶化等情况，导致整个路网的通行能力受影响，从而出现应急救援系统的脆弱性现象。结合应急疏散通道路网脆弱性影响因素和性质的分析，探索路网脆弱性的形成机制，其不仅与交通系统内部本质因素（道路基础设施条件、路网拓扑结构）有关，而且与外部特殊因素有关，完整的交通脆弱性评价应两者兼顾。应急救援通道系统脆弱性指标包括社会脆弱性、经济敏感性、人员脆弱性和物理脆弱性，运用探索性因子分析和主要成分分析法对指标体系进行解析。结合ArcGIS软件绘制区域道路交通突发事件应急系统脆弱性风险分布图。一般而言，深圳这类经济发展水平较高的城市，其道路交通会存在更高的脆弱性风险。因此，城市发展水平重要性的度量因素不仅有经济，同样也应兼顾道路交通系统，应该在发展经济的同时关注道路系统的承载力，保证在灾时的韧性[2]。

2. 利用ITS灵活提高灾时道路通行能力

突发事件应急疏散情况下，为提高疏散道路的通行能力，减小疏散车辆和社会车辆的冲突，可以采用以下措施：充分利用ITS可变信息板和路侧标志发布道路和避难所信息；重要交叉口疏散道路方向采用全绿灯或现场人工指挥，非疏散道路采用让行控制；封闭重要控制点的支路或匝道，选择主要道路的交叉口、高速公路和城市快速路匝道的出入口以及城市重要的枢纽，如公路立交桥、铁路桥涵、城市市区及城市主要救援道路上的涵洞进行控制；救援车辆和疏散车辆分向行驶，减少其冲突；利用视频监控系统实时检测道路交通状况，合理分配疏散车流[3]。

3. 以动态交通视角规划应急疏散路径

应急救援与疏散工作中一个至关重要的问题是应急路径的选择。在灾害发生后，如何在最短的时间内将救援人员和救援物资运输到事发地点，如何在最短的时间内将事件影响区域内需要疏散的人群运输到疏散地点，直接决定了灾害造成的人员伤亡、财产损失的严重程度。应急交通是一个动态的、全局的过程，而以往的相关研究大多未考虑动态的交通信息，未考虑救援车辆、疏散车辆与普通车辆之间的相互影响，可采用最短路径算法、Bellman-Ford算法、Dijkstra算法等动态交通分配模型，采用交通仿真器对车辆行驶行为进行刻画，得以反映救援车辆、疏散车辆与普通车辆之间在行驶过程中的相互影响[4]。

参考文献

[1] 杨鹏飞．突发事件下应急交通疏散研究［D］．长沙：湖南大学，2013.

[2] 王军梅．脆弱性视角下的道路交通突发事件：应急能力测度及风险评价研究［D］．北京：北京理工大学，2014.

[3] 蒋光胜．大城市突发事件交通组织与疏散对策研究［D］．北京：北京工业大学，2006.

[4] 马宏亮．基于动态交通分配的应急救援与疏散系统研究与开发［D］．北京：清华大学，2015.

第三节　应急医疗设施系统规划创新

一、应急医疗设施系统规划经验

在全球城市化背景下，超大型城市（地区）涌现、城市功能高度密集和混合，城市经济发展、人口流动与交通联系紧密等因素，促进城市与城市间的关联性不断加强，使得像北京、香港、深圳、武汉这样的枢纽型城市成为传染性疾病的主要传播节点和防疫重点。为此超前谋划大型应急医疗设施，并预留交通、市政基础设施等配套设施用地，是完善应急防控、防疫抗灾的基础性工作，能够避免突发事件下被动选址带来的忙乱、失误甚至无地可选的尴尬境地，减少事件对城市的负面影响，提高城市应对突发公共卫生事件的防范、抵御与恢复能力，对于维护城市安全和促进可持续发展具有重要意义。

1. 纽约经验

（1）“平灾结合”规划

纽约在桑迪飓风侵袭后发布了纽约适应性规划，该规划针对暴雨、洪涝等不同的极端气候类型，从城市形态与用地布局、道路交通、基础设施、生态环境、建筑设计等方面入手，明确规划目标并制定详细的适应性规划措施，并将其成果纳入国土空间规划编制体系当中，如在总体规划层面，落实安全韧性的城市空间布局、防灾基础设施、泄洪廊道等重要内容。另外，该规划还明确防灾设施的设置除满足其自身功能要求外，还要兼具日常使用功能。城市的防灾圈的安全体系建设要着重加强对平灾结合重要性的认识，不仅各类防灾设施需要做到“平灾结合”，城市的医疗系统、交通系统、市政系统、商业服务系统等各类生活设施也要做到“平灾结合”“平疫结合”，以提升城市整体的平灾转换水平。

（2）“空间留白”规划

纽约中央公园，占地超过 $300hm^2$，覆盖 150 多个街区。在设计初期就考虑为未来城市居民留下大片公共空间，杜绝一切商业开发。中央公园为市民提供休闲放松的场所，同时改善城市生态环境，具有调节局部小气候的功能。

（3）推动院前急救部门与消防部门联动

纽约市的院前急救服务分为 ALS 和 BLS，ALS 由急救站点提供，以全尺寸救护车为基本单元，配备有高级院前急救技术员，提供高级急救服务。BLS 由消防站点提供，以非运输性医疗车辆为单元，服务由接受过医疗训练的消防员提供。二者都由消防部门统一管理，基础急救服务充分利用消防站点的极高的可达性，更快速地提供基本的应急医疗服务。

2. 新加坡经验

（1）分级医疗救治设施规划

新加坡实行分级转诊制度，形成医院、社区医院、社区诊所组成的三级医疗分诊制度。三级卫生医疗服务模式分为：最高级（第三级）医院主要诊治危重症及最为复杂的疑难杂症；第二级社区医院则相对软硬件要求降低，能治疗好一般复杂疾病和常见的多发病即可；而位于基层的第一级社区诊所则要求具有全科特点，能对常见病、多发病具有一定诊疗能力，兼顾部分慢性病的管理和康复治疗服务。“守门人”的含义则有两个特点：第一点是患者的首诊由基层的全科医生负责完成；第二点是这些全科医生需要起到“健康守门人”的作用，能对患者的双向转诊需求做好管理与协调工作。

（2）“空间留白”规划

新加坡“白地”主要分布在商业中心、交通枢纽或新开发地段等区位条件优越、发展潜力巨大的区域。并在规划指标中加入“白色成分”，指用地中可用于混合开发的机动性指标，鼓励混合用途开发，以应对市场需求的不确定性。

新加坡“白地”根据所处地段可分为四类：

新城开发地段。新城开发地段空地较多，受市场价值规律影响大，“白地”一方面为新城开发预留弹性和兼容性，另一方面避免土地过早进入市场。

商业中心地段。此处规划“白地”主要为适应未来新的发展需要预留空间，避免未来有新需求时无地可用，开发成本过高。

交通枢纽地段。主要是为交通设施扩建和配套商业设施建设预留空间。

历史文化保护地段。是新加坡政府实现其对历史地段保护和发展并存的重要手段。

（3）推动院前急救部门与消防部门联动

新加坡根据自身消防人员和医疗人员数量及任务负担，对部分消防人员进行紧急医疗救援培训，并配备医疗摩托车等院前快速急救的医疗设备，辅助医疗人员开展相关的紧急医疗救援，做到人员的充分利用和快速响应。新加坡紧急医学救护服务主要由民防部队医护处紧急救护服务科负责。

3. 东京经验

东京基于完善的初期、二次、三次医疗圈体系，保障着全域的按需分级就诊。其中，初期医疗圈由住家医生、夜间急诊中心等小型诊所组成，服务市町村一级，主要提供便捷的门诊服务，多针对不需要住院的轻度病症进行治疗处理。二次医疗圈主要为中等规模的医院，主要接受需要住院诊治的病人，具体布局和数目视当地需求而定，各城市差距较大，在东京都共有 303 所二次医疗圈医院。三次医疗圈主要为二次医疗圈无法诊治的患者提供高精尖的住院医疗，也被称为救命急救中心，服务范围为都道府县层级，服务人口以 100 万人/所为标准，目前东京都的救命急救中心数量已超过要求 1 倍。二、三次医疗圈中一些具有较高应灾救护条件的医院被指定为灾害基地医院，在灾难发生后作为医疗急救的核心机构；在灾后临时建立应急救护所进行初期处理，与诊疗所等共同构成灾害医疗系统（图 17-3-1）。

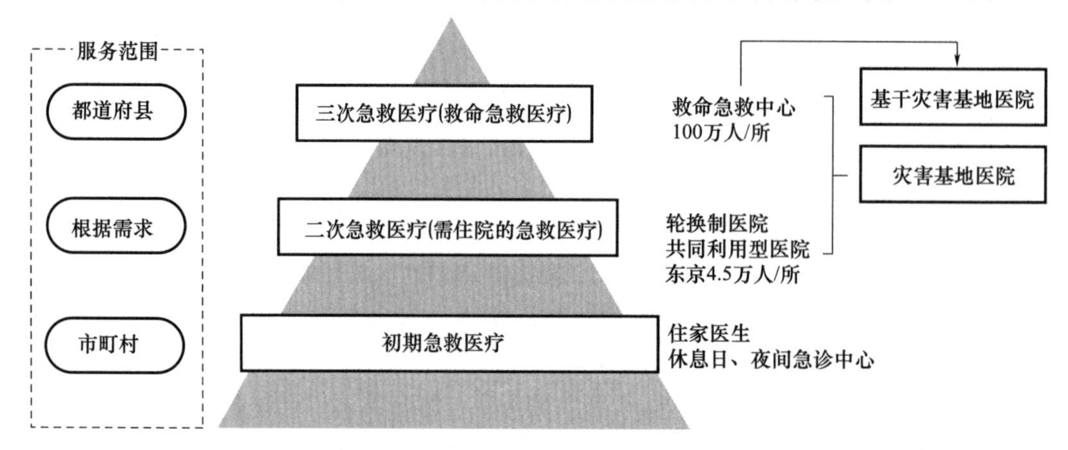

图 17-3-1　东京分级急救医疗

4. 香港经验

香港的混合用地类型是分为综合发展区、商业、居住、商业/住宅、其他指定用途五大类。其中“其他指定用途用地”就是鼓励非工业的混合用途发展，用地经协调后，住宅、教育、康乐、文化及商业可在同一地块及楼宇发展，以配合市场需求。“其他指定用途用地”规划在各类商业、办公室、住宅和其他用途的用地内一些已规划或靠近主要活动枢纽及商业中心边缘地带处。

5. 北京经验

（1）“平灾结合”规划

SARS疫情暴发时期，北京市选择在昌平区原小汤山疗养院的北部建设专门收治SARS病人的临时传染病医院，即小汤山“非典”定点医院，医院非典病房区建筑面积为2.5万m^2，可容纳1000张病床，是当时世界上最大的传染病防治医院。其选址主要是考虑到以下有利条件：一是该用地为规划的小汤山疗养院预留发展用地；二是可以依托小汤山疗养院现有基础设施尽快完成医院建设，同时为医护人员提供良好的办公、生活条件；三是交通便利，周围市政条件较好；四是远离人口稠密的北京市区，不会对周围的居民造成影响；五是有较开阔空地，便于机械化施工，有利于在短期内完成建设任务；六是根据气象资料，建成使用后对环境不会产生不利影响，并且医院的污水经专门工艺的处理后经现有市政管道向东南排入葫芦河，不会影响北京市的水源卫生安全。

2020年5月27日，北京市发布了《关于加强首都公共卫生应急管理体系建设的若干意见》，意见明确指出：要梳理在突发公共卫生事件时，可临时征用为集中医学隔离观察点、方舱医院等的场所，制定储备清单：体育场馆类建筑改方舱、展览工业类建筑改方舱，还有教育类建筑改方舱。要建设“韧性城市”，注重平战转换，新建大型公共建筑要兼顾应急救治和隔离需求，预留转换接口。

（2）“空间留白”规划

2020年4月8日北京市人民政府正式印发《北京市战略留白用地管理办法》（以下简称“办法”）。这是北京市全面深入贯彻落实《北京城市总体规划（2016年—2035年）》（以下简称《总体规划》）取得的一项重要战略措施，将为优化提升首都功能，促进城市集约高效、结构调整、布局优化、韧性提升，实现可持续、高质量发展和高水平治理发挥重要作用。

6. 武汉经验

2020年1月26日，武汉开建大型应急医疗设施的雷神山医院，该医院选址在武汉市江夏区黄家湖，临湖以便于卫生隔离，交通有轨道和黄家湖大道等支撑，新增床位1500张。加上已有医院改建的隔离病房，武汉市治疗床位数达到9000张以上。另外，2020年2月5日开始，武汉市还相继改造建成11个方舱医院，可安置轻症患者的观察床位数达到13000床，对疫情时期病患的救治起到了关键性作用，成为其他城市学习的典范。

7. 广州经验

公开资料显示，广州市着手筹备建设广州版的小汤山医院，拟选址于广州市白云区钟落潭镇，暂时定位为“集中收治确诊患者即隔离治疗抢救一体应急医院”。其选址考虑：一是交通便捷，医院紧邻地铁14号线站场，京港澳高速公路钟落潭出口；二是属于政府储备用地，可以直接利用；三是地块周边居民相对较少；四是地块北面靠山，方便隔离病患。规划用地面积为273200m^2，建筑面积为60363m^2，均为单层平房，可收治1000床呼吸道传染患者，按照与护理员1.5配比，需配备1500名医护人员。救治区容纳500名医护人员，生活区可容纳1000人，全区共容纳2500人。

8. 上海经验

（1）“空间留白”规划

《上海市城市总体规划（2017年—2035年）》中提出建立空间留白机制，要“以机动指标的形式加强重要通道、重大设施空间的预留，并结合市域功能布局调整，划定市区级别的战略性空间储配用地”。在紧邻市域和区级生态环廊布局生态留白空间，在使用前作为生态空间的一部分，既可用于扩展生态廊道，也可结合未来发展需要，布局与生态主导功能相符合的大型游憩设施或公益性项目。

上海市在公共卫生中心设置“备用诊区”，即一片5hm^2的巨大草坪作为预留，草坪下留有管线，可以紧急扩充600个临时床位。

（2）城乡体系网络构建

上海市新一轮区域卫生规划明确提出要构建基层医疗服务网络。这一网络主要由区域医疗中心、区域专科医疗机构、康复医疗机构、社区卫生服务机构组成，由政府承担相应投入和保障职责。其中，区域医疗中心主要是二级甲等或三级乙等综合医院，医学中心的功能将由三级甲等医院为主承担，设置不受区域限制。有别之前各省市的区域卫生规划偏向于对具体医疗卫生机构作出规划，上海区域卫生规划主要规定了各类卫生资源的总量、标准、结构、利用和流向，而把医疗卫生机构设置的具体空间留给了区县。规划明确规定了各区县政府应依据规划制定和实施本区域的区域卫生规划。

目前，上海已经基本建立以三级医院、二级医院和社区卫生服务中心为主体的医疗服务3级网络，以及以市疾病预防控制中心、区疾病预防控制中心和社区卫生服务中心为主体的疾病预防控制3级网络。

9.《城市社区应急避难场所建设标准》(建标180—2017)

城市社区应急避难场所建设应遵循“以人为本、安全可靠、平灾结合、就近避难”的原则，合理确定建设规模，满足发生突发性灾害时的应急救助和保障社区避难人员的基本生存需求。

10.《城市综合防灾规划标准》(GB/T 51327—2018)[1]

《城市综合防灾规划标准》规定：

（1）城市规划应鼓励和引导各类城市公共服务设施、基础设施、场所的多功能使用或兼容。承担防灾功能的上述设施和场所规划建设与管理应满足城市防灾减灾和应急功能需要。

（2）城市综合防灾规划应以“平灾结合、多灾共用、分区互助、联合保障”为原则，统筹协调和综合安排防灾设施，保障城市用地安全，应对防灾设施进行空间整治和有效整合，满足灾害防御和应急救灾的需求。

（3）应急医疗卫生设施规划应满足危重伤员救治、应急医疗救援、外来应急医疗支援保障等功能布局要求，可按应急保障医院、临时应急医疗卫生场所和其他应急医疗卫生设施分类安排，并应确定需进行卫生防疫的重点场所和地区。临时医疗卫生场所宜与避难场所合并设置，其他应急医疗卫生设施、卫生防疫临时场地宜结合避难场所及人员密集区安排。

二、注重“平灾结合”规划要求

平灾结合作为医疗设施规划建设的一种重要理念，应将其系统地贯彻在医疗设施规划设计、建设及运营使用的全过程，具体应包括以下一些内容：

（1）完善顶层设计，量化应急医疗救治需求，合理规划布局

① 合理确定突发事件的类别和级别。梳理区域内可能面临的突发事件的类型，合理细化突发事件的类别，将突发事件定量划分为特别重大、重大、较大和一般四个级别。

② 量化突发事件对医疗救治的需求。根据突发事件的类别、级别，确定其对医疗救治工作的需求。应总结国内外突发事件医疗救治的经验和相关数据，建立科学、合理的数学模型，预测不同类型、级别突发事件对医疗服务的量化需求。应按呼吸道传染病疫情、非呼吸道传染病疫情、核污染、外伤、中毒等工作类别建立需求清单，并确定其对监测、预警、筛查、门（急）诊、医技检查与检验、住院等不同医疗服务阶段的量化需求指标。

③ 合理确定应急医疗救治设施规模，并合理规划布局。根据量化的医疗救治需求指标，合理确定应对各类、各级突发事件所需医疗设施的规模。充分利用现有医疗设施，坚持经济、实用的基本方针，体现平灾结合的总体理念。

（2）优化、完善既有医疗设施的规划、建设方案，实现平灾结合、综合使用

① 适当提高医疗设施安全设防水平（如结构安全、通风系统安全等），提高设施抵御突发风险的能力，保证在突发事件发生后仍能开展医疗救治工作。

② 结合医院承担的应急任务，宜靠近急诊、感染疾病科用房设置一定规模的预留场地，为应急搭建临时设施提供用地，并预留必要的水、电、气、热、污水、污物处理端口。

③ 随着医疗服务模式的转变，医院建筑可研究按病种安排功能布局，实现门诊、检查、住院、治疗一体化布局，缩小建筑单体规模，使其具有更多的灵活性，也可降低院内感染控制的难度。

④ 结合数字技术的采用，合理控制公共空间规模，减少患者等候及人员聚集的时间。

三、注重“空间留白”规划要求

预防型的应急医疗设施建设是长远大计，为此，在国土空间规划体系构建的大背景下，应急医疗设施的建设应以国土空间总体规划为引领，明确多部门共同编制应急医疗设施专项规划的要求，加强规划预控，以战略留白的方式在各区县周边预留大型应急医疗设施备用空间，为城市空间发展留有余地。

（1）合理选取战略留白用地

① 城市边缘区——发展留白，预留发展空间。在城市边缘区，一些区位条件可能发生重大改变、区域优势明显、空间资源充足且近期无明确的发展意向与计划实施的区域，可划定为城市发展弹性区域，为公共服务设施的建设以及重大项目选址留白。

② 城市繁华区——存量留白，增加更多选择。现阶段，存量规划成为国土空间规划的必然选择。随着城市建设规模的扩大，曾在郊区的工业区逐步成为“市区”产业，需要重新定位与升级。但由于其高能耗、高污染等问题，可能难以在短时间内进行复垦整理或确定用途，故可限期腾退，选为战略留白用地。

③ 远离都市区——生态留白，保证城市呼吸。生态留白从空间上为人类开发活动设定前进尺度，为城市发展保护留有余地。首先，要对生态保护区与限制建设区加强管控；其次，在城市规划和建设中应秉承绿色发展理念，保护城市绿地及公园，道路两旁或中间的通风廊道同样应纳入生态留白范围。

④ 文化特色区——文化留白，促进文化延续性。文化留白的对象既可以是代表记忆的遗址，也可以是乡土聚落或是原住民的文化载体，城市的文化记忆具有不可替代的价值，应当有充足的时间沉淀为城市的特色文化。文化留白就是通过一系列规划控制措施，保存并延续一座城市在发展进化过程中积累下来的文化遗迹。所留白的对象可以是旅游名片、全国重点文物，也可以是具有“乡村文化记忆”特色的村落等。

(2) 完善战略留白用地管控方式

① 要推动地块入库落位，建立管控法律。将战略留白用地纳入国土空间规划“一张图”，准确落位；建立战略留白用地资源库，待规划审批后，由市政府统筹管控，对战略留白用地台账进行统一监管。通过国土空间规划立法，明确战略留白用地的管制依据、程序、实施等内容，依据上位法律，适时开展与战略留白用地管理事权冲突的法律法规“立改废”机制，确定战略留白用地的法律地位。

② 要锁定面积总量，严格现状管控。建立战略留白用地刚性约束、弹性管理的管控机制。规划期内，对战略留白用地规模严格管控，可通过对外围地区的低效、分散建设用地进行减量化和梳理，置换为战略留白用地，确定面积总量，从源头上确保战略留白用地总量；加强遥感卫星检测和土地巡查，定期对管控情况、实地留白率等进行评估，实现精准管理。

③ 要控制留白指标，引导合理使用。留白指标与战略留白用地最大的区别在于其位置的不确定，增加了管控难度。首先，地方政府严格控制留白指标规模比例，因地制宜、有计划地划拨留白指标，从源头上抑制指标滥用；其次，建立土地质量档案和等级评价制度，细致了解指标利用状况，提升留白指标效率与效益。

④ 加强申请分层审批，实现动态跟踪。现行规划修改审批周期长，且存在职责越界、滥用、推诿等现象，建议根据申请的内容，结合各级政府管理事权，分层审批。一旦批准使用，政府应设定规划目标，借助“一张图”信息平台，利用“3S 技术（遥感技术、地理信息系统和全球定位系统）”对用地状况实施动态跟踪，并将所获取的动态信息与规划目标、实施步骤进行实时严格比对，及时反馈偏差，以迅速对规划进行纠偏或制止。

(3) 促进避难空间与医疗空间的复合化利用

虽然我国医疗设施的床位数在 2005 年之后有了较快的增长，但从医疗卫生支出在国内生产总值（GDP）中的占比，每万人拥有的医生人数、护士人数、病床数等衡量社会医疗水平的指标来看，与发达国家相比还存在一定的差距，需要通过规划与建设至少在医疗设施层面上尽快缩小这一差距。

借鉴武汉“方舱”医院案例，今后规划可按照“常非结合”的原则，利用医疗机构用地之内或附近公园等公共设施用地中的地面停车场等，在其地下预先敷设各种管线和基础设施，突发公共卫生事件时可迅速建设成临时病房，以替代“小汤山模式”。

四、注重分级医疗救治设施规划

依据《国务院办公厅关于推进分级诊疗制度建设的指导意见》（国办发〔2015〕70 号）和相关学者最新研究，“特大城市”应合理划分医疗设施等级，明确常态下和危急时市级、区级、社区级和小区卫生室分级诊疗和紧急就诊的任务、职责和分工，做到平常就诊便利、有效，危急时有序、高效。各级医疗设施的用地和建筑规模既要与服务人口相吻合，保障常态下发挥其分级诊疗的职责分工，也要研究应对不同类别和不同等级公共卫生事件下各级医疗救治设施所必备的弹性救治容量、用地规模和建筑规模。

疫情暴发后，深圳市卫健委公布了49家发热门诊地址，市民若出现发烧或其他病毒感染症状可以就近就医。发热门诊的分布也与城市人口密度基本对应，有助于提高医疗服务效率与便利度（图9-3-4）。但从空间分布来看，部分发热门诊聚集明显。通过对发热门诊的核密度（密集度）分析，宝安中心、福田—罗湖中心地区发热门诊集聚度较高。这也可能说明，深圳达到某一水准的医疗卫生设施分布不够均衡，为此，深圳市急需完善分级医疗救治设施规划。

结合国内外经验不难看出，城市规划从业者在灾害等特殊背景下需要重点解决医疗资源（尤其是医疗服务设施）的空间分配问题。恰逢新一轮空间规划编制在即，深圳需要从新冠肺炎疫情防控短板中吸取教训，研究医疗设施分级服务体系与城市空间结构层级相耦合的模式，建立内容和形式相统一的、适应分级诊疗需要的医疗设施布局体系。

在进行应急医疗设施布局时，深圳市需要考虑到医疗资源与人群需求的匹配度、与空间资源的匹配度，即医疗设施等级、数量、规模、布局既要与城市布局进行耦合，也要与其服务范围和人口规模相适应。因此，在规划时要重点做到：第一，根据城市发展规模，研究提高医疗设施的配置指标，预测医疗设施所需规模，并且要预留空间；第二，根据用地布局、人口分布、服务范围，响应分级诊疗要求，该增加的要增加，该扩充的要扩充，落实各级各类医疗设施选址、用地和规划建设指标；第三，全面梳理、检视控制性详细规划，补齐短板，细化落实医疗服务设施用地、建设要求，特别是要保障区级和社区级基层医疗设施的用地和建设需求，验证并完善规划建设指标，在规划管理实施中进行刚性控制。

五、注重”城乡体系网络构建”

在空间上，深圳这类特大型中心城市不仅要考虑城市本身，还要充分关注城市发展所处的区域及周边城市的相互影响。因此，首先要加强区域的城乡体系网络构建，包括城市网络结构、职能空间的联系配合等；其次是圈层组织，尤其关注（一日）通勤圈、（中心城区）核心圈和社区生活圈。

六、注重推动院前急救部门与消防的联动建设

推进医疗部门和消防部门信息联动，考虑将院前急救站点与消防站点就近布置或共同布置，同时拓宽消防站点的基础医疗急救功能，培养消防员的应急医疗基础处理能力，促进应急医疗与消防救援的协同响应，提升综合救援效率。

参考文献

[1] 国家市场监督管理总局，中华人民共和国住房和城乡建设部．城市综合防灾规划标准：GB/T 51327—2018 [S]．北京：中国建筑工业出版社，2018：6，16，25.

第四节　应急物资保障系统规划创新

一、应急物资保障系统规划经验

对于城市建成区密度高、人口分布集中的城区特征，市级及各区级应急救灾物资储备设

施服务范围和响应时间均有折损，要充分发挥城市社区治理效能，构建社区级应灾物资储备点，结合居民家庭储备，提升社区防灾减灾能力。宜在目前市—区—街道三级储备设施基础上，增设社区级物资储备库，并要求市级根据同时应对处置2个区域发生较大突发事件所需，储备符合区域突发事件特点的应急物资。区级根据应对处置2个区域发生一般突发事件所需物资进行储备。同时鼓励、引导企事业单位、社会组织和家庭、人员密集场所储备必要的应急物资，推广应急物资集装单元化，促进社会储备成为应急物资储备体系的重要组成。总体而言，需要发挥城市社区治理效能，增强社区—家庭两级应灾物资保障能力。

1. 伦敦经验

英国政府非常重视家庭紧急物资储备的作用，为了指导居民自救，政府开展了物资储备科普工作，列出了物资清单供居民参考，指导居民进行家庭必需储备，使居民能够在灾害来临时第一时间进行自救，增强了家庭的应变能力和准备能力。

2. 东京经验

东京的市级应急储备仓库分为市独立运作仓库和与企业合营仓库两种类型，并积极与应灾所需物资的相关企业、交通运输事业人员签订供给契约，确保灾后社会力量促进应急物资快速周转供给。在灾后市级管理中心承担与社会储备物资对接调遣的责任，接受灾区的报告申请，与协定事业人士合作进行物资筹措后提供援助。

3. 纽约经验

纽约市广泛的利用超市、学校等地点进行应急食物储备。这些食物储备能够在48h内发往纽约市内800多个食品分发处和应急食品供应网点。在邻近的新泽西州韦恩市建立了大型食物储存仓库。仓库面积与足球场面积相当，距离曼哈顿约20英里（32km），可提供600万人份的食物。同时推进应急食品分发点的选址建设，同步建设应急食品分发网络地图，确保紧急情况下食物的储存与分发能够正常进行。

4. 香港经验

香港缺少健全的应急物资保障体系，政府应急物资储备有限，较多依靠内陆供应。在政府采买方面，政府通过和供应商签订定期合约的方式，使各政府部门按需要直接向供应商订购物品。深圳政府可通过“已编配定期合约”的方式，确定供应商名册，建立应急物资供应商网络，提高物资采买的效率。

5. 上海经验

（1）多级物资储备格局

上海市建立了市级重要商品储备、专业储备和区单元储备的三级储备格局，多数采取政府委托企业承储的方式。市级重要商品储备涉及粮食、农资、生活必需品以及抗灾救灾商品等四大类物资。专业储备是根据突发事件处置的特点和要求，各相关行业、领域的专业应急物资储备，主要涉及防汛防台救护类物资以及帐篷、折叠床、棉被、棉大衣等救灾物资。区级单元储备是根据各自区域特点，参照市级重要商品储备和专业储备办法，重点落实与本区域应急处置需要相符的应急物资储备。

（2）新技术支撑应急物资保障创新

2017年5月，上海首个省级现代化救灾物资储备库6日揭牌启用，该储备库运用RFID射频、二维码辨识，以及自动控制系统总线等先进技术，标志着上海初步实现了救灾物资的储备实体化、管理信息化和调拨战备化。库房上方安装有红绿指引灯，能够智能引导叉车司机将货物放置到正确库位，司机只需要检查显示屏上是否提示“正确”即可。为了发挥智能化信息管理的优势，达到“柔性”存储的标准，进出储备库的物资都进行了数据绑定，物联网与工业 4.0 模式的结合，极大简化了物资存储与出库的程序，保证了物资使用的准确、安全。

二、基于社区治理能效的社区—家庭储备模式

深圳市具有极为凸显的“小地盘、高密度”特征。目前，深圳市三级（较大灾害）应急响应启动标准为紧急转移安置人口在 3 万人以上，5 万人以下；市级救灾物资库总建筑面积约 3000m^2，刚好符合最低建设标准。然而，相比同类先进城市，深圳市物资储备设施建设存在储备库规模小、仓储面积小、建设标准低、辐射能力弱等问题。市级及各区级应急救灾物资实物储备不足，加之深圳城市建成区密度高、人口分布集中、交通压力大，如果仅凭目前的各区应急救灾物资中心仓库保障，在重大灾害后将很难保证 72h 内应灾物资分发到每一位受灾群众手中。故借鉴东京、纽约、伦敦和北京等先进城市的应灾物资保障体系特征及其建设经验，提出以下深圳市的物资保障创新要点：

（1）建立社区级基本物资储备点

各社区和街道需要依托社区治理，建立起社区级基本生存物资储备点，以食品、生活必需品和部分重要急救药品为主，要求至少满足本社区或街道下辖各社区的所有居民 3 日内的食品和生活必需品储备，且物资储备应考虑季节差异和居民性别、年龄差异的特殊需求，考虑到不同灾害需求的特点，定期滚动更新库存。

（2）发挥基层居民家庭储备能力

街道和社区需要组织社区居民共同行动，发挥基层居民家庭储备能力。提高家庭应急物资储备和家居安全工具使用意识，如家庭防灾应急包、个人应急防护用品、生活必需品等，做到以民众、家庭储备为主，并逐步内化为履行社会责任的自觉行为，提升基层应急防灾能力，缓解应急物资储备调配压力。并鼓励和引导商业保险机构，积极推出家庭安全责任保险产品，逐步形成完整有效的家庭风险转移机制。

（3）结合社区避难场所储备物资

社区级储备点可结合社区避难场所进行设置，在充分利用公园、学校、各类公共设施场馆等空间的基础上，发挥基本生存物资储备作用，使得基本生存物资应急供应就近邻接、快速灵活，在灾后迅速反应、及时保障，形成社区应灾物资保障能力，并通过配备应急发电、应急通信和应急医疗设施就近依靠社区基本生存物资储备场所建立社区防灾据点。

三、基于不同主体参与的多元物资储备模式

目前，应急物资储备的参与和供应主体主要是应急物资储备库和与政府有协议的应急储备企业，因政府建设物资储备库进行实物储备着实有限，不能保证灾害等突发事件发生时的完全供应，宜采用政府储备与社会储备相结合，实物储备与生产能力、采购资金储备相结合的模式，通过法治机制和契约方式，让正常存在于生产和流通领域的物资装备，在关键时刻可以有效转化为应急保障物资，最大限度地发挥社会生产力的灾时应急辅助功能。在此过程中，必须科学确定各类应急物资政府实物储备、企业（商业）储备、产能储备和社会化储备的比例及数量。

针对深圳市及各区应急救灾物资储备仓库规模过小、实物储备不足的现状，应当加强社会储备，考虑政府与一些具有充足生产能力或者储备生产能力的企业签订协议，由企业代为存储或在突发事件发生后迅速优先生产应急物资，来发挥社会生产力的灾时应急能力。故借鉴东京、纽约和香港等先进城市的应灾物资储备模式及其建设经验，提出以下深圳市的物资保障创新要点：

（1）政府实物储备和社会产能储备双向结合

构建政府实物储备和社会产能储备双向结合机制，培育一批具有救灾抢险物资生产能力的企业建立应急物资供应商网络，筑牢有效应对突发灾害的物资生产和储备保障，综合运用政府储备、商业储备、企业储备和生产能力储备等多种方式，全面做好应急物资的补充储备工作。

（2）发挥生产企业、商业团体等社会主体作用

深圳应健全、完善多主体参与机制，巩固应急物资生产供应基础。政府应当考虑与重点生活必需品重点生产企业达成契约，灾时协助政府进行紧急物资生产和调配，为生命物资供给提供保障；同时，也需要与物流中心和销售企业签订协议，使其在重大灾害突发后首先向政府出售食品和生活必需品，禁止对外贩卖或随意哄抬物价，保障灾后应急救援物资、生活必需品和应急处置装备的生产、供给；最后，需要尽可能利用现有大型物流或物资储备仓库，与企业协商达成“平灾结合”的运作模式，使其始终预留有应对灾害突发的紧急库存供给，作为城市防灾物资储备体系的一部分。

四、基于新技术支撑的应急物资保障创新

应急物资保障需要信息技术的有效支撑，城市应急疏散救援中需要充分掌握物资的需求数量、灾害的程度、人员的伤亡情况等，只有通过完善的信息平台才能使应急管理机构更好地了解灾区的需求，从而对物资的数量和种类进行预测、对物资的位置实现实时监控、通过信息系统选取最优运输路线等。随着新技术的诞生及应用，云计算、物联网、GPS等新的信息技术也要适时地应用到应急物资保障系统中，从而实时监控物资的动态以及去向。应当从软件技术和硬件设施两个方面进行建设，从而实现应急物资保障系统高效运转以及与其他部门的信息交互和共享。

深圳市素来走在创新城市前列，要通过充分调动城市的创新要素，运用“互联网+”优势，探索建立应急物资互联网“云仓储”“云库存”等储备新形式，来应对城市建成区密度高、人口分布集中所带来的应急物资保障难题，弥补城市储备设施规模过小、实物储备不足的短板。深圳市应全面开展重要应急物资产能布局调查，健全应急物资企业储备数据库，编制供应链分布图，畅通应急物资生产供应渠道，确保极端情况下应急物资峰值需求的生产供应。故借鉴上海市在应灾物资保障方面的新技术运用经验，提出以下深圳市的物资保障创新要点：

（1）大数据构建物资储备数学模型

运用“5G”“区块链”技术，构建数学模型，建立数据交换平台，将需求与供应能力和生产能力等因素，建立在一个信息对等的层面上，实现国家和地方政府资源共享，实现政府、机构和生产企业的信息交流。按不同灾情和等级，可自动生成相应的应急物资准备数据清单、采购信息和使用指南。整合各类物流资源，通过有效的物流调配，形成国家储备库、

物流仓储中心的多样化协同合作，及时将应急物资有效、快速地送达受灾地。

（2）强化应急物资信息化管理

紧密衔接深圳应急物资管理信息系统，全面采集和监测应急物资信息，实现应急物资全过程信息化管理。在应急物资储备库积极推广应用智能仓储技术，实现储备物资的远程监管和数字化调配。

（3）物资保障信息化支撑

加强物资保障信息化的外部支撑。针对城市大面积停电做好预案，职能部门做好电网抢修作业、现场照明、无线通信、应急动力等储备；同时，针对网络瘫痪等问题，加强相关的应急物资储备，包括集群通信系统、天通电话、蜂窝移动通信系统、移动指挥车、视频会议系统、应急通信车等。

五、建立物资保障动态激励机制

应急物资保障是一个长期性的工作，在长期合作关系中，供应企业为了保持长久的合作或在下一期合作中获得高的收益水平，会保持稳定和相对积极的努力水平。政府有关部门有责任和义务参与应急物资保障，而对相关的合作企业来说，与之建立长期稳定的关系虽有利于整体发展，但长期合作关系的发展还需要建立动态的激励机制，根据企业需求和特点的变化，适应发展的需求，有针对性地调整激励和监督的方法，甚至是合作模式。针对深圳市面对政府实物储备不足的现状，有要增加社会产能储备的迫切需求，需要构建应急物资保障参与主体激励机制，故提出以下深圳市的物资保障创新要点：

（1）加强动态监测与评估

目前，对高层楼宇、人员密集场所、紧急避难场所，突发不明传染病疫情等应急物资配备标准要求还不够清晰，需要对应急物资储备进行科学评估，最好针对各类应急物资储备的种类、规模、结构、布局，形成系统、全面、定期评估。

（2）加强考核与监督

在合作过程中，设定具体的考核指标，比如应急物资质量、供给的速度，以及平时检查中是否有按规定履行相关义务等，以此对企业进行考核，并针对不同的主体采用财政补贴、政策支持、荣誉激励等多种激励手段，提高应对积极性，增强应急物资保障能力。同时，加强公众监督，使得无论是公民个体，还是社会组织、合作企业等，都可以顺畅反映相关问题、提出相关建议，从而对应急物资保障工作起到一定的监督和约束作用。

第五节　应急消防救援系统规划创新

一、应急消防救援系统规划经验

随着经济高速发展，城市核心区的超高建筑增加了灾害风险和救援难度，高涨的土地成本也限制了常规消防站的建设，海域开发带动海上设施及交通需求日益增多，森林火灾、山地救援等突发灾害和事件数量逐年上升，地铁等轨道交通也进入快速发展阶段，地下空间带来消防安全新问题。城市的快速发展对消防设施建设提出了新的要求，常规的消防设施已经难以满足“全灾种，大应急”的综合应急救援能力建设需求。

为构建与城市空间发展趋势相适应的消防设施体系，增强城市预防和抗御灾害的整体能力，以及处置各种灾害事故、抢险救援的综合能力和应急保障能力，应贯彻“预防为主、防消结合”的消防工作方针，构建综合立体的消防体系，科学合理布局消防设施，重视综合消防训练场所建设，全面提升应急保障能力。

1. 纽约经验

以纽约曼哈顿为例，曼哈顿区建筑密度高，地价昂贵，不具备建设大型消防站的条件，同时，美国消防救援强调响应救援时间，因此消防站整体呈现小型化的趋势。纽约市各消防队职责划分精细，分工明确，消防系统按功能可分为高压水枪队、云梯队、人力救援队、综合救援队、危险物质处理队和水上消防队，每个消防站点通常由1～3个不同的消防队组成，各站点功能明确，遇到大型灾害或事件时，各队将协作完成救援任务。

2. 东京经验

（1）完善消防设施体系

日本根据人口分布确定消防署各自分管范围，组建地区消防团进行灾时互助式消防活动。东京的消防活动由东京消防厅统管负责，将整个东京都分为第一至第十消防方面本部分管十个大的消防区域，并按照负责范围大小建立消防方面本部、消防署、消防分署和办事处三个等级的消防站点。每个消防本部范围内布局5～10个消防署，建立以消防署为中心的管理负责区域，负责面积为5～180km^{2}不等，根据实际地域范围和人口分布确定，负责人数约20万人/署，根据人口密集程度有所差异。每个消防署管理区域按需求设置1～8个分署或办事处协同进行消防活动，平均每办事处负责5～8万人。

（2）健全消防救援机制

日本消防与医疗联动，消防和医疗救护由消防厅统一负责，消防车和救护车同属消防署管理，根据需求指令出动救护车或同时出动即PA动，消防车的消防队员除急救队员以外，应具备应急处理指导员资格，进行基础的心肺复苏、创伤、固定等急救处置。

3. 北京经验

北京市将社会、经济、人口、空间等要素与消防专项规划相结合，构建“一核一主一副，骨架轴带支撑、全域分区防控”的整体消防安全格局。北京市的消防救援空间进行重点综合治理，针对历史文化街区、地下空间、轨道交通、超高层建筑等重点区域提出差异化的消防救援标准，在用地紧张的区域提出采取合建消防站的建设模式。

4. 上海经验

上海市按照“国家、市、区”三级攻坚专业力量体系建设要求，组建市级救援队，建强地震坍塌救援、危险化学品处置、灭火攻坚专业队和特战轮训队。深化7类攻坚专业队建设，新建11支危化品道路运输处置专业队（市消防救援总队，各区政府）。加强微型消防站消防业务能力建设，对微型消防站队员全部轮训一遍。

5. 香港经验

香港建立了消防及救护学院、驾驶训练中心和西九龙救援训练中心，为消防和救援人员提供相关的训练课程，培训消防救援人员的消防能力和紧急医疗能力，提升消防队伍多种灾害的应对能力，同时也向民众开放，使民众了解相关的防（灭）火知识。如西九龙救援训练中心，主要功能为加强前线消防人员的灭火技巧，同时提供持续训练课程，包括在模拟隧道和迷宫里进行搜索及救援，并在不同情况下进行真火训练，以加强消防人员处理不同类型火灾和其他灾难的技巧。

二、完善消防设施体系，提升应急保障能力

目前深圳市已初步构建了以陆上消防站为主导，以战勤保障、海上、航空、核电等消防站为补充的消防设施分类体系，存在部分重大危险设施附近未设置消防站、陆上消防站不能完全覆盖陆上范围的问题，同时消防训练基地数量和训练内容有限，不能满足综合性消防救援队伍的建设要求。据此提出以下四点创新路径：

（1）将多种因素纳入消防站点的责任区划制定

目前，国内的消防责任区划仍以面积为主要考虑因素，应综合考虑区域内实际情况，将多种因素纳入消防站点的责任区划制定。如东京根据人口分布确定消防署各自分管范围；纽约以响应时间为主要考虑因素划定责任区。

（2）推进消防站点微型化

结合深圳市高密度、小底盘的城市特征，应考虑推进微型消防站建设，以缩短救援时间。如纽约的曼哈顿等人口密集区的消防站点建设布局呈现“小而密”的态势；新加坡的24个消防局下属26个小型消防站（由轻型快速消防车和消防员驻站执勤），能在8分钟内到达现场进行救援；北京在用地紧张的区域提出合建消防站的建设模式。

（3）建设综合消防训练场所

推动综合性消防训练场所建设，提升消防队伍多种灾害的应对能力。如纽约专门成立了消防训练学校以及应急医疗学校，利用充足的空间模拟各类事故灾害场景，提升消防员救援能力；香港设立相关消防培训基地培训消防救援人员的消防能力和紧急医疗能力。

（4）推进立体化消防救援系统建设

推进陆、海、空、地下的消防救援体系综合建设，促进消防系统立体化进程。如纽约设立有完善的水上消防系统以及地铁消防系统。

三、加强消防队伍建设，建立健全消防救援机制

2018年国家组建综合性应急救援队伍，承担防范化解重大安全风险、应对处置各类灾害的重要职责。要求消防队伍从处置“单一灾种”向应对“全灾种、大应急”转变，不再局限于传统的防火灭火和抢险救援，而是扩大到包括地震、水灾、核事故等各类灾害事故的处置。由“消防”转向“消防救援”，突出强调了消防救援队伍的消防＋救援综合职能，消防救援任务向综合化、复合型方向发展。面对消防队伍建设的新要求，消防队伍仍存在一些能力短板，消防队伍能力体系难以满足一专多能的现实要求，消防队伍的核心救援能力还有待提升。

目前，深圳消防救援队伍仍处于向综合性消防救援队伍的转变中，不能适应“全灾种、大应急”的职业需要，缺少对“一专多能”的消防人才培养。此外，院前紧急救护是灾害发生现场保护伤者的关键环节。目前，深圳市消防员不具备紧急救护能力，救援能力薄弱，消防力量和救护力量分设且独立作战，专业医护人员很难在第一时间到达现场，耽误伤员的紧急救助时间。据此提出以下两点创新路径：

（1）推进消防救援与应急医疗的联动

加强消防部门与应急医疗部门之间的联动，提升综合救援能力。如东京建立消防厅进行

消防与医疗救助二者统一管理，实行PA联动机制；香港救护站与消防站并设，由消防处提供救护车，消防救援人员具备急救能力。

（2）强化消防队伍专业功能

强化各消防站点的专项救援功能。如纽约市的消防系统按功能可分为高压水枪队、云梯队、人力救援队、综合救援队、危险物质处理队和水上消防队，分工明确；上海深化7类攻坚专业队建设，新建11支危化品道路运输处置专业队。

第六节　应急疏散救援空间体系创新

目前，深圳市还未系统完善地建立起城市应急疏散救灾空间系统的各功能空间体系。以应急避难场所为例，深圳市应急避难场所体系尚不完善，且缺乏应对地震等重大灾难的避难场所；应急避难场所建设以单灾种为主，缺乏统一规划和资源整合；应急避难场所规划建设的配套政策缺乏，配套应急交通及生命线系统有待完善；应急避难场所容量为600余万人，与深圳市常住人口有着较大差距。另外，其他功能空间系统，如医疗空间系统，也面临着资源重复建设、分布不均、应急医疗体系薄弱等问题，需要进一步完善；物资、外援等中转空间系统尚待进行专门的布局与规划；消防系统也尚未从空间层面与其他系统形成联动等。

一、完善全域应急疏散救援空间结构

新时代的国土空间规划是全域全要素的规划，与此相适应，应急疏散救援空间规划需在管控范围上与其保持一致，针对“生产、生活、生态”不同管控地域的特点进行分区分类精准施策，注重防灾资源区域联动，建立城乡统筹的灾害管控体制。

1. 强化中心城区与新城的防灾关系

深圳长期以来的核心——圈层化发展造成中心区功能集聚、城市不断蔓延，原有的边缘集团并没有真正起到疏解城市功能的作用，更多地体现为卧城，大量的人员流动给中心城区造成极大的防灾压力。新城的发展能够集聚新的产业，疏解中心城人口，可以缓解这种人员向中心城区集中所带来的防灾压力。此外，在完善新城自身防灾功能的同时，根据新城的功能、区位特点发展与中心城的防灾合作，如位于龙岗区西北部的平湖街道，是深圳与东莞、龙岗与龙华区的交界点，临近广州，可以作为对外交通的外援基地。龙华区、平湖区等发展的大型物流园区，可以考虑作为中心城的物资基地。

2. 加强城中村地区的应急疏散救援空间规划

国土空间规划体系作为实现生态文明目标的重要手段和工具，虽然明确强调了“山水林田湖草”生命共同体的重要性以及在构成国土空间中的重要地位和作用，但在形成与营造良好国土空间环境的过程中，与“山水林田湖草”相对应，聚集了大量人口的“城镇村”才是问题多发地与矛盾的焦点。这些“城镇村”地区往往被城市规划所遗忘，失去土地的农民以出租自建房屋为基本生活来源，众多的进城打工者在此租住，居住区人口密度成倍增长，从而形成“城市包围农村”的规划死角。此外，居住在这些“城镇村”中的人员流动较大、管理混乱，很容易成为规划和管理的盲区，应急能力较差。如根本没有社区医疗服务设施，只有一些私人诊所；街道狭窄，房屋建筑未经正规设计，城市基础设施不完善，建筑物布局无序，具有极大的安全隐患，一旦发生灾害应急救灾工作更是寸步难行。此次新冠肺炎疫情的

发生与扩散也充分证明了这一点。因此，“城镇村”，尤其是人口规模更大的大城市的规划，是整个应急疏散救援空间规划的焦点和重心，必须在理性认知的前提下，投入足够的技术力量和社会资源认真对待[1]。与此同时，在实施应急疏散救援空间规划的过程中，应注重“常非结合”，综合考虑对未来相当长一段时间内国土保护与利用的常态做出通盘考虑和谋划，以及规划期内甚至规划期外突发事件的应对。

3. 中心城区内部建立以城市重点发展区域为主的多核心应急疏散救援空间

在城市重点发展区域规划建筑物防火区、建筑群防火区或是区域性的安全区块，建设核心防灾区。由于深圳是一座“小底盘、高密度”高度开放型前沿城市，市中心区域集政治核心区、商业区、居住区性质于一体，人口密度较高、建筑密集、开阔空间较少，极易造成城市应急疏散救援空间的严重不足。深圳市中心区域寸土寸金，极少有大型的公园、广场等开放空间，导致实际可供利用的开放空间大大减少，为此，亟待建立起以城市重点发展区域为主的多核心应急疏散救援区。如在福田 CBD 等高层建筑众多、开放空间较少的区域，应积极开辟绿色空间；南山区主要为科技教育产业，应充分发挥和利用高校空间；龙岗大运新城应充分利用新建的契机，在建设之初就充分考虑灾时应急疏散救援需求，构建与地区功能定位相适应的应急疏散救援空间。

二、突出治理差异性的规划内容

1. 风险治理导向的多层级应急疏散救援空间规划

耦合“全过程”风险治理的应急疏散救援空间规划并不能完全阻止灾害发生，只能通过合理调配应急疏散救援资源进行风险源头控制，降低灾害的发生概率与损失。而当前各类防灾减灾规划偏重被动应灾情境下的防灾设施均等化，并未明确区域、城市、片区、社区等多空间层级的主要防灾手段与优先减灾措施。因此，必须改变设施均等化配置与减灾措施趋同化集合的规划方式，针对各空间层级灾害风险环境的差异性，制定重点风险管控措施，最大限度地发挥应急疏散救援基建与管理投入的效用。

2. 区域风险源监控及整体韧性治理

当前，深圳市各类应急疏散救援设施集中于城区，城乡设施资源配置严重失衡。亟待建立市域重大风险源监控机制，对存在安全风险隐患的区域实施全过程监控。重点从规划决策、开发建设、日常运行阶段进行监控，在项目建设、生态环境、社会文化、自然灾害等风险因子的基础上细分子类风险并编号，进而提出各类风险的监控频率，发挥区域层面风险治理的功效。通过完善全域应急疏散救援空间规划，引导城乡共享防灾减灾资源，提高整体“适灾”韧性。

3. 城区风险可接受标准及防灾空间治理

城区是风险敏感度最高的区域，在人流与信息流密集分布的空间场景下，必须优先落实事中风险防控的最低目标与快速避难疏散方案，将人员伤亡和财产损失降到可接受范围内。因此，在深圳应急疏散救援空间规划中，应在风险可接受标准的基础上对应急疏散设施台账进行空间布局。首先，应明确不同风险可接受标准的最低风险防控目标，对灾害损失程度以及风险发生的可能性进行评估。然后依据评估结果将中心城区的应急疏散通道及各街区的避难场所优先标识在防灾地图上，以确保灾时能够快速缓解高密度区域的风险压力并及时有效地疏散受灾人群。最后再结合各单项灾种的时空分解与定量化研究结果进行应急疏散救援空间的布局。

4. 社区居民风险防范措施的可视化治理

社区防范风险行动方案既要考虑居民文化程度的差异，又要将应急疏散救援空间规划成果融入居民日常行为认知中。应通过社区风险源造册绘制“社区风险地图”，将灾害风险评估结果及风险管控措施直观地展示给周边居民。通过图像标识把风险、灾害、救助等信息具体化或形象化地反映在地图上，以实现提高公众安全意识、减轻风险传播的目的。通过与居委会合作绘制社区风险地图，每个社区风险地图上包含风险源的脆弱性等级、安全隐患的要素及地点、避难逃生路线、各类防灾设施的位置及使用方法、避难疏散场所分布等信息，在引导居民明晰周边风险隐患的同时，及时有效地进行风险自救。

参考文献

［1］谭纵波．公共卫生突发事件引发的国土空间规划思考［J］．中国土地，2020（03）：8-12.